超大型水利渡槽机械化施工新技术及装备

施进发　上官林建　严大考　韩林山　杨　杰　马军旭　著

电子工业出版社
Publishing House of Electronics Industry
北京·BEIJING

内 容 简 介

本书从超大型水利工程需要出发，重点介绍超大型水利渡槽机械化施工新技术及装备。本书首先介绍超大型水利渡槽机械化施工工艺，然后结合经典实例对施工过程中机械设备的动力学分析、稳定性分析、安全性分析、控制技术等重点内容进行详述。

全书分 3 篇，共 11 章。第 1 篇（第 1～3 章）概述国内外超大型水利渡槽施工技术的发展现状及超大型水利渡槽工程概况，介绍超大型水利渡槽施工工艺及原位现浇机械化施工工艺；第 2 篇（第 4～7 章）介绍超大型水利渡槽施工过程分析及结构优化等；第 3 篇（第 8～11 章）介绍超大型水利渡槽施工机械在水利工程中的应用情况及推广应用前景。

本书可作为高等院校起重运输机械设计、机械设计制造及自动化、水利施工机械等专业的本科生教材，也可供渡槽施工装备设计人员和相关设计人员参考。

未经许可，不得以任何方式复制或抄袭本书之部分或全部内容。
版权所有，侵权必究。

图书在版编目（CIP）数据

超大型水利渡槽机械化施工新技术及装备 / 施进发等著. -- 北京 : 电子工业出版社, 2025. 3. -- ISBN 978-7-121-49950-0
Ⅰ. TV672
中国国家版本馆 CIP 数据核字第 20256GB343 号

责任编辑：马文哲　　　　文字编辑：郭穗娟
印　　刷：北京雁林吉兆印刷有限公司
装　　订：北京雁林吉兆印刷有限公司
出版发行：电子工业出版社
　　　　　北京市海淀区万寿路 173 信箱　邮编　100036
开　　本：787×1092　1/16　印张：20.5　字数：524.8 千字
版　　次：2025 年 3 月第 1 版
印　　次：2025 年 3 月第 1 次印刷
定　　价：79.80 元

凡所购买电子工业出版社图书有缺损问题，请向购买书店调换。若书店售缺，请与本社发行部联系，联系及邮购电话：(010)88254888，88258888。
质量投诉请发邮件至 zlts@phei.com.cn，盗版侵权举报请发邮件至 dbqq@phei.com.cn。
本书咨询联系方式：(010)88254502，guosj@phei.com.cn。

前　言

渡槽是渠系建筑物中应用最广的交叉建筑物之一，它主要由输水槽身、支撑结构、基础、进出口建筑物等部分组成。目前，常用的渡槽施工工艺有满堂支架施工法、增段推进施工法、移动模架现浇施工法、预制架设施工法（包括架槽机安装施工法和门式起重机安装施工法等）。这些施工工艺需要大量的人工操作，费时费力。因此，研发超大型水利渡槽机械化施工装备、研制机械化施工工艺是十分必要且迫切的。

超大型水利渡槽的机械化施工工艺主要包括预制吊装、运输、架设施工等。首先，渡槽在预制场按模块化分部分制作完成；其次，通过提槽机将渡槽按要求转向、提升装车，由架槽机完成喂槽、架槽、过孔、支座倒换等架槽工艺；最后，已完成架槽任务的设备需要返回制槽场并被拆解，以便在下一次架槽时使用。对于超大型薄壁水利渡槽，需要特别注意这类渡槽的起吊和"槽上运槽"工艺；对于渡槽与渡槽的拼接，需要实施渡槽原位现浇工艺，基于此工艺，研发了提槽机、运槽车、架槽机等专用大型施工机械；对于原位现浇机械，研发了外梁系统、外模系统、内梁系统、内模系统等。同时，设计大型机械需要的液压系统，对大型机械进行力学分析。

本书是介绍超大型水利渡槽机械化施工新技术及装备的专著，涉及土木、机械、计算机等不同领域的专业知识，也是作者团队在南水北调中线干线工程实践中的成果总结。本书系统地介绍了超大型水利渡槽施工工艺，以及施工机械结构、工作原理、设计方法与有限元计算分析流程，希望能为有相似需求的大型工程机械设计和制造提供经验与帮助。

本书编写分工如下：第 1、3、11、12 章由华北水利水电大学的施进发教授编写，第 2 章由华北水利水电大学的严大考教授编写，第 4 章由华北水利水电大学的韩林山教授编写，第 5、7 章由华北水利水电大学的马军旭讲师编写，第 6 章由华北水利水电大学的上官林建教授编写，第 8、9、10 章由华北水利水电大学的杨杰教授编写。

编者在与南水北调中线干线工程建设管理局的科研合作中感触颇深，极力推荐高等院校土木施工机械、机械设计制造及其自动化等专业的本科生和研究生阅读本书，也希望本书能满足水利渡槽施工人员和实际工作的需要。

因编者水平有限，本书定然存在欠妥之处，欢迎读着批评指正！

编者

2024 年 8 月

目　　录

第1篇　超大型水利渡槽施工工艺

第1章　绪论 ⋯⋯⋯⋯⋯⋯⋯⋯⋯⋯⋯⋯⋯⋯⋯⋯⋯⋯⋯⋯⋯⋯⋯⋯⋯⋯⋯⋯⋯ 3
1.1　国内外超大型水利渡槽施工技术的发展现状 ⋯⋯⋯⋯⋯⋯⋯⋯⋯⋯⋯⋯ 3
1.2　超大型水利渡槽工程概况 ⋯⋯⋯⋯⋯⋯⋯⋯⋯⋯⋯⋯⋯⋯⋯⋯⋯⋯⋯⋯ 7
　　1.2.1　湍河渡槽工程 ⋯⋯⋯⋯⋯⋯⋯⋯⋯⋯⋯⋯⋯⋯⋯⋯⋯⋯⋯⋯⋯ 7
　　1.2.2　沙河渡槽工程 ⋯⋯⋯⋯⋯⋯⋯⋯⋯⋯⋯⋯⋯⋯⋯⋯⋯⋯⋯⋯⋯ 8
　　1.2.3　漕河渡槽工程 ⋯⋯⋯⋯⋯⋯⋯⋯⋯⋯⋯⋯⋯⋯⋯⋯⋯⋯⋯⋯⋯ 10

第2章　超大型水利渡槽的吊装、运输和架设施工工艺 ⋯⋯⋯⋯⋯⋯⋯⋯⋯⋯ 12
2.1　提槽施工工艺 ⋯⋯⋯⋯⋯⋯⋯⋯⋯⋯⋯⋯⋯⋯⋯⋯⋯⋯⋯⋯⋯⋯⋯⋯ 12
　　2.1.1　提槽机架槽施工工艺 ⋯⋯⋯⋯⋯⋯⋯⋯⋯⋯⋯⋯⋯⋯⋯⋯⋯⋯ 12
　　2.1.2　提槽机搬运渡槽装车施工工艺 ⋯⋯⋯⋯⋯⋯⋯⋯⋯⋯⋯⋯⋯⋯ 12
2.2　运槽施工工艺 ⋯⋯⋯⋯⋯⋯⋯⋯⋯⋯⋯⋯⋯⋯⋯⋯⋯⋯⋯⋯⋯⋯⋯⋯ 13
2.3　架槽施工工艺 ⋯⋯⋯⋯⋯⋯⋯⋯⋯⋯⋯⋯⋯⋯⋯⋯⋯⋯⋯⋯⋯⋯⋯⋯ 13
　　2.3.1　架槽机喂槽 ⋯⋯⋯⋯⋯⋯⋯⋯⋯⋯⋯⋯⋯⋯⋯⋯⋯⋯⋯⋯⋯⋯ 14
　　2.3.2　架槽机架槽 ⋯⋯⋯⋯⋯⋯⋯⋯⋯⋯⋯⋯⋯⋯⋯⋯⋯⋯⋯⋯⋯⋯ 15
　　2.3.3　吊具下扁担梁的拆卸 ⋯⋯⋯⋯⋯⋯⋯⋯⋯⋯⋯⋯⋯⋯⋯⋯⋯⋯ 17
　　2.3.4　架槽机的过孔工序 ⋯⋯⋯⋯⋯⋯⋯⋯⋯⋯⋯⋯⋯⋯⋯⋯⋯⋯⋯ 21
　　2.3.5　支撑座倒换工序 ⋯⋯⋯⋯⋯⋯⋯⋯⋯⋯⋯⋯⋯⋯⋯⋯⋯⋯⋯⋯ 23
2.4　驮运架槽机返回制槽场后的工序 ⋯⋯⋯⋯⋯⋯⋯⋯⋯⋯⋯⋯⋯⋯⋯⋯ 25
　　2.4.1　驮运前架槽机的拆解 ⋯⋯⋯⋯⋯⋯⋯⋯⋯⋯⋯⋯⋯⋯⋯⋯⋯⋯ 25
　　2.4.2　运槽车在驮运架槽机前的拆解 ⋯⋯⋯⋯⋯⋯⋯⋯⋯⋯⋯⋯⋯⋯ 27
　　2.4.3　运槽车驮运架槽机的工序 ⋯⋯⋯⋯⋯⋯⋯⋯⋯⋯⋯⋯⋯⋯⋯⋯ 28
2.5　架槽机整体转线工序 ⋯⋯⋯⋯⋯⋯⋯⋯⋯⋯⋯⋯⋯⋯⋯⋯⋯⋯⋯⋯⋯ 29
　　2.5.1　提槽机在架槽机整体转线前的拆解 ⋯⋯⋯⋯⋯⋯⋯⋯⋯⋯⋯⋯ 29
　　2.5.2　架槽机在整体转线前的拆解 ⋯⋯⋯⋯⋯⋯⋯⋯⋯⋯⋯⋯⋯⋯⋯ 30
　　2.5.3　架槽机整体转线工序 ⋯⋯⋯⋯⋯⋯⋯⋯⋯⋯⋯⋯⋯⋯⋯⋯⋯⋯ 31

第3章　超大型水利渡槽原位现浇机械化施工工序 ⋯⋯⋯⋯⋯⋯⋯⋯⋯⋯⋯⋯ 34
3.1　支架拼装及首跨施工工序 ⋯⋯⋯⋯⋯⋯⋯⋯⋯⋯⋯⋯⋯⋯⋯⋯⋯⋯⋯ 34
3.2　标准施工工序 ⋯⋯⋯⋯⋯⋯⋯⋯⋯⋯⋯⋯⋯⋯⋯⋯⋯⋯⋯⋯⋯⋯⋯⋯ 36

第 2 篇　超大型水利渡槽施工过程分析

第 4 章　提梁机施工过程分析及优化 … 43

4.1　轮胎式跨线提梁机的金属结构有限元计算分析 … 43
4.1.1　轮胎式跨线提梁机简介 … 43
4.1.2　轮胎式跨线提梁机的金属结构有限元建模 … 47
4.1.3　轮胎式跨线提梁机满载时的有限元计算分析 … 49

4.2　提梁机金属结构的动力学 … 62
4.2.1　提梁机起升过程瞬态动力学分析 … 62
4.2.2　提梁机变跨过程的瞬态动力学分析 … 67

4.3　提梁机金属结构的优化设计 … 71
4.3.1　数学优化模型的建立 … 71
4.3.2　Spearman 参数相关性分析法 … 72
4.3.3　试验设计及响应面拟合 … 76
4.3.4　筛选最佳方案并验证 … 81
4.3.5　优化前后对比 … 82

第 5 章　架桥机施工过程分析及优化 … 84

5.1　全预制装配式架桥机金属结构有限元分析 … 84
5.1.1　全预制装配式架桥机简介 … 85
5.1.2　全预制装配式架桥机模型的建立 … 88
5.1.3　160 t 全预制装配式架桥机的强度和刚度准则 … 90
5.1.4　160 t 全预制装配式架桥机载荷的确定 … 90
5.1.5　160 t 全预制装配式架桥机在非工作状态下的有限元分析 … 93
5.1.6　160 t 全预制装配式架桥机在工作状态下的有限元分析 … 96
5.1.7　160 t 全预制装配式架桥机的过孔过程有限元分析 … 103
5.1.8　160 t 全预制装配式架桥机在小曲率半径和大纵向坡度工况下的有限元分析 … 108

5.2　160 t 全预制装配式架桥机金属结构稳定性及抗倾覆稳定性分析 … 111
5.2.1　前辅支腿的整体稳定性分析 … 111
5.2.2　前辅支腿局部稳定性分析 … 114
5.2.3　主梁线性屈曲分析 … 115
5.2.4　主梁非线性屈曲分析 … 120
5.2.5　160 t 全预制装配式架桥机的抗倾覆稳定性分析 … 123

5.3　160 t 全预制装配式架桥机的金属结构优化 … 127
5.3.1　多目标优化的相关理论 … 127
5.3.2　160 t 全预制装配式架桥机金属结构优化分析 … 131

目 录

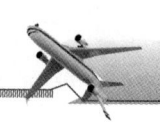

第6章 运槽车 ··· 138

6.1 运槽车的有限元静力学分析 ·· 138
6.1.1 强度和刚度条件的确定 ·· 138
6.1.2 运槽车的台车有限元模型 ·· 139
6.1.3 施加载荷及约束 ··· 142
6.1.4 有限元静力学分析结果 ·· 144

6.2 运槽车的模态分析 ·· 147
6.2.1 模态分析中各个参数的设置 ··· 147
6.2.2 运槽车的模态分析 ··· 148

6.3 "槽上运槽"过程中承载槽槽体的内力计算及程序设计 ············ 154
6.3.1 内力计算的基本理论 ··· 154
6.3.2 利用影响线求承载槽槽体的内力 ··································· 155
6.3.3 承载槽槽体的内力计算程序设计 ··································· 156

6.4 "槽上运槽"过程中承载槽槽体的有限元计算 ······················ 160
6.4.1 U形渡槽模型建立的基本假设及方法 ····························· 161
6.4.2 U形渡槽三维模型的建立 ·· 162
6.4.3 载荷计算 ·· 165
6.4.4 有限元分析结果 ··· 166

第7章 架桥机起重小车 ··· 176

7.1 架桥机起重小车同步控制技术 ··· 176
7.1.1 起重小车运动过程分析 ·· 176
7.1.2 起重小车系统动力学模型 ·· 178
7.1.3 滑模控制器设计 ··· 181
7.1.4 扰动滑模观测器设计 ··· 189
7.1.5 起重小车系统仿真分析 ·· 191

7.2 架桥机起重小车精确对位技术 ··· 195
7.2.1 架桥机起重小车吊装系统运动分析 ································ 195
7.2.2 起重小车吊装系统的数学模型 ····································· 196
7.2.3 起重小车吊装系统的性能分析 ····································· 202
7.2.4 起重小车吊装系统状态反馈闭环控制 ···························· 202
7.2.5 起重小车吊装系统的滑模控制器设计 ···························· 206

7.3 架桥机起重小车精确吊装控制系统的硬件设计 ···················· 209
7.3.1 控制系统总体硬件设计方案 ·· 209
7.3.2 控制系统主要模块的设计与电路原理 ···························· 210
7.3.3 控制系统印制电路板的设计 ·· 220

7.4 架桥机起重小车精确吊装控制系统的软件设计 ·········· 221
　　7.4.1 架桥机起重小车精确吊装控制系统软件总体设计方案 ·········· 221
　　7.4.2 控制系统下位机软件的设计 ·········· 223
　　7.4.3 控制系统上位机软件的设计 ·········· 228

第3篇　超大型水利渡槽施工机械

第8章　1200 t沙河渡槽提、运、架成套施工装备 ·········· 233
8.1 ME650型轮轨式提槽机 ·········· 233
　　8.1.1 规格和技术参数 ·········· 233
　　8.1.2 结构组成、工作原理及各部件的作用 ·········· 234
　　8.1.3 电气控制系统 ·········· 239
8.2 DY1300型轮轨式运槽车 ·········· 239
　　8.2.1 DY1300型轮轨式运槽车的规格和技术参数 ·········· 240
　　8.2.2 结构组成、工作原理及各部件的作用 ·········· 240
8.3 DF1300型架槽机 ·········· 244
　　8.3.1 DF1300型架槽机的规格和技术参数 ·········· 244
　　8.3.2 结构组成、工作原理及各部件的作用 ·········· 245
　　8.3.3 电气控制系统 ·········· 253

第9章　1600 t湍河渡槽现浇机械化装备 ·········· 254
9.1 规格和主要技术参数 ·········· 254
9.2 主要机械结构及功能 ·········· 255
　　9.2.1 外梁系统 ·········· 256
　　9.2.2 外模/外肋系统 ·········· 259
　　9.2.3 内梁系统 ·········· 261
　　9.2.4 内模系统 ·········· 265
9.3 液压系统 ·········· 267
　　9.3.1 外模液压系统 ·········· 267
　　9.3.2 内模液压系统 ·········· 269
　　9.3.3 内梁支腿液压系统 ·········· 269
　　9.3.4 液压系统设计 ·········· 273
9.4 电气控制系统 ·········· 273

第10章　2500 t双洎河渡槽现浇机械化装备 ·········· 275
10.1 规格和主要技术参数 ·········· 275
10.2 主要机械结构及功能 ·········· 275
　　10.2.1 外梁系统 ·········· 277

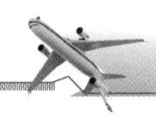

目 录

  10.2.2 外模系统 ·· 288
  10.2.3 内梁系统 ·· 288
  10.2.4 内模系统 ·· 294
 10.3 液压系统 ·· 297
  10.3.1 外模液压系统 ··· 297
  10.3.2 外梁支腿液压系统 ·· 297
  10.3.3 内模液压系统 ··· 297
  10.3.4 液压系统设计 ··· 298
 10.4 电气控制系统 ·· 298

第 11 章 工程应用及推广前景 ··· 304

 11.1 预制渡槽的提、运、架施工工艺在沙河渡槽工程中的应用 ············· 304
 11.2 1200 t 渡槽架设成套装备——ME1300 型提槽机、DY1300 型运槽车及
    DF1300 型架槽机的效益 ··· 308
 11.3 DZ30/3300 型造槽机、DZ1600 型造槽机、ME650 型轮轨式提槽机的
    应用前景 ·· 309

参考文献 ··· 310

第1篇
超大型水利渡槽施工工艺

第1章 绪 论

随着我国经济的快速发展，一方面大规模跨流域的调水工程不断增多，另一方面耕地面积逐年紧张，调水工程中的引水渠道从空中或地下穿行的距离将大大增加，客观上需要建设大量的超大型水利渡槽。调水工程中的超大型水利渡槽的建设，一般具有截面尺寸大、流量大、吨位大、跨度长、工程所处地形及地质条件复杂等特点，传统的满堂支架施工法已很难满足调水工程要求，因此需要新的渡槽施工技术。

1.1 国内外超大型水利渡槽施工技术的发展现状

渡槽是指输送渠道水流且需要跨越河渠、道路、山冲、谷口等障碍物的架空输水建筑物，是渠系建筑物中应用最广的交叉建筑物之一。渡槽除了用于输送渠道水流进行农田灌溉、供应城镇生活用水/工业用水、跨流域调水等，还可用于排洪和导流。渡槽主要由输水槽身、支撑结构、基础、进出口建筑物等部分组成。迄今为止，国内外超大型水利渡槽施工技术主要有满堂支架施工法、增段推进施工法、移动模架现浇施工法和预制架设施工法等。

1. 满堂支架施工法

满堂支架施工法步骤如下：首先，沿槽位处理基础并搭设满布式支架；其次，在支架上搭设模板；最后，绑扎钢筋、浇筑槽身混凝土。这是一种传统的渡槽槽身结构施工法，图 1-1 为漕河 20 m 跨度渡槽槽身现浇施工现场，采用满堂支架施工法，图 1-2 为拆卸漕河渡槽槽身支架现场。

满堂支架施工法一般适用于跨度小、地基承载力较大、净空较低的作业环境。对于河床段软弱地基、常年积水、高槽墩、跨越建筑物或道路等复杂施工条件，若仍采用满堂支架施工法，则不但在经济上造成很大的浪费，而且施工周期长、工作效率低、渡槽质量也不易保证，主要原因是该施工法受地基处理质量、支架体系本身的弹性变形、人为因素、天气或气候条件等的影响较大。

图 1-1　漕河 20 m 跨度渡槽槽身现浇施工现场

图 1-2　拆卸漕河渡槽槽身支架现场

2. 增段推进施工法

增段推进施工法是指在渡槽首端或尾端的预制场制作渡槽槽身,在浇筑完成一段槽身后向前推进一段,逐步顶进。例如,比利时的萨特渡槽采用增段推进施工法,该渡槽施工现场如图 1-3 所示。该渡槽截面呈开口梯形(见图 1-4),顶部宽度为 46 m,下部宽度为 35.2 m,高度为 7.1 m,侧壁厚度为 90 cm,总长度为 498 m,每周预制并推进一段长度为 12 m 的槽身,最终推进的槽身总质量为 65000 t。增段推进施工法原理示意如图 1-5 所示。

增段推进施工法的工作效率低,关键步骤不能重叠进行,并且对渡槽的扭转刚度要求很高。因此,该施工法一般适用于渡槽跨度小、跨数少、推进吨位小的渡槽施工。

第1章 绪 论

图 1-3 比利时的萨特渡槽施工现场

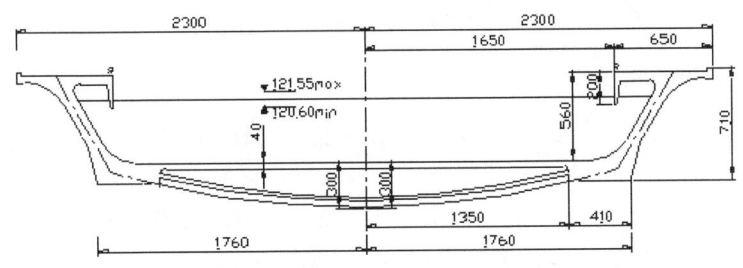

图 1-4 萨特渡槽截面呈开口梯形（图中单位为 cm）

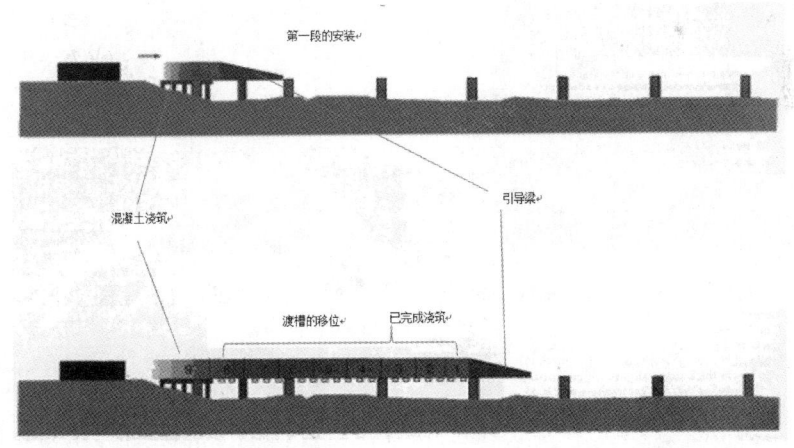

图 1-5 增段推进施工法原理示意

3. 移动模架现浇施工法

移动模架现浇施工法是一种新的渡槽施工法，它源于公路及铁路的桥梁现浇施工技术。该施工法的步骤如下：首先，在槽墩上安装支架及其整孔模板（内模及外模），在此模板内进行浇筑作业、施加预应力，待完成一个孔的作业后，将模板脱模并把它与模架支撑结构一起移动至下一个孔；其次，调整并固定模架支撑结构，组拼并调整好模板后，进行新的渡槽槽身浇筑作业。如此循环作业，直到完成所有渡槽槽身的浇筑为止。图 1-6 为 DZ500 型造槽机的施工现场。

移动模架现浇施工法具有结构简便、机械化程度高、安全可靠、施工周期短、工作效率高及施工质量容易控制等特点。

图 1-6　DZ500 型造槽机的施工现场

4. 预制架设施工法

预制架设施工法是指采用大型运输及架设设备，将在预制场整体预制的渡槽槽身运送至施工现场进行架设。对于中小型水利渡槽，可以直接采用起重机进行吊装和架设，图 1-7 为履带式起重机吊装渡槽现场。对于超大型水利渡槽，可以采用高速铁路或公路桥梁预制架设施工法（见图 1-8 和图 1-9）进行预制架设（见图 1-10）。

图 1-7　履带式起重机吊装渡槽现场

图 1-8　980t 架桥机施工现场

图 1-9　980t 架桥机及运梁车施工现场

图 1-10　渡槽预制架设效果图

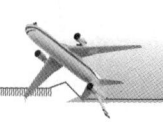

采用预制架设施工法时，渡槽槽身是在预制场批量制作的，质量容易控制，工作效率高，施工速度快，所需要的辅助机械和人工较少，施工进程容易控制，并且可以与渡槽槽墩并行施工，缩短整个施工周期。

1.2 超大型水利渡槽工程概况

我国的南水北调中线有渡槽100多座，仅长度大于500m的超大型水利渡槽就有8座（见表1-1），大部分渡槽处于跨越河流、公路、铁路等地段，受水利、地形和地质条件等因素的影响较大，需采用预制或现浇的机械化施工方案。

表1-1 南水北调中线的超大型水利渡槽数据

序号	渡槽名称	总长度/m	设计流量/（m^3/s）	设计跨度/m
1	湍河渡槽	730	350	25～40
2	澧河渡槽	1100	310	25～40
3	沙河渡槽	7474	295	25～40
4	双泊河渡槽	600	280	25～40
5	洺河渡槽	680	190	25～40
6	漕河渡槽	2700	100	30
7	瀑河渡槽	1000	80	25～40
8	南泉河渡槽	950	70	25～40

对造槽机和架槽机这类非标设备，必须针对每个渡槽的具体情况进行研制。此外，还要针对每个渡槽不同的跨度、截面、总质量等特征，分别设计多套施工方案。下面重点介绍表1-1中的3个渡槽工程。

1.2.1 湍河渡槽工程

经国务院南水北调工程专家委员会的技术论证，对南水北调中线控制性工程——湍河渡槽工程，采用造槽机原位现浇施工法。

湍河渡槽工程位于河南省邓州市境内，湍河渡槽顺总干渠流向，从起点至终点，依次为右岸渠道连接段、进口闸室段、进口连接段、槽身段、出口连接段、出口闸室段、出口渐变段、左岸渠道连接段，共9段。其中，右岸渠道连接段设退水闸1座，工程轴线总长度为1030m。图1-11为湍河渡槽效果图。

湍河渡槽槽身由相互独立的3槽构成，采用预应力混凝土U形结构，单跨的跨度为40 m，共18跨；单槽内空尺寸为7.23 m×9.0 m（高×宽），设计流量为350 m^3/s，最大流量为 420 m³/s，单跨质量约为 1600t。湍河渡槽是目前世界上输水流量最大的引水渡槽，同时也是世界上单跨跨度和质量最大的渡槽。图 1-12 为湍河渡槽横向和纵向截面图。

图 1-11　湍河渡槽效果图

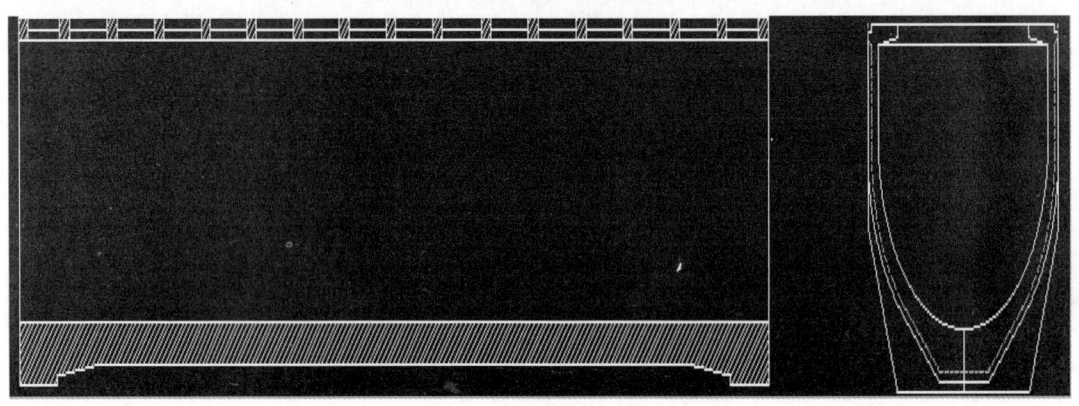

图 1-12　湍河渡槽横向和纵向截面图

1.2.2　沙河渡槽工程

南水北调中线河南段的沙河渡槽及大郎河渡槽（在河南省平顶山境内）采用整孔渡槽预制架设施工法，这两座渡槽均采用跨度为 30m 的简支梁式渡槽，槽身为预应力钢筋混凝土 U 形槽，单跨并列 4 个渡槽，两个单槽组成一联，支撑基础上，单槽直径为 8.0 m，净高度为 7.4 m，槽总高度为 8.3 m，槽壁厚度为 0.40 m，单槽质量为 1200 t。其中，沙河渡槽有 48 跨，总长度为 1440 m；大郎河渡槽有 10 跨，总长度为 300 m。图 1-13 为沙河渡槽横向和纵向截面图及整体示意图，图 1-14 为沙河渡槽一联效果图，图 1-15 为沙河渡槽施工效果图。

第1章　绪　论

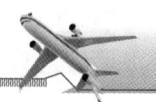

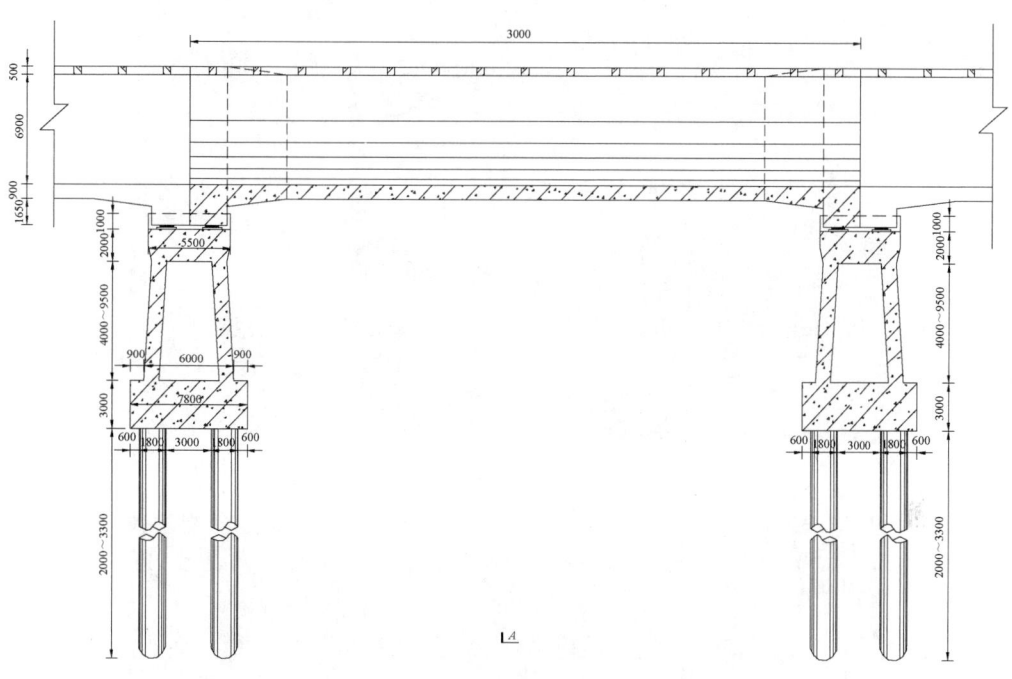

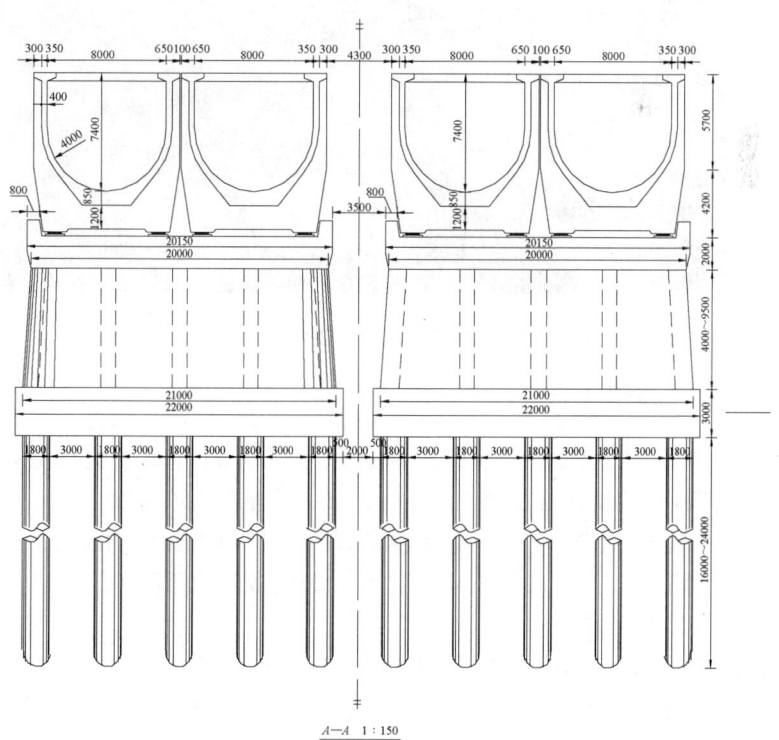

图 1-13　沙河渡槽截面图及整体示意图（单位为 mm）

图 1-14 沙河渡槽一联效果图

图 1-15 沙河渡槽施工效果图

1.2.3 漕河渡槽工程

漕河渡槽是南水北调中线京石段应急供水工程的重要组成部分,线路总长度为 9319.7 m。漕河渡槽的设计流量为 125 m³/s,最大流量为 150 m³/s。

漕河渡槽工程的第Ⅲ标段工程起点为渡槽 30 m 跨度多侧墙槽段起点,终点为渡槽出口渐变段终点。线路总长度为 1286.6 m,由 30 m 跨度多侧墙槽段(包括起点桩号的墩身)及出口连接段、出口段组成。

出口连接段长度为 10.6 m,该槽段为槽身出口与检修闸室段的连接部分,槽身为浇地式矩形槽,基础为弱风化白云岩。两个中墙厚度由 0.7 m 渐变至 1.2 m,边墙厚度为 0.6 m,底板厚为 0.7 m,设置侧肋和拉杆。图 1-16 为漕河渡槽施工现场。

图 1-16　漕河渡槽施工现场

出口段由出口闸室段及出口渐变段组成。出口闸室段长 10 m，该闸室采用底板分离式钢筋混凝土结构，共 3 个孔，单孔宽度为 6 m，在该闸室平台右侧设置地下门库，在该闸室两侧布置检修集水井。出口渐变段长度为 36 m，该段为钢筋混凝土结构，分 3 节，边墙为八字墙，内边坡垂直分布，底宽由 20.4 m 变为 26.5 m。

第 2 章　超大型水利渡槽的吊装、运输和架设施工工艺

2.1　提槽施工工艺

提槽施工工艺包括提槽机架槽施工工艺和提槽机搬运渡槽装车施工工艺。

2.1.1　提槽机架槽施工工艺

在制槽场，提槽机通过其两根主梁上的 4 个升降机构共同抬起一榀渡槽。然后，提槽机纵向移动或横向移动，安装前两跨（1 号墩和 2 号墩）渡槽。在 1 号墩与 2 号墩之间，利用提槽机安装架槽机及运槽车。

2.1.2　提槽机搬运渡槽装车施工工艺

（1）提槽机从制槽台座提起一榀渡槽，使之出模并把该渡槽搬运到存槽台座上。

（2）提槽机在制槽场起吊一榀渡槽，桥式起重机走行机构驱动升降机构横向移动到提槽机中间位置，提槽机纵向移动，将渡槽移出存槽台座。

（3）当需要桥式起重机的桥架横向移动时，提槽机进入转向区，回转支撑装置上的顶升油缸工作，把提槽机的一条支腿顶起。此时，提槽机支腿的承重由顶升油缸承担，顶升油缸升起，直到桥式起重机走行机构完全脱离轨道为止。支腿连接梁与所连接的桥式起重机走行机构一起下落到转向油缸支撑盘上，在转向油缸的作用下，支腿连接梁与所连接的桥式起重机走行机构绕支腿轴线旋转 90°，完成桥式起重机走行机构的转向。这时，提槽机横向移动到对应架设渡槽横向位置。提槽机施工模型如图 2-1 所示。

（4）提槽机进入下一个转向区，按照上述方法，实现由横向移动到纵向移动的转变，将渡槽移到运槽车的上方，升降机构下落，将渡槽平稳放到运槽车上，完成该榀渡槽的装车施工。

第2章 超大型水利渡槽的吊装、运输和架设施工工艺

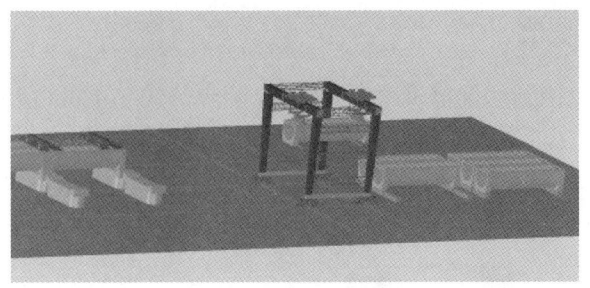

图 2-1 提槽机施工模型

2.2 运槽施工工艺

轮轨式运槽车在自带发电机组的驱动下携渡槽在预先铺好的固定轨道上运行,将渡槽运送到架槽机跟前并停止。运槽车施工模型如图 2-2 所示。

图 2-2 运槽车施工模型

2.3 架槽施工工艺

架槽施工工艺包括喂槽和架槽,架槽机施工效果图如图 2-3 所示。

图 2-3 架槽机施工效果图

2.3.1 架槽机喂槽

(1)运槽车驮运渡槽到达架槽机跟前并停止,两台门式起重机(俗称龙门吊)保持 23.1m 的间距行驶到提槽位置。这是架槽机喂槽步骤 1,如图 2-4 所示。

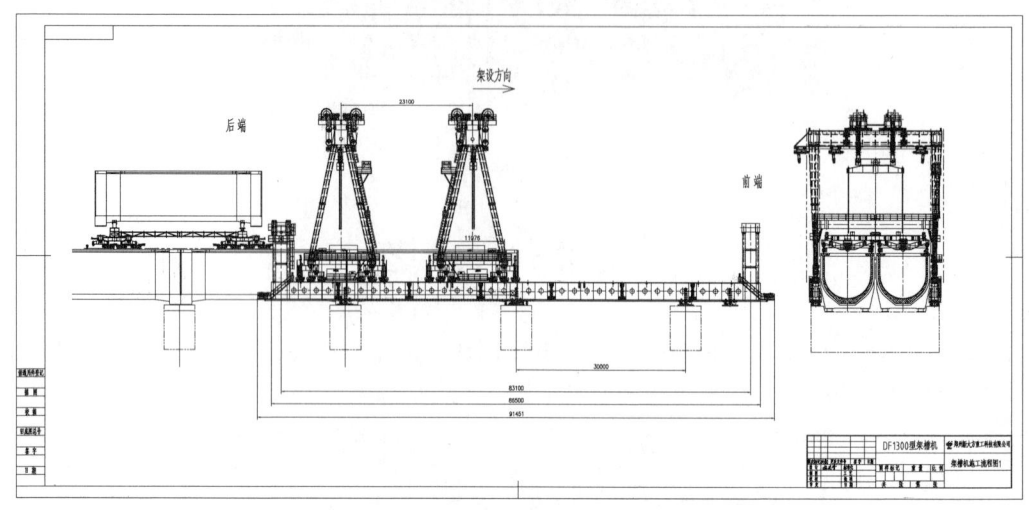

图 2-4 架槽机喂槽步骤 1(单位为 mm,下同)

(2)下导梁后联系架上的翻转横梁在油缸的作用下打开,使得运槽车能够顺利地进入架槽机的架槽门式起重机下面。这是架槽机喂槽步骤 2,如图 2-5 所示。

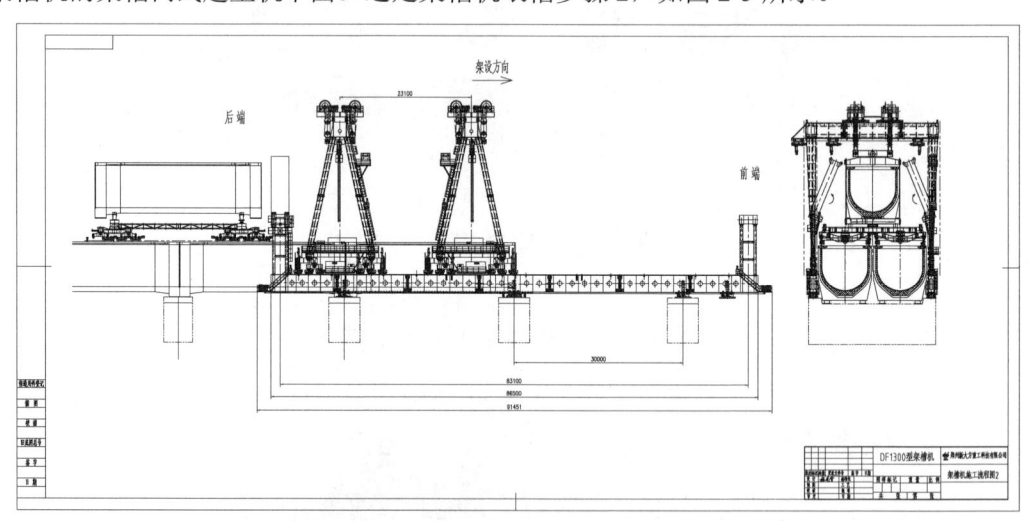

图 2-5 架槽机喂槽步骤 2

(3)将运槽车慢速行驶到架槽机的两台架槽门式起重机下面,直到保证门式起重机能够起吊渡槽为止。同时,翻转横梁在油缸的作用下起吊架与渡槽完成连接,然后插好连接销轴。这是架槽机喂槽步骤 3,如图 2-6 所示。

第2章 超大型水利渡槽的吊装、运输和架设施工工艺

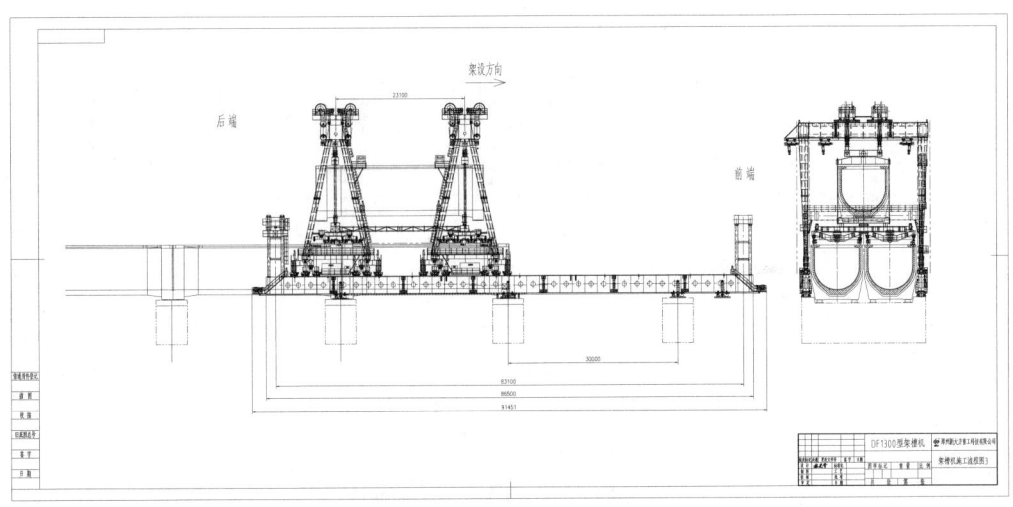

图 2-6 架槽机喂槽步骤 3

（4）门式起重机起吊渡槽向上提升 100mm 后，整体向前移动。这是架槽机喂槽步骤 4，如图 2-7 所示。

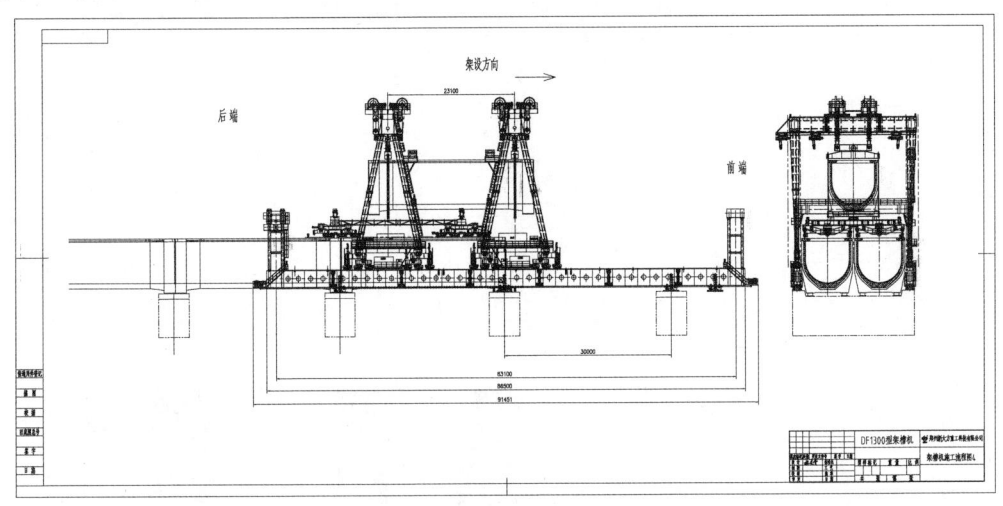

图 2-7 架槽机喂槽步骤 4

2.3.2 架槽机架槽

（1）两台门式起重机起吊渡槽整体向前运行到架槽位置。在对位时，必须保持两台门式起重机为微动或点动状态。这是架槽机架槽步骤 1，如图 2-8 所示。

（2）将渡槽下落到槽底与已架渡槽顶面快要平齐时停止下落，升降机构横向移动到架槽点上方停止。此时，必须保证主梁下面的 3 台电动葫芦（1~3 号电动葫芦）不能碰到吊具。这是架槽机架槽步骤 2，如图 2-9 所示。

（3）渡槽落到位后，将主梁下面的电动葫芦运行到吊具两端的正上方。吊具下落约 100mm 距离，使吊具扁担梁彻底脱离渡槽底面。这是架槽机架槽步骤 3，如图 2-10 所示。

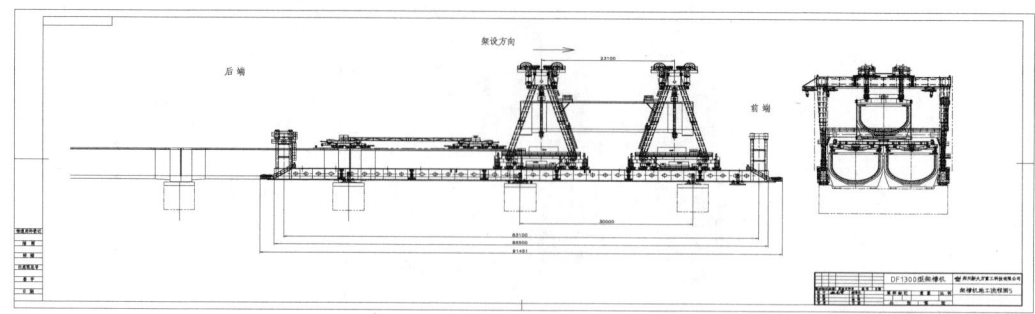

图 2-8　架槽机架槽步骤 1

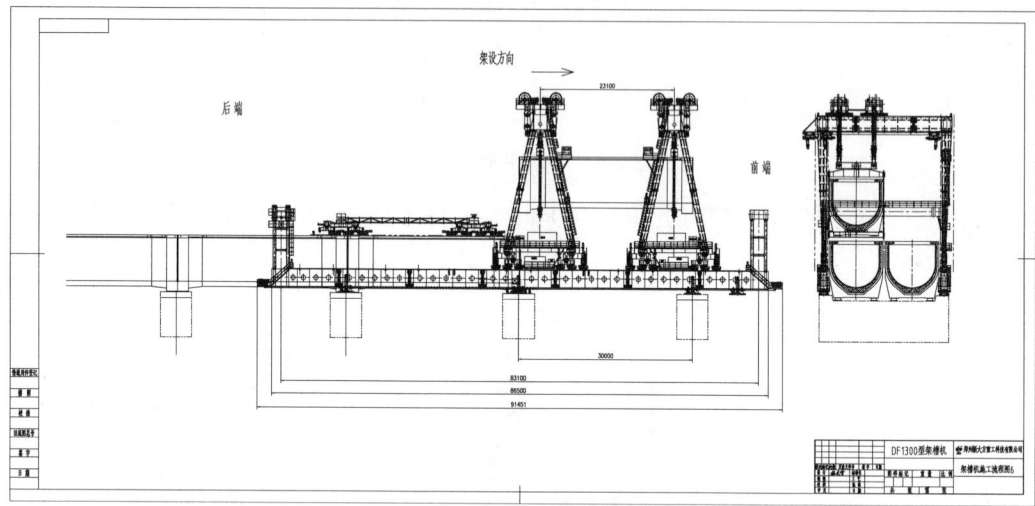

图 2-9　架槽机架槽步骤 2

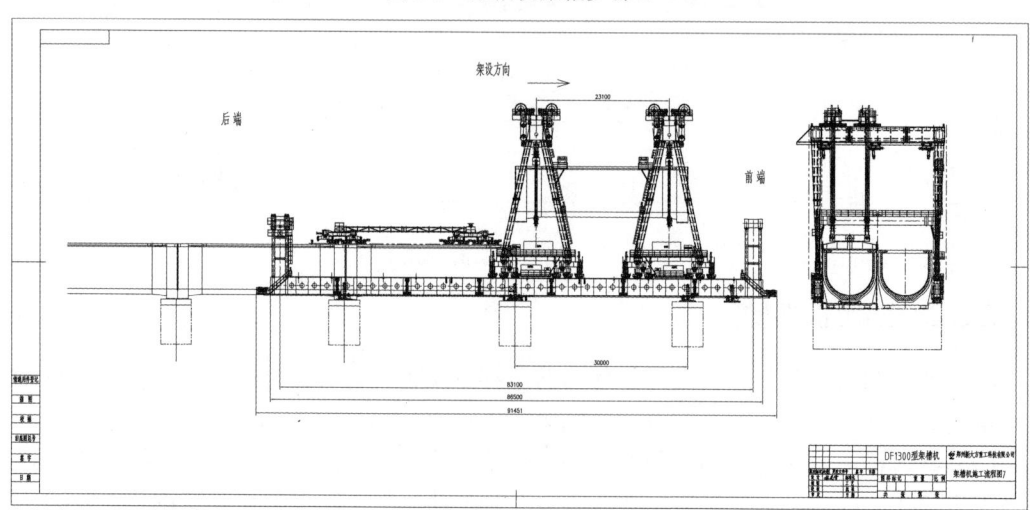

图 2-10　架槽机架槽步骤 3

2.3.3 吊具下扁担梁的拆卸

（1）2号电动葫芦和3号电动葫芦上的钢丝绳下落到吊具下扁担梁上，通过卸扣将钢丝绳与吊具下扁担梁连接好后，两端同时向上提升吊具下扁担梁，使吊杆能够脱离吊具下扁担梁。这是吊具下扁担梁的拆卸步骤1，如图2-11所示。

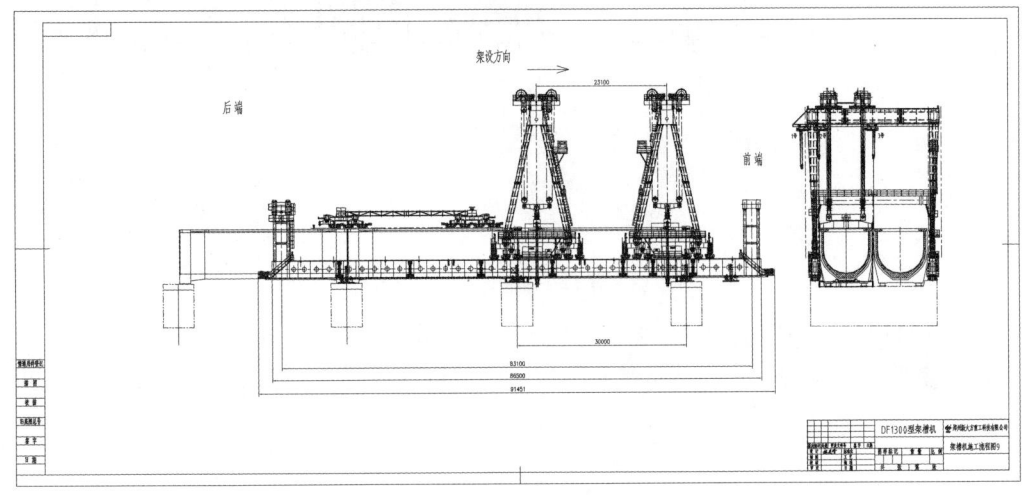

图 2-11 吊具下扁担梁的拆卸步骤1

（2）2号电动葫芦和3号电动葫芦的钢丝绳提着吊具下扁担梁继续下落一段距离，1号电动葫芦的钢丝绳下落并与吊具下扁担梁连接好。这是吊具下扁担梁的拆卸步骤2，如图2-12所示。

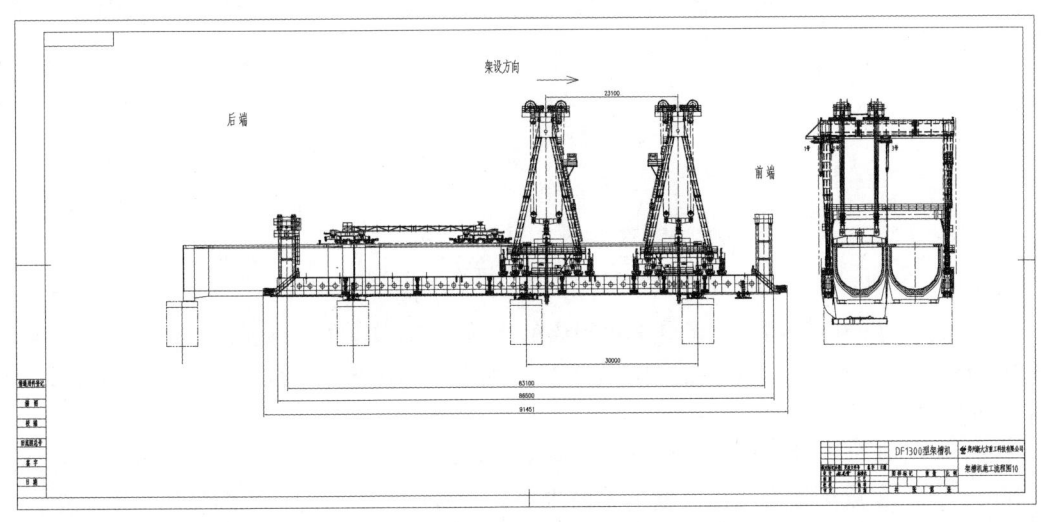

图 2-12 吊具下扁担梁的拆卸步骤2

（3）把2号电动葫芦的钢丝绳解开，将钢丝绳移到吊具下扁担靠近支座的吊点耳板上，并连接好两者。这是吊具下扁担梁的拆卸步骤3，如图2-13所示。

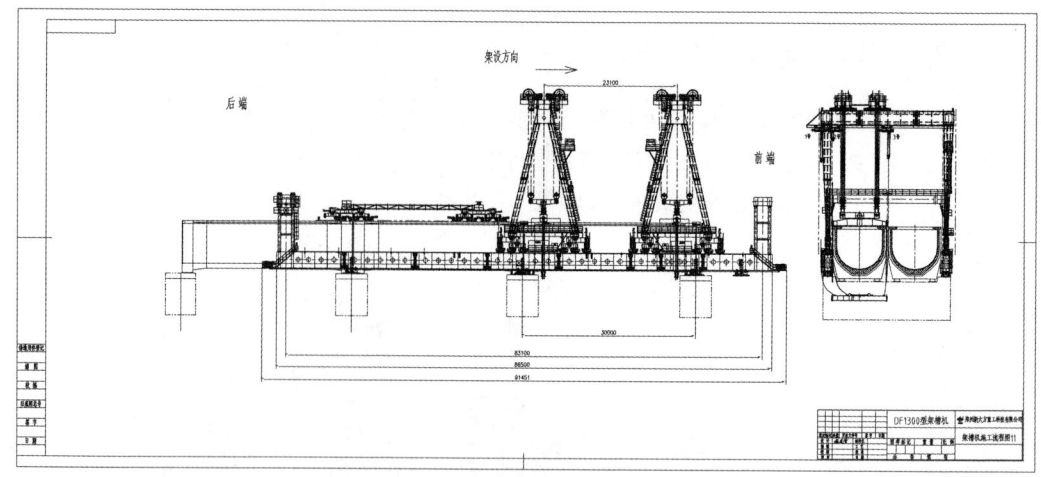

图 2-13　吊具下扁担梁的拆卸步骤 3

（4）1 号电动葫芦向上提升，2 号电动葫芦保持静止，3 号电动葫芦落绳，直到 3 号电动葫芦的钢丝绳不受力为止。这是吊具下扁担梁的拆卸步骤 4，如图 2-14 所示。

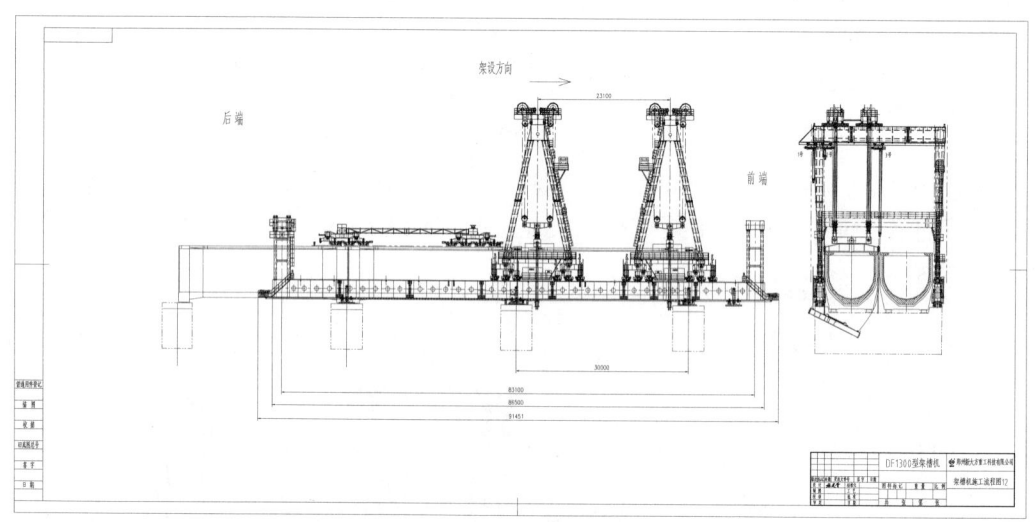

图 2-14　吊具下扁担梁的拆卸步骤 4

（5）解开 3 号电动葫芦与吊具下扁担梁的连接卸扣，1 号电动葫芦保持静止，2 号电动葫芦落绳，直到 2 号电动葫芦的钢丝绳不受力为止。这是吊具下扁担梁的拆卸步骤 5，如图 2-15 所示。

（6）解开 2 号电动葫芦与下扁担梁的连接卸扣，1 号电动葫芦提着吊具下扁担梁上升，直到吊具下扁担梁下表面高出渡槽上表面为止。2 号电动葫芦的钢丝绳与吊具下扁担梁另一段连接，升降机构横向移动到门式起重机的另一端。这是吊具下扁担梁的拆卸步骤 6，如图 2-16 所示。

（7）2 号电动葫芦上升，1 号电动葫芦下落，同时 2 号电动葫芦横向移动，直到吊具下扁担梁到达水平位置时为止。这是吊具下扁担梁的拆卸步骤 7，如图 2-17 所示。

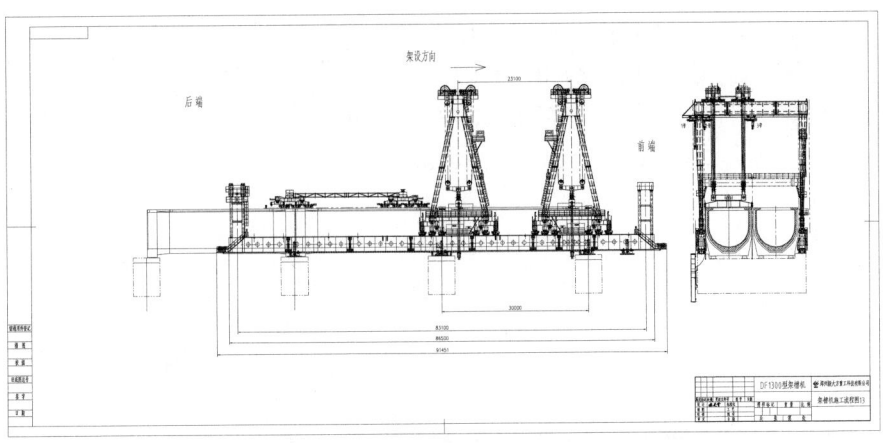

图 2-15 架吊具下扁担梁的拆卸步骤 5

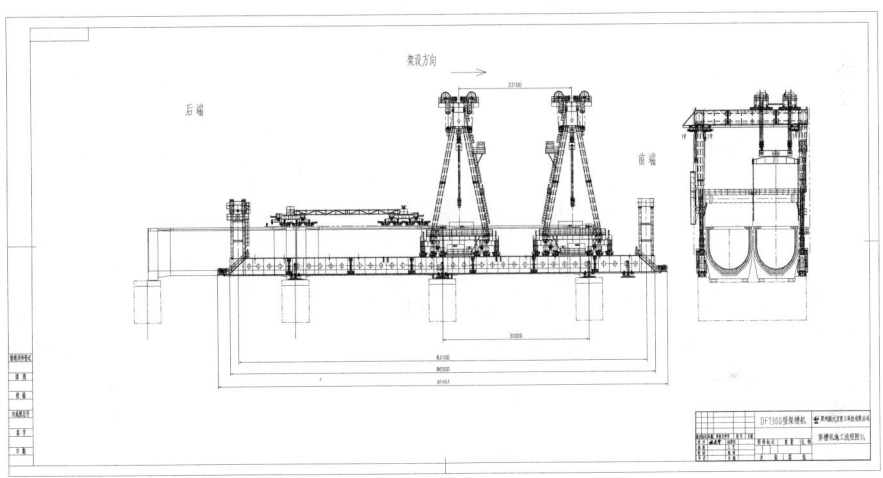

图 2-16 吊具下扁担梁的拆卸步骤 6

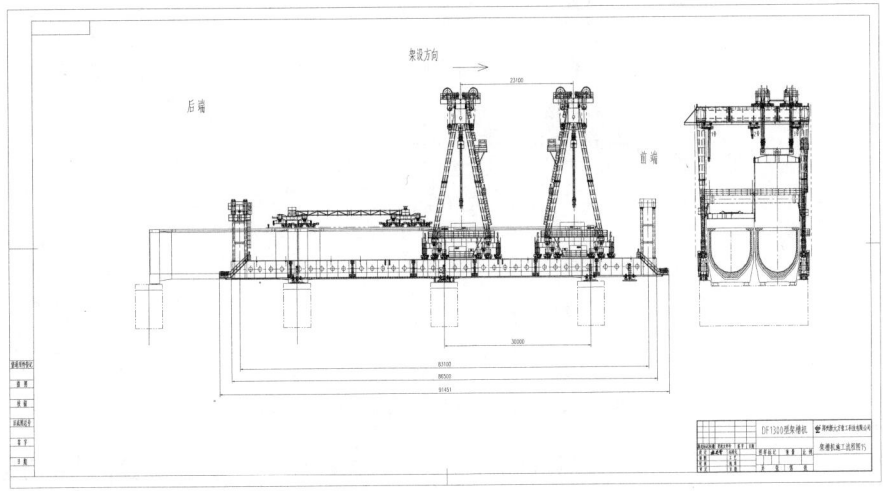

图 2-17 吊具下扁担梁的拆卸步骤 7

(8) 1号电动葫芦和2号电动葫芦同时下落,把吊具下扁担梁放到渡槽上。解开2号电动葫芦与吊具下扁担梁的连接卸扣,升降机构与吊具整体横向移动到吊具下扁担梁的正上方。这是吊具下扁担梁的拆卸步骤8,如图2-18所示。

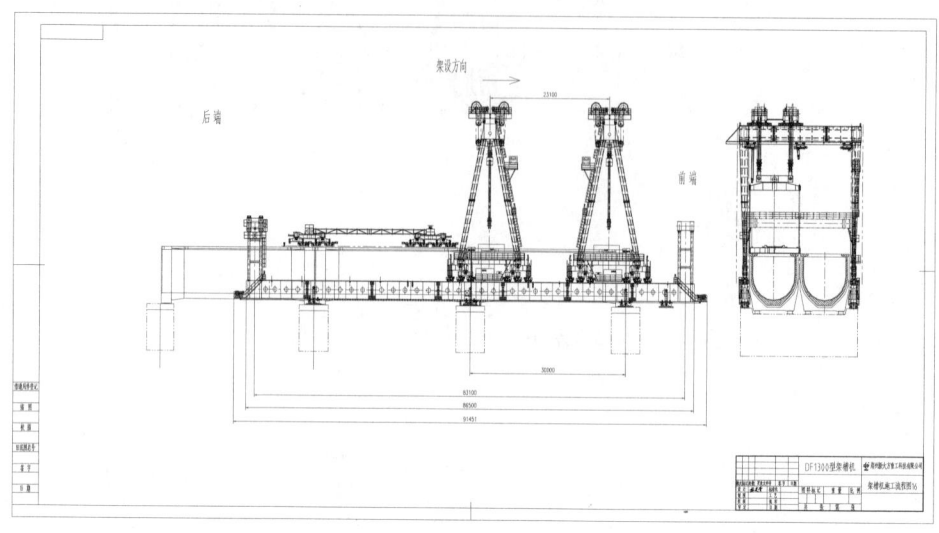

图2-18 吊具下扁担梁的拆卸步骤8

(9) 2号电动葫芦在吊具另一端与吊具下扁担梁连接好,1号电动葫芦和2号电动葫芦同时提升,把吊具下扁担梁抬起。之后与升降机构及吊具整体横向移动到位于门式起重机正中间的运槽车上方,把吊具下扁担梁放在运槽车上。这是吊具下扁担梁的拆卸步骤9,如图2-19所示。

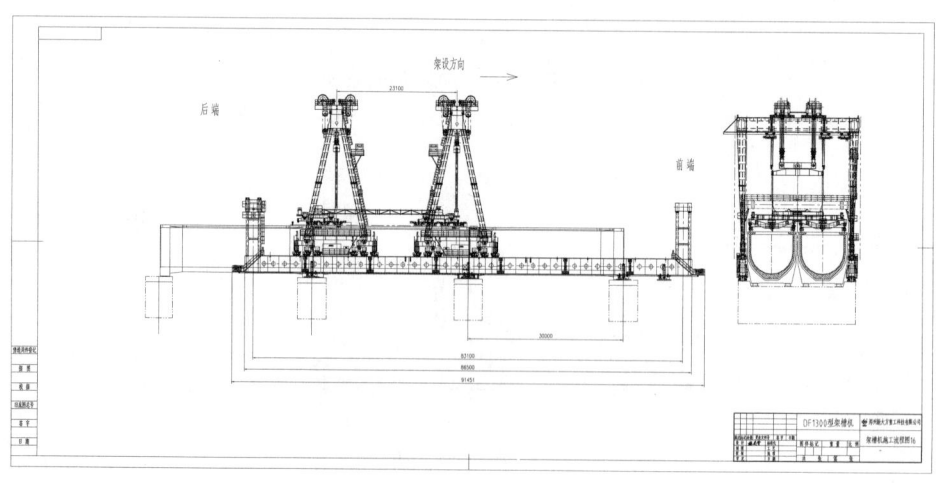

图2-19 吊具下扁担梁的拆卸步骤9

以上工作完成后,运槽车可以返回制槽场。两台架槽门式起重机运行到喂槽位置,按上面的步骤架设第二榀渡槽。

2.3.4 架槽机的过孔工序

(1) 两台门式起重机往导梁中间靠拢,将门式起重机走行机构上的固定孔对准导梁上的固定孔,用钢拉杆把导梁和两台门式起重机的走行机构分别固定好。这是架槽机的过孔工序 1,如图 2-20 所示。

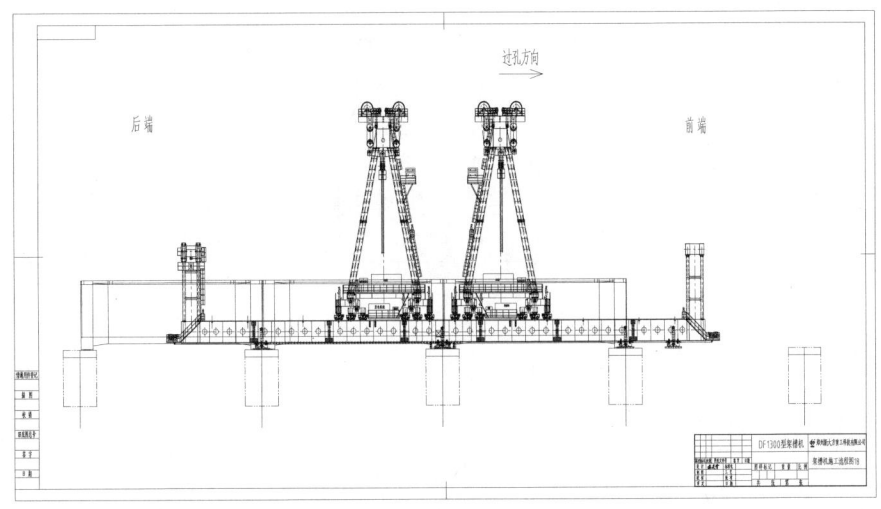

图 2-20　架槽机的过孔工序 1

(2) 启动导梁顶推(横向推动)油缸,在导梁沿过孔方向,向前移动 1m 后,拔下顶推油缸活塞杆上的顶推靴的销轴,使顶推油缸活塞收回。然后把顶推靴的销轴与下导梁连接好,重复顶推过孔步骤,直到导梁后端快要脱离支撑座为止。把转换顶组件和顶升(纵向推动)油缸安装在导梁后端的槽墩上,顶起下导梁,把最后面的支撑座拆掉并将其吊挂在导梁上。这是架槽机的过孔工序 2,如图 2-21 所示。

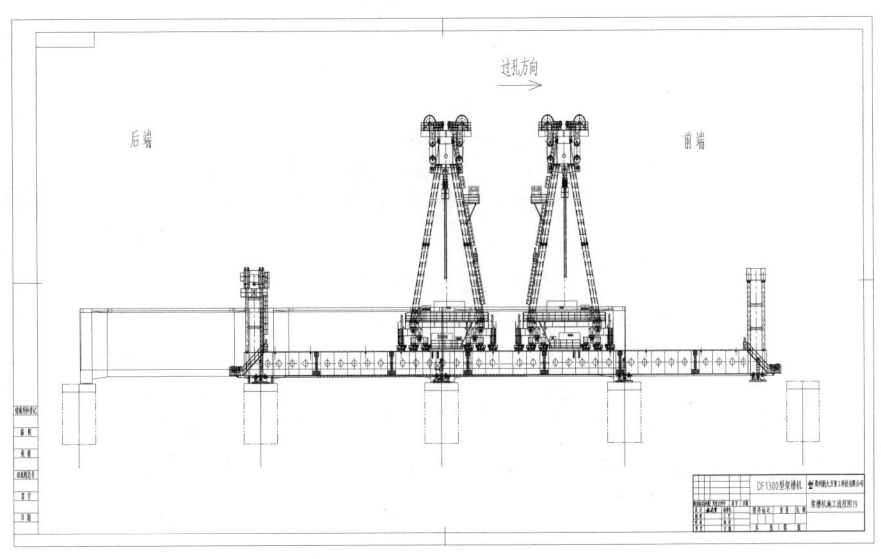

图 2-21　架槽机的过孔工序 2

（3）继续启动导梁顶推油缸,按上一步骤直到把导梁前端推上槽墩为止。这是架槽机的过孔工序3,如图2-22所示。

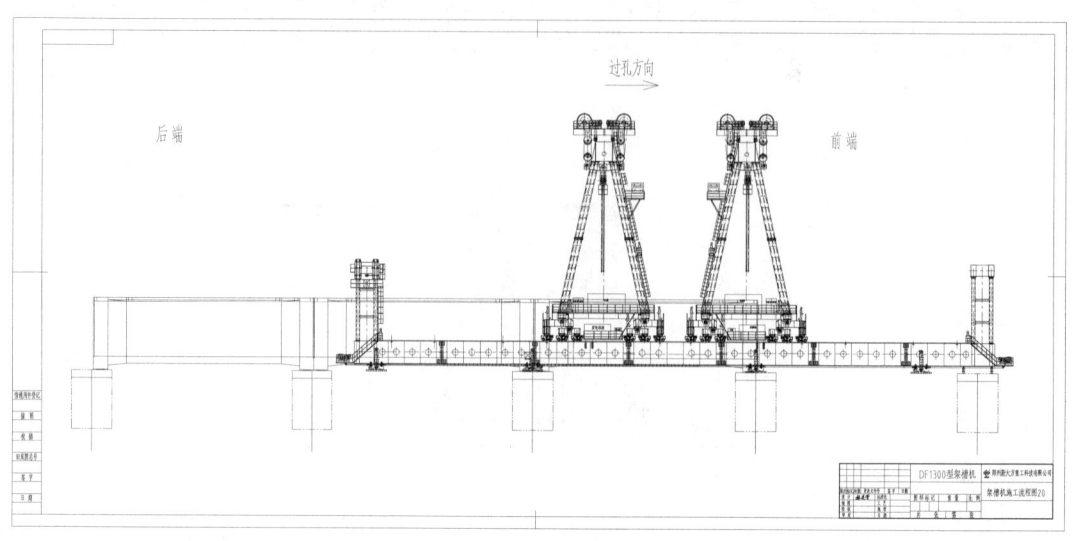

图2-22　架槽机的过孔工序3

（4）把转换顶组件和顶升油缸安装在导梁最前端的槽墩上,顶起下导梁,把最前面的支撑座安装在槽墩上。这是架槽机的过孔工序4,如图2-23所示。

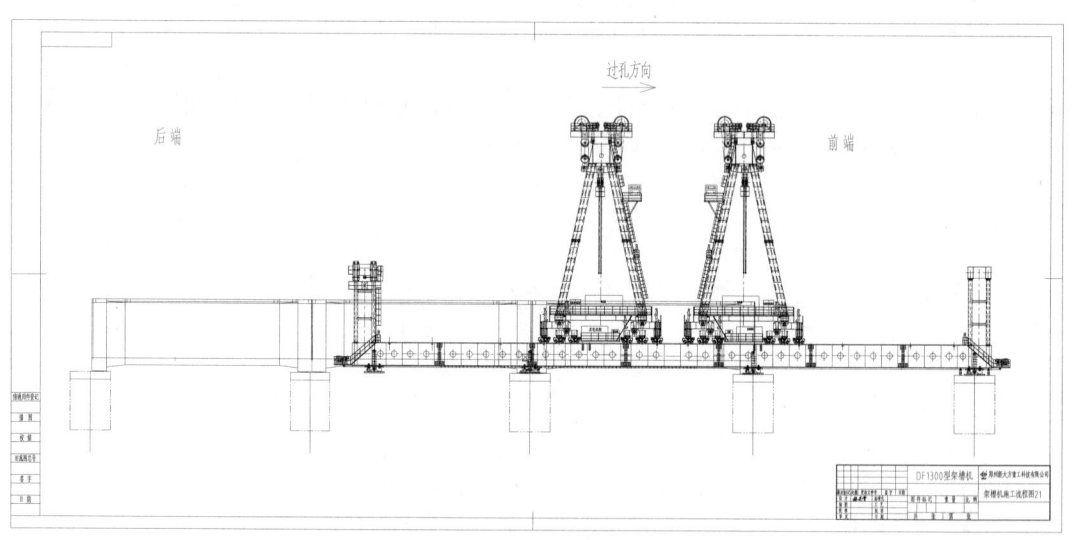

图2-23　架槽机的过孔工序4

（5）按上述顶推导梁的步骤继续操作,直到架槽机到位为止。这是架槽机的过孔工序5,如图2-24所示。

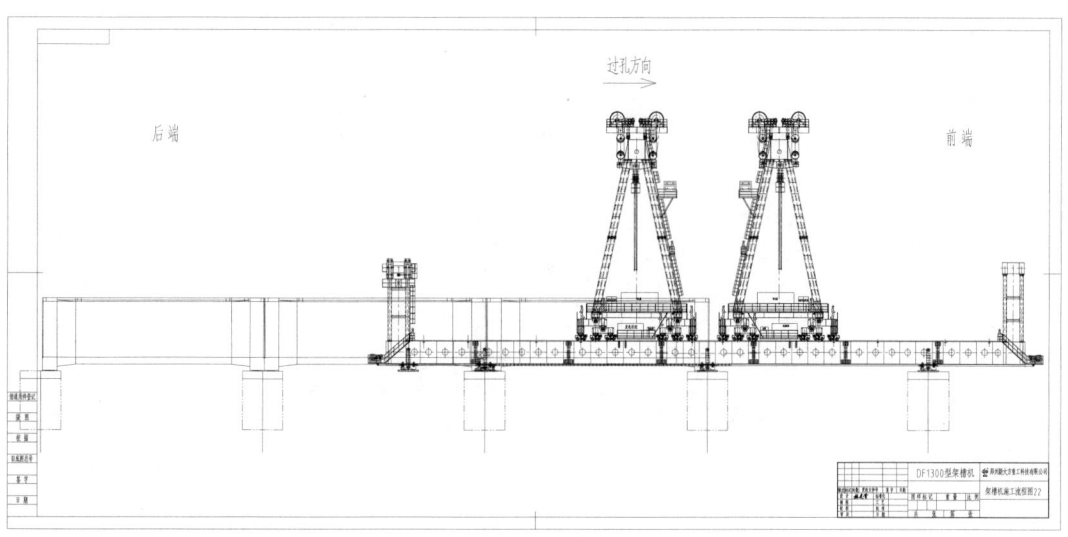

图 2-24 架槽机的过孔工序 5

2.3.5 支撑座倒换工序

(1) 把转换顶组件和顶升油缸安装在 3 号支撑座的后端,顶起下导梁,把 3 号支撑座拆掉并把它拖离其槽墩。这是支撑座倒换工序 1,如图 2-25 所示。

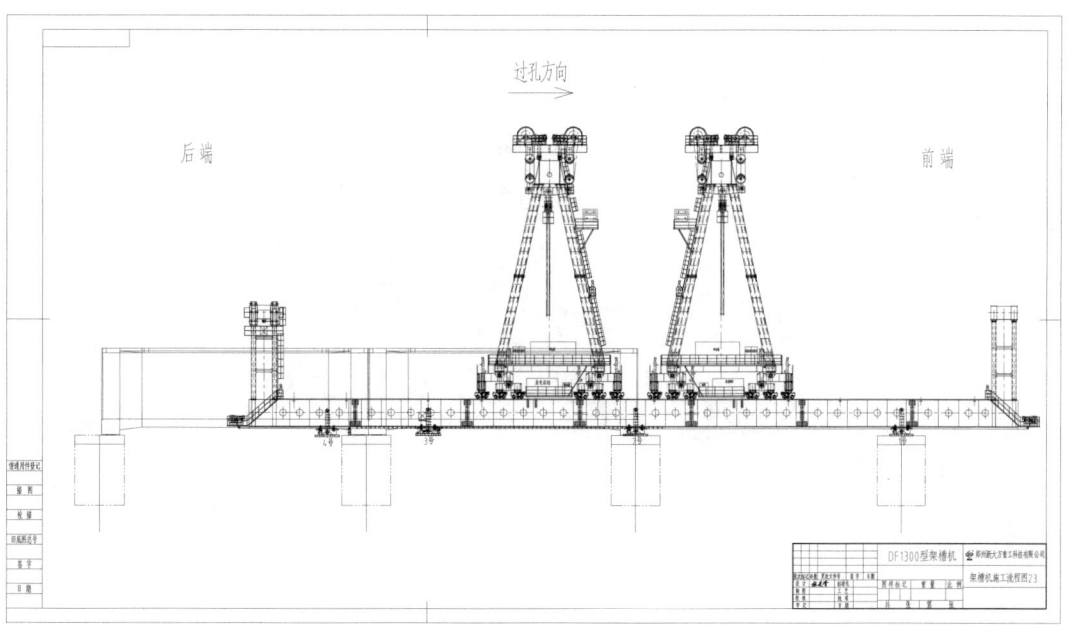

图 2-25 支撑座倒换工序 1

(2) 把另一组转换顶组件和顶升油缸安装在原 3 号支撑座的前端,顶起下导梁后把原 3 号支撑座后端的转换顶组件和顶升油缸拆除。这是支撑座倒换工序 2,如图 2-26 所示。

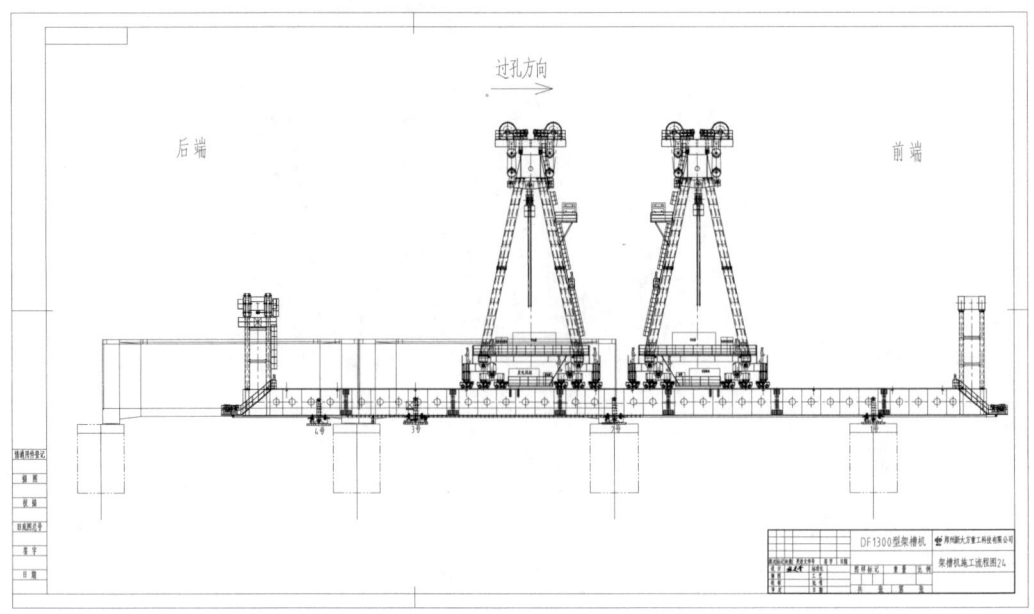

图 2-26　支撑座倒换工序 2

（3）把 4 号支撑座拖入槽墩，对好位置后将其固定。这是支撑座倒换工序 3，如图 2-27 所示。

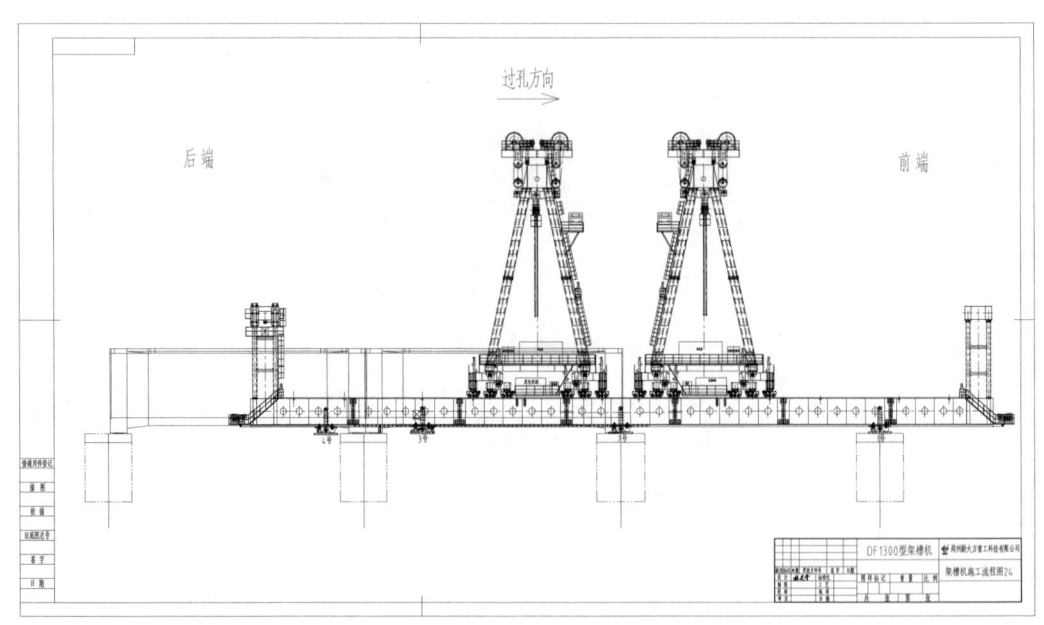

图 2-27　支撑座倒换工序 3

（4）拆除 4 号支撑座前端的转换顶组件和顶升油缸，使导梁落在 4 号支撑座上。把 3 号支撑座拖到 2 号支撑座的附近，准备下一个槽墩上的支撑座倒换工序。这是支撑座倒换工序 4，如图 2-28 所示。

第2章 超大型水利渡槽的吊装、运输和架设施工工艺

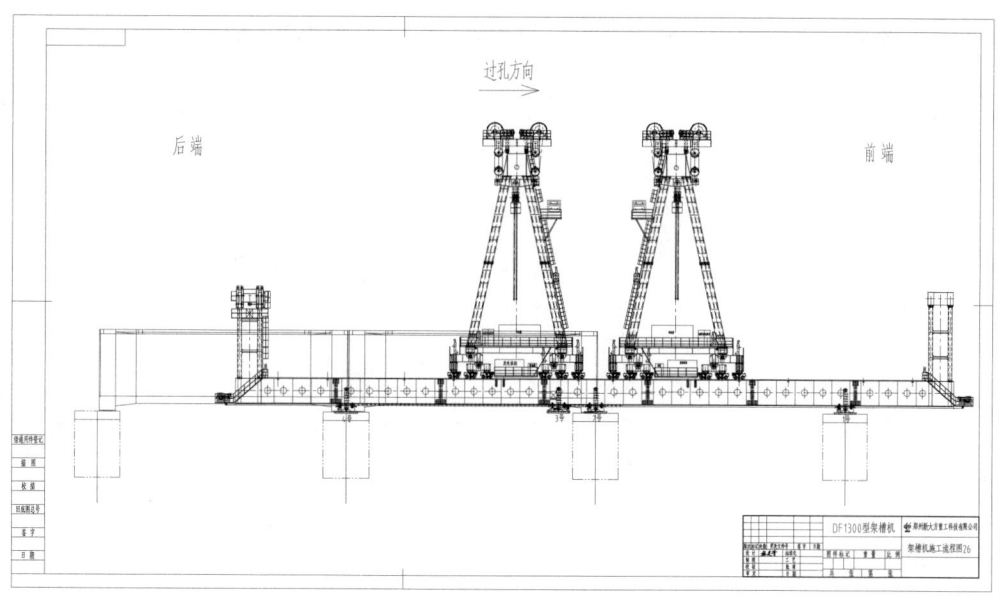

图 2-28 支撑座倒换工序 4

通过以上步骤完成一个槽墩上的支撑座的倒换工作，其余两个槽墩上的支撑座倒换工作按照以上步骤逐一完成。

2.4 驮运架槽机返回制槽场后的工序

2.4.1 驮运前架槽机的拆解

（1）架槽机架完最后一榀渡槽后，架槽机需要整体返回到制槽场。图 2-29 为架槽机架完最后一榀渡槽后的状况。

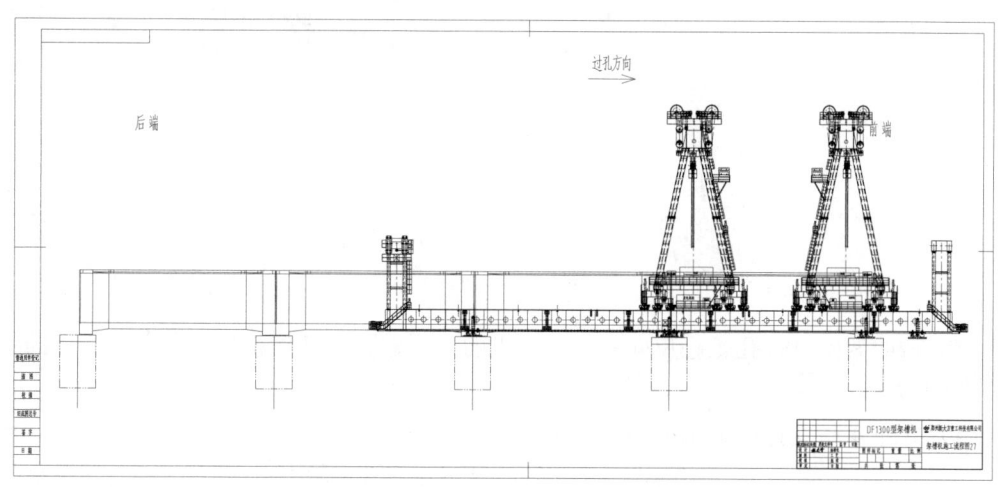

图 2-29 架槽机架完最后一榀渡槽后的状况

（2）将架槽机上的两台门式起重机与导梁固定好，如图2-30所示。

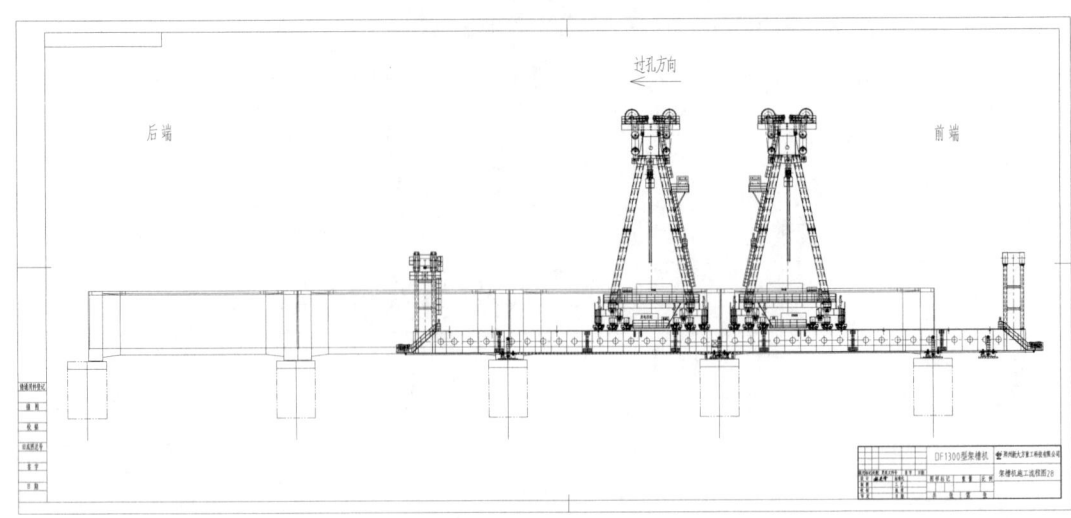

图2-30　将架槽机上的两台门式起重机与导梁固定好

（3）按照支撑座倒换工序完成支撑座由前向后的倒换工作，架槽机倒换完成支撑座后的状况如图2-31所示。

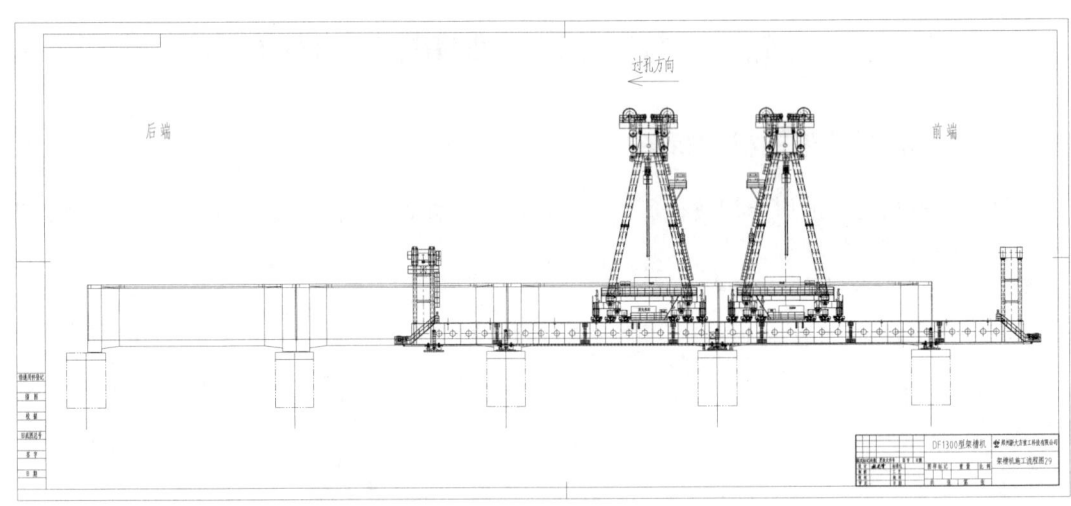

图2-31　架槽机倒换完成支撑座后的状况

（4）按照架槽机过孔工序反向完成架槽机的一次过孔，架槽机反向过孔完成后的状况如图2-32所示。

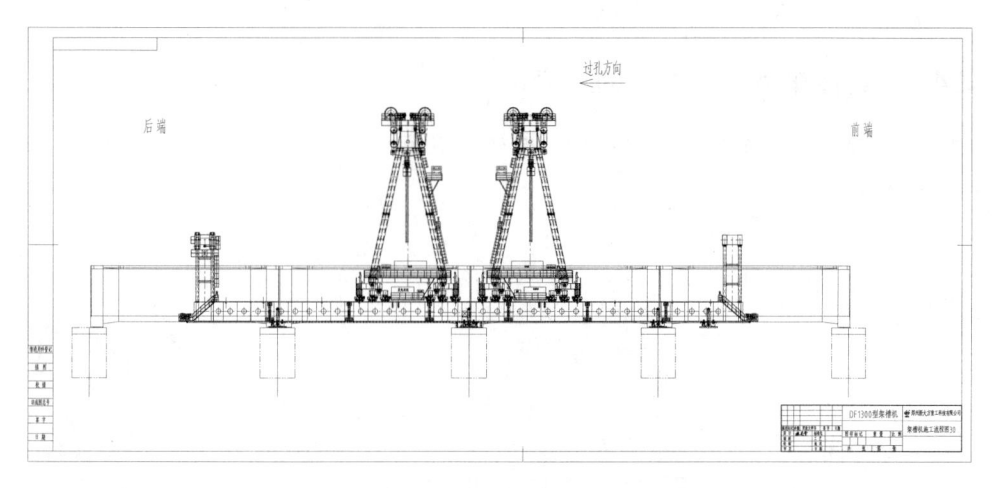

图 2-32 架槽机反向过孔完成后的状况

2.4.2 运槽车在驮运架槽机前的拆解

(1) 拆除组成运槽车的两辆台车之间的连接梁和控制电缆线。拆除连接梁后的运槽车状况如图 2-33 所示。

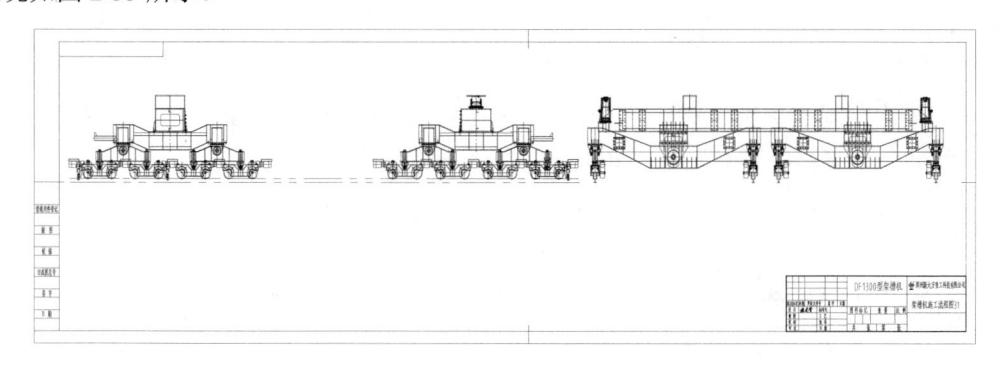

图 2-33 拆除连接梁后的运槽车状况

(2) 当渡槽高度为 9.2m 时（如沙河渡槽高度），需要在运槽车支撑梁两侧的支撑油缸的下面架一个 400mm 高的增高节（图号 DY1300-01.08.02 垫块），如图 2-34 所示。

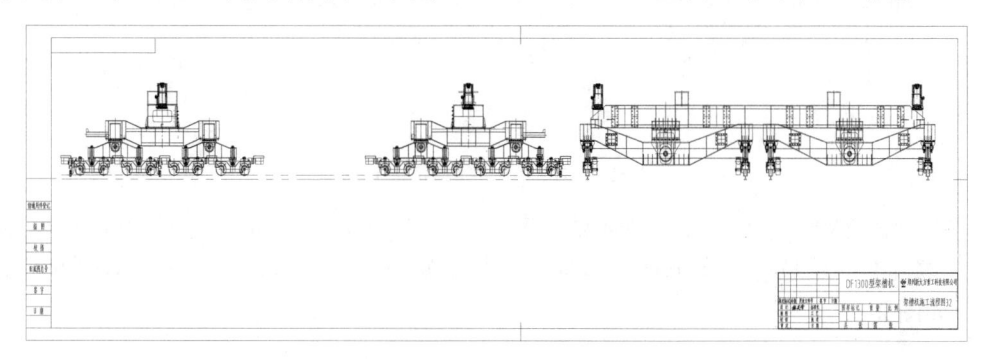

图 2-34 架一个 400mm 高的增高节

2.4.3 运槽车驮运架槽机的工序

(1) 将两辆运槽车分别行驶到前后联系架的下面。这是运槽车驮运架槽机的工序 1,如图 2-35 所示。

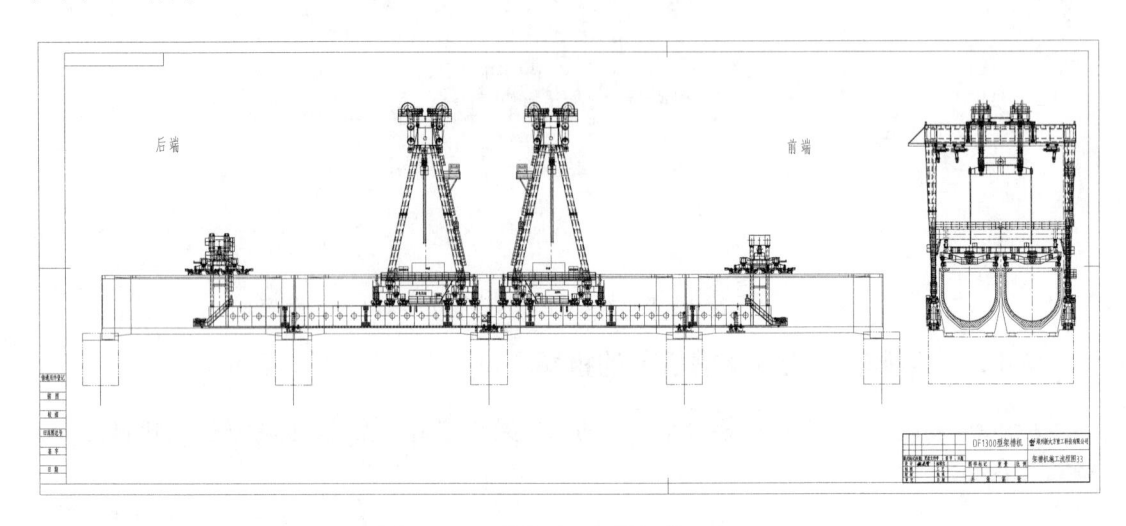

图 2-35 运槽车驮运架槽机的工序 1

(2) 两台门式起重机分别行驶到前后联系架的附近,分别与导梁固定好。这是运槽车驮运架槽机的工序 2,如图 2-36 所示。

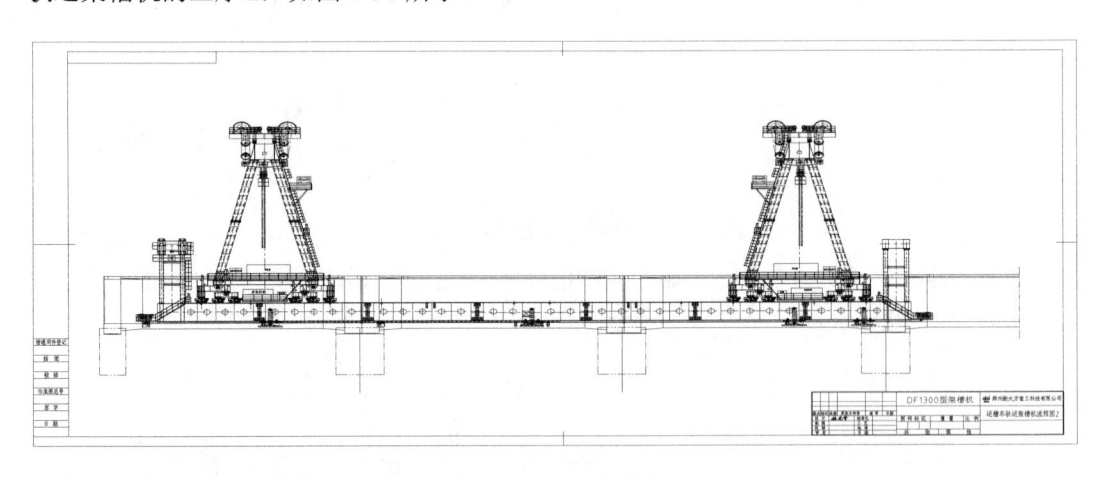

图 2-36 运槽车驮运架槽机的工序 2

(3) 两辆运槽车的台车上的支撑油缸工作,顶升 250～270mm,把架槽机顶起,使之脱离槽墩,然后用拉杆分别把运槽车与前后联系架固定好。这是运槽车驮运架槽机的工序 3,如图 2-37 所示。

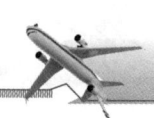

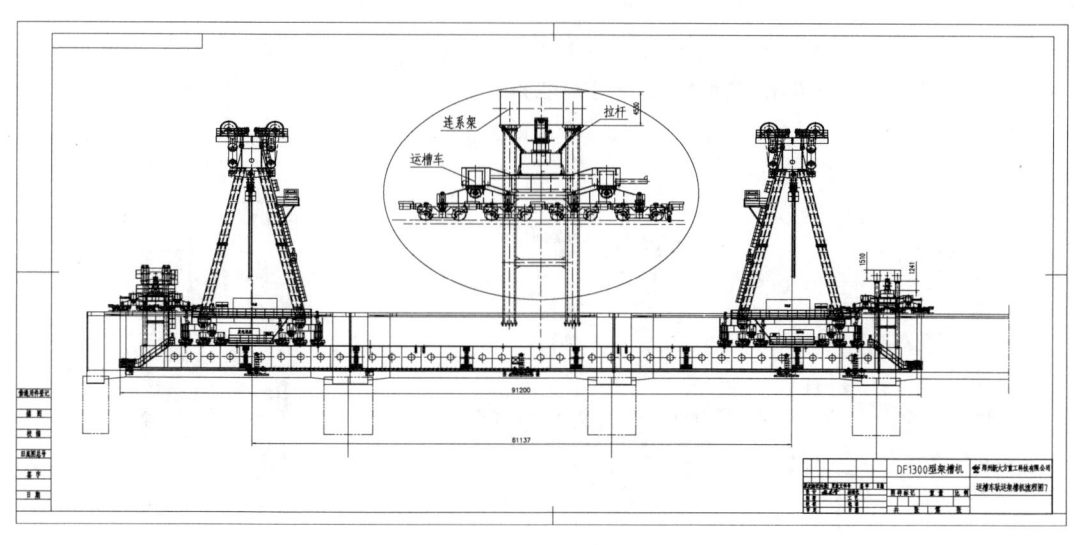

图 2-37 运槽车驮运架槽机的工序 3

2.5 架槽机整体转线工序

2.5.1 提槽机在架槽机整体转线前的拆解

（1）拆除提槽机升降机构之间的连接梁及其辆台车之间的控制电缆线，使其两辆台车各自独立，拆除吊具部件十字销轴拉板以下所有的零部件。这是提槽机在架槽机整体转线前的准备状况之一，如图 2-38 所示。

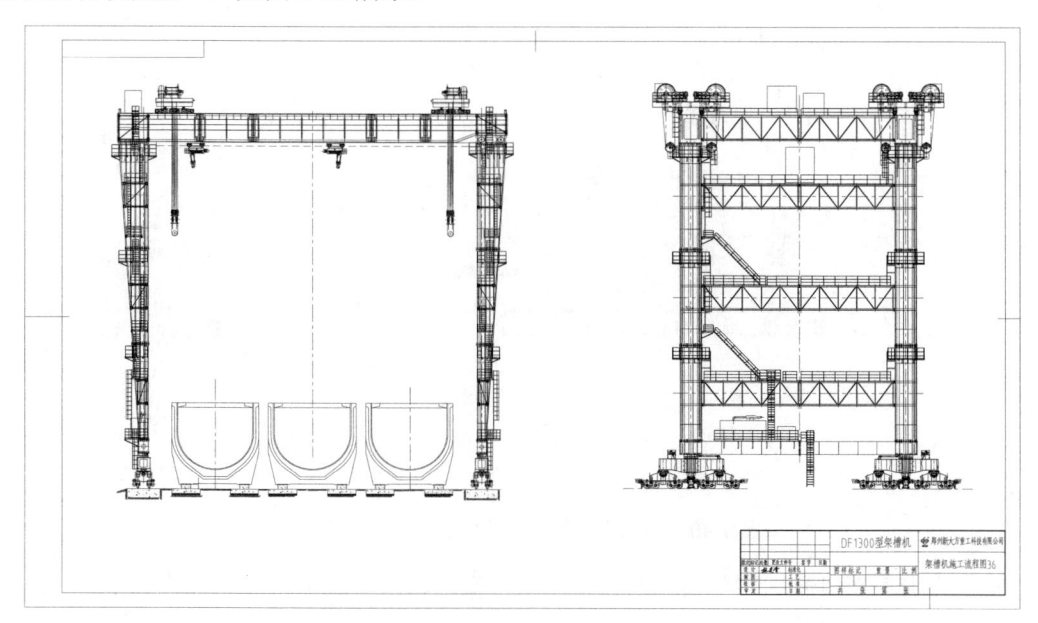

图 2-38 提槽机在架槽机整体转线前的准备状况之一

（2）将提槽机纵向移动到已架设好的渡槽处，将两个升降机构横向移动到架槽机导梁的上面。这是提槽机在架槽机整体转线前的准备状况之二，如图2-39所示。

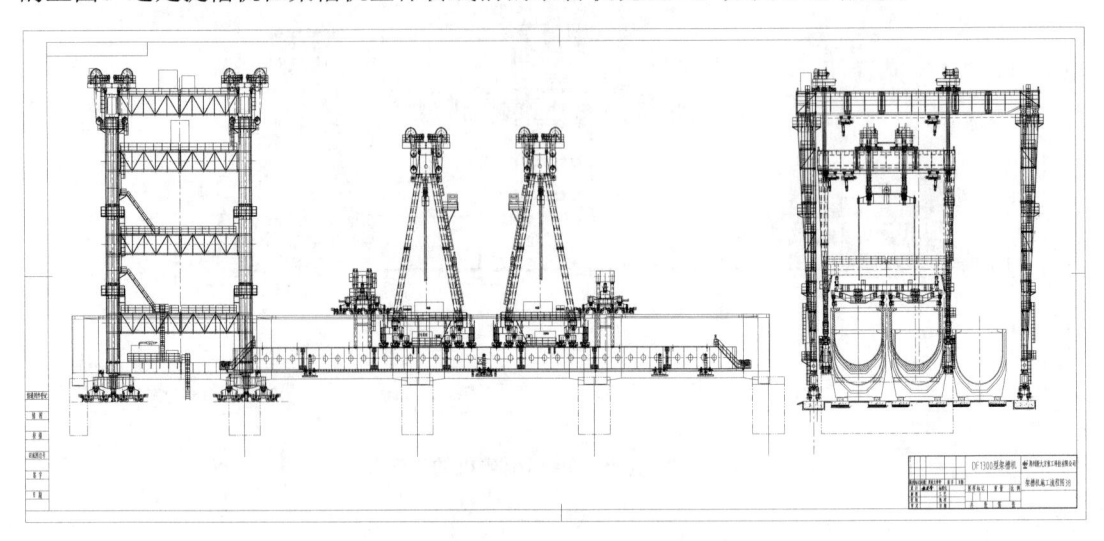

图2-39　提槽机在架槽机整体转线前的准备状况之二

2.5.2　架槽机在整体转线前的拆解

（1）架槽机被驮运到制槽场后，首先要拆除其主梁端头上的电动葫芦轨道拉杆机构，其次拆除前后联系架与导梁的连接螺栓。这是架槽机在整体转线前的准备状况之一，如图2-40所示。

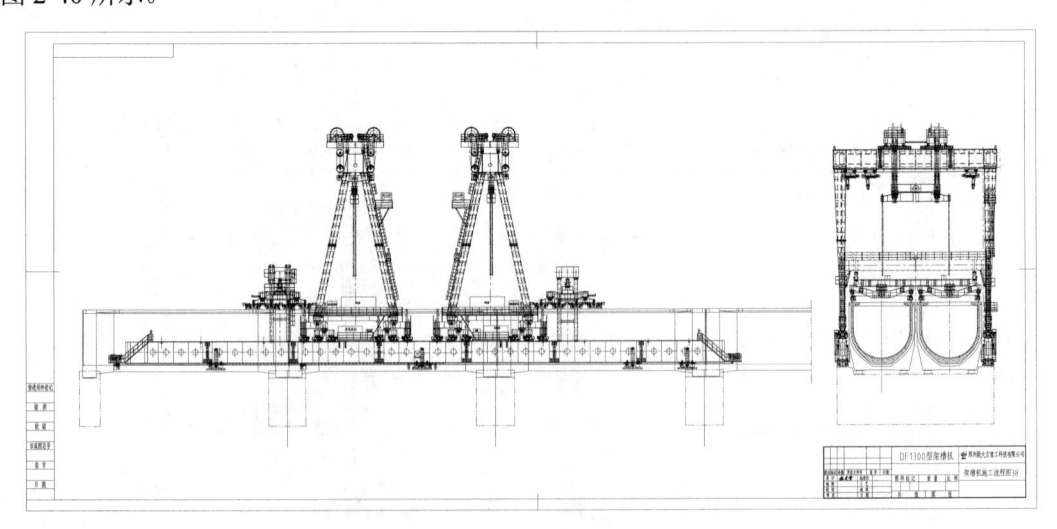

图2-40　架槽机在整体转线前的准备状况之一

（2）两辆台车分别驮运前后联系架驶入架槽机两端的安装位置，用螺栓把前后联系架与导梁分别固定好，然后运槽台车驶离架槽机。这是架槽机在整体转线前的准备状况之二，如图2-41所示。

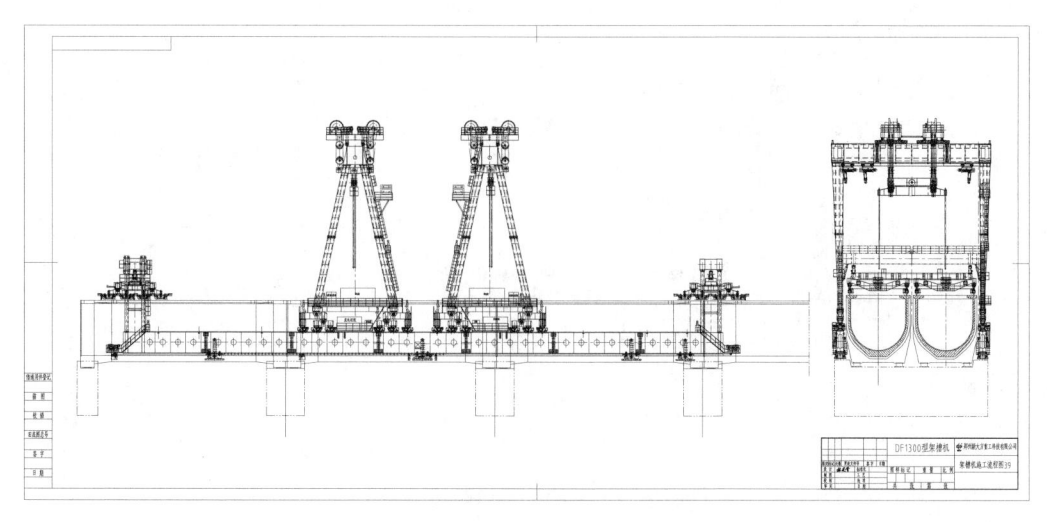

图 2-41　架槽机在整体转线前的准备状况之二

（3）拆除两台门式起重机与导梁的连接螺栓，两台门式起重机分别往架槽机的两端移动一段距离，使两台门式起重机的中心距为 49.405m。然后把这两台门式起重机分别用钢拉杆与主梁固定在一起。这是架槽机在整体转线前的准备状况之三，如图 2-42 所示。

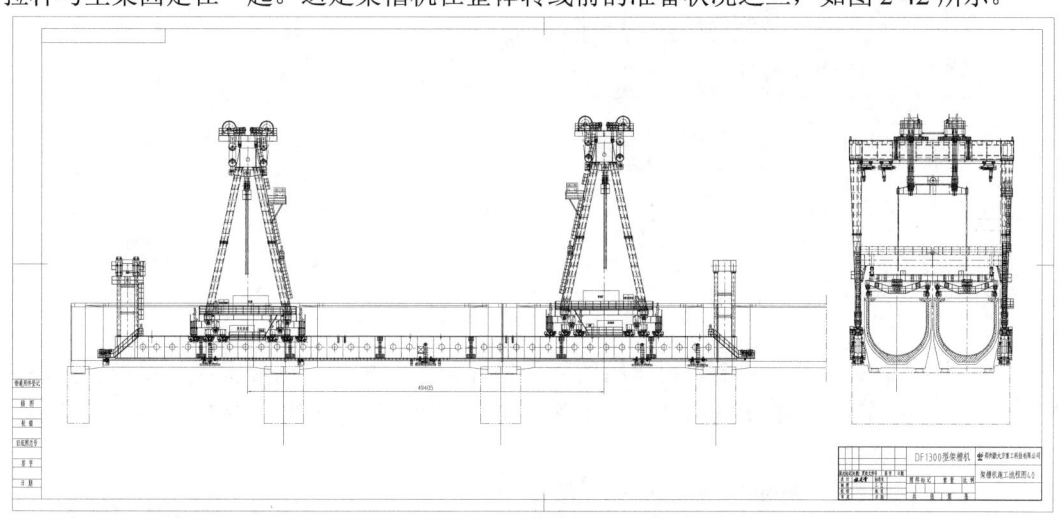

图 2-42　架槽机在整体转线前的准备状况之三

2.5.3　架槽机整体转线工序

（1）将提槽机行驶到架槽机的两辆台车中间位置，换上专用吊具。把吊杆插入导梁的专用吊孔中，与四组吊具连接好，然后启动升降机构，把架槽机提起直到其底部超过渡槽顶面为止。这是架槽机整体转线工序 1，如图 2-43 所示。

（2）提槽机提着架槽机行驶到制槽场的转向区，到达转向位置后停止。这是架槽机整体转线工序 2，如图 2-44 所示。

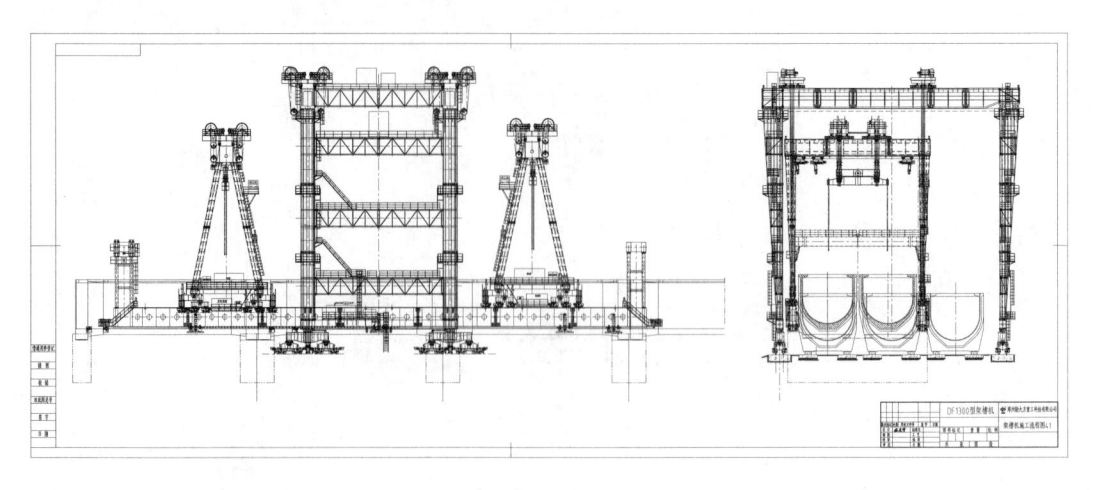

图 2-43 架槽机整体转线工序 1

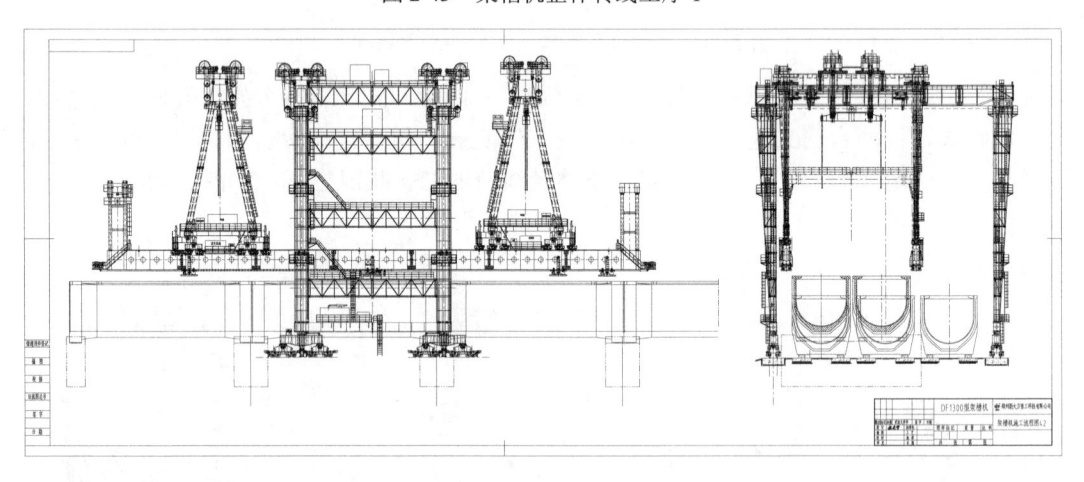

图 2-44 架槽机整体转线工序 2

（3）提槽机支腿顶升油缸将提槽机的支腿顶起，走行机构与回转支撑装置在转向油缸的顶推下旋转 90°，对准横向移动轨道下落。这是架槽机整体转线工序 3，如图 2-45 所示。

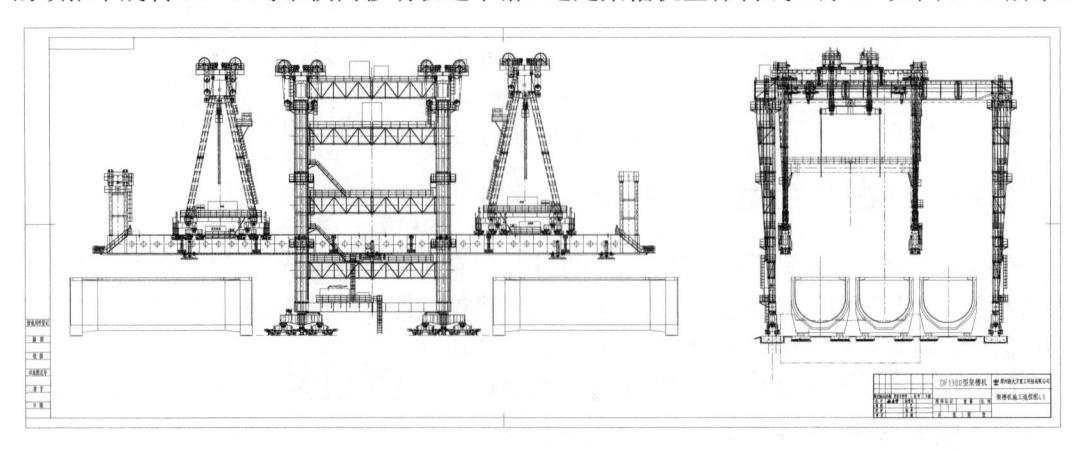

图 2-45 架槽机整体转线工序 3

（4）提槽机横向移动到下一个纵向移动轨道上。按照上一道工序的步骤再把走行机构与回转支撑装置反向旋转 90°。这是架槽机整体转线工序 4，如图 2-46 所示。

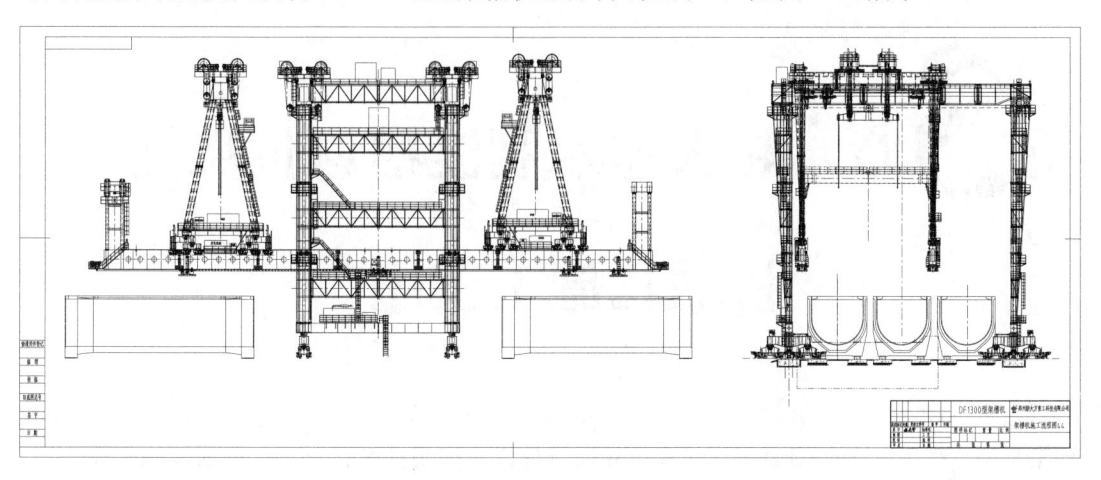

图 2-46　架槽机整体转线工序 4

（5）提槽机纵向移动，把架槽机整体搬运到另一条墩线上后，把架槽机下落到槽墩上。此时，可以拆除专用吊具，换上提槽吊具，按架槽工序换上或拆除其他零部件。这是架槽机整体转线工序 5，如图 2-47 所示。

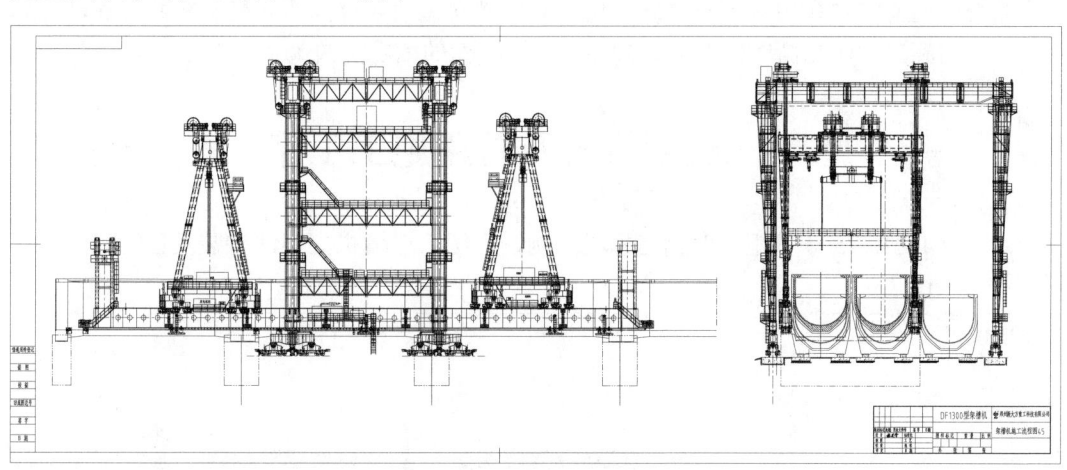

图 2-47　架槽机整体转线工序 5

第3章 超大型水利渡槽原位现浇机械化施工工序

在进行超大型水利渡槽原位现浇前,将造槽机外梁的 1~4 号支腿支撑于墩顶,支撑起外梁框架。在外梁框架侧面安装挑梁,外肋及外模系统吊挂在挑梁上,形成渡槽侧面轮廓,底模铰接在外肋下方。内梁支腿支撑于前方墩顶及后方渡槽底,支撑起内梁。内梁侧面安装内模系统,形成渡槽内腔轮廓。外梁的外模系统及内梁的内模系统组合成一个可以纵向移动的渡槽制造平台,以便进行渡槽的现浇施工。

底模旋转功能开启,外模系统横向移动功能开启,使得底模能够通过槽墩,外梁携带外模系统纵向前移过孔到达下一个施工位;侧模横向移动并合拢,底模旋转并合拢,开始下一个孔的施工。如此循环作业,直到完成所有渡槽的槽身浇筑为止。

3.1 支架拼装及首跨施工工序

本节以 DZ30/2500 型矩形渡槽造槽机为例,介绍该造槽机支架法拼装及首跨施工工序(见图 3-1~图 3-6)。

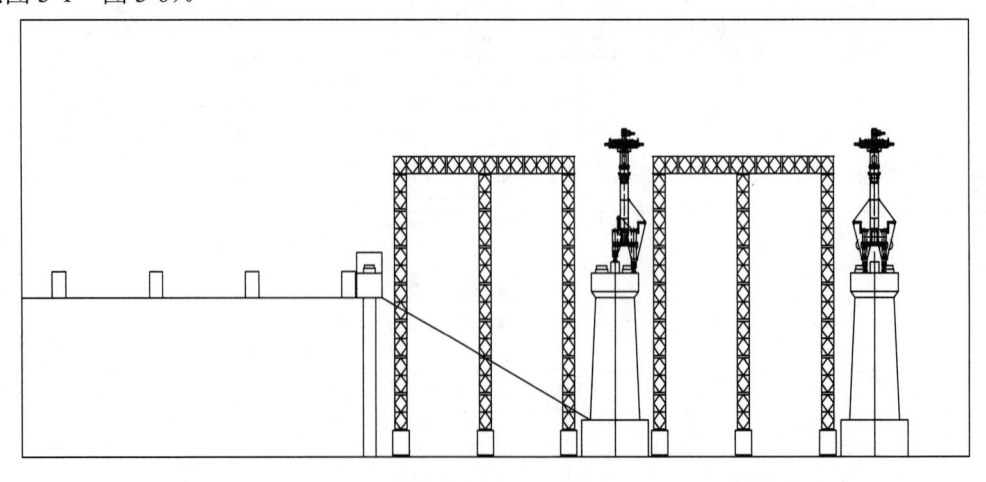

图 3-1 DZ30/2500 型矩形渡槽造槽机支架法拼装及首跨施工工序 1

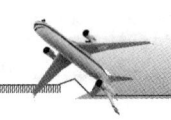

施工工序1：
(1) 在待浇筑跨及前方跨搭设外梁拼装支架。
(2) 在待浇筑跨的前方墩顶安装外梁2号支腿及外梁3号支腿。
施工工序2：在待浇筑跨采用支架法拼装外梁系统。

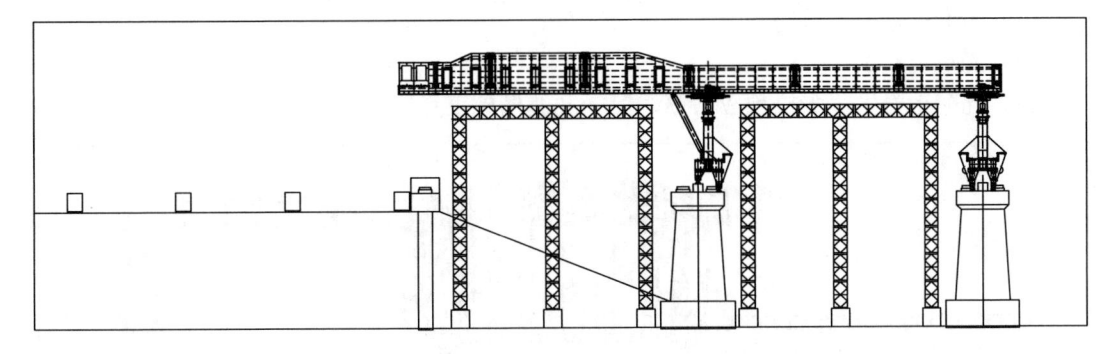

图3-2　DZ30/2500型矩形渡槽造槽机支架法拼装及首跨施工工序2

施工工序3：安装外梁1号支腿、4号支腿和5号支腿。

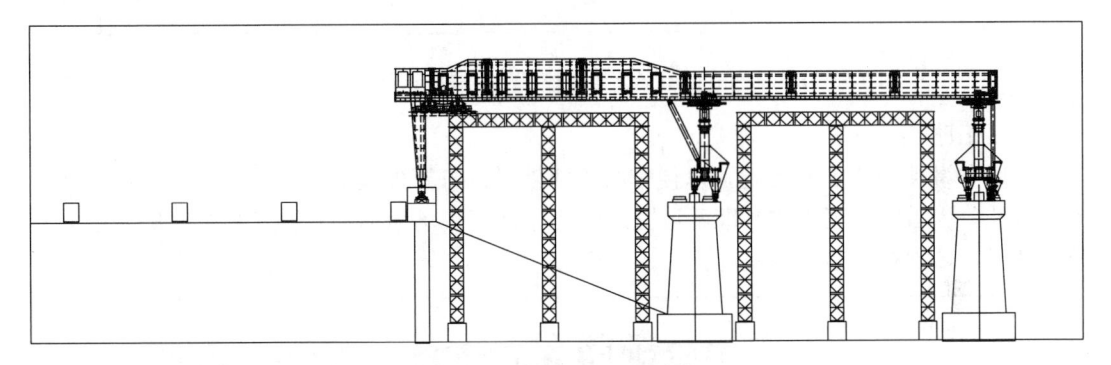

图3-3　DZ30/2500型矩形渡槽造槽机支架法拼装及首跨施工工序3

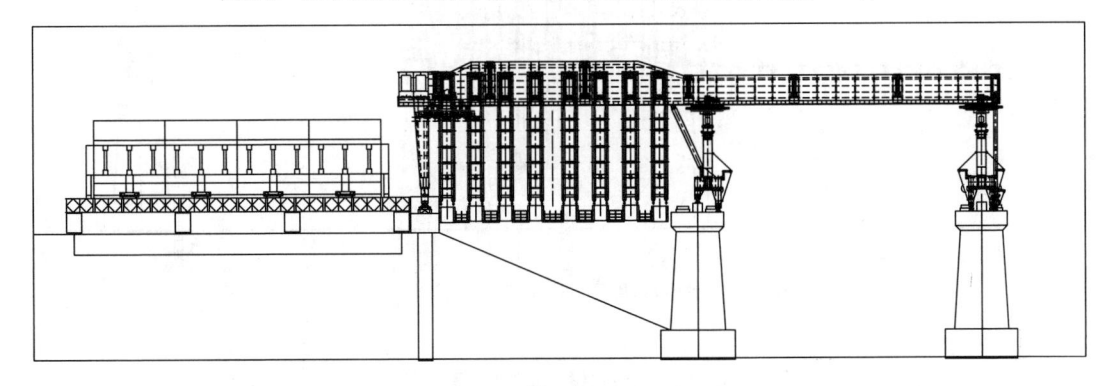

图3-4　DZ30/2500型矩形渡槽造槽机支架法拼装及首跨施工工序4

施工工序4：
(1) 拆除外梁拼装支架，安装外肋及外模系统。
(2) 在待浇跨后方搭设内梁及内模拼装支架。

(3) 对外梁及外模系统加载进行预压检验。

(4) 给外梁及外模系统卸载,绑扎钢筋。

(5) 在后方平台上拼装内梁及内模系统。

施工工序 5:

(1) 内梁携带内模前进到位。

(2) 浇筑混凝土。

(3) 混凝土养生,张拉预应力筋,第一孔渡槽施工完毕。

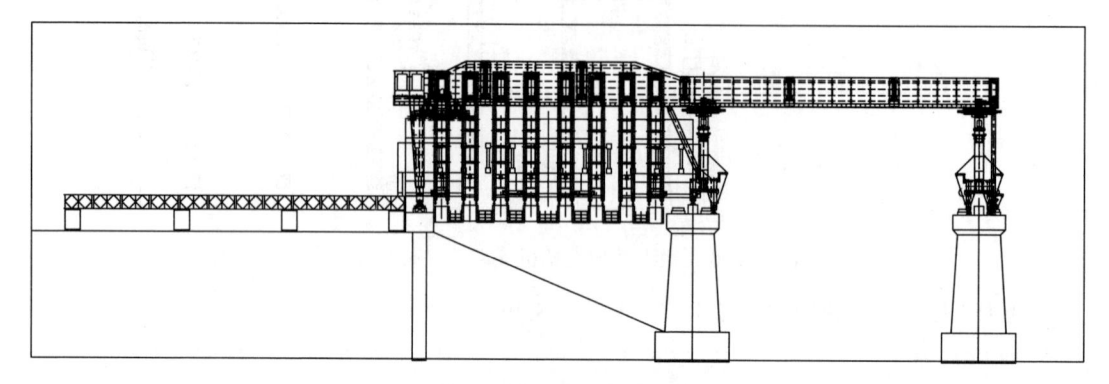

图 3-5　DZ30/2500 型矩形渡槽造槽机支架法拼装及首跨施工工序 5

施工工序 6:

在后方墩顶拼装 5 号支腿,以便临时支撑轨道;打开外模前方的一半外模,准备让造槽机过孔。当首跨施工完成,准备过孔时,为了适应现场地形的需要,将外(底)模分为前后两组,依次打开让造槽机过孔。

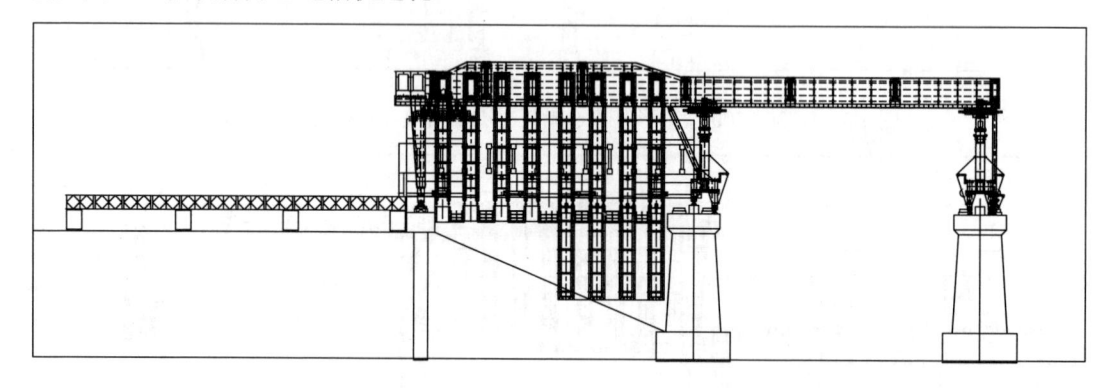

图 3-6　DZ30/2500 型矩形渡槽造槽机支架法拼装及首跨施工工序 6

3.2　标准施工工序

本节仍以 DZ30/2500 型矩形渡槽造槽机为例,介绍标准施工工序。DZ30/2500 型矩形渡槽造槽机的标准施工工序如图 3-7～图 3-12 所示。

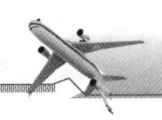

施工工序1：

（1）把外模恢复至施工状态，安装底模中部拉杆。

（2）绑扎底板钢筋和腹板钢筋。

（3）内模系统前进到位并支立，绑扎顶板钢筋，安装顶板拉杆。

（4）浇筑混凝土，混凝土养生，张拉预应力筋。

（5）一跨渡槽施工结束，造槽机准备过孔。

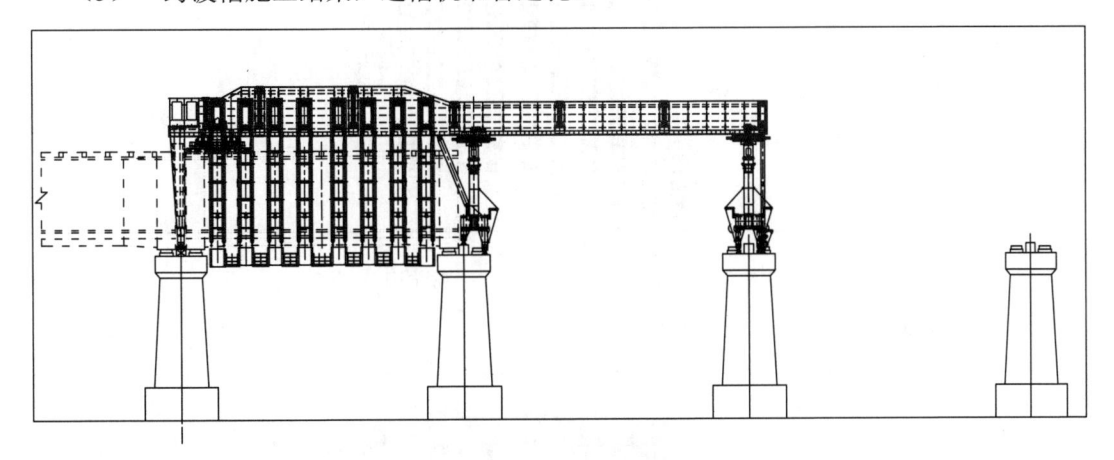

图 3-7　DZ30/2500 型矩形渡槽造槽机施工工序 1

施工工序2：

（1）拆除底模中缝的连接。

（2）底模旋转开启。

（3）侧模携带底模横向移动并开启，使底模让过槽墩。

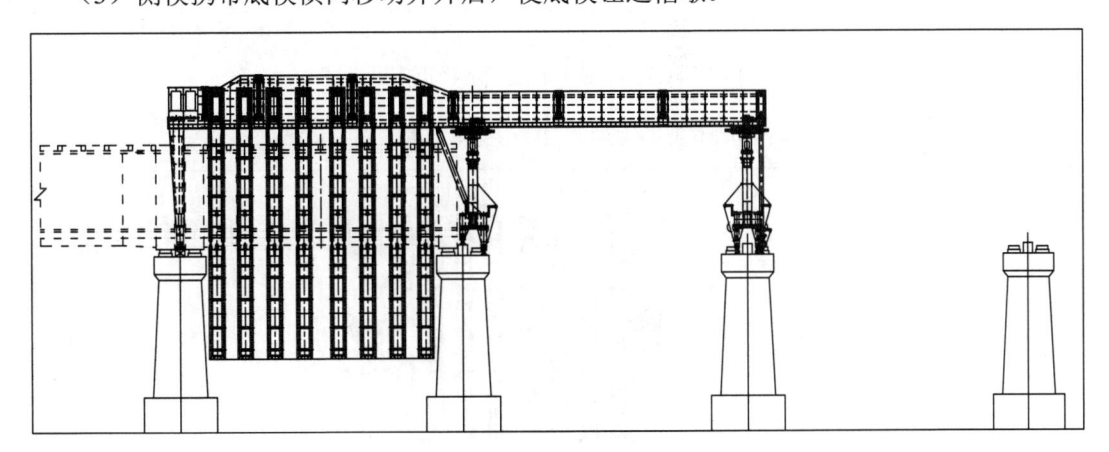

图 3-8　DZ30/2500 型矩形渡槽造槽机施工工序 2

施工工序3：

（1）1号支腿和4号支腿脱空，拆除3号支腿的斜撑连接。

（2）将2号支腿和3号支腿转换为托辊支撑。

（3）5号支腿支撑于渡槽顶面的轨道上。

（4）启动2号支腿、3号支腿和5号支腿的纵向移动机构，驱动造槽机外梁及外模前进一跨到位。

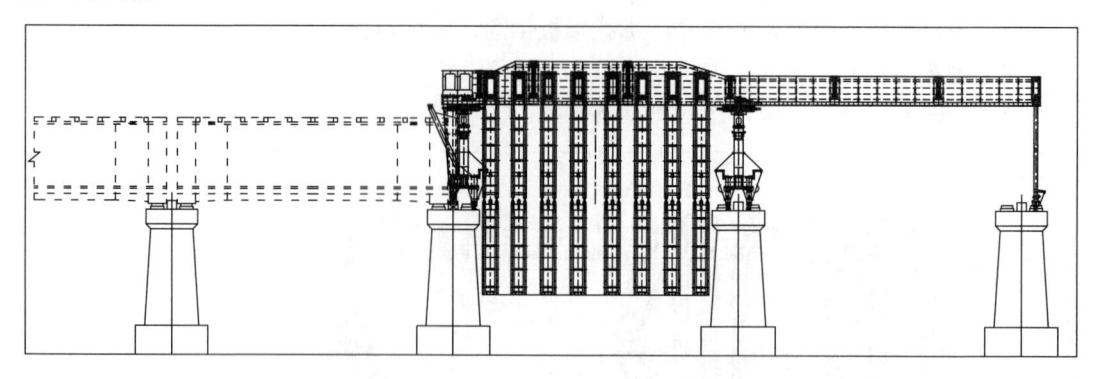

图3-9　DZ30/2500型矩形渡槽造槽机施工工序3

施工工序4：1号支腿、4号支腿处于支撑状态。

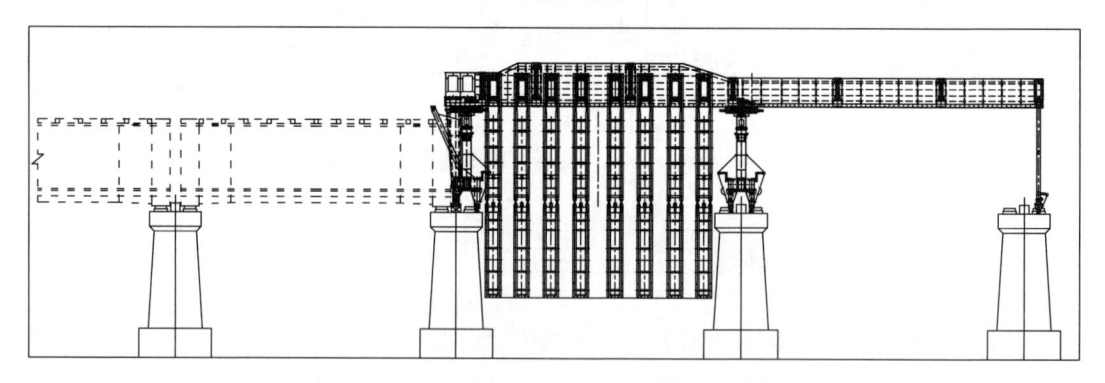

图3-10　DZ30/2500型矩形渡槽造槽机施工工序4

施工工序5：2号支腿吊挂自行到达前方墩顶支撑位置。

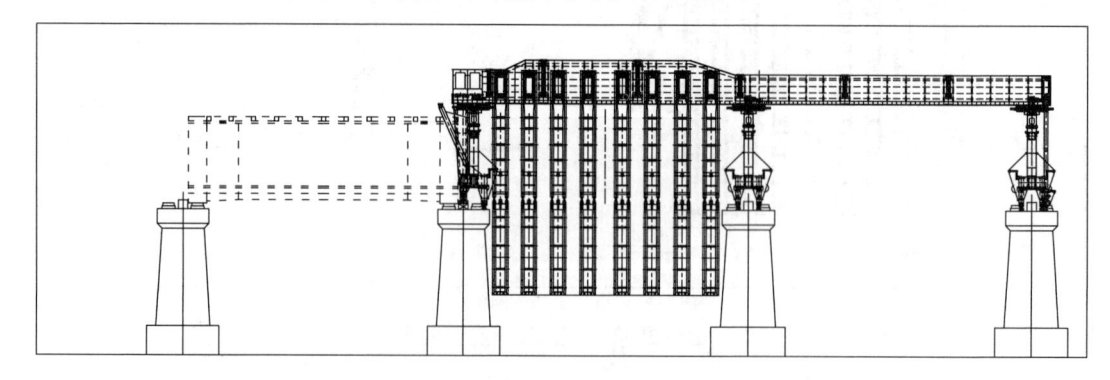

图3-11　DZ30/2500型矩形渡槽造槽机施工工序5

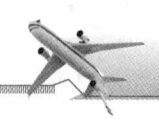

施工工序 6：
（1）3 号支腿吊挂自行到达前方墩顶支撑位置，安装斜撑。
（2）底模旋转闭合，造槽机过孔结束，渡槽施工开始。

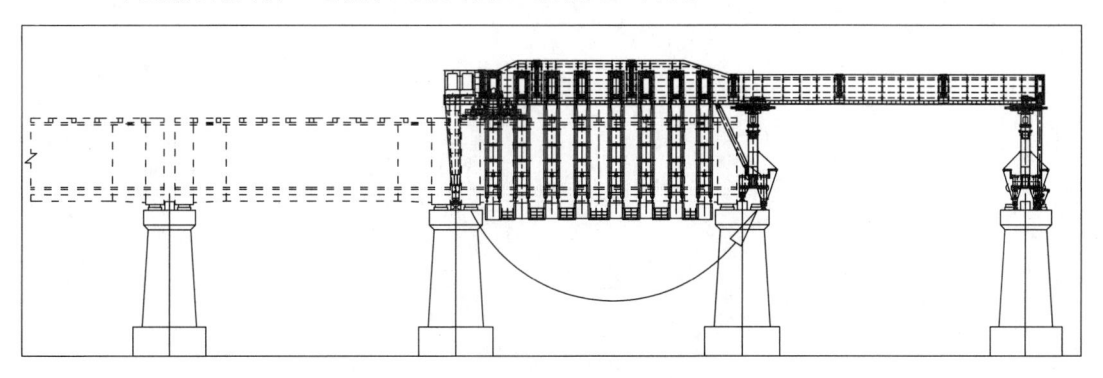

图 3-12　DZ30/2500 型矩形渡槽造槽机施工工序 6

第 2 篇

超大型水利渡槽施工过程分析

第4章 提梁机施工过程分析及优化

4.1 轮胎式跨线提梁机的金属结构有限元计算分析

提梁机是一种专门为桥梁建设而设计的门式起重机,用于提梁、搬运和架设作业。提梁机金属结构的质量通常占其整体质量的60%以上,因此其金属结构的力学性能对提梁机的工作有着至关重要的影响。下面介绍轮胎式跨线提梁机的金属结构,基于ANSYS Workbench有限元计算分析其在各种工况下的强度和刚度情况。

4.1.1 轮胎式跨线提梁机简介

1. 结构组成

以160 t轮胎式跨线提梁机为例,这类提梁应用于预制箱梁场中预制箱梁的倒运和吊装。其整体为门式结构,由两台提梁机配合完成作业,单台提梁机最大起升载荷为160 t,双台配合最大起升载荷为320 t。整机主要由主梁、活动支腿、固定支腿、起升系统、变跨牵引机构、走行台车、液压系统、电气系统等组成。单台提梁机总质量约为280 t,起升高度可达13 m、17.5 m和22 m,可根据施工环境条件的变化调整活动支腿的跨度。160 t轮胎式跨线提梁机结构如图4-1所示。

1)门架

160 t轮胎式跨线提梁机门架由主梁、固定支腿、活动支腿拼装组成,该门架简图如图4-2所示。主梁为预制箱梁,由主梁1、主梁2和主梁接头组成,主梁所用材料为Q345B钢材(低合金结构钢)。总长度为27m,质量约为30t。固定支腿由固定端过渡座、斜立柱、上直立柱、下直立柱、曲腿、连系梁、支撑铰座组成。主梁2端头下盖板与固定端过渡座之间采用10.9级M30高强度螺栓连接,只设置一个固定连接位置。活动支腿的作用是在固定支腿的结构基础上把固定端过渡座更换为活动端过渡座,主梁1下盖板与活动端过渡座之间也采用10.9级M30高强度螺栓连接,设置5个连接位置,分别对应相应的跨度。活动支腿和固定支腿均为A型结构,垂直高度为22m,质量约为50t。

在主梁1端头布置变跨驱动卷扬机,该卷扬机质量约为3t,变跨牵引导向轮布置在主梁内。在主梁2端头上部布置起升卷扬机,该卷扬机质量约为8t。操作室、发电机组、液

压泵站布置在连系梁的平台上。对支腿,可根据不同的工况需求拆解其中的一节直立柱,以便组成不同的起升高度。

门架的作用如下:

(1)为起升小车提供支撑和运行轨道。

(2)为走行台车提供安装位置。

(3)为操作室、发电机组、液压泵站提供安装平台。

(4)为起升卷扬机和变跨驱动卷扬机提供安装位置。

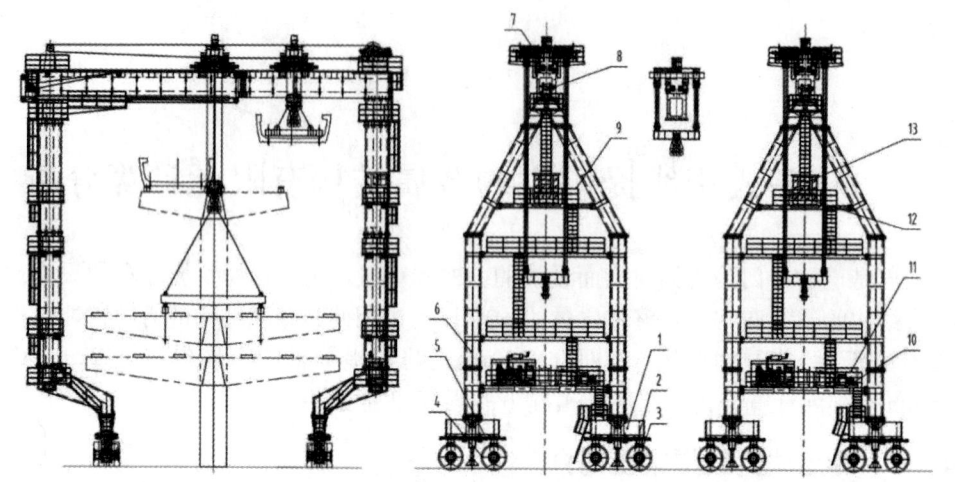

1—走行台车　2—支撑机构　3—主动轮　4—从动轮　5—转向机构　6—门架　7—起升系统　8—变跨牵引机构
9—操作室　10—液压泵站　11—液压系统　12—电气系统　13—微机电系统

图 4-1　160 t 轮胎式跨线提梁机结构

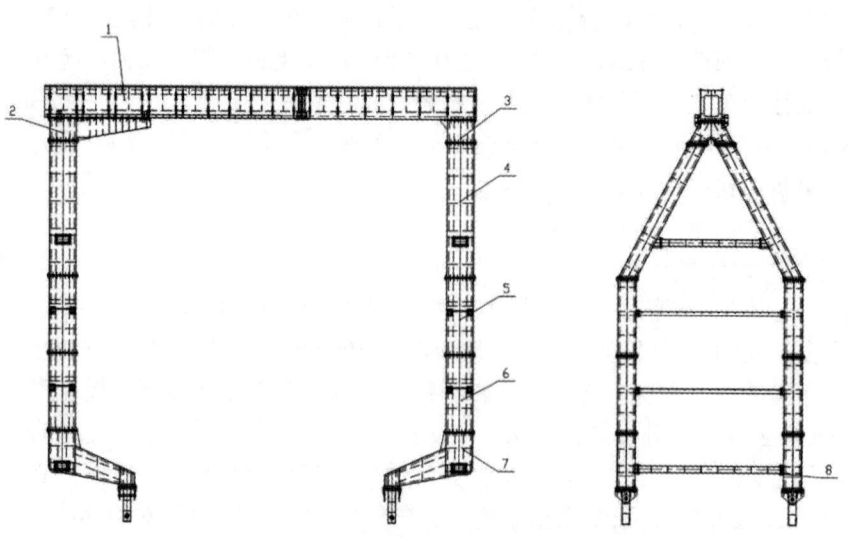

1—主梁　2—活动端过渡座　3—固定端过渡座　4—斜立柱
5—上直立柱　6—下直立柱　7—曲腿　8—连系梁

图 4-2　160 t 轮胎式跨线提梁机门架简图

2）起升系统

起升系统由起升小车、起升卷扬机和导向轮总成组成。起升小车安置于主梁上盖板的导轨上，在电动机的驱动下，起升小车在导轨上横向移动，该起升小车质量约为15t。起升卷扬机和变跨驱动卷扬机除绳槽外都是左旋完全对称，起升卷扬机、起升小车和吊挂机构通过钢丝绳连接。吊挂机构总质量约为5t。图4-3所示为起升系统的结构简图。

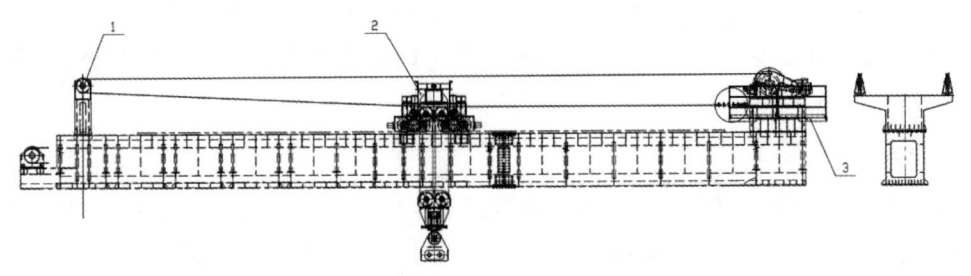

1—导向轮总成　2—起升小车　3—起升卷扬机

图4-3　起升系统的结构简图

3）变跨牵引机构

在受限的施工场地，160 t轮胎式跨线提梁机的跨度可由原来的24m变为16m、18m、20m、22m，其中16m为停放跨度，其他为工作跨度。完成变跨操作的机构称为变跨牵引机构，该机构由变跨驱动卷扬机、定滑轮组、动滑轮组、限位钩挂机构、两根钢丝绳等组成。将1台变跨牵引卷扬机放置于活动支腿端的主梁外侧，该主梁下盖板是变跨滑动面，在该滑动面上设置5个过渡座安装位置，主梁两侧设置钩挂滑动轨道和电液管线拖链。在活动端过渡座的顶面安装滑板，在其两端安装变跨动滑轮组，两侧安装防倾翻钩挂和导向块。主梁和活动端过渡座之间用螺栓连接。通过活动支腿支撑的走行台车和变跨牵引机构共同完成分腿和合腿的变跨作业。图4-4所示为变跨牵引机构简图。

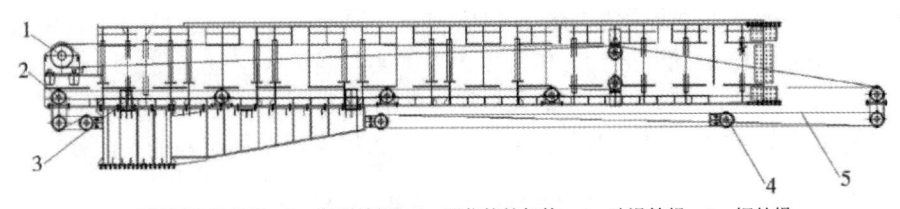

1—变跨驱动卷扬机　2—定滑轮组　3—限位钩挂机构　4—动滑轮组　5—钢丝绳

图4-4　变跨牵引机构简图

2. 工作原理

1）架梁

160 t轮胎式跨线提梁机用于架梁时为双门起吊，即采用两台相同规格的160 t轮胎式跨线提梁机（以下简称提梁机）配合架梁。架梁作业前，需要在主控驾驶室将上述两台提梁机设为并车模式，把它们移动至运梁车喂梁区域，一台提梁机的吊挂机构固定在梁的一端，同时控制两台提梁机完成搬运和架梁作业。两台提梁机之间采用有线和无线通信连接。

2）变跨

160 t 轮胎式跨线提梁机变跨时涉及主梁、活动支腿、走行台车、变跨牵引机构等多个部件。变跨牵引机构配合走行台车移动，完成提梁机的变跨操作。变跨时，变跨驱动卷扬机提供主要的驱动力，在该引卷扬机的驱动下活动支腿开始移动，提梁机同步跟进。

变跨牵引机构拉动活动端过渡座沿着主梁移动，实现变跨。变跨驱动卷扬机是上下双绕绳液压卷扬机，跨度变小（简称合腿）时，上绕绳拉紧，下绕绳放松，活动支腿向跨中移动，两个支腿间距变小；跨度变大（简称分腿）时，下绕绳拉紧，上绕绳放松，活动支腿远离跨中向主梁端头移动，两个支腿间距变大。

3. 性能参数

160 t 轮胎式跨线提梁机的主要性能参数见表 4-1。性能参数反映出该提梁机的性能指标，给后续有限元计算分析、动力学分析和结构优化设计提供参数数据。

表 4-1　160 t 轮胎式跨线提梁机的主要性能参数

序　号	名　　称	性能参数
1	额定起升载荷	160 t
2	跨度	16m/18m/20m/22m/24m
3	起升高度	22m/17.5m/13m
4	设备自重	280t
5	满载提升速度	0～1m/min
6	变跨走行速度	0～1m/min
7	工作级别	M4
8	工作状态环境风力	≤6 级
9	非工作状态环境风力	≤11 级

根据 160 t 轮胎式跨线提梁机的结构组成与工作原理可知，该提梁机有 5 种可变的跨度，其中 18 m、20 m、22 m、24 m 为工作跨度，用于实现满载及空载作业；16 m 为停放跨度，只能用于实现空载作业。该提梁机通过 5 种跨度的起升作业可实现多种不同的工况，这 5 种典型工况（见表 4-2）可代表其他所有工况用于该提梁机金属结构的有限元计算分析。

表 4-2　160 t 轮胎式跨线提梁机的 5 种典型工况

序　号	工　况	工况描述
1	工况一	跨度为 24m，跨中满载 160 t，支腿全约束
2	工况二	跨度为 22m，跨中满载 160 t，支腿全约束
3	工况三	跨度为 20m，跨中满载 160 t，支腿全约束
4	工况四	跨度为 18m，跨中满载 160 t，支腿全约束
5	工况五	跨度为 16m，停放，支腿全约束

工况一是该提梁机主要工况，在工况一的条件下对 160 t 轮胎式跨线提梁机的金属结构进行有限元计算分析。对其余工况，按工况一的计算过程进行有限元计算分析。

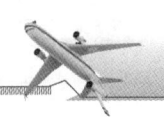

4.1.2 轮胎式跨线提梁机的金属结构有限元建模

首先需要确定模型的单元类型，不同单元类型的模型计算所需的时间和效率也不同。梁单元主要适用于螺栓、横梁、管件、角钢等特定结构；壳单元适用于薄壁结构和曲面结构；杆单元适用于弹簧、细长杆等杆状结构；实体单元适用于结构比较复杂且因几何形状、工况、环境因素等而无法简化模型的结构。轮胎式跨线提梁机结构复杂，主要由盖板、挡板、腹板、隔板等焊接而成，为了使有限元计算分析结果更接近实际情况，选择 SolidWorks 实体单元进行建模。

其次明确设计指标。该提梁机所用材料的为 Q345B 钢材，则其设计指标包括强度和刚度，具体要求如下。

（1）强度要求。根据《钢结构设计标准》（GB 50017—2017）确定钢材的许用应力。

表 4-3 钢材的许用应力

钢 材	厚 度/mm	屈服应力/MPa	安全系数	许用应力/MPa
Q345B	≤16	345	1.34	257
	>16，≤40	335	1.34	250

（2）刚度要求。根据《起重机设计规范》（GB/T 3811—2008），A3 级提梁机在跨中满载时，起升载荷与起升小车自重在主梁跨中产生的垂直静挠度 f 与提梁机跨度 L 的关系为

$$f \leqslant \frac{1}{700}L \tag{4-1}$$

提梁机不同跨度的许用挠度见表 4-4。

表 4-4 提梁机不同跨度的许用挠度

序 号	跨 度/m	许用挠度/mm
1	24	34.29
2	22	31.43
3	20	28.57
4	18	25.71
5	16	22.86

提梁机的建模软件采用 SolidWorks 2020，装配方法为自底向上。首先根据提梁机实际结构的形状尺寸建立零件模型，其次利用装配模块建立主梁、活动支腿、固定支腿和连系梁的装配体部件，最后将各部件装配成提梁机的金属结构。实体单元建模的好处在于可以用 SolidWorks 2020 中的装配模块很方便地调整活动支腿在主梁下方的位置，从而生成不同跨度的提梁机金属结构模型，用于有限元计算分析。在建模时保证金属结构模型计算准确的情况下，需要遵循以下原则：

（1）提梁机除了金属结构，还有起升机构、液压设备、走行台车、电动机等，因此对提梁机金属结构进行建模时需要做相应的简化，省略除金属结构外的其他装置，以便

ANSYS Workbench 进行计算。

（2）忽略结构装配中的螺栓、螺栓孔和板件之间的焊缝等对有限元计算分析影响微小的特征，有效地简化模型。

（3）在装配体模型的接触设定中忽略螺栓连接和焊接的影响，把所有接触类型都定义为重合，把所有接触面都设为绑定，进一步简化模型。

对提梁机金属结构模型进行有限元计算分析时，可以把整机模型作为一个整体进行计算，也可以把各部件拆开分别计算。前者更接近现实情况，后者可以缩短计算时间。为了更接近真实情况，应将提梁机金属结构模型作为整体进行有限元计算分析。160 t 轮胎式跨线提梁机 5 个跨度模型分别如图 4-5～图 4-9 所示。

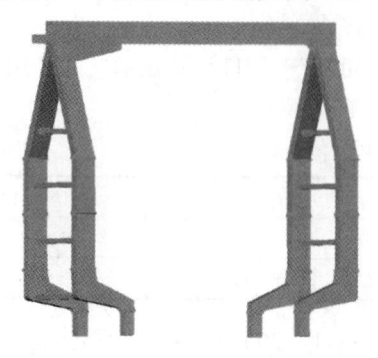

图 4-5　160 t 轮胎式跨线提梁机 24m 跨度模型

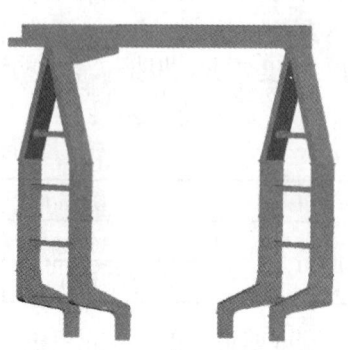

图 4-6　160 t 轮胎式跨线提梁机 22m 跨度模型

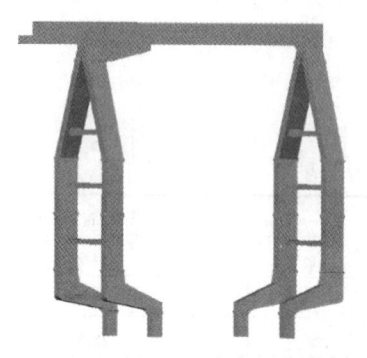

图 4-7　160 t 轮胎式跨线提梁机 20m 跨度模型

图 4-8　160 t 轮胎式跨线提梁机 18m 跨度模型

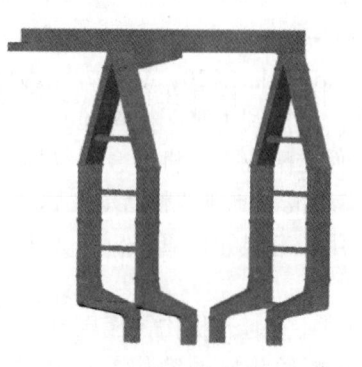

图 4-9　160 t 轮胎式跨线提梁机 16m 跨度模型

在使用 ANSYS Workbench 进行有限元计算分析时主要使用两种网格划分工具，一种是 ANSYS Workbench 自带的 Workbench Mesh，另一种是 Hyper Mesh。两种网格划分工具最后有限元计算结果非常接近，并且在保证网格质量的前提下，Workbench Mesh 在网格划分效率和操作方法上相较于 Hyper Mesh 具有以下优势：

（1）Hyper Mesh 需要先抽取模型的中面，在中面上添加二维网格，然后通过软件引导生成三维网格后删除二维网格。Workbench Mesh 可以直接设置网格类型与单元尺寸，软件自动识别模型特征并自动划分三维网格，Hyper Mesh 所需的烦琐步骤在软件后台自动完成，减少了网格划分时间和操作步骤。

（2）网格划分后往往需要经过多次修改。使用 Hyper Mesh 划分网格的模型需要返回软件修改，将修改好后的模型重新导入 ANSYS Workbench 求解。此过程复杂，效率较低，并且容易在修改过程中导入错误问题。而 Workbench Mesh 则可以直接在平台内进行修改，可以对修改后的模型直接进行有限元计算分析，简单方便。

（3）如果采用六面体网格划分，Workbench Mesh 可以很方便地通过算法对局部网格进行加密，并配合四面体网格的过渡，提高计算机划分网格的效率，而 Hyper Mesh 难以完成局部网格的加密。

网格划分类型的不同对有限元计算精度有较大的影响。六面体网格在大多数工况下的计算精度都比四面体网格高，而且六面体网格对各种参数的计算误差也非常小。

在现有的六面体网格划分方法中，扫掠法是一种高质量的六面体网格划分方法，目前全球有超过半成的有限元计算分析使用扫掠法划分六面体网格。虽然扫掠法是一种高质量的六面体网格划分方法，但是需要注意的是，该方法只能针对扫掠体。提梁机模型的所有结构均可通过 Workbench Mesh 扫掠。因此，对提梁机模型，采用扫掠法进行六面体网格划分。

4.1.3 轮胎式跨线提梁机满载时的有限元计算分析

160 t 轮胎式跨线提梁机在有限元计算分析中分满载和空载两种情况。其中工况一至工况四为 160 t 满载起升，工况五为空载停放。首先对 160 t 轮胎式跨线提梁机在工况一下进行有限元计算分析，然后按照工况一的计算过程对工况二至工况四进行有限元计算分析。

在工况一下主要对 160 t 轮胎式跨线提梁机曲腿与支撑底座的底面进行约束，主要受力来自风载荷、重力载荷和施工载荷。其余卷扬机、起升小车、液压系统等自重相对小，在有限元计算分析中对提梁机结构影响较小，可以将其自重以集中载荷的形式分布在主梁上方。

160 t 轮胎式跨线提梁机（以下简称提梁机）在正常提梁工况下走行台车处于固定锁死状态，走行台车与提梁机曲腿相连接，因此在有限元计算分析时只对模型的曲腿和支撑铰座的底端施加固定约束。在 ANSYS Workbench 中，工况一下提梁机的约束如图 4-10 所示（图中的时间为 1s）。

工况一下提梁机主要受自重载荷、施工载荷和风载荷作用。根据提梁机结构组成可知，提梁机的起升小车位于主梁上方，通过起升卷扬机拉动钢丝绳实现预制箱梁的起吊。起升过程中的载荷就集中在起升小车所处主梁上方位置。在有限元计算分析中，规定施工载荷为起吊要求的最大起升载荷、起升卷扬机的自重和起升小车的自重，载荷施加位置就是其在主梁上方的位置。主要载荷计算情况如下。

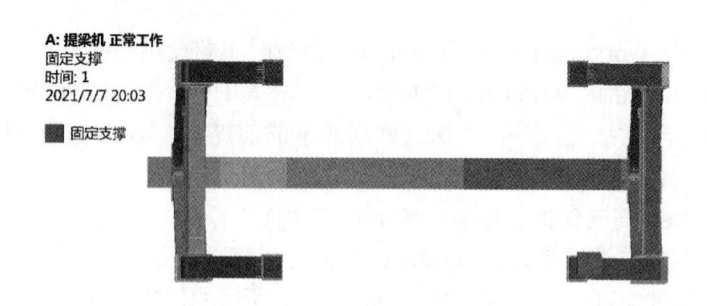

图4-10 工况一下提梁机的约束

（1）自重载荷。根据提梁机材料的属性和结构尺寸，在有限元计算分析中，利用 ANSYS Workbench 添加重力加速度，就可以把相应的自重载荷添加至有限元模型上。

（2）施工载荷。施工载荷主要为起吊要求的最大起升载荷、起升卷扬机的自重、变跨驱动卷扬机的自重和起升小车的自重。由提梁机性能参数可知，额定起升载荷为 160 t，起升小车自重为 15t，起升卷扬机自重为 8t，变跨驱动卷扬机自重为 3t。

（3）风载荷。提梁机在露天工作时会受风载荷 P_W 的作用，风载荷分纵向风载荷、横向风载荷和双面风载荷，其中纵向为垂直主梁长度方向，横向为主梁长度方向。因此在有限元计算分析时要根据三种风力情况分别进行计算。由于风力情况非常复杂，并且对提梁机受风力作用下动态响应产生的载荷精确计算更加复杂，所以通常只对提梁机风力进行估算，其目的在于分析提梁机在额定风力的情况下是否能正常安全的工作。风载荷计算的过程主要参考《起重机设计规范》（GB/T 3811—2008）。

作用在提梁机的风载荷按下式计算：

$$P_W = ApC \tag{4-2}$$

式中，P_W 为作用在提梁机上的风载荷，N；A 为提梁机构件垂直于风向的迎风面积，m²；p 为提梁机不同工况相对应的计算风压，N/m²；C 为风力系数。

根据《起重机设计规范》中的表 E.4 "计算风压 p 与风级的对应关系表"可知提梁机在 6 级风力下的计算风压为 125N/m²，在 11 级风力下的计算风压为 1000N/m²。根据《起重机设计规范》，通过计算结构的长细比和截面尺寸比，获取对应的风力系数 C 值。根据《起重机设计规范》中的表 E.5，吊运物体的风力系数为 1.20，自重为 160 t 的吊运物体的迎风面积估算值为 45m²。提梁机各构件所承受的纵向与横向风载荷见表 4-5 和表 4-6。

表 4-5 提梁机各构件所承受的纵向风载荷

构 件	风力等级	风力系数 C	迎风面积 A /m²	计算风压 p /（N/m²）	风载荷 P_W /N
主 梁	6/11	1.75	48.6	125/1000	10631/85208
斜立柱	6/11	1.40	25	125/1000	3410/27285
直立柱	6/11	1.55	28.8	125/1000	5580/44640
曲 腿	6/11	1.55	26.4	125/1000	5115/40920
支撑铰座	6/11	1.00	1.58	125/1000	198/1580
起升小车	6/11	0.80	4.25	125/1000	425/3400
吊 具	6/11	1.55	1.5	125/1000	293/2340
吊运物体（160 t）	6	1.20	45	125	6750

表 4-6 提梁机各构件所承受的横向风载荷

构　　件	风力等级	风力系数 C	迎风面积 A /m²	计算风压 p /(N/m²)	风载荷 P_w /N
主　　梁	6/11	0.80	1.3	125/1000	130/1040
斜 立 柱	6/11	1.20	17.3	125/1000	2592/20739
直 立 柱	6/11	1.20	19.6	125/1000	2937/23496
曲　　腿	6/11	0.80	6.6	125/1000	660/5280
支撑铰座	6/11	1.40	4.4	125/1000	770/6160
起升小车	6/11	1.00	6.2	125/1000	774/6188
连 系 梁	6/11	1.35	13	125/1000	2194/17550
吊运物体（160 t）	6	1.20	45	125	6750

工况一下提梁机承受施工载荷与风载荷，在 ANSYS Workbench 中，对此进行有限元计算分析，得到的提梁机在工况一纵向风、横向风与双向风时的载荷分布分别如图 4-11、图 4-12 和图 4-13 所示（此类图为软件生成图，图中的时间为 1s，部分数据以科学记数法显示，余同）。

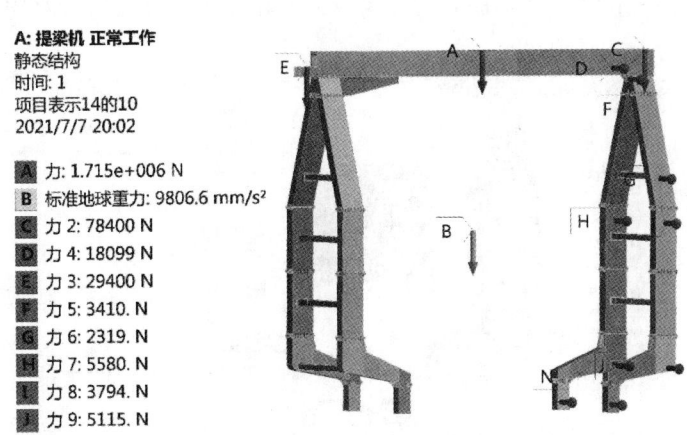

图 4-11　提梁机在工况一纵向风时的载荷分布

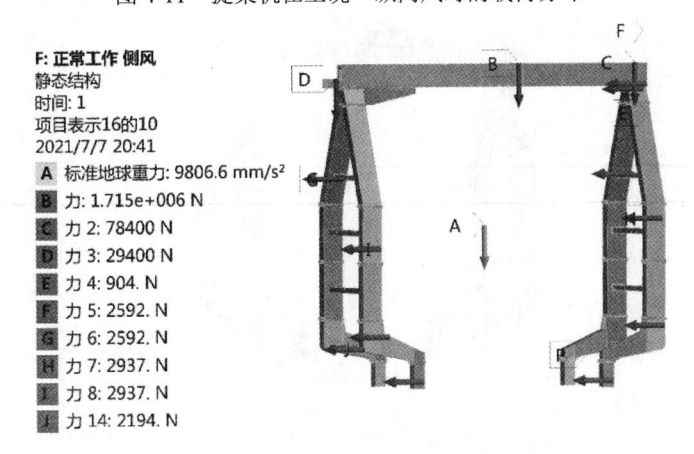

图 4-12　提梁机在工况一横向风时的载荷分布

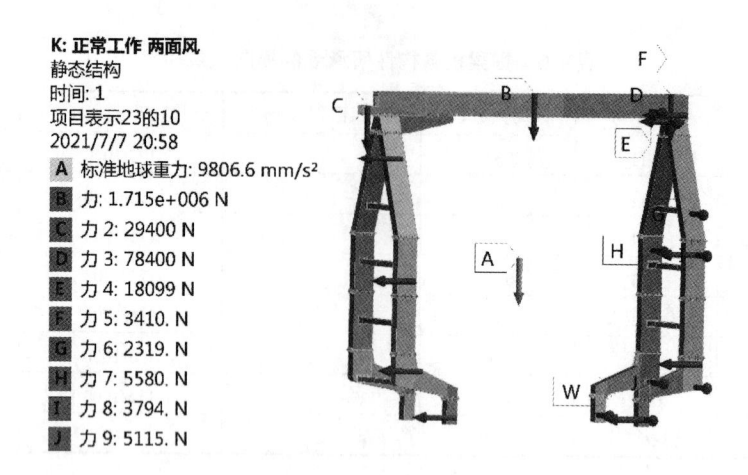

K: 正常工作 两面风
静态结构
时间: 1
项目表示23的10
2021/7/7 20:58
- A 标准地球重力: 9806.6 mm/s²
- B 力: 1.715e+006 N
- C 力2: 29400 N
- D 力3: 78400 N
- E 力4: 18099 N
- F 力5: 3410. N
- G 力6: 2319. N
- H 力7: 5580. N
- I 力8: 3794. N
- J 力9: 5115. N

图 4-13　提梁机在工况一双向风时的载荷分布

将 SolidWorks 模型导入进 ANSYS Workbench 中，完成材料添加、网格划分、约束与载荷的施加，然后进行有限元计算分析。计算结束后，将有限元计算分析结果（应力云图和变形云图等，见图 4-14～图 4-19）与许用应力值和许用挠度值进行对比。

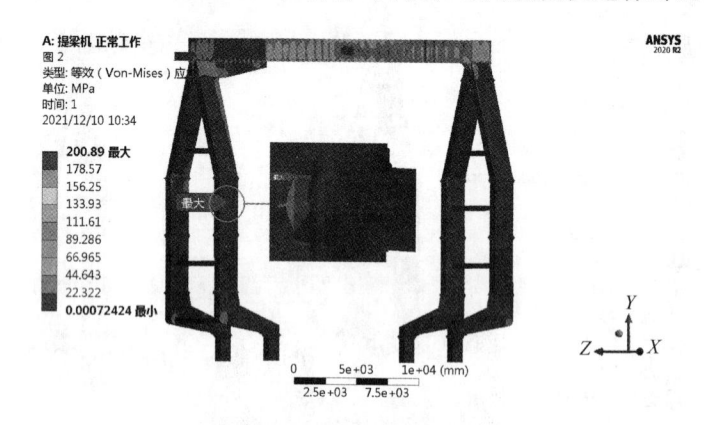

图 4-14　提梁机在工况一纵向风时的应力云图

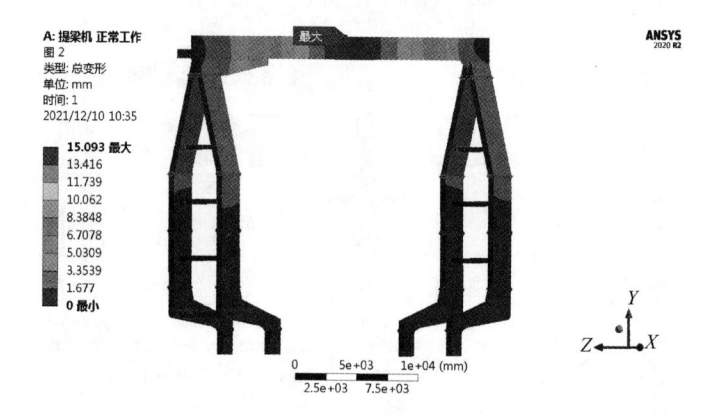

图 4-15　提梁机在工况一纵向风时的变形云图

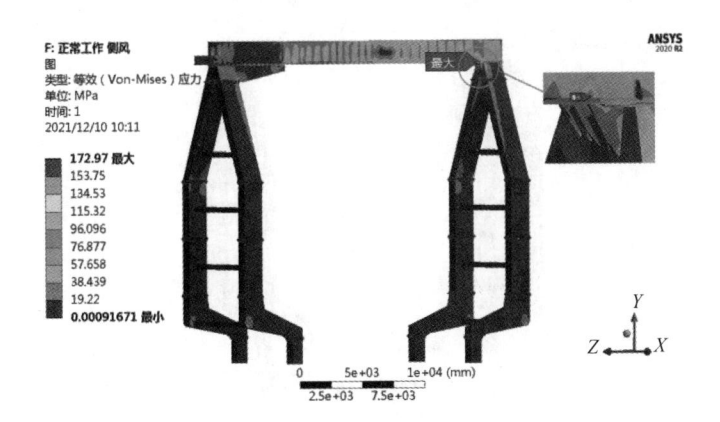

图 4-16　提梁机在工况一横向风时的应力云图

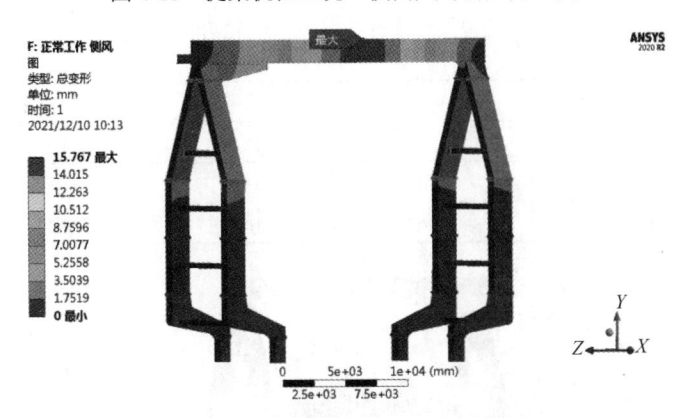

图 4-17　提梁机在工况一横向风时的变形云图

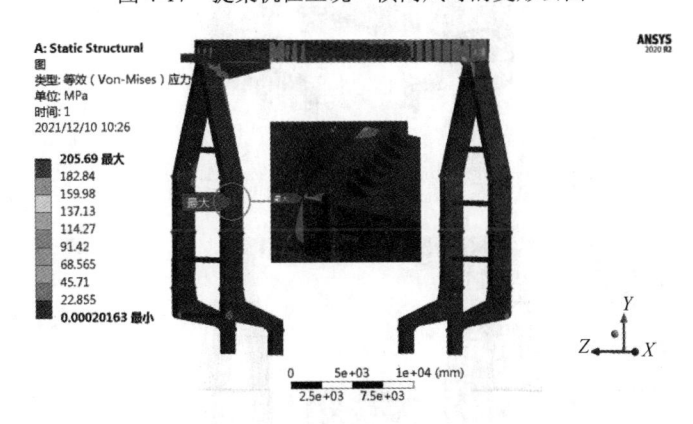

图 4-18　提梁机在工况一双向风时的应力云图

根据上述提梁机工况一的有限元计算分析结果（见表 4-7），得出提梁机在工况一下的强度与刚度。

提梁机工况二至工况四是在工况一的基础上通过变跨形成新的跨度进行满载起吊作业的，其有限元计算分析过程中的约束、载荷分布和工况一相同（见图 4-20～图 4-37）。

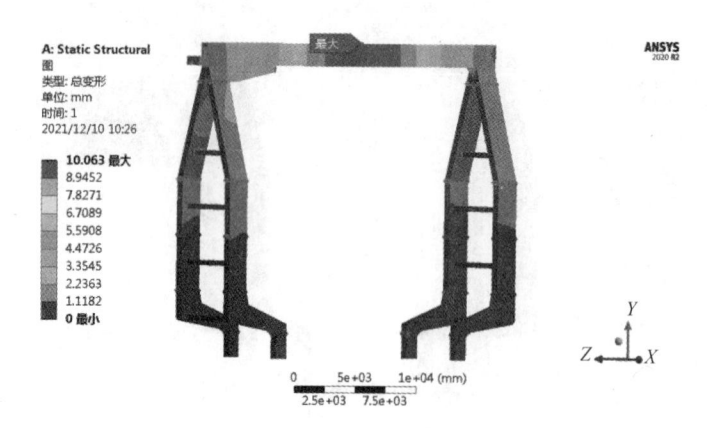

图 4-19　提梁机在工况一双向风时的变形云图

表 4-7　提梁机工况一的有限元计算分析结果

风载荷方向	最大应力/MPa	许用应力/MPa	最大挠度/mm	许用挠度/mm	是否符合要求
纵向	200.89	250	15.09	34.29	是
横向	172.97	250	15.77	34.29	是
双向	205.69	250	10.06	34.29	是

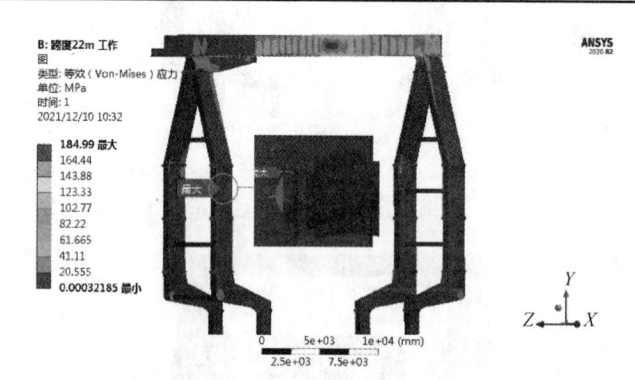

图 4-20　提梁机在工况二纵向风时的应力云图

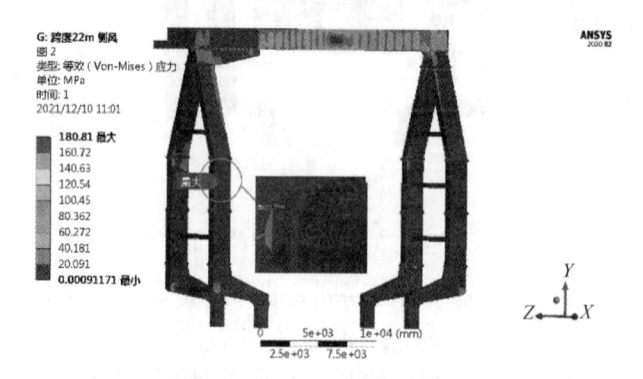

图 4-21　提梁机在工况二横向风（也称侧风）时的应力云图

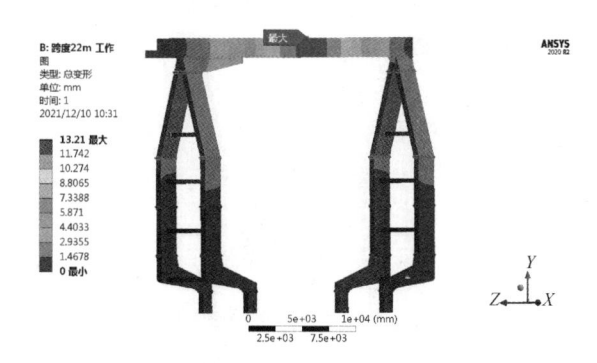

图 4-22　提梁机在工况二纵向风时的变形云图

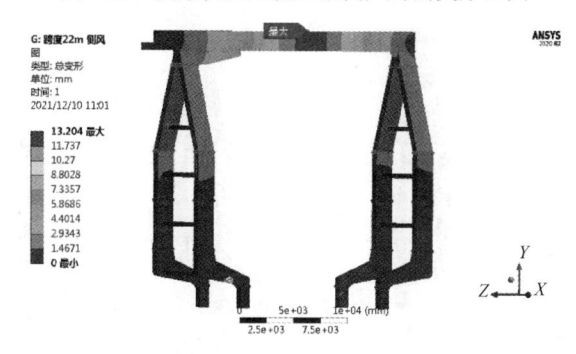

图 4-23　提梁机在工况二横向风时的变形云图

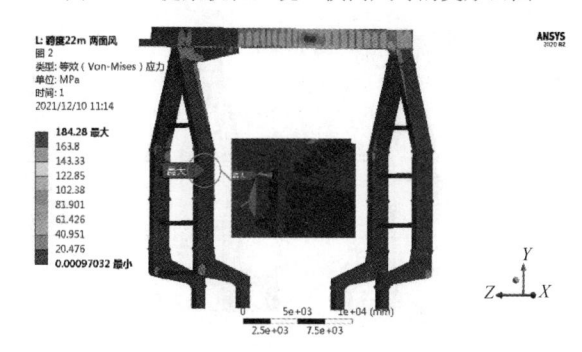

图 4-24　提梁机在工况二双向风（也称两面风）时的应力云图

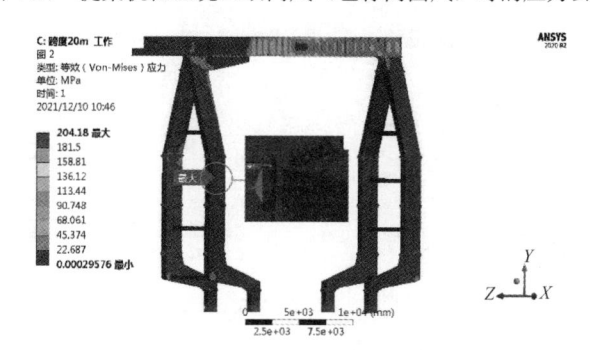

图 4-25　提梁机在工况三纵向风时的应力云图

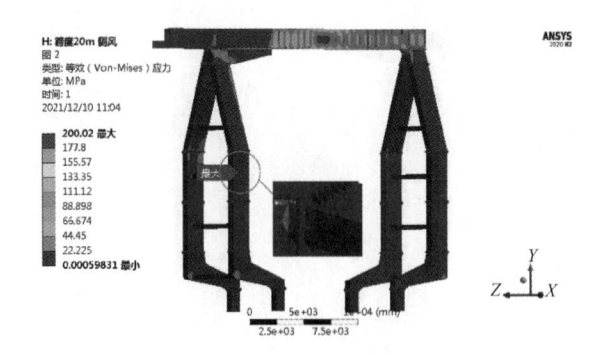

图 4-26　提梁机在工况三横向风时的应力云图

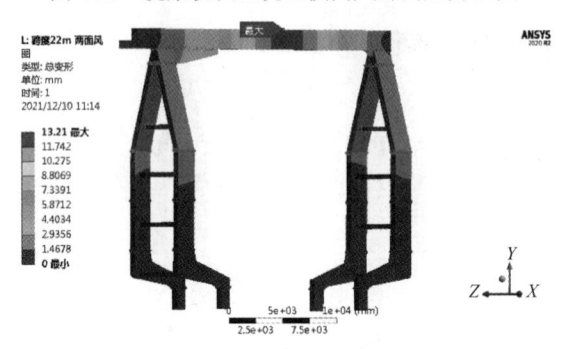

图 4-27　提梁机在工况二双向风时的变形云图

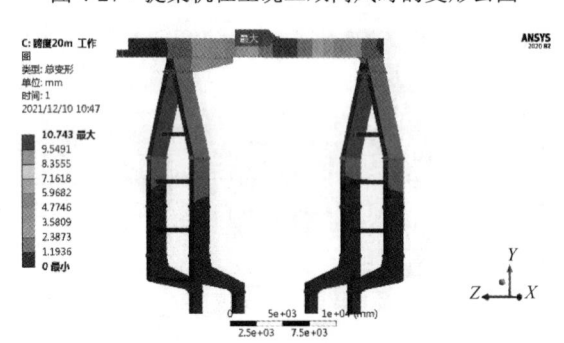

图 4-28　提梁机在工况三纵向风时的变形云图

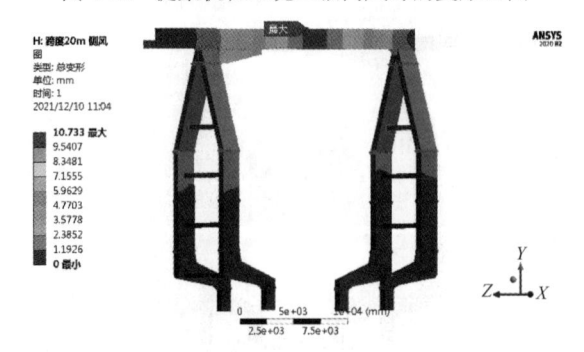

图 4-29　提梁机在工况三横向风时的变形云图

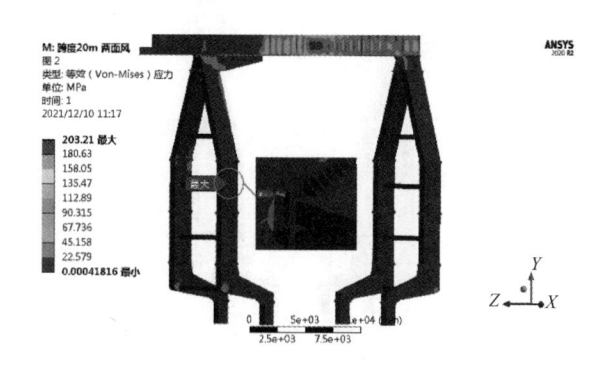

图 4-30　提梁机在工况三双向风时的应力云图

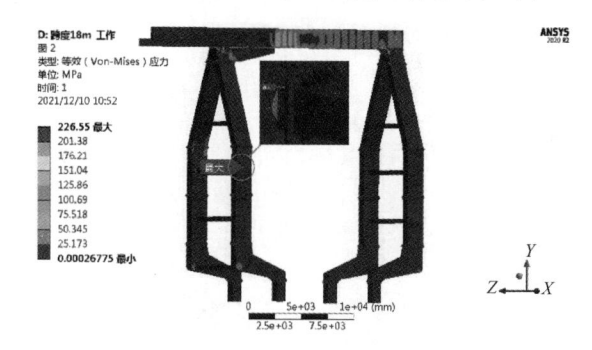

图 4-31　提梁机在工况四纵向风时的应力云图

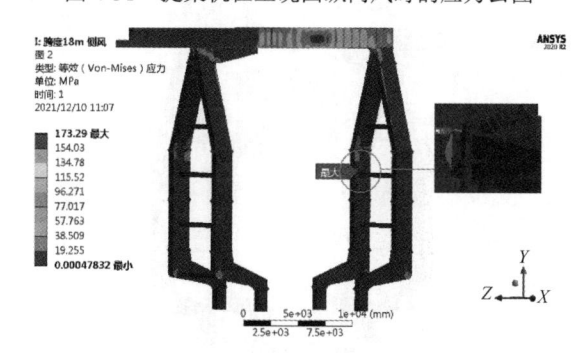

图 4-32　提梁机在工况四横向风时的应力云图

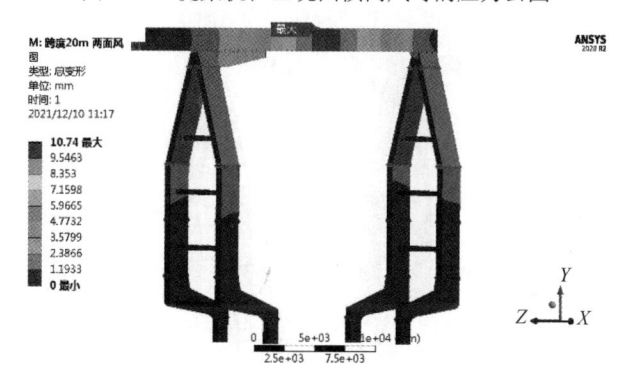

图 4-33　提梁机在工况三双向风时的变形云图

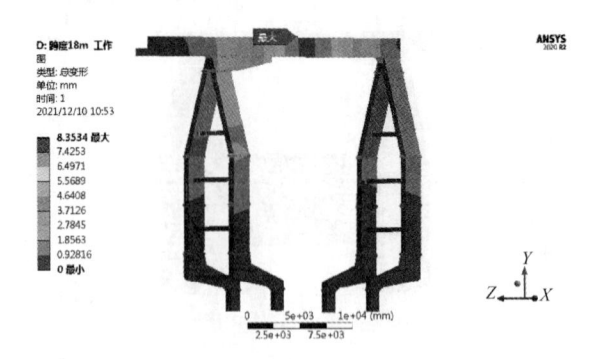

图 4-34　提梁机在工况四纵向风时的变形云图

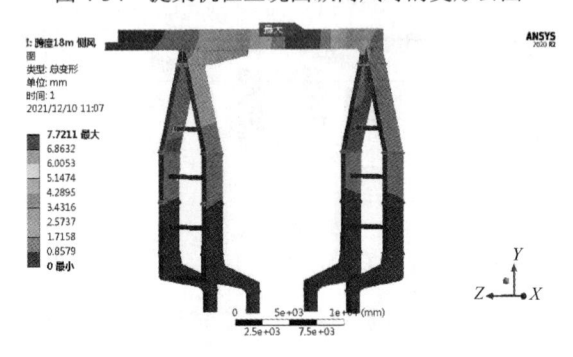

图 4-35　提梁机在工况四横向风时的变形云图

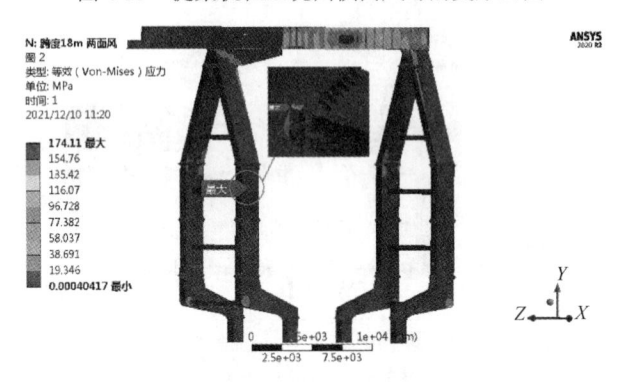

图 4-36　提梁机在工况四双向风时的应力云图

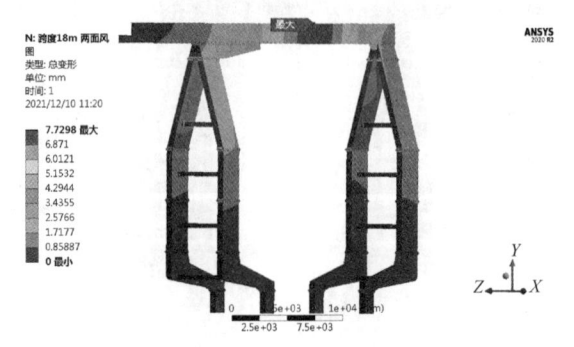

图 4-37　提梁机在工况四双向风时的变形云图

根据上述提梁机工况二至工况四的有限元计算分析结果（见表4-8～表4-10），得出提梁机在工况二至工况四下的强度与刚度。

表 4-8 提梁机工况二的有限元计算分析结果

风载荷方向	最大应力/MPa	许用应力/MPa	最大挠度/mm	许用挠度/mm	是否符合要求
纵向	184.99	250	13.21	31.43	是
横向	180.81	250	13.20	31.43	是
双向	184.28	250	13.21	31.43	是

表 4-9 提梁机工况三的有限元计算分析结果

风载荷方向	最大应力/MPa	许用应力/MPa	最大挠度/mm	许用挠度/mm	是否符合要求
纵向	204.18	250	10.74	28.57	是
横向	200.02	250	10.73	28.57	是
双向	203.21	250	10.74	28.57	是

表 4-10 提梁机工况四的有限元计算分析结果

风载荷方向	最大应力/MPa	许用应力/MPa	最大挠度/mm	许用挠度/mm	是否符合要求
纵向	226.55	250	8.35	25.71	是
横向	173.29	250	7.72	25.71	是
双向	174.11	250	7.73	25.71	是

提梁机的工况五属于空载停放。停放时提梁机处于空载状态，跨度为16m，目的是在非工作停放时不影响施工现场交通。工况五的约束、风载荷和有限元计算分析按照工况一的有限元计算分析过程。

在工况一的基础上移除最大起升载荷就可得到工况五的载荷分布。提梁机在工况五纵向风、横向风与双向风时的载荷分布分别如图4-38～图4-40所示。

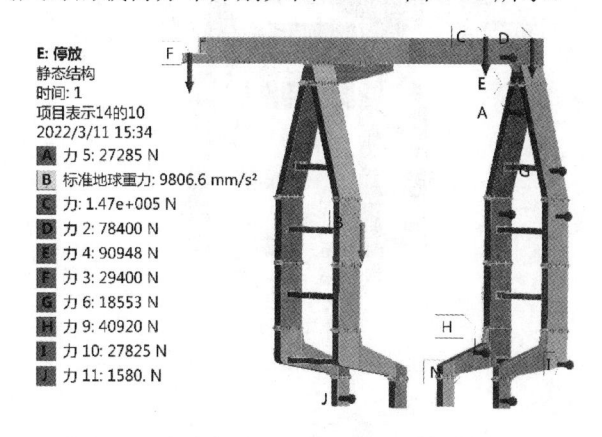

图 4-38 提梁机在工况五纵向风时的载荷分布

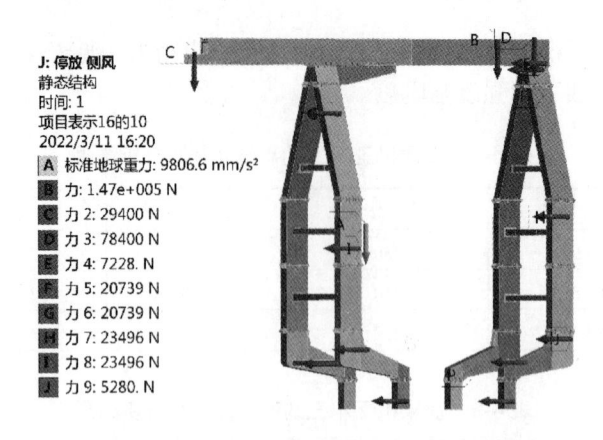

图 4-39　提梁机在工况五横向风时的载荷分布

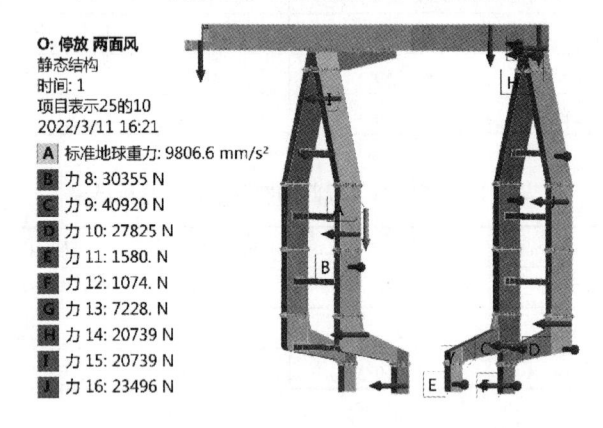

图 4-40　提梁机在工况五双向风时的载荷分布

按照工况一的有限元计算分析过程，对工况五进行有限元计算分析，得到计算分析结果（应力云图和变形云图等，见图 4-41～图 4-46）。

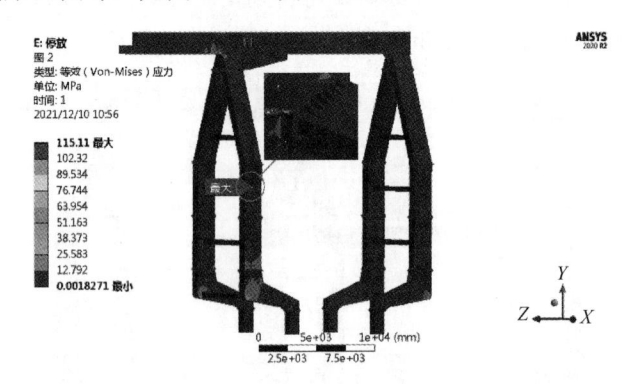

图 4-41　提梁机在工况五纵向风时的应力云图

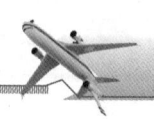

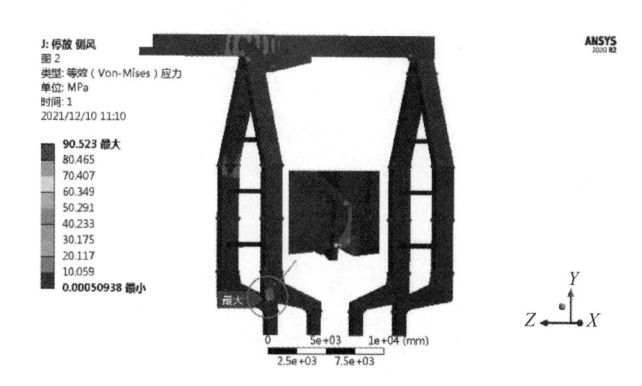

图 4-42　提梁机在工况五横向风时的应力云图

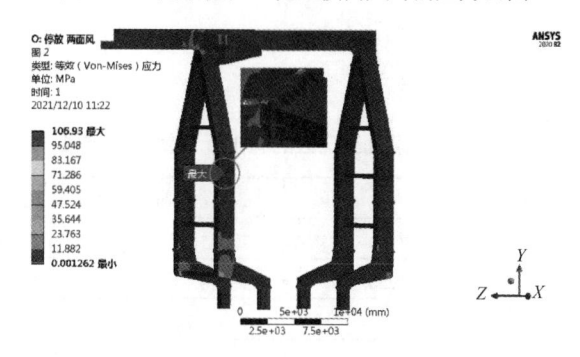

图 4-43　提梁机在工况五双向风时的应力云图

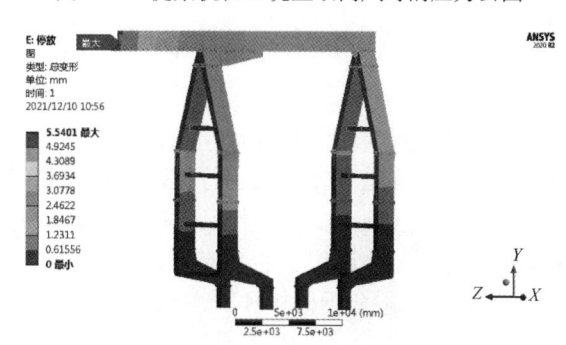

图 4-44　提梁机在工况五纵向风时的变形云图

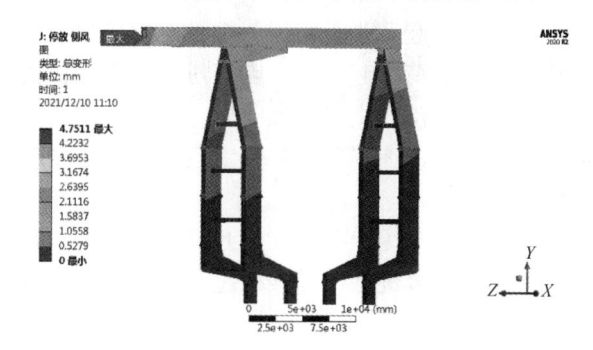

图 4-45　提梁机在工况五横向风时的变形云图

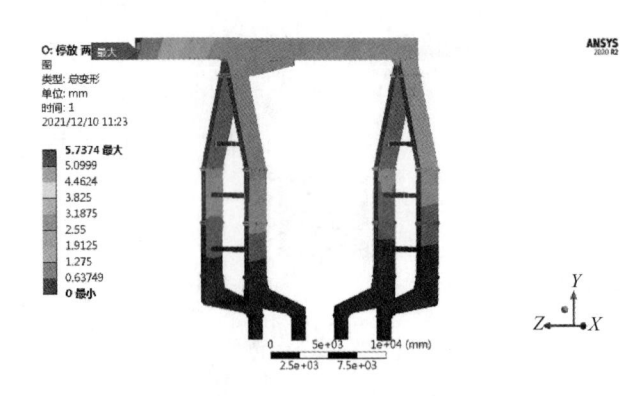

图 4-46 提梁机在工况五双向风时的变形云图

根据上述提梁机工况五的有限元计算分析结果（见表 4-11），得出提梁机在工况五下的强度与刚度。

表 4-11 提梁机工况五的有限元计算分析结果

风载荷方向	最大应力/MPa	许用应力/MPa	最大挠度/mm	许用挠度/mm	是否符合要求
纵向	115.11	250	5.54	22.86	是
横向	90.52	250	4.75	22.86	是
双向	106.93	250	5.74	22.86	是

4.2 提梁机金属结构的动力学

除了对提梁机的金属结构进行有限元计算分析，还需要对其跨中满载起升及变跨进行动力学计算。在动力学计算过程中首先对提梁机进行模态分析，通过固有频率的结果得到其金属结构产生的共振频率，判断其是否安全。然后对提梁机满载起升及变跨进行瞬态动力学分析，得到其满载起升及变跨运动过程中的动应力、动变形、速度与加速度情况。计算时，使用 ANSYS Workbench 的模态分析模块和瞬态动力学分析模块。

4.2.1 提梁机起升过程瞬态动力学分析

在提梁机提起重物的过程中，起升小车会因为惯性对提梁机主梁产生冲击载荷，所以需要对提梁机起升过程中由冲击载荷引起的振动响应进行分析。在实际工作过程中，重物起升产生的动态响应远大于重物下落产生的动态响应，起升小车在跨中产生的动态响应也比在一端产生的动态响应大。因此，在提梁机起升过程瞬态动力学分析中，只分析提梁机起升离地时的动态响应问题。

提梁机的整个起升过程可以细分为松弛阶段、预紧力阶段、加速阶段和起吊阶段，起升过程瞬态动力学分析按这 4 种阶段进行。提梁机起升过程的 4 个阶段特点见表 4-12。

表 4-12　提梁机起升过程的 4 个阶段特点

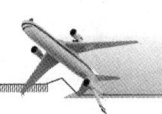

序　号	阶　段	特　点
1	松弛阶段	钢丝绳从松弛状态张紧，但没有受力，重物依旧放置在地上
2	预紧力阶段	钢丝绳开始受力并且逐渐弹性伸长，重物开始离地
3	加速阶段	钢丝绳拉动重物开始加速上升，将此过程视为匀加速阶段
4	起吊阶段	上升速度加速至额定起升速度，重物开始匀速上升

第一阶段由于钢丝绳和主梁均未受力，所以不考虑此阶段。第二阶段钢丝绳开始张紧，主梁开始发生变形。第三阶段重物开始加速上升，整个提梁机结构开始发生剧烈的振动，主梁的受力也达到最大。第四阶段加速度产生的振动在阻尼的作用下开始放缓。下面就建立从第二阶段到第四阶段起升系统的动力学模型，如图 4-47 所示。

在图 4-47 中，m_1 表示悬挂处系统的等效质量，$m_1 = m_{小车} + m_{主梁}$；m_2 表示额定最大起升质量；k_1 表示提梁机结构在起升系统悬挂处的刚度；k_2 表示钢丝绳和吊具的刚度。

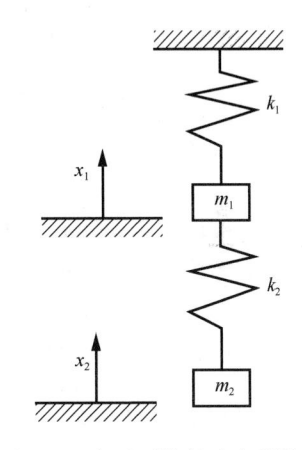

图 4-47　起升系统的动力学模型

在第二阶段，假设提梁机额定起升速度为 v_0，按照牛顿第二定律，可列出 m_1 的运动方程，即

$$m_1 \ddot{x}_1 + (k_1 + k_2) x_1 = -k_2 v_0 t \tag{4-3}$$

当时间 $t = 0$ 时，悬挂处无变形，即 $x_1(0) = \dot{x}_1(0) = 0$，此时式（4-3）可变为

$$x_1 = \frac{k_2 v_0}{k_1 + k_2} \left(\frac{1}{\omega_0} \sin \omega_0 t - t \right) \tag{4-4}$$

式中，ω_0 为提梁机结构的固有频率。

在第三阶段，重物匀速上升，此时钢丝绳拉力就等于重物重力，可得方程：

$$(x_1 + v_0 t) k_2 = m_2 g \tag{4-5}$$

该阶段提梁机结构的固有频率为

$$\omega_0 = \sqrt{\frac{k_1 + k_2}{m_1}} \tag{4-6}$$

已知提梁机额定起升速度 $v_0 = 1 \text{m/min}$，联立式（4-3）～式（4-6），利用 MATLAB 可计算出第二阶段的时间：$t = 3.41 \text{s}$。

在第二阶段，重物没有离地，此时主梁没有受力。在 t 时刻重物刚好离地，此时主梁的受力等于重物的重力，由此可知在 $0 \sim t$ 时刻，主梁受力 $F = mg$。在第三阶段，重物匀加速上升，此时主梁不仅受到重物重力，还有加速度产生的惯性力，由此可知在 $t \sim t_1$ 时刻，主梁受力 $F = m(g+a)$，其中 a 是重物上升的加速度。

在第四阶段，重物按额定起升速度匀速上升，此时主梁受力等于重物的重力，即在 t_1 时刻之后，主梁受力 $F=mg$。起升过程中提梁机金属结构所受的冲击载荷与时间关系如图 4-48 所示。

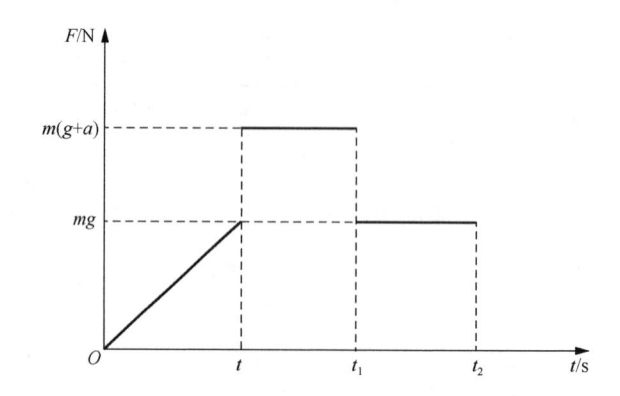

图 4-48　起升过程中提梁机金属结构所受的冲击载荷与时间关系

由表 4-1 可知，额定起升质量 $m_2=160\text{t}$，加速度 $a=0.03\text{m/s}^2$，额定起升速度 $v_0=1\text{m/min}=0.017\text{m/s}$。第三阶段结束后的时间为 $t_1=3.98\text{s}$。

第二阶段与第四阶段主梁受力 $F=mg=(m_2+m_{小车})g=1715000\text{N}$，第三阶段主梁受力 $F=m_{小车}g+m_2(g+a)=1719800\text{N}$。

1. 时间步长的选取

在瞬态动力学分析中，时间步长的选取对提梁机金属结构的计算精度有非常大的影响。时间步长越大，计算时间越短，计算精度越低。与此相反，时间步长越小，计算精度越高，但是，如果时间步长太小，就会延长计算时间，这不仅占用计算机大量资源，也特别费时间，效率十分低下。因此，应当根据实际情况选取恰当的时间步长。根据图 4-48，整个起升过程中主梁受力分三个阶段，时间步长的选取也按这三个阶段进行。在 $0\sim t$ 阶段，提梁机金属结构开始产生惯性载荷，设置子步 100 个；在 $t-t_1$ 阶段，重物开始加速起升至额定起升速度，设置子步 17 个；在重物匀速起升阶段，设置子步 177 个。

2. 阻尼的选择

在实际工程中，阻尼很难用方程来表达，因为如果把阻尼代入振动方程后，该微分方程变得非常难求解，但阻尼在瞬态动力学分析中又有着非常重要的作用，它不仅可以在动态响应过程起到减震效果，还可以改善瞬态动力学分析中数值的稳定性。因此，通常对阻尼采取简化处理，将阻尼正比于运动速度，然后将该阻尼参与的运动微分方程转化为线性微分方程，以便求解。

ANSYS Workbench 提供了 5 种阻尼，这 5 种阻尼的特点见表 4-13。

用瞬态动力学分析方法中的完全法进行计算分析，对阻尼类型选择瑞利阻尼。提梁机金属结构的阻尼比 ξ 与瑞利阻尼的阻尼系数 α 和 β 的关系式为

$$\xi=\frac{\alpha}{2\omega_i}+\frac{\beta\omega_i}{2} \tag{4-7}$$

第4章 提梁机施工过程分析及优化

表 4-13 五种阻尼的特点

阻尼形式	特 点
瑞利阻尼	是一种正交阻尼，瞬态动力学三种分析方法都适用
材料阻尼	与结构的响应频率无关，在非线性分析中可能会导致计算结果不精确
恒定阻尼	仅适用于动力学谐响应分析和谱分析
振型阻尼	仅适用于动力学谱分析和线性瞬态分析
黏性阻尼	仅适用于阻尼单元为黏性特征时

阻尼系数 α 和 β 的表达式为

$$\alpha = \frac{2\xi\omega_i\omega_j}{\omega_i + \omega_j}$$
$$\beta = \frac{2\xi}{\omega_i + \omega_j}$$

（4-8）

式中，ω_i 和 ω_j 为提梁机金属结构垂直方向的固有频率。

由相关文献可知，钢结构的阻尼比 ξ 取值范围一般为 0.008~0.01，选取阻尼比 $\xi = 0.009$。根据模态分析可知，提梁机金属结构在垂直方向的固有频率为 2.8926Hz 和 11.444Hz。将它们代入式（4-8）计算得到瑞利阻尼的阻尼系数 $\alpha = 0.3283$，$\beta = 0.0001869$。

在提梁机金属结构起升过程的动力学参数全部计算完成后，就可使用 ANSYS Workbench 的瞬态动力学模块加载模型进行计算，将以上参数添加至瞬态动力学模块中，并根据图 4-48 给模型施加随时间变化的冲击载荷。计算出重物离地瞬间提梁机金属结构的变形云图（见图 4-49）、等效应力云图（见图 4-50）、速度云图（见图 4-51）和加速度云图（见图 4-52），并绘制出提梁机金属结构起升过程中前 10s 内变形、应力、速度与加速度的计算结果随时间变化的曲线（见图 4-49~图 4-56）。

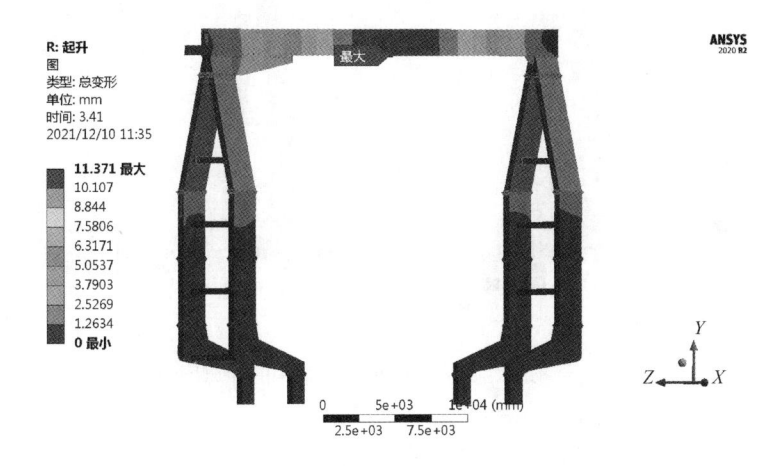

图 4-49 重物离地瞬间提梁机金属结构的变形云图

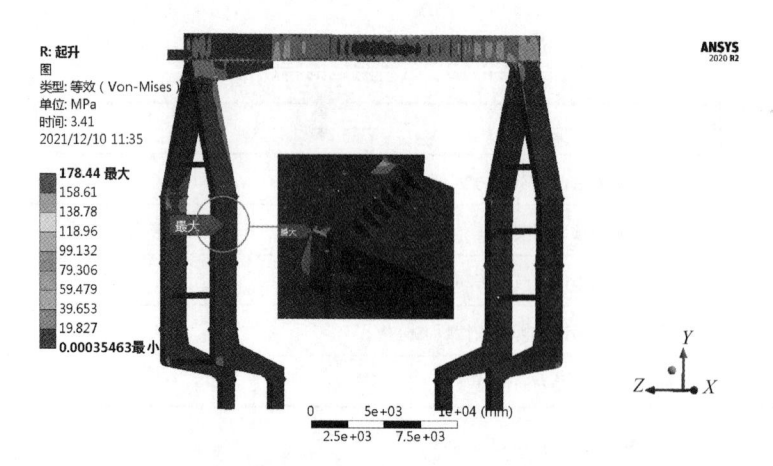

图 4-50　重物离地瞬间提梁机金属结构的等效应力云图

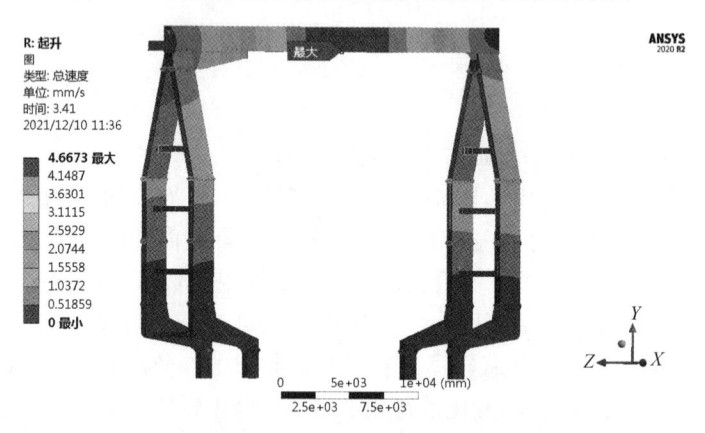

图 4-51　重物离地瞬间提梁机金属结构的速度云图

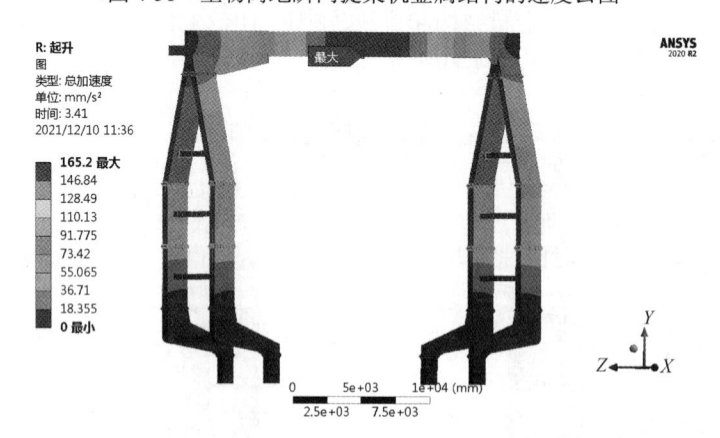

图 4-52　重物离地瞬间提梁机金属结构的加速度云图

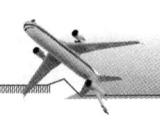

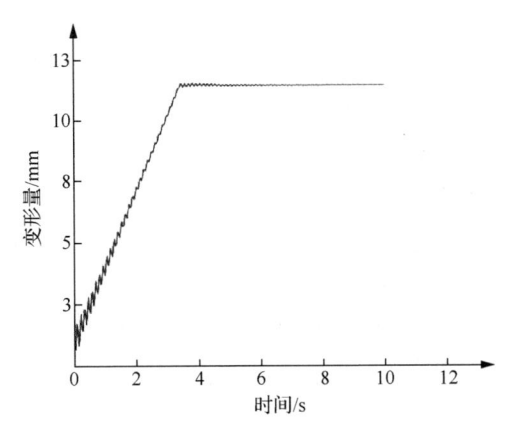

图 4-53　起升过程中提梁机金属结构的
变形量响应曲线

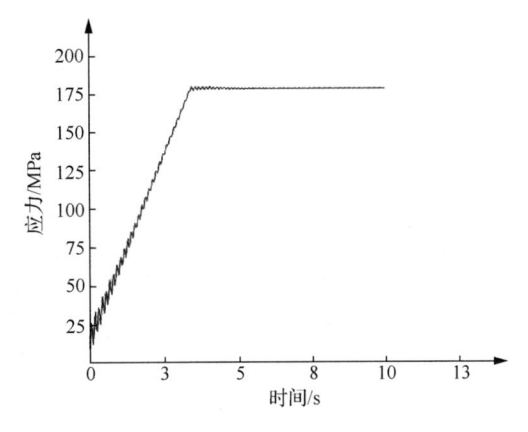

图 4-54　起升过程中提梁机金属结构的
应力响应曲线

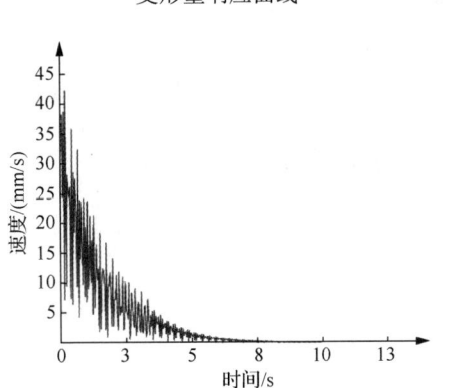

图 4-55　起升过程中提梁机金属结构的
速度响应曲线

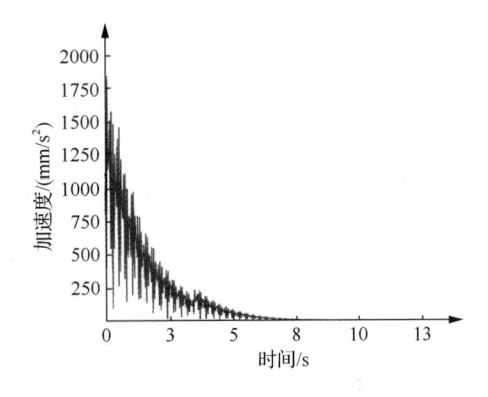

图 4-56　起升过程中提梁机金属结构的
加速度响应曲线

从上面的云图与响应曲线可以看出，提梁机金属结构在起升的第二阶段应力与变形量开始慢慢增大，并在3.41s重物离地瞬间达到最大，之后的起升过程由于阻尼的存在，应力与变形量的变化趋于平缓。由图4-53可知，起升过程中提梁机金属结构的最大总变形量小于许用挠度34.29mm，满足钢材刚度要求。由图4-54可知，起升过程中提梁机金属结构的最大应力小于许用应力250MPa，满足钢材强度要求。从图4-55和图4-56可以看出，提梁机金属结构在第二阶段开始时的速度与加速度迅速增大至峰值，随后由于阻尼的作用两者开始逐渐减小，在 3.41s 之后重物离地开始上升时提梁机金属结构的加速度与速度保持平缓；这两个曲线图反映的加速度与速度随时间的变化趋势与主梁承受载荷趋势吻合，符合实际情况。

4.2.2　提梁机变跨过程的瞬态动力学分析

变跨作为提梁机重要的关键技术，在日常提梁作业中被频繁使用。活动支腿在横向变跨过程中会对提梁机整机产生冲击载荷，所以还需要对活动支腿在变跨过程中由冲击载荷产生的振动响应进行瞬态动力学分析。根据实际情况，活动支腿在加速过程中产生的动态响应远大于减速,所以选取活动支腿从静止到加速至额定速度的过程作为分析对象。

将提梁机变跨过程分为完全静止阶段、启动加速阶段和匀速移动阶段。这 3 个阶段的特点见表 4-14。

表 4-14 提梁机变跨过程的 3 个阶段

序号	阶段	特点
1	完全静止阶段	提梁机空载,活动支腿与主梁的螺栓松开,为支腿移动做准备
2	启动加速阶段	走行台车与变跨驱动卷扬机启动,活动支腿开始加速横向移动,直到达到额定速度为止
3	匀速移动阶段	活动支腿加速至额定速度,开始匀速横向移动至目标点

在第一阶段,提梁机处于静止状态,没有受冲击载荷,所以不考虑该阶段。在第二阶段,活动支腿开始加速移动,此时活动支腿不仅受由牵引力产生冲击载荷,还存在与主梁和地面产生的摩擦力。在第三阶段,活动支腿匀速移动,此时活动支腿只承受与主梁和地面产生的摩擦力。

由上述分析可知,第一阶段的活动支腿静止不动,没有受力。第二阶段的活动支腿开始加速移动,即在 $0 \sim t$ 时刻,活动支腿承受加速产生的惯性力 $F = m_{腿}a$、与地面的摩擦力 $F_{f1} = \mu_1 \cdot F_{N1}$、与主梁的摩擦力 $F_{f2} = \mu_2 \cdot F_{N2}$ 三者的合力,合力 $F_1 = F + F_{f1} + F_{f2}$。第三阶段的活动支腿匀速移动,此时没有惯性力作用,即在 $t \sim t_1$ 时刻,活动支腿受力 F_2 为两个摩擦力之和,即 $F_2 = F_{f1} + F_{f2}$。

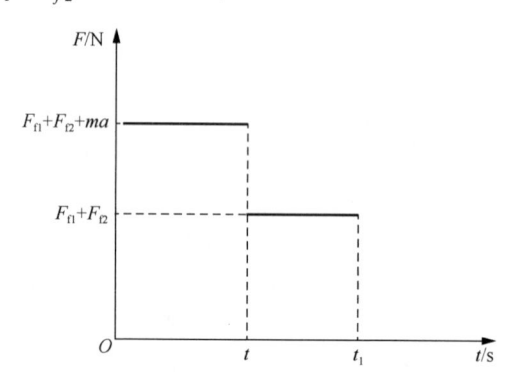

图 4-57 变跨过程中提梁机金属结构所受冲击载荷与时间的关系

其中,F_{N1} 为提梁机一端地面对活动支腿的支反力,由表 4-1 可知,提梁机总质量为 280t,所以 $F_{N1} = 1225000\text{N}$,根据《汽车理论》可知,轮胎与地面的摩擦系数 $\mu_1 = 0.018$,则 $F_{f1} = 22050\text{N}$;其中,主梁质量为 30t,所以主梁对活动支腿的支反力 $F_{N2} = 294000\text{N}$;金属滑块的摩擦系数为 $\mu_2 = 0.1$,则 $F_{f2} = 29400\text{N}$。活动支腿的质量 $m = 110\text{t}$,移动加速度为 $a = 0.01\text{m/s}^2$,该加速产生的惯性力 $F = m_{腿}a = 1100\text{N}$,并且第二阶段所用时间 $t = 1.7\text{s}$。由于只计算活动支腿移动 3s 内的动态响应情况,因此 $t_1 = 3\text{s}$。

1. 时间步长的选取

参考提梁机金属结构的起升过程,根据实际情况选取恰当的时间步长。根据图 4-57,

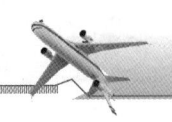

整个变跨过程中提梁机金属结构受力分两个阶段,时间步长的选取也按这两个阶段进行。在 $0\sim t$ 阶段,提梁机金属结构主要受活动支腿匀加速产生的惯性力及其与主梁和地面的摩擦力,设置子步 100 个;在 $t\sim t_1$ 阶段,重物开始匀速移动,此时只受摩擦力作用,设置子步 76 个。

2. 阻尼的选择

参考提梁机金属结构的起升过程选择瑞利阻尼。依然选择阻尼比 $\xi=0.009$。根据模态分析可知,提梁机金属结构的横向固有频率为 3.8359Hz 和 5.5094Hz,将它们代入式(4-8),计算得到 $\alpha=0.2552$,$\beta=0.000307$。

在变跨过程的动力学参数全部计算完成后,就可使用 ANSYS Workbench 的瞬态动力学模块加载模型进行计算,将以上参数添加至瞬态动力学模块中,并根据图 4-57 给模型施加随时间变化的载荷。计算出活动支腿加速至额定速度时提梁机金属结构的变形云图(见图 4-58)、等效应力云图(见图 4-59)、速度云图(见图 4-60)和加速度云图(见图 4-61),并将变跨过程的速度与加速度计算结果汇总成随时间变化的响应曲线(见图 4-62~图 4-65)。

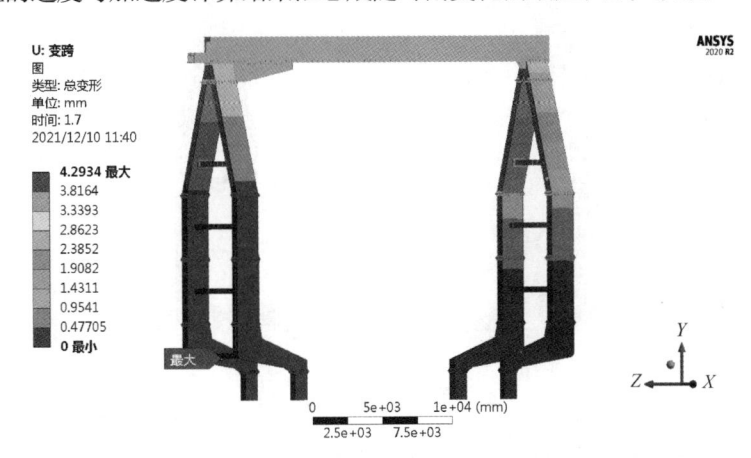

图 4-58 活动支腿加速至额定速度瞬间提梁机金属结构的变形云图

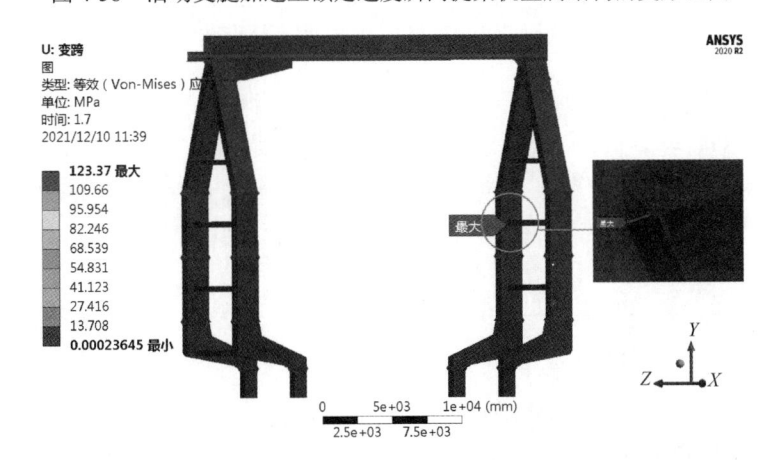

图 4-59 活动支腿加速至额定速度瞬间提梁机金属结构的等效应力云图

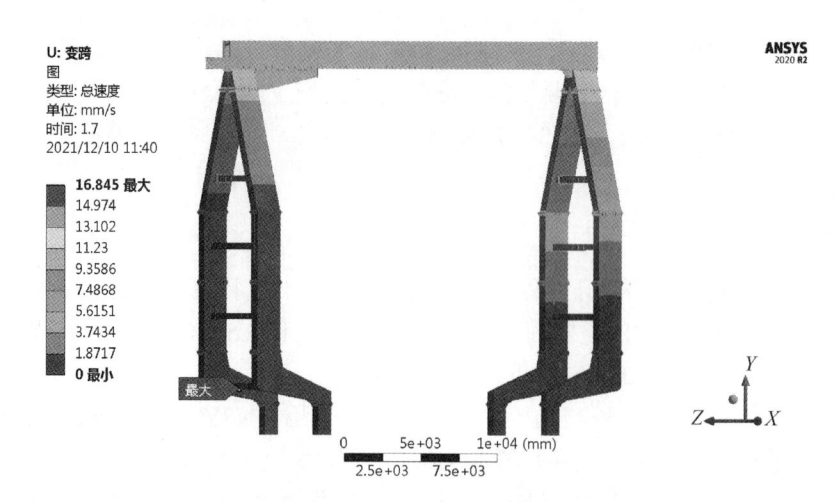

图 4-60　活动支腿加速至额定速度瞬间提梁机金属结构的速度云图

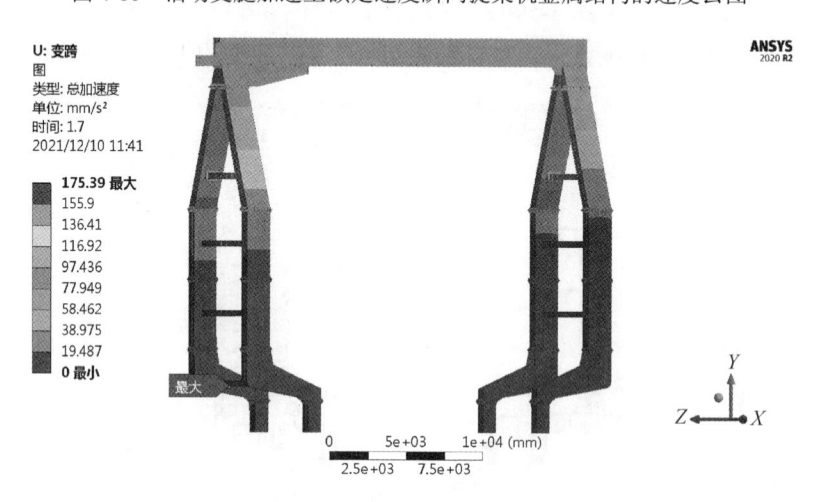

图 4-61　活动支腿加速至额定速度瞬间提梁机金属结构的加速度云图

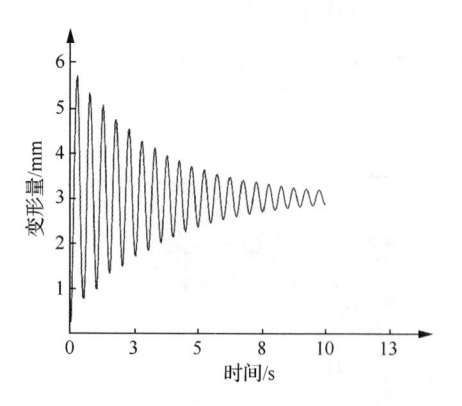

图 4-62　变跨过程中提梁机金属结构的变形量响应曲线

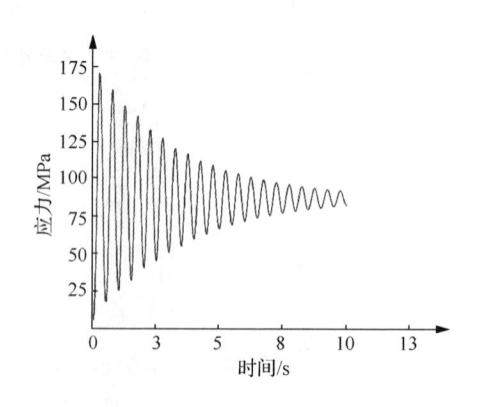

图 4-63　变跨过程中提梁机金属结构的应力响应曲线

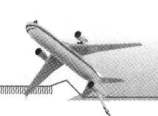

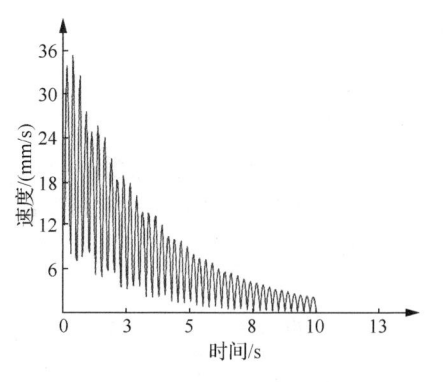

图 4-64　变跨过程中提梁机金属结构的
速度响应曲线

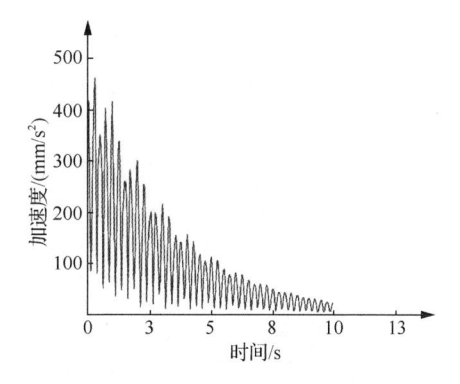

图 4-65　变跨过程中提梁机金属结构的
加速度响应曲线

从上面的云图与响应曲线可以看出，提梁机金属结构在变跨的第一阶段应力与变形量开始慢慢增大，并在 1.7 s 活动支腿加速至额定速度瞬间达到最大，之后活动支腿在移动过程由于阻尼的存在，应力与变形量的变化趋于平缓。由图 4-62 可知，变跨过程中的最大总变形量小于许用挠度 34.29 mm，满足钢材刚度要求。由图 4-63 可知，变跨过程中最大应力小于许用应力 250 MPa，满足钢材强度要求。从图 4-64 和图 4-65 可以看出，提梁机金属结构在第二阶段开始时的速度与加速度迅速增大至峰值，随后由于阻尼的作用开始逐渐减小，最终趋于平缓；这两个曲线图反映的加速度与速度随时间的变化趋势与支腿承受载荷趋势吻合，符合实际情况。

4.3　提梁机金属结构的优化设计

4.3.1　数学优化模型的建立

对提梁机的优化主要集中于其结构尺寸的优化，选取主梁上的翼板厚度、主梁隔板的长度和宽度、支撑底座下端板的厚度、直立柱和连系梁隔板方孔的长度与宽度作为优化设计所用输入参数。采用 Design Exploration 系统默认的输入参数初始值的 ±10% 作为输入值的变动范围。提梁机优化设计的设计变量见表 4-15。

表 4-15　提梁机优化设计的设计变量

	名　称	设计变量	初始值/mm	变动范围
主梁	上翼板 1 厚度	$P1$	16	初始值的 ±10%
	上翼板 2 厚度	$P2$	16	
	隔板方孔宽度	$P3$	890	
	隔板方孔长度	$P4$	1159	
支腿	支撑底座下端板厚度	$P5$	30	
	直立柱隔板方孔长度	$P6$	1168	
	直立柱隔板方孔宽度	$P7$	640	
	连系梁隔板方孔长度	$P8$	580	
	连系梁隔板方孔宽度	$P9$	220	

在满足提梁机正常工作下性能与安全性的前提下，减小提梁机金属结构总质量。由于提梁机金属结构的材料均使用 Q345B 钢材，所以设计目标就是为了减小提梁机金属结构的总体积。

约束条件分为两类：一类是性能约束，要求优化对象必须满足结构性能指标，如强度、刚度、稳定性等的许用条件；另一类是形状约束，主要体现为优化对象的结构尺寸、位置关系等。优化设计时以性能约束为主，要求优化后的输出结果必须满足材料的许用强度与刚度。

（1）强度约束条件。提梁机金属结构在正常工况下产生的最大等效应力 σ_{max} 不得超过结构材料的许用应力。即

$$\sigma_{max} \leqslant [\sigma] \tag{4-9}$$

（2）刚度约束条件。根据《起重机设计规范》的规定，提梁机金属结构刚度约束条件为

$$f \leqslant \frac{1}{700} L \tag{4-10}$$

式中，f 为工况一下提梁机金属结构的最大总变形量，单位为 mm；L 为工况一的跨度，单位为 m。

由表 4-3 和表 4-4 可知，提梁机金属结构的许用应力为 250MPa，许用挠度为 34.29 mm。

4.3.2 Spearman 参数相关性分析法

参数相关性分析是指以数值分析的方式表达两个或多个随机变量之间互相影响的强度关系，这种关系能够体现两个变量同时出现时的相关性，相关系数的区间为[-1，+1]。当某一个随机变量随着另一个（或多个）随机变量的增大（减小）而增大（减小）时，这两个（或多个）随机变量之间的相关系数为正数，相关程度越高，相关系数越大且接近+1；反之，一个随机变量随着另一个（或多个）随机变量的增大（减小）而减小（增大）时，这两个（或多个）随机变量之间的相关系数为负数，相关程度越高，相关系数越小且接近-1。至今，相关系数被广泛应用于教育、医学、工程、生物、金融等领域。在优化设计过程中，参数相关性分析法也用来研究设计变量与设计变量、设计变量与目标函数之间的关系强度。当设计变量过多，可以筛选出对优化目标影响较大的设计变量，减少优化的时间与硬件资源，提高优化效率。

Spearman（斯皮尔曼）参数相关性分析法是 1904 年 Spearman 提出的一种与参数分布无关的统计方法，用于判断两个（或多个）随机变量之间相关性的大小，该方法是研究参数相关性问题的主要方法之一。与 Pearson（皮尔逊）参数相关性分析法对输入参数的正态分布和线性约束有非常严格的要求相比，Spearman 参数相关性分析法对输入参数的分布没有严格的要求，所以该方法所用的 Spearman 相关系数在优化设计中广泛应用。

Spearman 相关系数的定义如下：设有样本变量 $x_1, x_2, \cdots, x_n$，$y_1, y_2, \cdots, y_n$，将样本变量从小到大排列为 $x_{(1)}, x_{(2)}, \cdots, x_{(n)}$，$y_{(1)}, y_{(2)}, \cdots, y_{(n)}$。设样本数据对为 $\begin{bmatrix} x_1 \\ y_1 \end{bmatrix}, \begin{bmatrix} x_2 \\ y_2 \end{bmatrix}, \cdots, \begin{bmatrix} x_n \\ y_n \end{bmatrix}$，记 x_i 在样本变量 $x_1, x_2, \cdots, x_n$ 中的秩为 R_i，y_i 在样本变量 $y_1, y_2, \cdots, y_n$ 中的秩为 Q_i，$i = 1, 2, \cdots, n$。

原样本数据对变为 $\begin{bmatrix} R_1 \\ Q_1 \end{bmatrix}, \begin{bmatrix} R_2 \\ Q_2 \end{bmatrix}, \cdots, \begin{bmatrix} R_n \\ Q_n \end{bmatrix}$，则 Spearman 相关系数计算公式为

$$r_s = 1 - \frac{6\sum_{i=1}^{n}(R_i - Q_i)^2}{n^3 - n} \qquad (4\text{-}11)$$

式中，Spearman 相关系数 r_s 的取值范围为 [−1,+1]。当该系数为正数时，表明两个变量为单调递增关系；当该系数为负数时，表明两个变量为单调递减关系；当该系数为 0，表明两个变量没有关系。该系数绝对值越大，表明两个变量之间的相关性越大。

使用 ANSYS Workbench 的参数相关性模块，选中所有的输入参数，输出参数为等效应力、总变形量和提梁机金属结构的体积。对相关性类型，选择 Spearman，设置 100 个样本点进行试验设计计算。计算得到的输入参数的相关矩阵如图 4-66 所示。

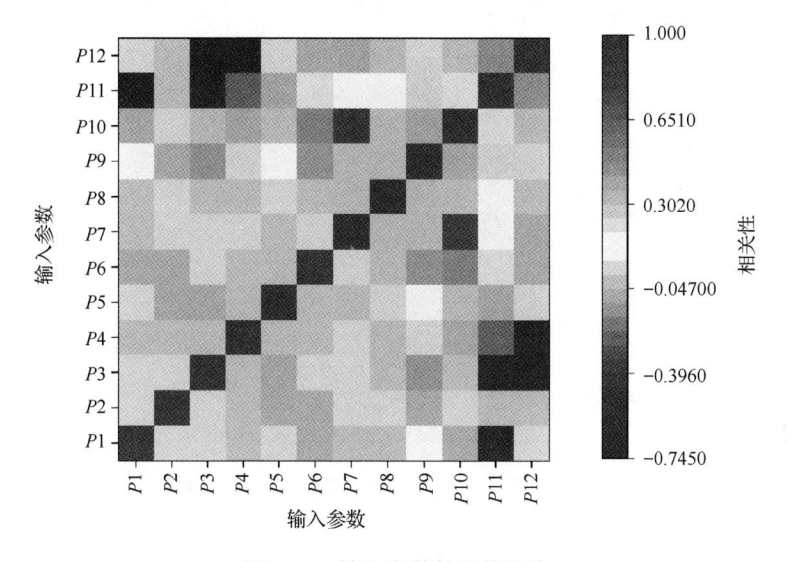

图 4-66 输入参数的相关矩阵

下面介绍 3 个相关的概念。

（1）线性相关矩阵。线性相关矩阵可以很直观地体现各输入参数之间互相影响程度的大小，从而判断哪些设计变量对优化目标的影响较大，然后筛选出这些设计变量作为优化的输入参数，达到有效减少优化设计的时间、提高优化效率的目的。

（2）敏感性。敏感性是指一种局部的相关性研究，用于研究设计变量对每个优化目标的相关性大小，从而选择合适的输入参数作为优化设计变量。9 个输入参数对最大等效应力、最大总变形量和体积的敏感性直方图如图 4-67～图 4-69 所示。

（3）判定系数。判定系数是指输入参数对回归方程拟合精度影响的数值化体现，在优化设计中，判定系数可以体现输入参数对目标函数联合影响的程度。对于判定系数，没有统一的判断标准，通常根据设计对象的特征自行研究。一般情况下，在截面优化设计中，判定系数在 0.5 以上时，就需要重视。

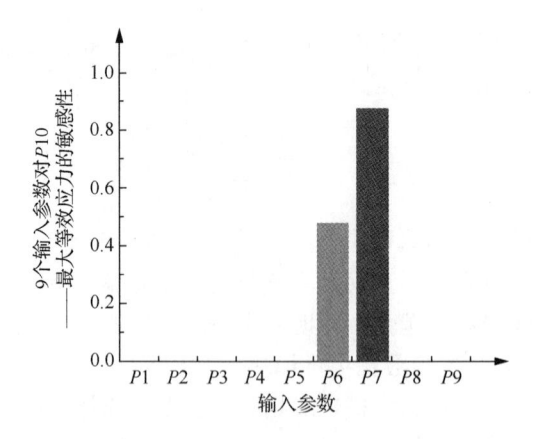

图 4-67　9 个输入参数对 $P10$——最大等效应力的敏感性直方图

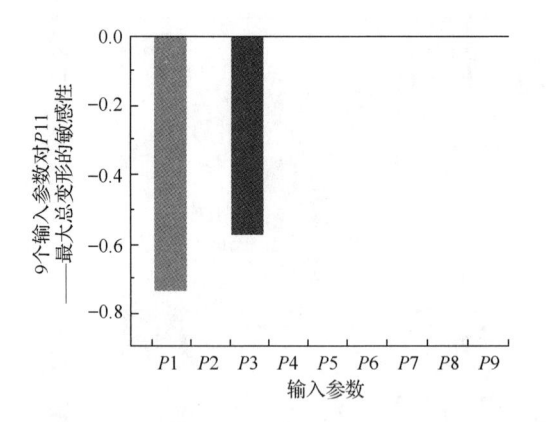

图 4-68　9 个输入参数对 $P11$——最大总变形的敏感性直方图

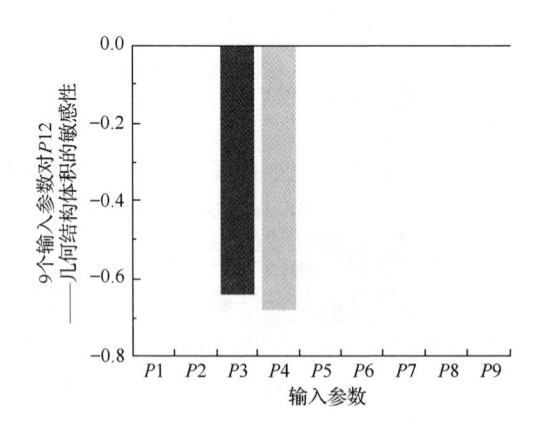

图 4-69　9 个输入参数对 $P12$——体积的敏感性直方图

$P10$——最大等效应力、$P11$——最大总变形量、$P12$——体积的线性判定系数分别如图 4-70～图 4-72 所示。

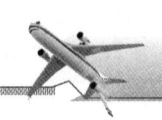

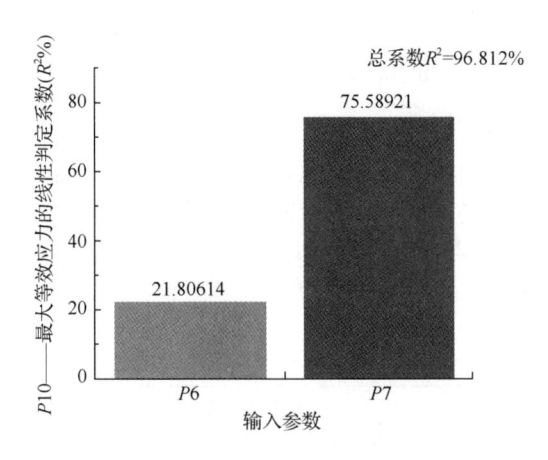

图 4-70　$P10$——最大等效应力的线性判定系数

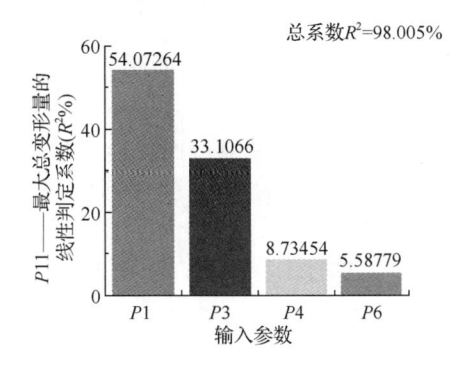

图 4-71　$P11$——最大总变形量的线性判定系数

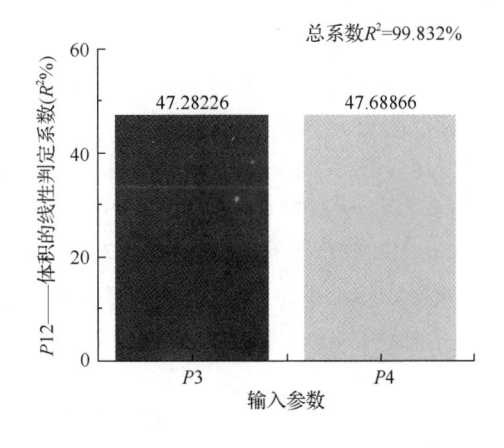

图 4-72　$P12$——体积的线性判定系数

综合以各图分析结果可知，在所有输入参数中，$P6$、$P7$ 对应力的影响较大，$P1$、$P3$ 对变形量的影响较大，$P3$、$P4$ 对体积的影响较大。因此，选择 $P1$、$P3$、$P4$、$P6$、$P7$ 作为响应面优化设计的设计变量。

4.3.3 试验设计及响应面拟合

试验设计法是统计学中的一种获取优化设计数据并构建响应面模型的方法。按统计学理论，将优化目标的数值称为响应变量，将影响优化目标的因素称为因子。试验设计就是找出影响响应变量的主要因子，通过控制这些因子输出最佳结果。在试验设计中，通过样本点的数量和样本点的空间分布影响响应面模型的精度。因此，选择试验设计方法很重要，试验设计方法对比见表4-16。

表4-16 试验设计方法对比

名称	全因子设计	正交试验设计	拉丁超立方抽样（LHS）设计
定义	对所有因子在所有水平上评估	通过拟定好的正交表安排试验设计方法	随机生成均匀样本点的抽样方法
优点	精确评估影响因素	数据分布均匀，试验次数减少	空间分布能力强，非线性响应面的拟合精度高
缺点	试验设计数目过大，时间过长	试验费用昂贵，试验因素对试验次数的影响较大	可能使部分设计空间的区域丢失

为了使优化设计样本点分布更均匀，使响应面拟合精度更高，选择拉丁超立方抽样（Latin Hypercube Sampling，LHS）设计试验方法。LHS是一种空间分层的随机抽样方法，保证在不知道原函数特征的情况下依旧可以获取空间内的所有样本信息。虽然是随机抽样，但是LHS与一般抽样方法相比，其抽样的样本点在空间内均匀分布。

LHS的样本抽样公式为

$$X_{ij} = \frac{\pi_j(i) - U_{ij}}{n}, 1 \leq i \leq n, q \leq j \leq d \tag{4-12}$$

式中，$\pi_j(i)$为整数i从1到n的随机数列；U_{ij}为样本在[0,1]区间上的均匀随机分布；n表示抽样点的个数；d表示抽样点的维数。

采用LHS抽样时，将设计空间划分为大小均等且抽取概率相同的若干区域，在每个区域内对抽样的信息进行随机选取配对。具体抽样步骤如下：

（1）将设计空间划分为大小、抽取概率均相同且不重叠的m个区域，假设样本区间为[0,1]，则设计空间的每个维数分为$(0,1/m),(1/m,2/m),\cdots,(1-1/m,1)$。

（2）在每个维数j上的m个区域内随机抽样，样本为$x_1^{(j)}, x_2^{(j)}, \cdots, x_m^{(j)}$。假设样本区间为[0,1]，则$0 < x_1^{(j)} < 1/m, 1/m < x_2^{(j)} < 2/m, \cdots, 1-1/m < x_m^{(j)} < 1$。

（3）对每个维数进行随机抽样，每个区域内已经取过样本点的，将不再选取，进而在j维上产生m个样本点。

以二维空间（$j=2$）为例，在[0,1]区间上采用LHS抽取样本，LHS抽样示意如图4-73所示。

在样本类型中，选择中心复合试验设计（Central Composite Design，CCD）样本。CCD样本点的总数目可以根据式（4-13）得到，即

$$m = 2^{i-r} + 2i + 1 \tag{4-13}$$

式中，m为样本点总数目；i为设计变量数目；r为析因试验系数。

（a）LHS抽样示意一

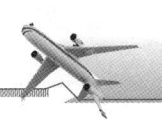

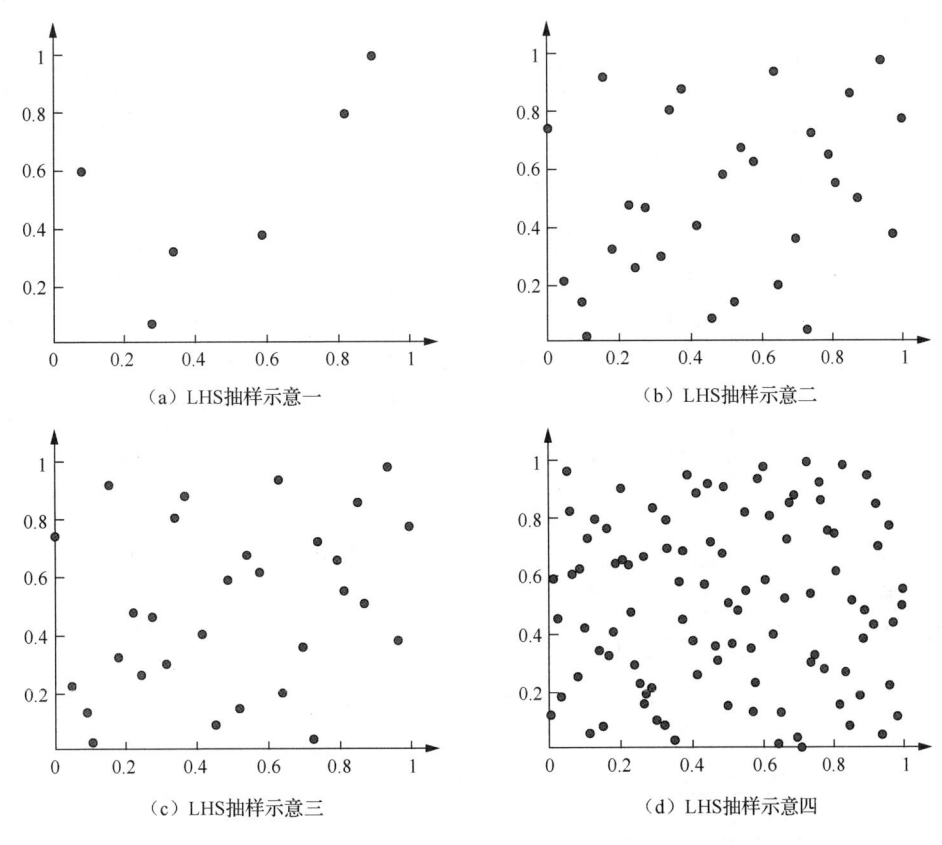

（b）LHS抽样示意二

（c）LHS抽样示意三

（d）LHS抽样示意四

图 4-73　LHS 抽样示意

由式（4-13）得 CCD 样本点数目，见表 4-17。

表 4-17　CCD 样本点数目

设计变量数目 i	1	2	3	4	5
析因试验系数 r	0	0	0	0	1
样本点数目	5	9	15	25	27

由表 4-17 可知，提梁机金属结构的设计变量数目为 5 个，可得到试验设计的样本点为 27 组。通过 ANSYS Workbench，得到试验设计计算结果，见表 4-18。试验设计过程中设计变量数据（样本点组数）与提梁机金属结构整体最大等效应力、最大总变形量和体积的关系曲线如图 4-74～图 4-76 所示。

表 4-18　试验设计计算结果

样本点组数序号	$P1$/mm	$P3$/mm	$P4$/mm	$P6$/mm	$P7$/mm	$P10$/MPa	$P11$/mm	$P12$/mm³
1	15.881	916.370	1073.148	1211.259	578.370	182.962	10.116	2.24×10^{10}
2	16.119	949.333	1159.000	1081.481	587.852	168.426	10.007	2.2×10^{10}
3	16.474	817.482	1219.096	1124.741	687.407	232.695	10.112	2.24×10^{10}
4	14.933	936.148	1201.926	1263.170	673.185	255.116	10.150	2.18×10^{10}

续表

样本点组数序号	$P1$/mm	$P3$/mm	$P4$/mm	$P6$/mm	$P7$/mm	$P10$/MPa	$P11$/mm	$P12$/mm^3
5	15.526	890.000	1081.733	1055.526	630.519	183.001	10.144	2.25×10^{10}
6	16.948	837.259	1236.267	1237.215	602.074	196.243	10.066	2.23×10^{10}
7	16.000	830.667	1055.978	1133.393	677.926	229.512	10.208	2.28×10^{10}
8	16.830	850.444	1176.170	1245.867	692.148	277.386	10.104	2.24×10^{10}
9	15.289	824.074	1133.244	1271.822	640.000	225.041	10.222	2.26×10^{10}
10	15.644	942.741	1270.607	1228.563	616.296	196.970	10.043	2.16×10^{10}
11	17.541	870.222	1141.830	1064.178	644.741	190.032	10.006	2.25×10^{10}
12	14.815	876.815	1227.681	1072.830	658.963	198.076	10.145	2.2×10^{10}
13	15.170	975.704	1184.756	1107.437	654.222	201.175	10.049	2.18×10^{10}
14	17.304	903.185	1253.437	1116.089	668.444	213.699	9.948	2.19×10^{10}
15	14.696	857.037	1150.415	1168.000	696.889	253.538	10.195	2.23×10^{10}
16	16.237	863.630	1244.852	1090.133	592.593	169.541	10.030	2.21×10^{10}
17	17.067	810.889	1124.659	1185.304	611.556	194.902	10.114	2.27×10^{10}
18	17.422	909.778	1064.563	1150.696	621.037	196.939	10.042	2.25×10^{10}
19	15.052	843.852	1262.022	1202.607	635.259	207.929	10.174	2.21×10^{10}
20	14.578	922.963	1098.904	1254.519	625.778	211.903	10.197	2.22×10^{10}
21	14.459	883.407	1167.585	1159.348	583.111	175.657	10.185	2.22×10^{10}
22	15.763	962.519	1047.393	1176.652	663.704	224.796	10.120	2.23×10^{10}
23	16.593	896.593	1090.319	1280.474	649.482	235.106	10.095	2.24×10^{10}
24	15.407	804.296	1116.074	1142.044	597.333	179.913	10.209	2.27×10^{10}
25	16.356	929.556	1107.489	1098.785	701.630	237.205	10.064	2.23×10^{10}
26	16.711	969.111	1210.511	1193.956	682.667	244.548	9.984	2.17×10^{10}
27	17.185	955.926	1193.341	1219.911	606.815	193.468	9.956	2.19×10^{10}

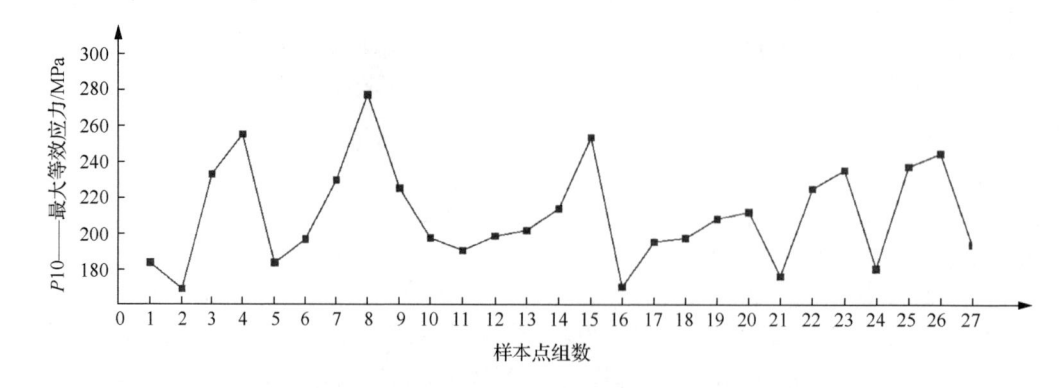

图 4-74　样本点组数与 $P10$——最大等效应力的关系曲线

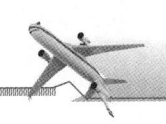

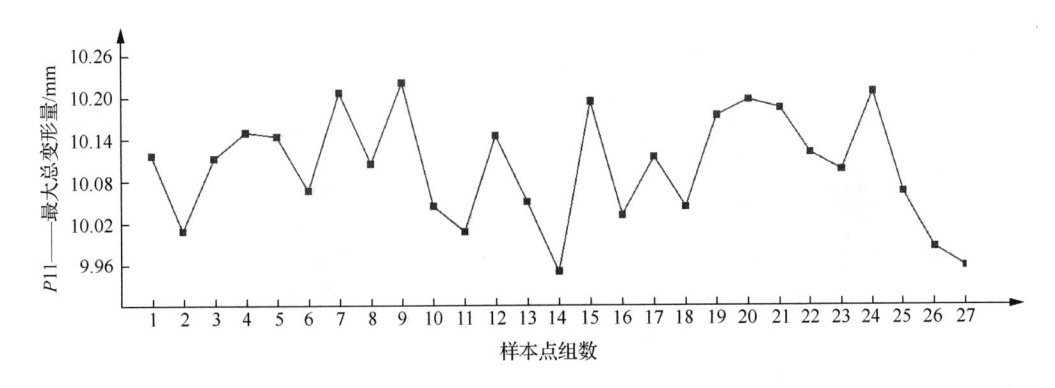

图 4-75　样本点组数与 $P11$——最大总变形量的关系曲线

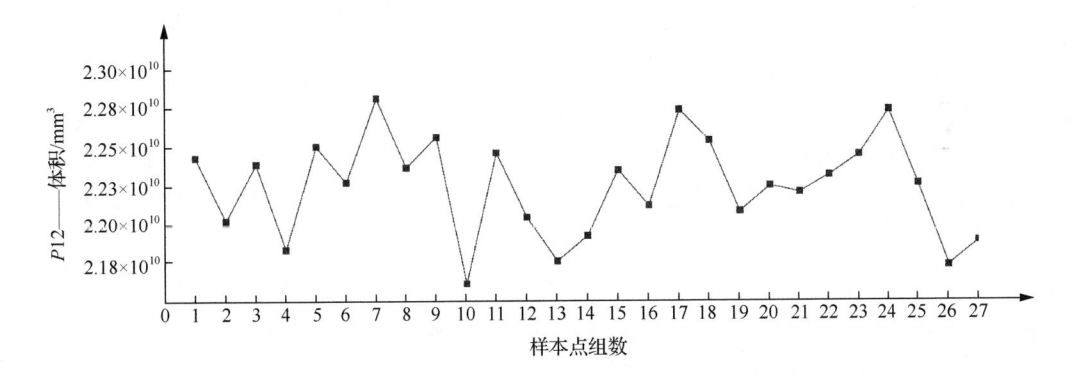

图 4-76　样本点组数与 $P12$——体积的关系曲线

敏感性分析是指在试验设计过程中，分析不断变化的设计变量对优化目标的影响程度。通过敏感性分析，可以得出哪些设计变量对优化目标的影响较大，从而直观地对优化方案作出评价。敏感性分析结果反映各个设计变量对目标函数的影响程度，通过响应面优化得出提梁机金属结构的体积、最大等效应力、最大总变形量与设计参数 $P1$、$P3$、$P4$、$P6$、$P7$ 这 5 个设计变量的敏感性（见图 4-77～图 4-79）。

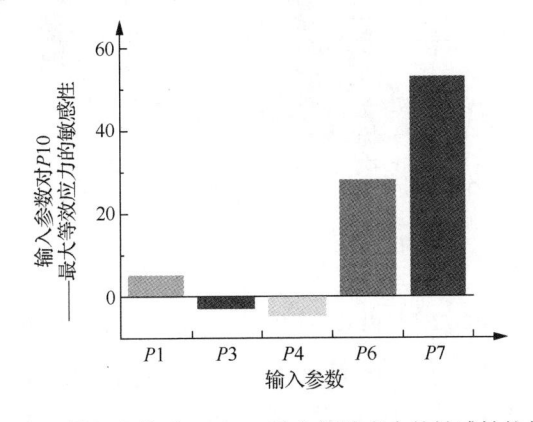

图 4-77　输入参数对 $P10$——最大等效应力的敏感性柱状图

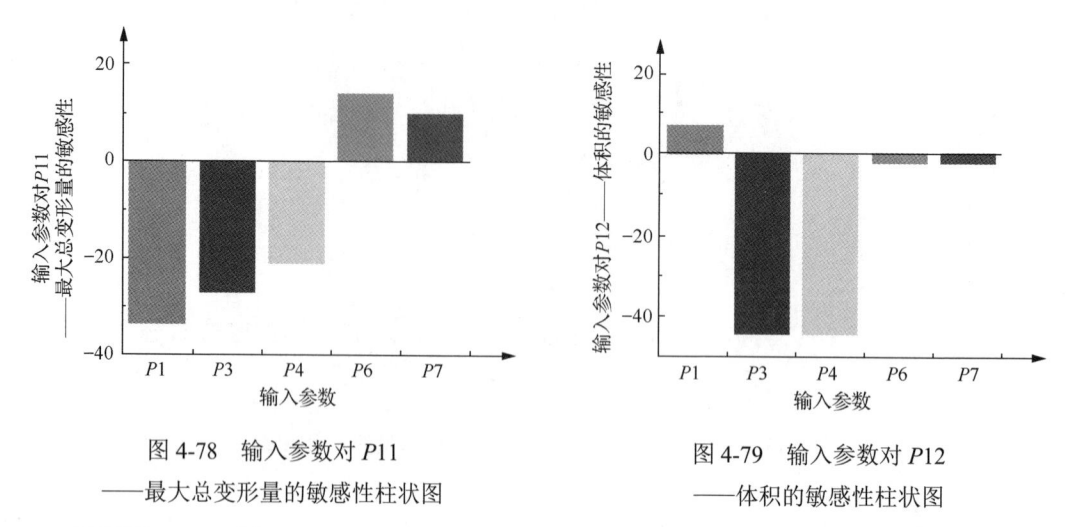

图 4-78　输入参数对 $P11$
——最大总变形量的敏感性柱状图

图 4-79　输入参数对 $P12$
——体积的敏感性柱状图

根据图 4-77～图 4-79 可知，$P1$、$P6$、$P7$ 与提梁机金属结构最大等效应力成正比，$P3$、$P4$ 与其成反比；$P6$、$P7$ 与提梁机金属结构最大总变形量成正比，$P1$、$P3$、$P4$ 与其成反比；$P1$ 与提梁机金属结构体积成正比，$P3$、$P4$、$P6$、$P7$ 与其成反比。综合三组数据可知，$P6$、$P7$ 对提梁机金属结构的应力影响最大；$P1$、$P3$ 对提梁机金属结构的变形量影响最大；$P3$、$P4$ 对提梁机金属结构的体积影响最大。

响应面拟合用来分析各个设计变量对目标函数的影响规律，研究各个设计变量之间的交互关系。根据敏感性分析结果可绘制出 $P6$、$P7$ 对提梁机金属结构的最大等效应力的响应面、$P1$、$P3$ 对提梁机金属结构的最大总变形量的响应面、$P3$、$P4$ 对提梁机金属结构体积的响应面，分别如图 4-80～图 4-82 所示。

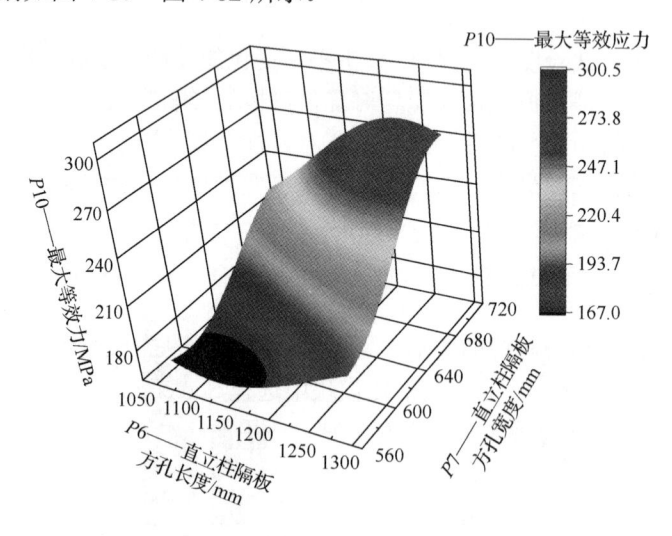

图 4-80　$P6$、$P7$ 对提梁机金属结构的最大等效应力的响应面

由图 4-80 可以看出，随着 $P6$、$P7$ 的增大，提梁机金属结构的最大等效应力逐渐增大；由图 4-81 可以看出，随着 $P1$、$P3$ 的增大，提梁机金属结构的最大总变形量逐渐减小；由图 4-82 可以看出，随着 $P3$、$P4$ 的增大，提梁机金属结构的体积逐渐减小。

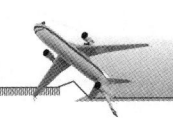

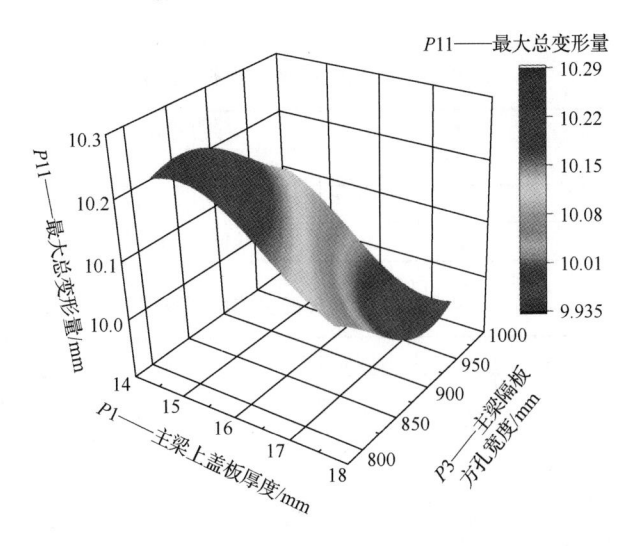

图 4-81　$P1$、$P3$ 对提梁机金属结构最大总变形量的响应面

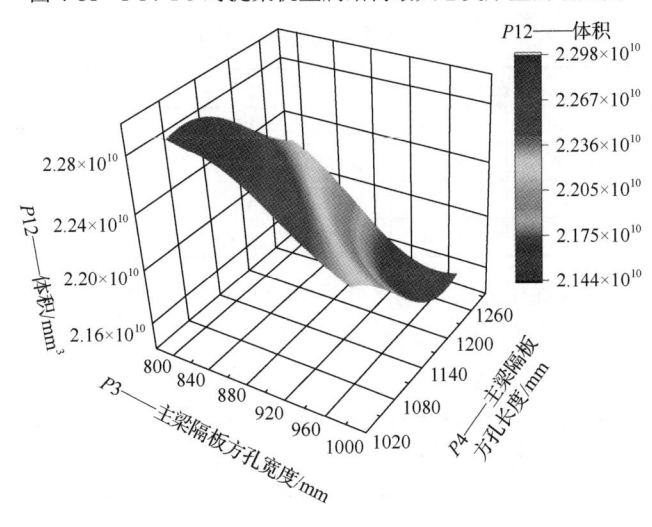

图 4-82　$P3$、$P4$ 对提梁机金属结构体积的响应面

4.3.4　筛选最佳方案并验证

在完成试验设计并拟合响应面之后，需要使用优化算法在试验设计样本点中筛选出最佳优化方案。在 ANSYS Workbench 的优化模块中选择 Screening 方法（筛选优化法）。相比其他方法，Screening 方法对输入参数没有限制，适用面广，并且优化计算时间取决于样本点的个数，适用于不同性能的计算机。由于优化条件为多目标三约束，因此选用 Screening 方法对试验设计样本点进行筛选。

对优化目标设置约束条件。根据材料属性对提梁机金属结构的最大等效应力与最大总变形量设置约束条件，见表 4-19。

选择 Screening 方法进行优化求解，验证 3 组优化方案。$P1$、$P3$、$P4$、$P6$、$P7$ 这 5 个设计变量的取值范围见表 4-20，3 组候选方案的验证结果见表 4-21。

表 4-19 优化目标的约束条件设置

目标设计变量	优化目标	约束条件	公差
P10——最大等效应力	最小	≤250MPa	0.001
P11——最大总变形量	最小	≤34.29mm	0.001
P12——体积	最小	无约束条件	—

表 4-20 5 个设计变量的取值范围

设计变量	下限/mm	上限/mm
P1——主梁上盖板厚度	14.4	17.6
P3——主梁隔板方孔宽度	801	979
P4——主梁隔板方孔长度	1043.1	1274.9
P6——直立柱隔板方孔长度	1051.2	1284.8
P7——直立柱隔板方孔宽度	576	704

表 4-21 3 组优化方案的验证结果

方案序号	设计变量					优化目标		
	P1/mm	P3/mm	P4/mm	P6/mm	P7/mm	P10/MPa	P11/mm	P12/mm^3
1	16.425	952.51	1262.6	1051.4	585.32	165.98	9.9505	2.166×10^{10}
2	16.443	955.33	1270	1052.2	585.32	165.81	9.9433	2.1621×10^{10}
3	16.496	957.54	1273.4	1053.7	582.63	163.02	9.9365	2.1601×10^{10}

由表 4-21 可知，3 组优化方案均满足强度为 250MPa 和刚度为 34.29mm 的要求。以提梁机金属结构的应力、变形量和体积最小为优化目标，选择第 3 组方案作为最终优化方案。将第 3 组方案圆整后得出设计变量优化后的参数。圆整后，P1——主梁上盖板厚度为 16mm，P3——主梁隔板方孔宽度为 958mm，P4——主梁隔板方孔长度为 1273mm，P6——直立柱隔板方孔长度为 1054mm，P7——直立柱隔板方孔宽度为 583mm。将圆整后的设计变量值代入 ANSYS Workbench 有限元计算公式中，得出优化后的计算结果。

4.3.5 优化前后对比

优化后的应力云图如图 4-83 所示，优化后的变形云图如图 4-84 所示。提梁机金属结构优化前后对比见表 4-22。

表 4-22 提梁机金属结构优化前后对比

对比项	P1/mm	P3/mm	P4/mm	P6/mm	P7/mm	σ/MPa	f/mm	V/mm^3	M/kg
优化前	16	890	1159	1168	640	205.690	10.063	2.2245×10^{10}	1.7462×10^5
优化后	16	958	1273	1054	583	163.100	9.966	2.1581×10^{10}	1.6941×10^5
比例（%）	0→	7.64↑	9.84↑	9.76↓	8.9↓	20.7↓	0.96↓	2.98↓	2.98↓

表中，P1——主梁上盖板厚度；P3——主梁隔板方孔宽度；P4——主梁隔板方孔长度；P6——直立柱隔板方孔长度；P7——直立柱隔板方孔宽度；σ——最大等效应力；f——最大总变形量；V——提梁机金属结构体积；M——提梁机金属结构质量。

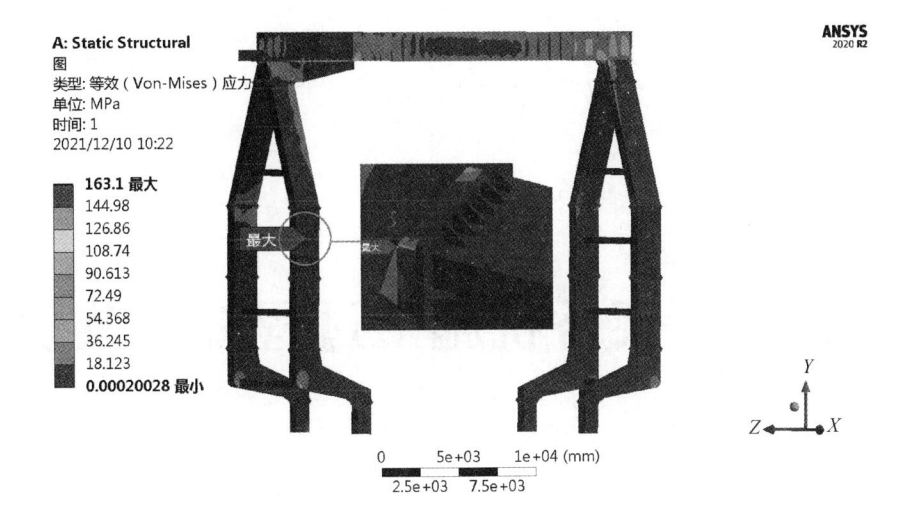

图 4-83 优化后的应力云图

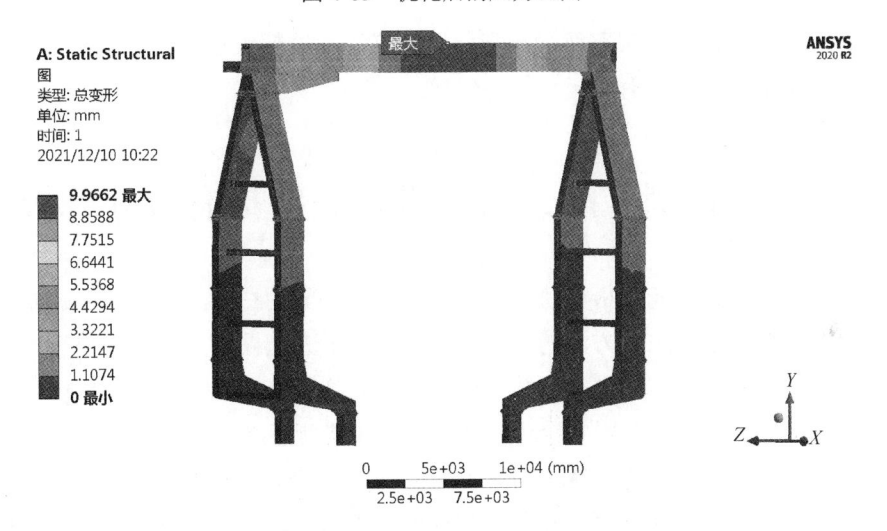

图 4-84 优化后的变形云图

第 5 章　架桥机施工过程分析及优化

在实际工程中，采用高架路桥梁预制架设施工法架设超大型渡槽，需要用到架桥机。本章对架桥机施工过程进行有限元分析并优化。

5.1　全预制装配式架桥机金属结构有限元分析

在理论计算中，有限元分析方法是一种通过有限个数的线性方程对复杂的微分方程进行求解的方法。受到这种求解方法的启发，有限元分析方法被应用于工程分析中。例如，在对工程中的某个复杂的结构进行相关分析时，首先将其离散化为多个小块体，然后对每个小块体进行求解分析，最后对各个小块体分析结果进行整合。随着计算机技术的发展，有限元分析方法得到了极大的发展，同时也为工程分析带来了极大的便利。

计算机技术的进步，使得有限元分析软件的种类日益增多，目前使用最广泛的有限元分析软件是美国 ANSYS 公司开发的 ANSYS 软件。经过多年的实际工程应用，ANSYS 软件的分析准确性得到了普遍的认可。分析准确性的高低是有限元分析软件最重要的评价标准，ANSYS 软件除了分析准确性，还具有许多其他优势。ANSYS 软件应用领域广泛，经过多年的发展，如今该软件可以进行静力学、动力学、流体、磁场、电场等领域中的有限元分析。同时 ANSYS 软件将有限元分析所用到的建模、模型处理、有限元计算、结果分析以及优化设计等功能进行了整合，为有限元分析提供了便利。ANSYS 软件与其他工业软件的兼容性也较好，因此在进行有限元分析时，可以通过 ANSYS 软件（如 ANSYS Workbench 版本）与其他软件的配合提高有限元分析的质量。

使用 ANSYS Workbench 进行有限元分析的流程图如图 5-1 所示。

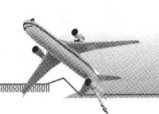

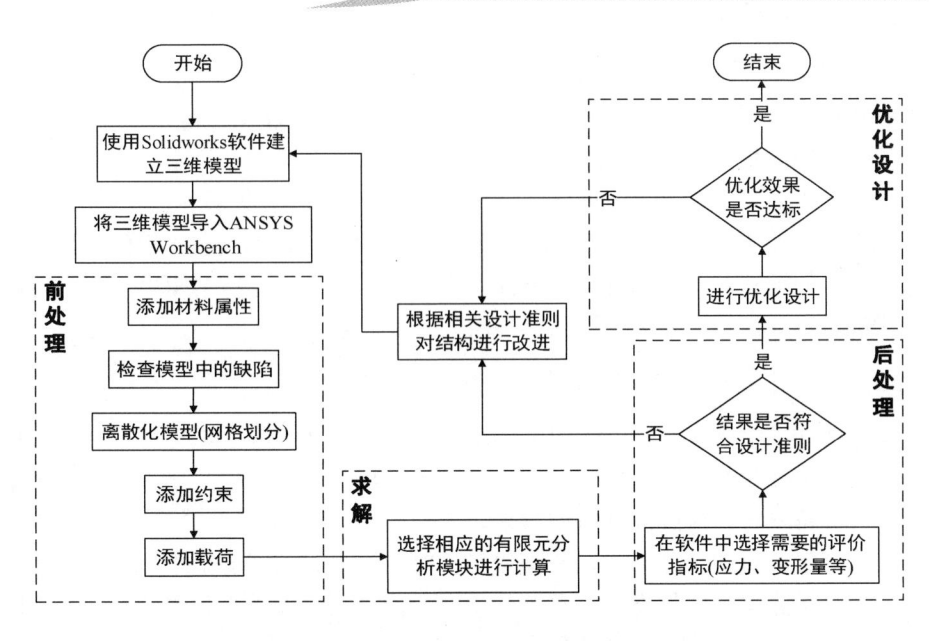

图 5-1　使用 ANSYS Workbench 进行有限元分析的流程图

5.1.1　全预制装配式架桥机简介

以 160 t 全预制装配式架桥机为例，该架桥机的主要组成部分为主梁、前辅支腿、前支腿、后支腿、过孔托辊、后顶高支腿、前起重小车及后起重小车。160 t 全预制装配式架桥机的整体机构及各组成部分简图如图 5-2 所示。

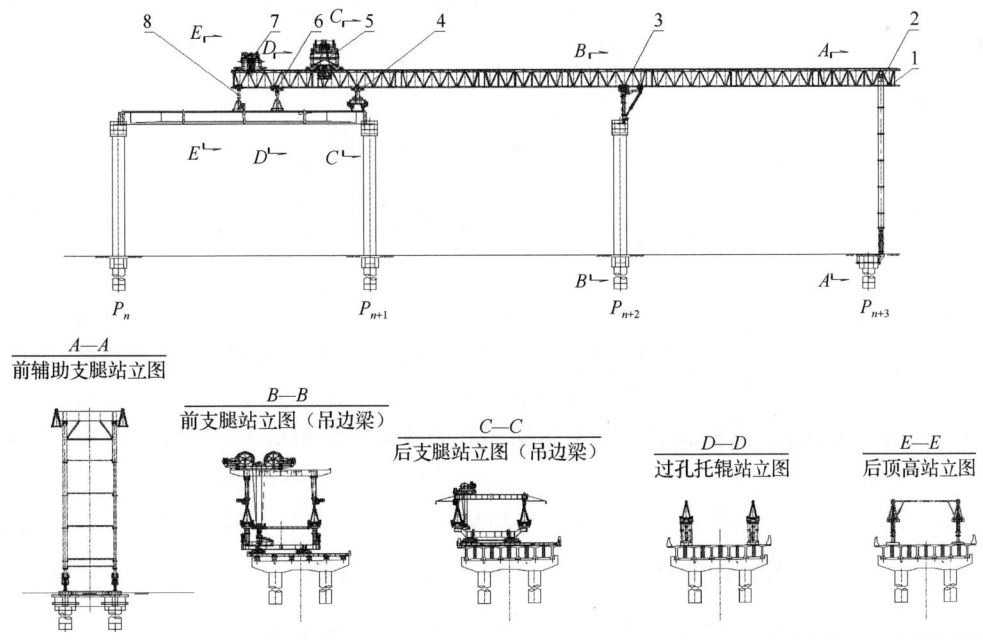

1—主梁　2—前辅支腿　3—前支腿　4—后支腿　5—前起重小车　6—过孔托辊　7—后起重小车　8—后顶高支腿

图 5-2　160 t 全预制装配式架桥机的整体机构及各组成部分简图

1. 160 t 全预制装配式架桥机的主梁

考虑到该型号架桥机的最大工作载荷为160t,并且此款架桥机的主要应用场景为城市,因此其主梁部分使用优于箱梁结构的多段桁架结构。

160 t 全预制装配式架桥机的主梁长度为80m,宽度为8m,其两侧各由8段等长度(10m)的桁架拼接而成,使用的材料为Q345钢材,每段的结构形式为正置的三角桁架结构。为了方便起重小车的运行,在上弦杆的上表面设有导轨结构,该导轨结构虽然在一定程度上增加了主梁的质量,但是也可以略微提高桁架的强度。

2. 160 t 全预制装配式架桥机的前辅支腿

160 t 全预制装配式架桥机的前辅支腿为该型号架桥机的特色结构。该架桥机在施工时采用提前制作、现场拼装的工作方式,即在施工现场提前制作墩柱、墩顶盖梁及主梁等组成部分,通过架桥机将各组成部分拼装起来。

鉴于该型号架桥机的工作方式,在架设墩柱时,若没有前辅支腿作为辅助支撑,则此时该架桥机会处于悬臂工作状态,这种工作状态会使得主梁处于不利的工作状态,同时也容易造成整机倾覆。为了避免上述情况的发生,在 160 t 全预制装配式架桥机的前方(相对于施工方向)靠近架设墩柱的位置,增加一个前辅支腿,以之作为辅助支撑。前辅支腿的支撑作用降低了 160 t 全预制装配式架桥机桁架主梁的工作载荷,同时也在一定程度上增加了 160 t 全预制装配式架桥机的工作稳定性。

160 t 全预制装配式架桥机的前辅支腿总高度为 25 m,由于墩柱的质量(120 t)较大,而且在架设墩柱时前后起重小车的位置都比较靠近前辅支腿,此时,前辅支腿的载荷很大,同时考虑到运输的便捷性,不便将前辅支腿的尺寸设计得过大,因此可以考虑使用强度较高的材料制作前辅支腿,如 Q345 钢材。

3. 160 t 全预制装配式架桥机的前支腿

160 t 全预制装配式架桥机的前支腿为该架桥机的主要承重支腿之一。在架设墩柱以及墩顶盖梁时,整个工作载荷主要分布在前支腿与前辅支腿之间;在架设主梁时,整个工作载荷主要分布在后支腿与前支腿之间。因此,前支腿的性能好坏直接影响到架桥机能否正常工作。

考虑到运输的便捷性及强度要求,可选择 Q345 钢材制作前支腿。

4. 160 t 全预制装配式架桥机的后支腿

160 t 全预制架桥机的后支腿也是该架桥机的主要承重支腿之一,在架设主梁时,后支腿与前支腿为主要的承重结构;在过孔时,后支腿以及过孔托辊将承受前起重小车的质量。

考虑到后支腿为主要承重支腿,因此选择 Q345 钢材作为后支腿的制作材料。

5. 160 t 全预制装配式架桥机的过孔托辊及后顶高支腿

160 t 全预制装配式架桥机的过孔托辊和后顶高支腿是该型号架桥机的辅助支腿,在该架桥机架设墩柱、墩顶盖梁及主梁的过程中,过孔托辊和后顶高支腿主要作为辅助支撑,从而增加该架桥机的稳定性。当该架桥机进行过孔时,过孔托辊和后顶高支腿对主梁进行

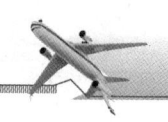

支撑，辅助该架桥机完成过孔。

6. 160 t 全预制装配式架桥机的前后起重小车

160 t 全预制装配式架桥机的前后起重小车都是该架桥机的直接承载结构，工作时载荷将通过前后起重小车传递到该架桥机的其他组成部分。在架设墩柱时，为了确保墩柱可以精确地定位，使用前起重小车吊起墩柱的上端且起重中心应处于墩柱安装位置的正上方；同时后起重小车吊起墩柱的下端并逐渐释放钢丝绳。在整个过程中，前起重小车的载荷逐渐增加，当墩柱处于竖直状态时前起重小车的载荷达到最大值，此时整根墩柱的质量（120t）由前起重小车承受。因此，前起重小车的承载能力要大于后起重小车的承载能力，这要求前起重小车的外形尺寸要大于后起重小车的外形尺寸。

160 t 全预制装配式架桥机的性能指标见表 5-1。

表 5-1 性能指标

编号	名称	性能指标
1	预制箱梁质量	160 t
2	墩顶盖梁质量	120t
3	墩柱质量	120t
4	架设跨度	30m
5	前起重小车质量	40t
6	前起重小车起吊能力	140t
7	后起重小车质量	15t
8	后起重小车起吊能力	80t
9	整机总电容量	150kW
10	整机外形尺寸（长×宽×高）	80m×9.3m×28.2m
11	适应最小曲率	500m
12	适应最大坡度	8%
13	正常作业风力	≤6 级

160 t 全预制装配式架桥机在使用过程中存在 3 种状态：非工作状态、工作状态和过孔状态。

160 t 全预制装配式架桥机处于准备工作时的状态称为非工作状态。此时，前后起重小车分别位于后支腿和过孔托辊的上方，以保持整机的稳定。

160 t 全预制装配式架桥机在架设墩柱、墩顶盖梁、预制箱梁时的状态称为工作状态。此时，需要先将前辅支腿支撑在现有路面上，将前支腿支撑在墩柱、墩顶盖梁上，将后支腿、过孔托辊和后顶高支腿支撑在已经完成架设的桥面或渡槽上，然后通过前后起重小车的配合实现对墩柱、墩顶盖梁及预制箱梁的提、运、架操作。

过孔状态是指 160 t 全预制装配式架桥机自行移动到下一个孔位时的状态，在此状态时，160 t 全预制装配式架桥机的前辅支腿、后顶高支腿处于升起状态，通过前支腿、后支腿、过孔托辊的配合运动，实现 160 t 全预制装配式架桥机的移动。在整个过程中，为了保证160 t 全预制装配式架桥机的稳定性，应适当地调整前后起重小车的位置。

5.1.2　全预制装配式架桥机模型的建立

160 t 全预制装配式架桥机的主要组成部分的结构形式有各自的特点，虽然其中也存在着许多相似的结构，但是相对来说结构比较复杂。因此，考虑使用实体单元建模。

使用实体单元建模有许多优点，首先，能够更加全面地反映 160 t 全预制装配式架桥机的结构特点；其次，对于模型中的一些细小结构的处理更加方便、高效，如结构内部的一些加强筋板；再次，实体单元在进行有限元计算时可以减少因为选择了不当的单元类型而导致计算结果错误的情况；最后，为后续的优化过程带来一定的便利。当然，实体单元也存在自身难以克服的缺点，相比使用梁单元等建立的模型，使用实体单元建立的模型在后续的有限元计算过程中计算量更大，这对计算机的性能提出了更高的要求，需要更大的计算机物理内存（RAM），如 256G，以及更多的 CPU 核心，如 44 个核心。这样，才可以弥补使用实体单元建模带来的计算量大问题。此外，在计算前，将模型适当地简化也会减少一定计算量。

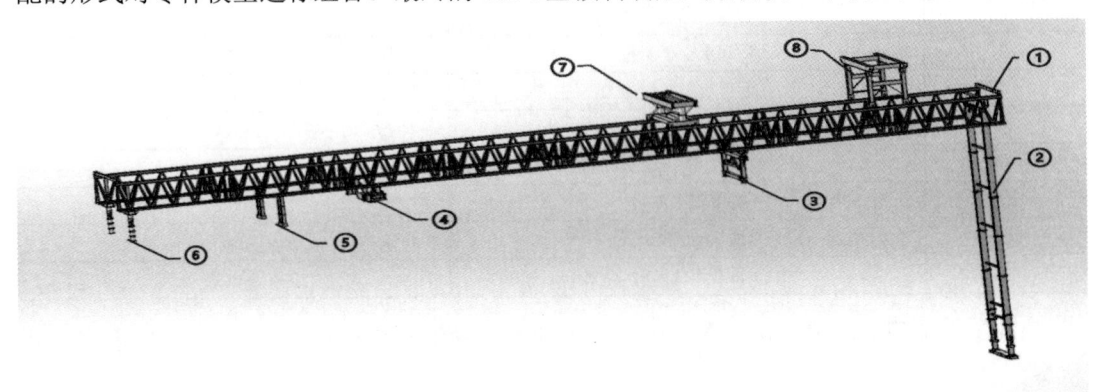

现在很多软件都可以实现 160 t 全预制装配式架桥机三维模型，但是考虑到后续参数化模型的便捷性，以及软件的兼容性等问题，决定使用 SolidWorks 2020 实现 160 t 全预制装配式架桥机的三维模型。

160 t 全预制装配式架桥机的总体建模思路如下：首先绘制各个零件模型，然后采用装配的形式对零件模型进行组合。最终的 160 t 全预制装配式架桥机三维模型如图 5-3 所示。

图 5-3　最终的 160 t 全预制装配式架桥机三维模型

图中的编号①～⑧分别对应 160 t 全预制装配式架桥机的主梁、前辅支腿、前支腿、后支腿、过孔托辊、后顶高支腿、后起重小车车架和前起重小车车架。

160 t 全预制装配式架桥机的三维模型中最复杂的部分为主梁和前辅支腿模型，这两部分模型的建立过程基本包含建立 160 t 全预制装配式架桥机三维模型所使用的技术手段。因此选择这两部分作为典型模型，对 160 t 全预制装配式架桥机三维模型的建立过程进行说明。

160 t 全预制装配式架桥机主梁的主体是两侧对称布置的空间三角桁架梁，单侧的桁架梁由 8 段等长度的桁架拼接而成，这 8 段桁架可以分为 2 种不同的结构。后顶高支腿在工

作时将整个主梁顶起,因此后顶高支腿的上端需要支撑在主梁的上弦杆和两根下弦杆上。为了适应后顶高支腿的结构,主梁末段桁架(见图5-4)的两根下弦杆之间的腹杆与主梁中的其他段桁架(见图5-5)的结构有所不同。

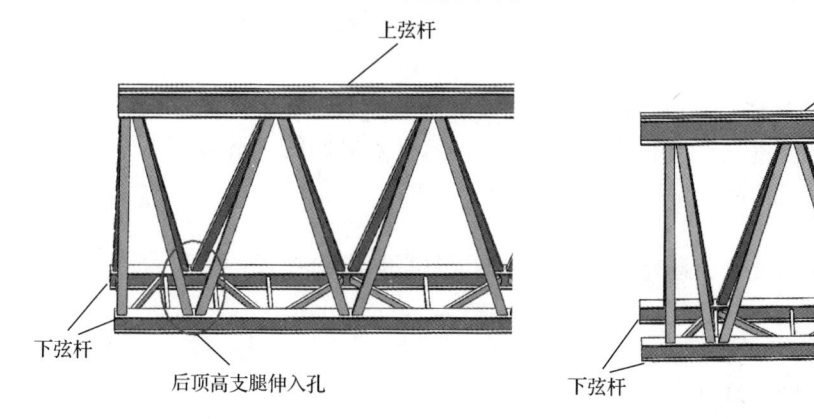

图 5-4　主梁末段桁架

图 5-5　主梁其他段桁架

160 t 全预制装配式架桥机主梁的结构为桁架结构,对于桁架结构,在使用 SolidWorks 2020 软件进行建模时,可以使用其中的"焊件"功能进行快速建模。使用"焊件"功能进行建模的过程与使用梁单元进行建模的过程相似:首先绘制桁架的整体中心轮廓线;其次选择相应的焊件轮廓,考虑到 160 t 全预制装配式架桥机的实际结构,对主梁中使用的钢材,需要自行建立需要的焊件轮廓;最后使用 SolidWorks 2020 中的"剪裁"功能去除多余的部分。

通过以上步骤建立的模型为单个焊件模型,若直接使用此焊件模型进行后续的装配,则不利于后续的有限元分析,尤其在对弦杆和腹杆进行网格划分时,若上下弦杆与腹杆为同一个整体,则会导致弦杆的网格过于精细或腹杆的网格过于粗糙。为解决以上问题,可以使用 SolidWorks 2020 中针对焊件的"切割清单"功能,此功能可以将单个的焊件实体转化为对应的装配体,使用转化后的装配体进行后续的建模和有限元分析将更加方便。

对转化后的此桁架装配体,无法直接进行尺寸修改。若要修改桁架的各部分尺寸,则需要将原焊件实体进行修改后保存,之后 SolidWorks 2020 会自动更新此桁架的装配体模型。

160 t 全预制装配式架桥机前辅支腿的整体尺寸较大、结构较为复杂,但是其整体结构中存在一些相似或重复的结构,通过对整体结构的分析可知,前辅支腿的第 2 节、第 3 节和第 4 节(从上往下,依次计数)为相同的结构。因此,如何对 160 t 全预制装配式架桥机前辅支腿进行快速建模是一个需要解决的问题。

为了提高 160 t 全预制装配式架桥机前辅支腿的建模速度,在建模时可以先将前辅支腿中相同结构的节段组装成子装配体,然后使用 SolidWorks 2020 中的"随配合复制"功能复制这些子装配体,可以有效地提高建模速度。在使用"随配合复制"功能进行建模时,需要注意:复制的子装配体所添加的配合顺序要与原子装配体的配合顺序相同。熟练地使用上述方法建模可以极大地缩短建模所需要的时间,该方法也适用于建模时对一些筋板结构的布置。

5.1.3　160 t 全预制装配式架桥机的强度和刚度准则

160 t 全预制装配式架桥机的整机采用 Q345 钢材作为加工材料，选择安全系数为 1.34，此时经计算得到的许用应力 $[\sigma]$ = 257.46MPa，要求计算所得的应力 σ 小于许用应力，即 $\sigma < [\sigma]$。

160 t 全预制装配式架桥机主梁的最大挠度变化量要满足以下要求：

（1）当施加的载荷位置位于跨中时，挠度 f 与该跨度 L_1 之间的关系为

$$f \leqslant \frac{L_1}{700}$$

（2）当施加的载荷位置位于悬臂时，挠度 f 与该悬臂长度 L_2 之间的关系为

$$f \leqslant \frac{L_2}{350}$$

计算时，参考以下国家标准：

（1）GB 50017—2017《钢结构设计标准》。
（2）GB 3811—2008《起重机设计规范》。
（3）GB 33582—2017《机械产品结构有限元力学分析通用规则》。

5.1.4　160 t 全预制装配式架桥机载荷的确定

确定 160 t 全预制装配式架桥机承受的载荷是进行后续有限元计算的必要准备工作。在对 160 t 全预制装配式架桥机的工作原理及其工作流程进行分析后发现，160 t 全预制装配式架桥机的载荷主要来自两个方面：其一为自然环境造成的额外载荷荷，主要为风载荷；其二为施工作业时的墩柱、墩顶盖梁及预制箱梁等造成的施工载荷和架桥机的重力载荷等。

160 t 全预制装配式架桥机的整机高度较大，因此在施工过程中要考虑一定的风载荷影响。160 t 全预制装配式架桥机的结构形式与桥式起重机的结构形式相似，因此可以参考桥式起重机规范中对于风载荷的计算要求，进行风载荷的计算。由 160 t 全预制装配式架桥机的结构可知，其主梁及前辅支腿的迎风面积很大，因此有必要考虑风载荷的影响。160 t 全预制装配式架桥机中的其他部分（前支腿、后支腿、过孔托辊、后顶高支腿）的侧向外形尺寸相对较小且高度较低，因此在计算时可省略风载荷的影响，以提高计算效率。

风载荷的计算公式为

$$P_\mathrm{w} = ApC \tag{5-1}$$

式中，P_w 为结构所承受的风载荷，单位为 N；A 为结构垂直于风向的面积，即迎风面积，单位为 m²；p 为计算风压，单位为 N/m²；C 为风力系数，无量纲；

（1）迎风面积 A 的确定。在确定结构的垂直迎风面积时，对于规则的结构，如 160 t 全预制装配式架桥机的前辅支腿，其侧面为与地面垂直的平直面，因此可以通过手算或软件测量的方式直接求得迎风面积；对于有一定倾斜角度的结构，如 160 t 全预制装配式架桥机的主梁，其上弦杆与下弦杆之间存在较大的倾斜角度，因此不便直接计算或直接使用软件测量迎风面积，可以使用 SolidWorks 2020 中的投影功能测量迎风面积。

下面以 160 t 全预制装配式架桥机主梁中的一段桁架为例，说明如何使用 SolidWorks

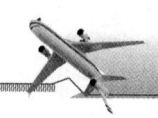

2020 测量倾斜结构的迎风面积。

首先，打开桁架结构的装配体文件，在菜单栏中选择"插入零部件"，选择需要投影的平面作为草图平面。单击菜单栏中的"转换实体引用"功能中的"侧影实体"功能（见图 5-6），依次单击需要投影的实体。需要注意的是，要取消勾选"外部轮廓"复选框。

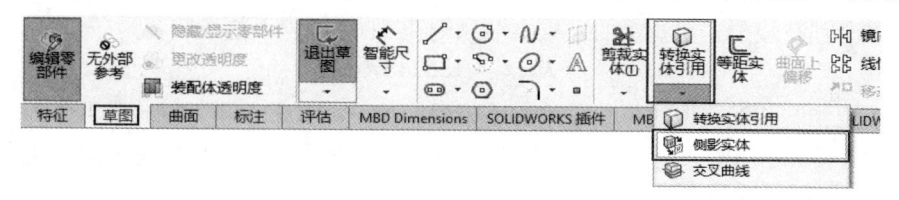

图 5-6 "侧影实体"功能

其次，在得到投影草图后，可将其他结构隐藏显示，在"特征"选项卡中使用"拉伸凸台"功能，将得到的投影草图进行拉伸操作，可任取拉伸的厚度。

最后，切换到"评估"选项卡，使用其中的"测量"功能对凸台的面积进行测量（见图 5-7）。

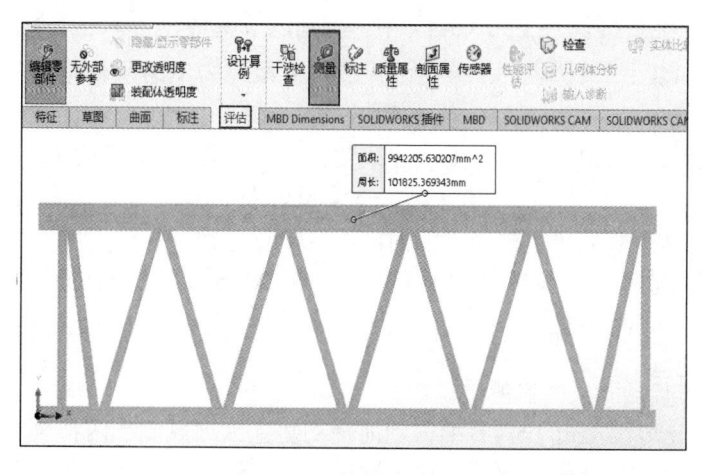

图 5-7 测量投影面积

使用上述方法可以快速地测量不规则实体的投影面积，极大地缩短计算时间，而且该方法的准确性也更高。

（2）计算风压 p 的确定。计算风压 p 的确定与施工场地的地理环境及施工的高度有关，根据《起重机设计规范》中的推荐值，按照 6 级风力的标准选择 160 t 全预制装配式架桥机工作时的风压，即 $p_6 = 125 \text{ N/m}^2$；按照 11 级风力的标准选择其在非工作时的风压，即 $p_{11} = 1000 \text{ N/m}^2$。

（3）风力系数 C 的确定。对风力系数，可以根据迎风结构的类型及该结构迎风部分的空气动力长细比（迎风结构的长度与该结构迎风面高度的比值）进行选取。

采用前述方法得到的单侧桁架梁的迎风面积 $A_{zl} = 79551851.89 \text{ mm}^2$；工作时的风压（6级风力）为 $p_{zl\text{-}6} = 125 \text{ N/m}^2$，非工作时的风压（11 级风力）为 $p_{zl\text{-}11} = 1000 \text{ N/m}^2$；风力系数为 $C_{zl} = 1.7$。

为方便计算，设迎风面积 $A_{zl} = 79.552 \text{ m}^2$，将以上参数代入风载荷计算公式中，得到以下两种风力下的主梁主迎风侧风载荷。

160 t 全预制装配式架桥机的主梁主迎风侧在 6 级风力下的风载荷为

$$P_{\text{W-zl-6}} = 16904.8 \text{ N} \tag{5-2}$$

160 t 全预制装配式架桥机的主梁主迎风侧在 11 级风力下的风载荷为

$$P_{\text{W-zl-11}} = 135238.4 \text{ N} \tag{5-3}$$

160 t 全预制装配式架桥机的主梁为双桁架结构，而且两个桁架结构的间距相对较大，因此另一侧（次迎风侧）桁架上的风载荷也不可以忽略不计。计算次迎风侧的风载荷时，需要将主迎风侧风载荷乘以挡风折减系数 η，即

$$P'_{\text{W}} = \eta ApC \tag{5-4}$$

对挡风折减系数 η，可以根据结构迎风面充实率 φ（结构迎风部分的面积与结构的轮廓面积的比值）和间隔比（结构两个相对应的面间距与构件迎风面宽度的比值），通过查找设计表进行确定。

经计算后可知，迎风面充实率 $\varphi=0.3153$，间隔比为 2.536，单侧桁架梁的挡风折减系数 $\eta_{zl}=0.63$。将以上数据代入上式（5-4）中，得到以下两种风力下的主梁次迎风侧风载荷。

160 t 全预制装配式架桥机的主梁次迎风侧在 6 级风力下的风载荷为

$$P'_{\text{W-zl-6}} = 10650.075 \text{ N} \tag{5-5}$$

160 t 全预制装配式架桥机的主梁次迎风侧在 11 级风力下的风载荷为

$$P'_{\text{W-zl-11}} = 85200.6 \text{ N} \tag{5-6}$$

160 t 全预制装配式架桥机前辅支腿的风载荷计算过程与主梁的风载荷计算过程相同，经过计算后，得到前辅支腿的迎风面积 $A_{qf} = 15.923 \text{ m}^2$，工作时的风压（6 级风力）$p_{qf-6} = 125 \text{ N/m}^2$，非工作时的风压（11 级风力）$p_{qf-11} = 1000 \text{ N/m}^2$；风力系数 $C_{qf} = 1.7$，挡风折减系数 $\eta_{qf}=1$。

将以上数据分别代入式（5-4）中得到前辅支腿主次迎风侧在两种风力下的风载荷。

160 t 全预制装配式架桥机前辅支腿主迎风侧在 6 级风力下的风载荷为

$$P_{\text{W-qf-6}} = 3383.637 \text{ N} \tag{5-7}$$

160 t 全预制装配式架桥机前辅支腿主迎风侧在 11 级风力下的风载荷为

$$P_{\text{W-qf-11}} = 27069.1 \text{ N} \tag{5-8}$$

160 t 全预制装配式架桥机前辅支腿次迎风侧在 6 级风力下的风载荷为

$$P'_{\text{W-qf-6}} = 3383.637 \text{ N} \tag{5-9}$$

160 t 全预制装配式架桥机前辅支腿次迎风侧在 11 级风力下的风载荷为

$$P'_{\text{W-qf-11}} = 27069.1 \text{ N} \tag{5-10}$$

160 t 全预制装配式架桥机所承受的主要载荷除了自然环境中的风载荷，还有施工载荷及 160 t 全预制装配式架桥机的重力载荷。

（1）施工载荷。160 t 全预制装配式架桥机在架设墩柱、墩顶盖梁及预制箱梁时的载荷称为施工载荷，这一部分载荷在本质上也是重力载荷，即起吊物体的重力载荷。但是在进

行有限元计算时,没有必要对墩柱、墩顶盖梁和主梁等结构进行三维建模,而在赋予材料属性后直接进行有限元计算。对这些结构进行建模,并不会提高有限元计算的精度,反而会增加有限元计算量。因此,比较稳妥的方法是,通过材料力学和理论力学的理论与方法将这些载荷进行转化,把它们间接地施加到160 t全预制装配式架桥机的相应位置。这样,既能够保证有限元计算结果的准确性,又能在一定程度上减小计算量,使有限元分析更加高效地进行。

(2)160 t全预制装配式架桥机的重力载荷。在设置好模型的材料属性之后,通过ANSYS Workbench中的模型处理软件SpaceClaim中的测量功能,可以方便地得到各部分结构的质量属性。在进行有限元分析时,对160 t全预制装配式架桥机施加标准重力加速度,即可实现其重力载荷的加载。

5.1.5　160 t全预制装配式架桥机在非工作状态下的有限元分析

160 t全预制装配式架桥机的非工作状态包括该架桥机在组装完成后准备投入工作时的状态,以及在工作时遇到大风等恶劣天气而停止工作时的状态。以上两种状态是该架桥机的最基本状态,此时160 t全预制装配式架桥机的整机负载处于最低状态。若160 t全预制装配式架桥机在非工作状态下不满足要求,则后续的有限元计算将失去意义。因此,对160 t全预制装配式架桥机在非工作状态下进行有限元分析是十分必要的。

可模拟160 t全预制装配式架桥机在正常自然环境下刚完成组装时的工作状态,进行有限元分析。

(1)载荷以及约束的处理。在此工况下,160 t全预制装配式架桥机承受的主要载荷见表5-2。

表5-2　主要载荷

载荷名称	主梁风载荷（6级风力）		前辅支腿风载荷（6级风力）		起重小车重力载荷	
	主迎风侧风载荷 $P_{W\text{-}zl\text{-}6}$	次迎风侧风载荷 $P'_{W\text{-}zl\text{-}6}$	主迎风侧风载荷 $P_{W\text{-}qf\text{-}6}$	次迎风侧风载荷 $P'_{W\text{-}qf\text{-}6}$	前起重小车重力载荷 G_{qtc}	后起重小车重力载荷 G_{htc}
载荷大小/N	16904.8	10650.075	3383.637	3383.637	392000	147000

160 t全预制装配式架桥机在当前工作状态下的重力载荷处理方法如下:在ANSYS Workbench中直接添加"标准重力加速度",将160 t全预制装配式架桥机所承受的风载荷直接施加在对应的平面上。在ANSYS Workbench中,通过按住鼠标的左键不放直接在模型上"滑动"的方式施加风载荷,这样可以快速地完成风载荷的施加。

160 t全预制装配式架桥机的前后起重小车的结构较为紧凑且其重力载荷直接施加在该架桥机的主梁上。虽然对前后起重小车进行精细的三维建模可以使有限元计算的结果更加准确,但是这样不仅会在一定程度上延长建模所需的时间,而且在进行有限元计算时会增加不必要的计算量。综合考虑以上因素后,决定将160 t全预制装配式架桥机的前后起重小车的重力载荷以集中载荷的方式,施加在该架桥机主梁的相应位置。

按照上述分析,在ANSYS Workbench中施加相对应的载荷,得到的载荷分布图如图5-8所示。

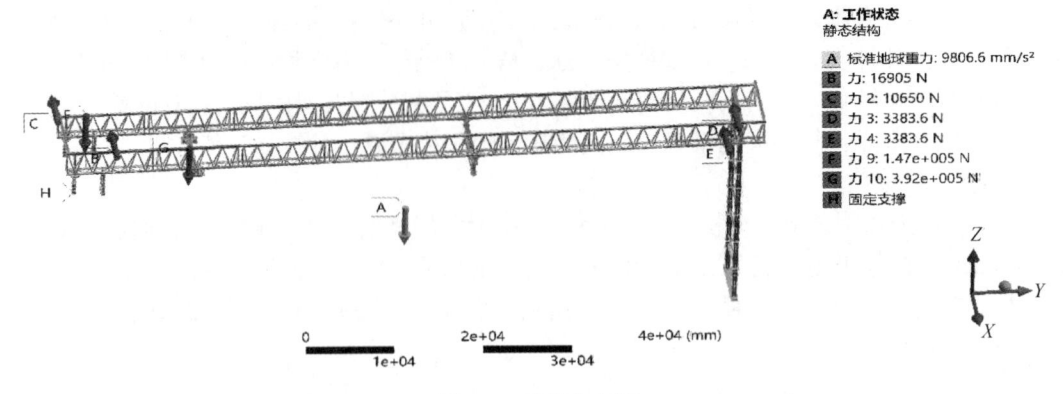

图 5-8　载荷分布图

（2）有限元计算结果及分析。经过有限元计算后，得到的 160 t 全预制装配式架桥机的等效应力云图与变形云图分别如图 5-9 和图 5-10 所示。

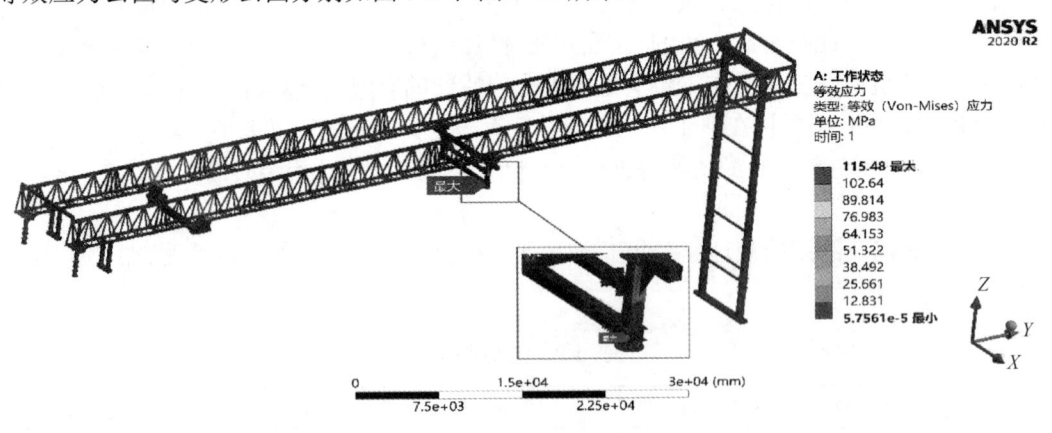

图 5-9　160 t 全预制装配式架桥机的等效应力云图

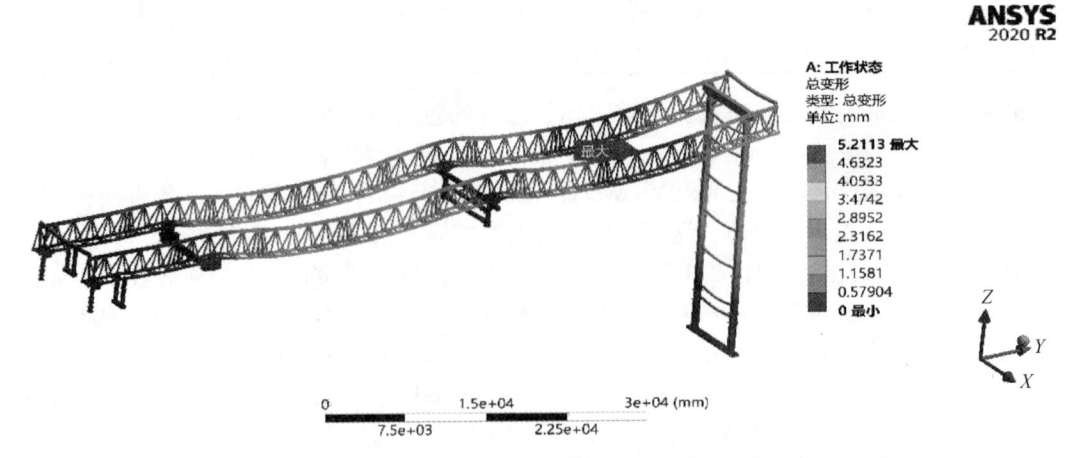

图 5-10　160 t 全预制装配式架桥机的变形云图

由图 5-9 和图 5-10 可知，在此工况下最大的等效应力出现在前支腿的底部，最大应力为 115.48 MPa，该值小于规定的 257.46 MPa；最大变形量为 5.2113 mm，出现在 160 t 全预制装配式架桥机的前支腿与前辅支腿之间桁架的位置，这两个支腿的间距为 30350 mm。根据刚度要求，此时最大的允许变形量为 43.36 mm，该值远小于最大允许变形量，因此可以认为，在当前工作状态下 160 t 全预制装配式架桥机满足刚度要求。

考虑 160 t 全预制装配式架桥机在正常工作状态时偶遇 11 级风力的大风天气，此时，为了保证工人和周围行人的生命及财产安全，160 t 全预制装配式架桥机应该立即停止工作，并将前后起重小车退回到 160 t 全预制装配式架桥机刚刚组装完成时的位置。

（1）载荷及约束处理。在此工况下，160 t 全预制装配式架桥机承受 11 级风力下的风载荷。除风载荷外该架桥机承受的其他载荷均与普通风力（6 级风力）下的载荷相同（见表 5-3）。此时，160 t 全预制装配式架桥机载荷的施加方式与在 6 级风力下的非工作状态相同。

表 5-3 11 级风力下的风载荷

载荷名称	主梁风载荷（11 级风力）		前辅支腿风载荷（11 级风力）		起重小车自重载荷	
	主迎风侧风载荷 $P_{\text{W-zl-11}}$	次迎风侧风载荷 $P'_{\text{W-zl-11}}$	主迎风侧风载荷 $P_{\text{W-qf-11}}$	次迎风侧风载荷 $P'_{\text{W-qf-11}}$	前起重小车重力载荷 G_{qtc}	后起重小车重力载荷 G_{htc}
载荷大小/N	135238.4	85200.6	27069.1	27069.1	392000	147000

（2）有限元计算结果及分析。通过 ANSYS Workbench 进行有限元计算后，得到的 160 t 全预制装配式架桥机的等效应力云图如图 5-11 所示，横向变形云图及纵向变形云图分别如图 5-12 和图 5-13 所示。

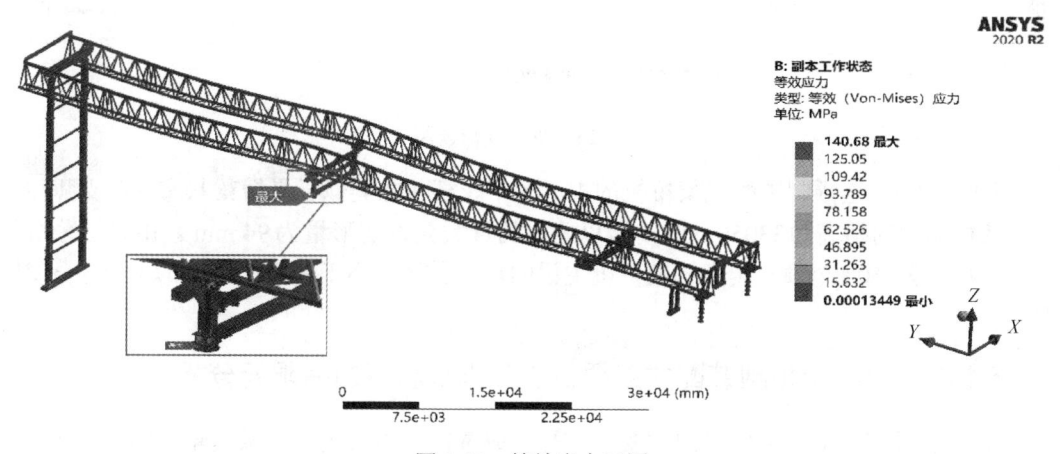

图 5-11 等效应力云图

由图 5-11 可知，160 t 全预制装配式架桥机在当前工作状态下的最大等效应力出现在前支腿的底部，最大等效应力为 140.68 MPa，其值小于规定的 257.46 MPa，符合使用要求。

由图 5-12 可知，最大变形量出现在 160 t 全预制装配式架桥机的主梁的下弦杆处，最大变形量为 24.471 mm。由图 5-13 可知，在该工况下最大变形量出现在 X 轴方向，即在 11 级风力作用下，160 t 全预制装配式架桥机主梁的端部产生了横向变形。

图 5-12 横向变形云图

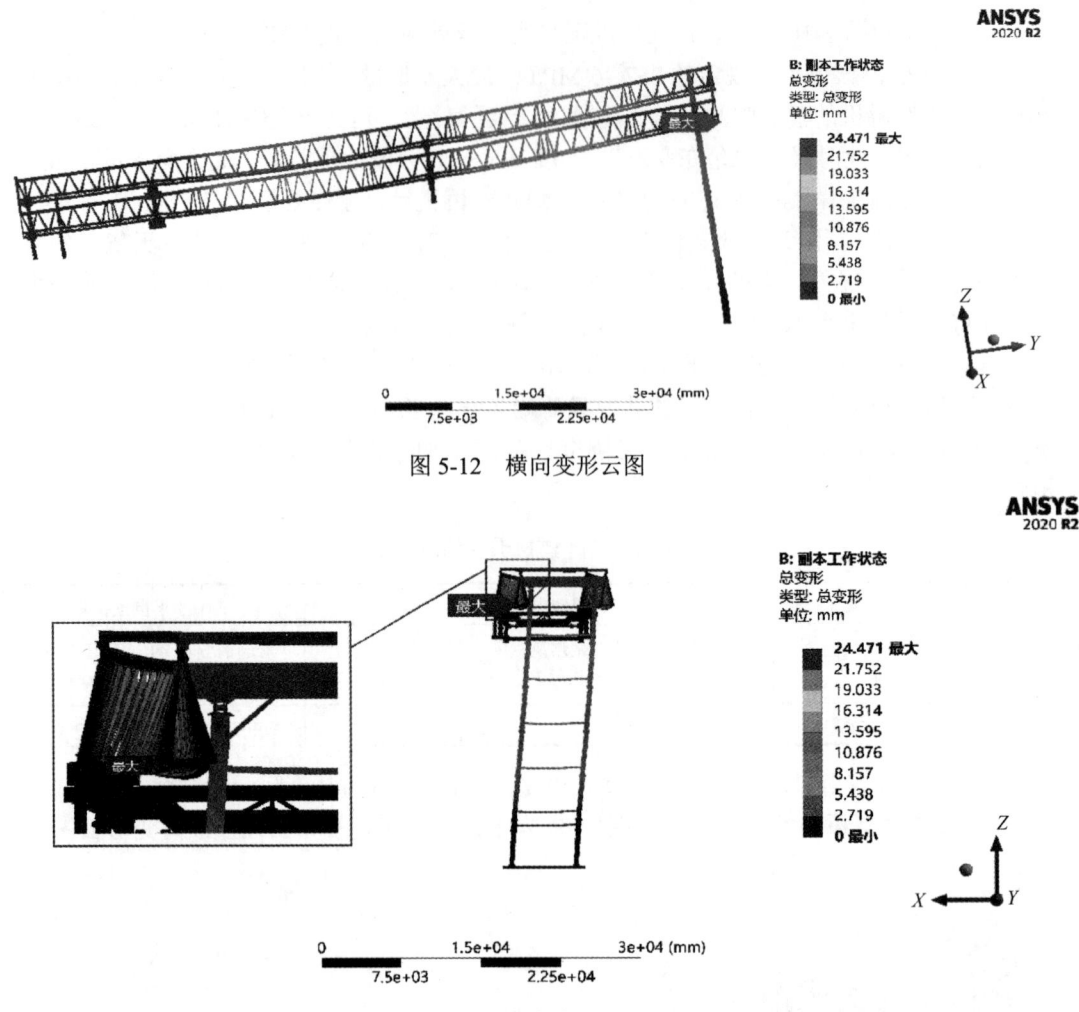

图 5-13 纵向变形云图

此时，160 t 全预制装配式架桥机的主梁的下弦杆状态类似于悬臂梁状态，前支腿与主梁下弦杆端部的距离为 33050 mm，所以此时的最大允许变形量为 94 mm。由以上分析可知，此工况下 160 t 全预制装配式架桥机主梁的最大变形量小于最大允许变形量，符合使用要求。

5.1.6　160 t 全预制装配式架桥机在工作状态下的有限元分析

160 t 全预制装配式架桥机的主要工作是完成墩柱、墩顶盖梁、预制箱梁的架设操作。160 t 全预制装配式架桥机与传统的架桥机在工作时的最大区别体现在架设墩柱的工况中，由于传统的架桥机在施工时要依托已经浇筑完成的墩柱，在工作中不存在对墩柱进行提、运、架的操作，因此有必要对架设墩柱过程进行有限元分析。

使用 160 t 全预制装配式架桥机进行墩顶盖梁的架设操作时，整个架设的过程与架设墩柱（中载）的情况基本相同，也依靠 160 t 全预制装配式架桥机的前起重小车独自吊起墩顶

盖梁并运送到相应的位置，从而完成架设。但是根据160 t全预制装配式架桥机的工作性能表可知，160 t全预制装配式架桥机在工作中使用的墩顶盖梁的质量为120 t，与墩柱的质量相同，因此若160 t全预制装配式架桥机可以满足架设墩柱（中载）的工况，则其也一定可以满足墩顶盖梁的架设操作要求。

架设预制箱梁是160 t全预制装配式架桥机工作中的一个重要工况，因为预制箱梁的质量较大（160 t），并且在架设预制箱梁的过程中，160 t全预制装配式架桥机中的各部分结构都参与，所以架设预制箱梁的过程是对160 t全预制装配式架桥机整机性能的考验，有必要进行有限元分析。

1. 对架设墩柱过程进行有限元分析

160 t全预制装配式架桥机架设墩柱示意如图5-14所示，可知该架桥机在架设墩柱时整个工作流程又可以细分为以下两个步骤。

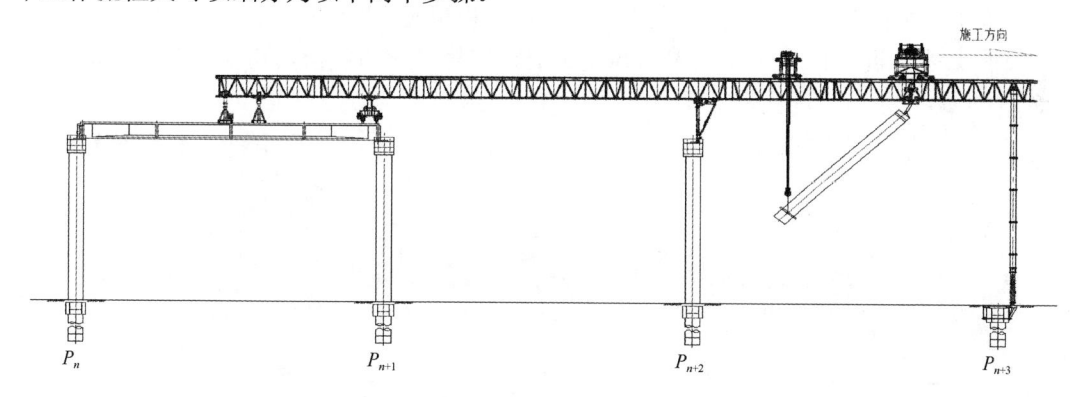

图5-14 架设墩柱示意

（1）墩柱由160 t全预制装配式架桥机的前后起重小车吊起并沿主梁方向移动，直到前起重小车的起重中心与墩柱承台中心在同一平面时为止，然后开始逐渐释放后起重小车钢丝绳，使墩柱的底端逐渐竖直。

（2）前起重小车独自吊着墩柱向160 t全预制装配式架桥机一侧的桁架梁横向移动，当前起重小车的起重中心与墩柱承台中心重合时，操作人员开始释放前起重小车的钢丝绳并不断调整前起重小车的位置，以保证墩柱正确安装。

160 t全预制装配式架桥机在架设墩柱过程中的第一个危险的情况是，后起重小车将墩柱底端完全释放，由前起重小车独自吊着墩柱在桁架主梁中间位置的情况，需要对该情况进行有限元分析。

1）对第一个危险情况进行有限元分析

（1）载荷及约束处理。在当前工作状态下，160 t全预制装配式架桥机主要承受的载荷，见表5-4。

160 t全预制装配式架桥机在当前工作状态下的主梁重力载荷、风载荷、后起重小车重力载荷处理方法与该架桥机在非工作状态下的处理方法相同。对前起重小车重力载荷的处理方法略有不同，由于此时所架设的墩柱由前起重小车单独吊运，因此在处理载荷时可以将墩柱的重力载荷与前起重小车的重力载荷进行叠加处理。

表 5-4 载荷

载荷名称	主梁风载荷（6级风力）		前辅支腿风载荷（6级风力）		起重小车重力载荷			墩柱重力载荷
	主迎风侧风载荷 $P_{\text{W-zl-6}}$	次迎风侧风载荷 $P'_{\text{W-zl-6}}$	主迎风侧风载荷 $P_{\text{W-qf-6}}$	次迎风侧风载荷 $P'_{\text{W-qf-6}}$	前起重小车车架重力载荷 $G_{\text{qtc-cj}}$	前起重小车吊具重力载荷 $G_{\text{qtc-jy}}$	后起重小车重力载荷 G_{htc}	
载荷大小/N	16904.8	10650.175	3383.637	3383.637	245000	147000	147000	1176000

在当前工作状态下，墩柱是被前起重小车中的卷扬机通过吊具吊起的，所以可以将墩柱、卷扬机和吊具看作一个整体。当墩柱以及前起重小车中的吊具和卷扬机等处于 160 t 全预制装配式架桥机主梁的中间位置时，可以将墩柱的重力载荷与卷扬机和吊具的重力载荷叠加，然后将此叠加载荷以集中载荷的方式均匀地施加到 160 t 全预制装配式架桥机的两侧桁架梁上；把前起重小车车架的重力载荷施加到相同的位置即可。

按照上述分析，在 ANSYS Workbench 中施加相对应的载荷，得到的载荷分布图如图 5-15 所示。

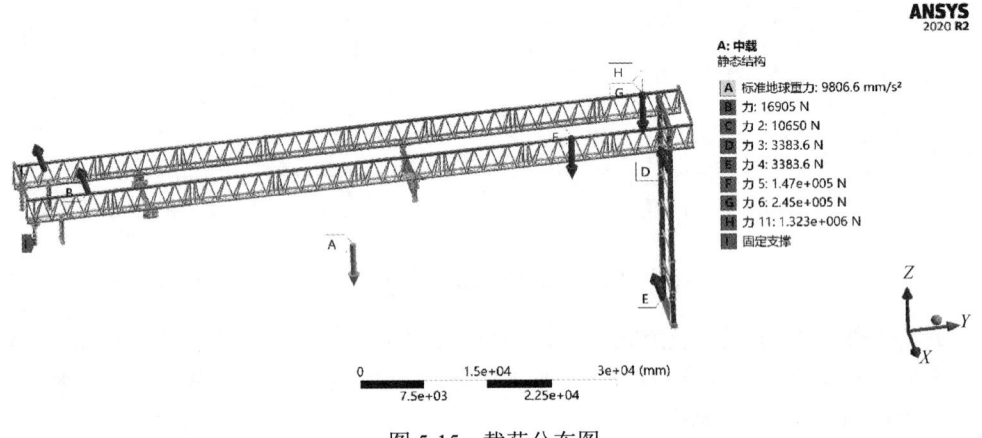

图 5-15 载荷分布图

（2）有限元计算结果及分析。经有限元计算后，160 t 全预制装配式架桥机在当前工作状态下的等效应力云图和变形云图分别如图 5-16 与图 5-17 所示。

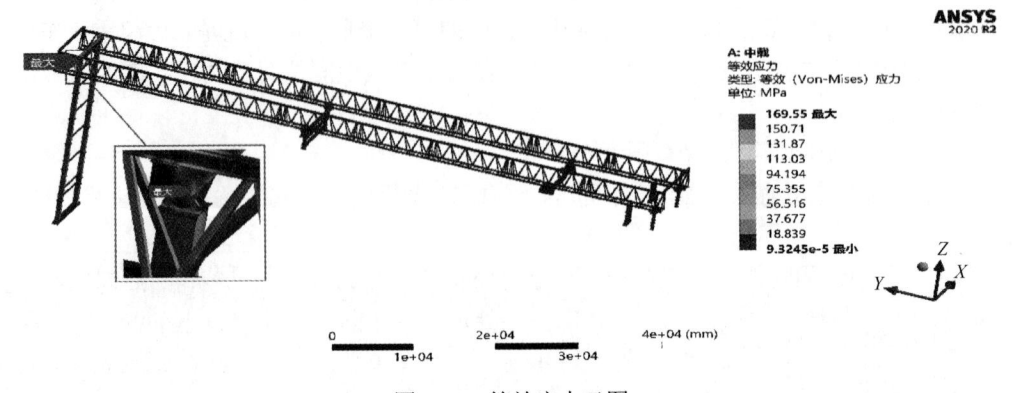

图 5-16 等效应力云图

由图 5-16 可知，160 t 全预制装配式架桥机在当前工作状态下的最大等效应力出现在该架桥机的主梁与前辅支腿连接处，最大等效应力值为 169.55 MPa 其值小于规定的 257.46 MPa，符合使用要求。

由图 5-17 可知，160 t 全预制装配式架桥机在当前工作状态下的最大变形量为 12.173mm，最大变形量出现在该架桥机的前支腿与前辅支腿之间左侧主梁（相对于架桥机的施工方向）位置，这两个支腿的间距为 30350 mm。由刚度要求可知，此时最大的允许变形量为 43.36 mm，此时 160 t 全预制装配式架桥机主梁的最大变形量小于最大允许变形量。因此，可以认为在此情况下 160 t 全预制装配式架桥机满足刚度要求。

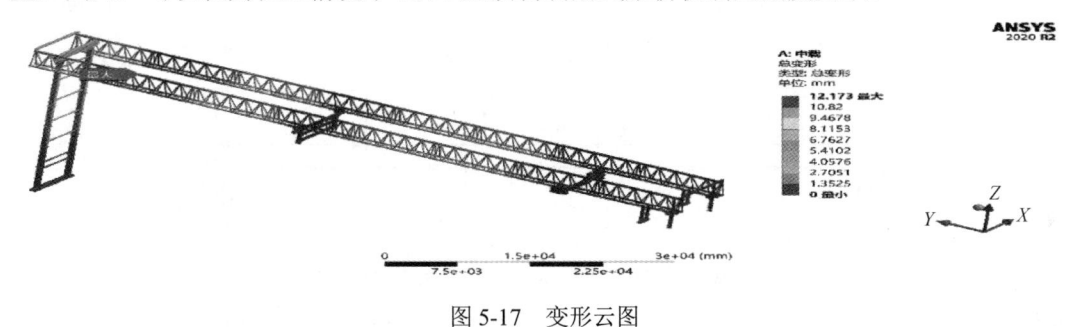

图 5-17　变形云图

2）对第二个危险情况进行有限元分析

160 t 全预制装配式架桥机在架设墩柱过程中的第二个"危险"情况是，后起重小车将墩柱底端完全释放，由前起重小车独自吊着墩柱移动到一侧墩柱承台上方的情况。下面对该情况进行有限元分析。

（1）载荷及约束处理。在当前工作状态下，160 t 全预制装配式架桥机承受的载荷大小与架设墩柱（中载）时相同，但是载荷的分布情况略有差别。

以主梁右侧（以施工方向为参考）为例，160 t 全预制装配式架桥机前起重小车吊着墩柱移动到该架桥机主梁右侧的状态如图 5-18 所示。

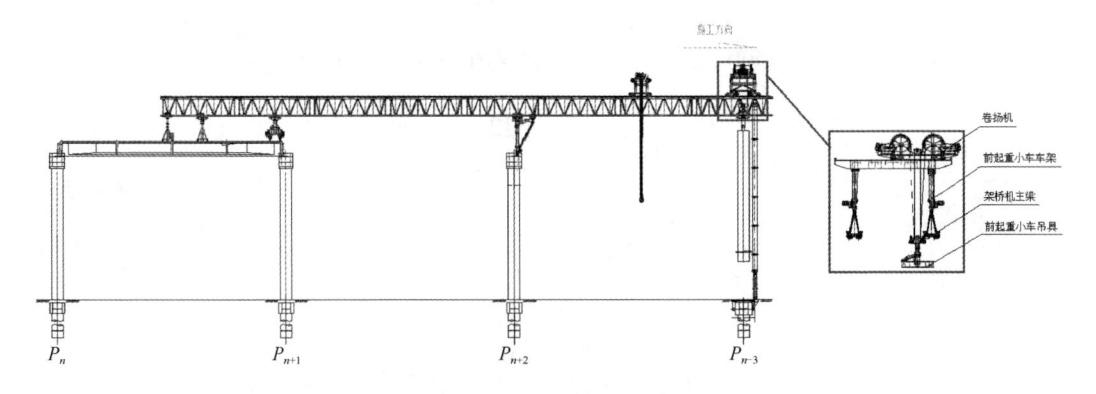

图 5-18　墩柱被吊运到主梁右侧的状态

图 5-18 中的左侧部分为 160 t 全预制装配式架桥机在架设右侧墩柱时的整机状态，右侧部分为从 160 t 全预制装配式架桥机后方沿着施工方向进行观察时前起重小车的状态。在这种情况下，前起重小车偏向主梁右侧，这时前起重小车车架的重力载荷均匀地分配到

160 t 全预制装配式架桥机两侧桁架梁上,而前起重小车中的卷扬机、吊具和墩柱的重力载荷在 160 t 全预制装配式架桥机两侧桁架梁上的分布是不均匀的,因此有必要进行受力分析。

前起重小车的重力载荷是通过其车架施加到 160 t 全预制装配式架桥机的主梁上的,前起重小车车架的结构为双主梁的对称结构。为了便于分析,仅将前起重小车车架的一半作为分析对象。由前起重小车车架的结构可知,该车架支腿处的支反力即前起重小车车架作用在 160 t 全预制装配式架桥机主梁上的载荷。简化的前起重小车车架受力分析图如图 5-19 所示。

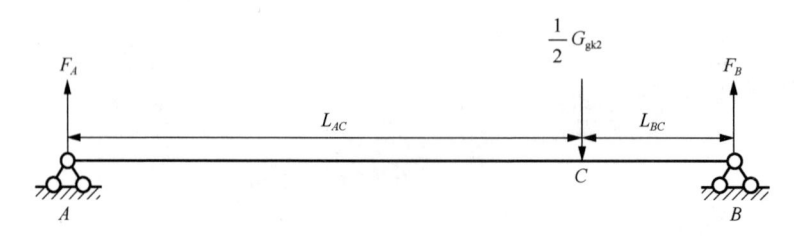

图 5-19 简化的前起重小车车架受力分析图

其中,G_{gk2} 为前起重小车的卷扬机、吊具和墩柱的重力之和,已知卷扬机、吊具和墩柱的重力,则 $G_{gk2} = (147 + 1176) \times 10^3 \text{ N} = 1323 \times 10^3 \text{ N}$。由于进行受力分析时使用前起重小车车架的一半结构,所以此处取值 $\frac{1}{2} G_{gk2} = 661.5 \times 10^3 \text{ N}$;$F_A$ 为前起重小车车架左侧支腿处的支反力;F_B 为前起重小车车架右侧支腿处的支反力。

根据图 5-19,首先对 A 点求力矩,可得

$$L_{AC} \cdot \frac{1}{2} G_{gk2} - L_{AB} F_B = 0 \tag{5-11}$$

$$F_B = \frac{L_{AC}}{L_{AB}} \cdot \frac{1}{2} G_{gk2} \tag{5-12}$$

设 $L_{AC} = 7000 \text{ mm}$,$L_{AB} = 8000 \text{ mm}$,$G_{gk2} = 1323 \times 10^3 \text{ N}$,将它们代入上式中,得

$$F_B = \frac{7}{16} G_{gk} = 578.8125 \times 10^3 \text{ N} \tag{5-13}$$

对 B 点求力矩,得

$$L_{BC} \cdot \frac{1}{2} G_{gk2} - L_{AB} \cdot F_A = 0 \tag{5-14}$$

$$F_A = \frac{L_{BC}}{L_{AB}} \cdot \frac{1}{2} G_{gk2} \tag{5-15}$$

$L_{BC} = L_{AB} - L_{AC} = 1000 \text{ mm}$,$G_{gk2} = 1323 \times 10^3 \text{ N}$,将它们代入上式中,得

$$F_A = \frac{1}{16} G_{gk} = 82.6875 \times 10^3 \text{ N} \tag{5-16}$$

160 t 全预制装配式架桥机在当前工作状态下的主梁重力载荷、风载荷、后起重小车的重力载荷处理方法与该架桥机架设墩柱的第一种情况的处理方法相同。

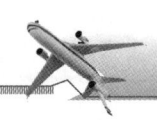

第5章 架桥机施工过程分析及优化

160 t 全预制装配式架桥机前起重小车的重力载荷的处理方法与架设墩柱第一种情况的处理方法相似，将其自身质量分为两部分进行加载。第一部分为前起重小车车架的重力载荷，这个载荷可以直接施加在 160 t 全预制装配式架桥机主梁上。第二部分为前起重小车中的卷扬机和吊具的重力载荷，这一部分载荷可以与墩柱的重力载荷一起考虑。

在此情况下，将墩柱的重力载荷与前起重小车中的卷扬机、吊具当成一个整体，对这个整体施加在 160 t 全预制装配式架桥机主梁上的载荷大小已经在上文中进行计算了，因此直接在 160 t 全预制装配式架桥机有限元模型的相应位置施加该载荷即可。需要注意的是，上文中计算出的载荷为前起重小车的左（右）侧一个支腿处的支反力，因此在施加载荷时可以考虑分别对主梁与前起重小车的四个支腿处添加载荷。

按照上述分析，在 ANSYS Workbench 中施加相对应的载荷，得到的载荷分布图如图 5-20 所示。

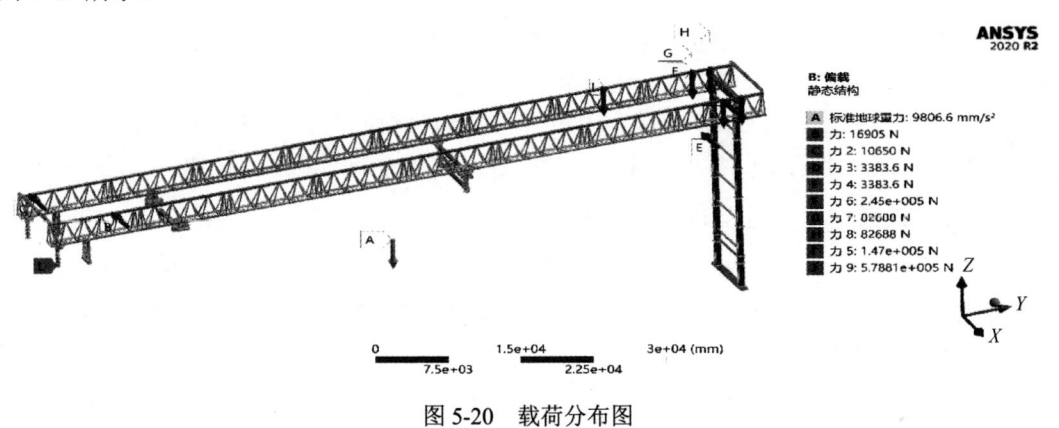

图 5-20 载荷分布图

（2）有限元计算结果及分析。经过有限元计算，可得到 160 t 全预制装配式架桥机在当前工作状态下的等效应力云图和变形云图（见图 5-21 和图 5-22）。

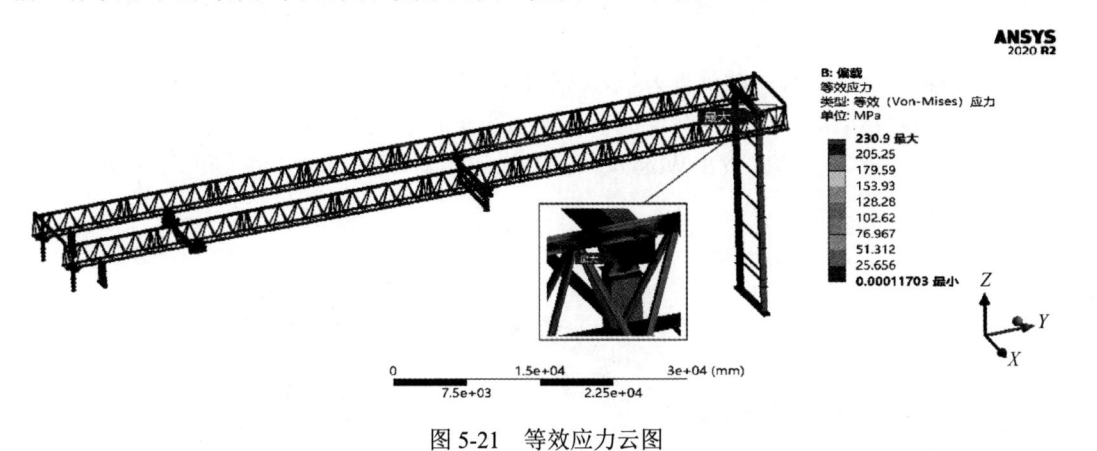

图 5-21 等效应力云图

由图 5-21 可知，160 t 全预制装配式架桥机在当前工作状态下的最大等效应力出现在其右侧桁架梁与前辅支腿连接处，最大等效应力为 230.9 MPa。该值小于规定的 257.46 MPa，因此符合使用要求。

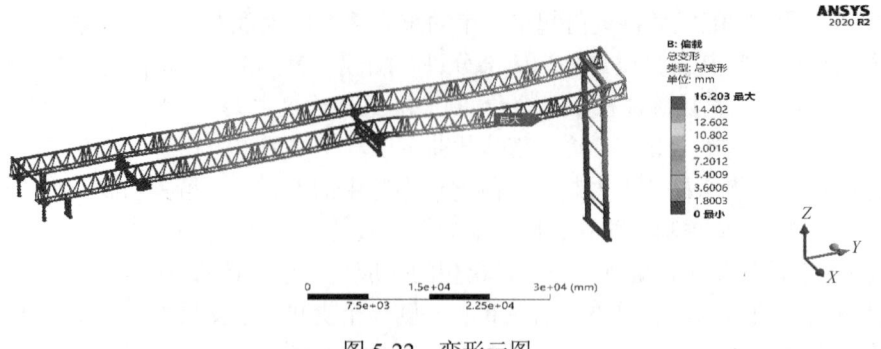

图 5-22 变形云图

由图 5-22 可知，160 t 全预制装配式架桥机主梁在当前工作状态下的最大变形量为 16.203 mm，最大变形量出现在该架桥机前支腿与前辅支腿之间的右侧桁架梁（相对于该架桥机的施工方向）。前辅支腿与前支腿的间距为 30350 mm，由刚度要求可知，此时主梁最大允许变形量为 43.36 mm。由上述分析结果可知，160 t 全预制装配式架桥机主梁的最大变形量小于最大允许变形量，因此该架桥机可以满足当前工作状态下的使用要求。

由以上有限元计算结果可知，160 t 全预制装配式架桥机能够顺利完成墩柱的架设工作。

2. 对架设预制箱梁过程进行有限元分析

160 t 全预制装配式架桥机架设的预制箱梁的质量为 160 t，此载荷已经超过前后起重小车能承受的最大载荷，因此在施工时应使前后起重小车协同工作。此工况是模拟 160 t 全预制装配式架桥机架设中间预制箱梁的情况。

（1）载荷及约束处理。在当前工作状态下，160 t 全预制装配式架桥机承受的载荷与架设墩柱（中载）时承受的载荷基本相同，可用预制箱梁的自重替换墩柱的自重进行有限元分析。

对 160 t 全预制装配式架桥机在当前工作状态下的主梁重力载荷、风载荷、前后起重小车重力载荷，可以参考该架桥机在非工作状态下前后起重小车主梁重力载荷的处理方法进行有限元分析。

对预制箱梁的重力载荷的处理方法，参考 160 t 全预制装配式架桥机架设预制箱梁的过程，可以将预制箱梁的自重平均分配到前后起重小车施加重力载荷的位置。

按照上述分析，在 ANSYS Workbench 中施加相对应的载荷，得到的载荷分布图如图 5-23 所示。

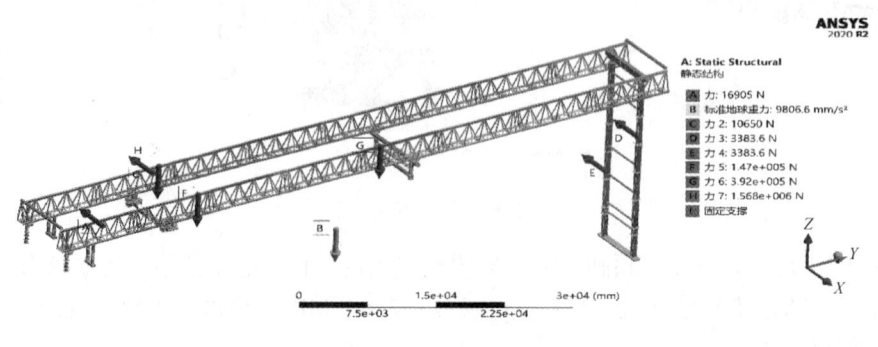

图 5-23 载荷分布图

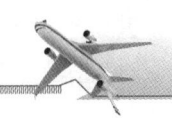

（2）有限元计算结果及分析。经过有限元计算得到160 t全预制装配式架桥机的等效应力云图和变形云图，分别如图5-24和图5-25所示。

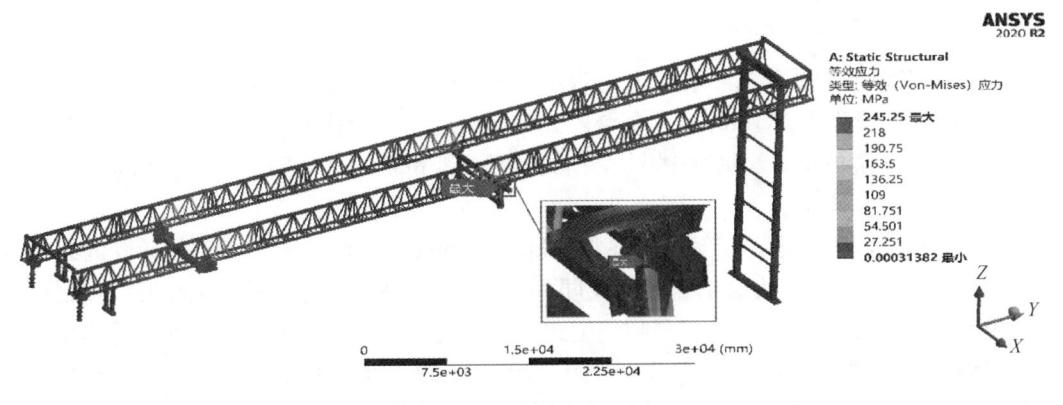

图5-24　等效应力云图

由图5-24可知，160 t全预制装配式架桥机在架设预制箱梁过程中，最大等效应力出现在其前支腿中的横梁与前支腿的连接处。最大等效应力为245.25 MPa，该值小于规定的257.46 MPa，因此符合使用要求。

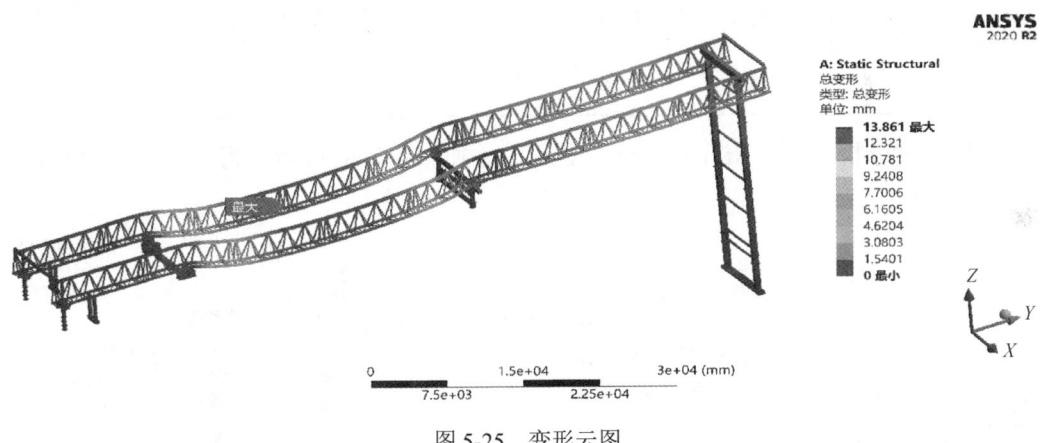

图5-25　变形云图

由图5-25可知，160 t全预制装配式架桥机主梁在当前工作状态下的最大变形量为13.861 mm，最大变形量出现在该架桥机的前支腿与后支腿之间的位置。这两个支腿的间距为31880 mm，由刚度要求可知，此时最大允许变形量为45.54 mm。计算出160 t全预制装配式架桥机主梁最大变形量小于最大允许变形量，因此在当前工作状态下160 t全预制装配式架桥机满足刚度要求。

5.1.7　160 t全预制装配式架桥机的过孔过程有限元分析

过孔是160 t全预制装配式架桥机的一个重要工作步骤，为下一个孔桥梁的架设做准备。160 t全预制装配式架桥机的过孔并不是一次性完成的，需要多次依靠各个支腿位置的变换实现过孔。

下面主要针对 160 t 全预制装配式架桥机在过孔过程中的两个典型工况进行有限元计算，根据计算结果判断该架桥机的过孔是否满足要求。

1. 后支腿在前支腿后方

160 t 全预制装配式架桥机在过孔过程中的第一个典型工况：该架桥机的后支腿自行运动到前支腿后方。为了使 160 t 全预制装配式架桥机处于平衡状态，需要将前起重小车运行到该架桥机后支腿的上方。此时 160 t 全预制装配式架桥机的后支腿处于悬空状态，其余支腿依然保持支撑状态。

（1）载荷及约束处理。在第一个典型工况下，160 t 全预制装配式架桥机承受的载荷见表 5-5。对此工况下的重力载荷（除后支腿外）、风载荷等，采用该架桥机在架设预制箱梁过程中的处理方法相同。160 t 全预制装配式架桥机的后支腿在此工况下不起支撑作用，在进行有限元计算时可适当简化。首先对 160 t 全预制装配式架桥机的主梁与后支腿相接触的位置进行"分割"，然后将后支腿的重力载荷施加在该区域。

表 5-5　在第一个典型工况下，160 t 全预制装配式架桥机承受的载荷

载荷名称	主梁风载荷（6级风力）		前辅支腿风载荷（6级风力）		起重小车重力载荷		后支腿重力载荷
	主迎风侧风载荷 P_{W-zl-6}	次迎风侧风载荷 P'_{W-zl-6}	主迎风侧风载荷 P_{W-qf-6}	次迎风侧风载荷 P'_{W-qf-6}	前起重小车重力载荷 G_{qtc}	后起重小车重力载荷 G_{htc}	
载荷大小/N	16904.8	10650.175	3383.637	3383.637	392000	147000	245000

按照上述分析，在 ANSYS Workbench 中施加相对应的载荷，得到的载荷分布图如图 5-26 所示。

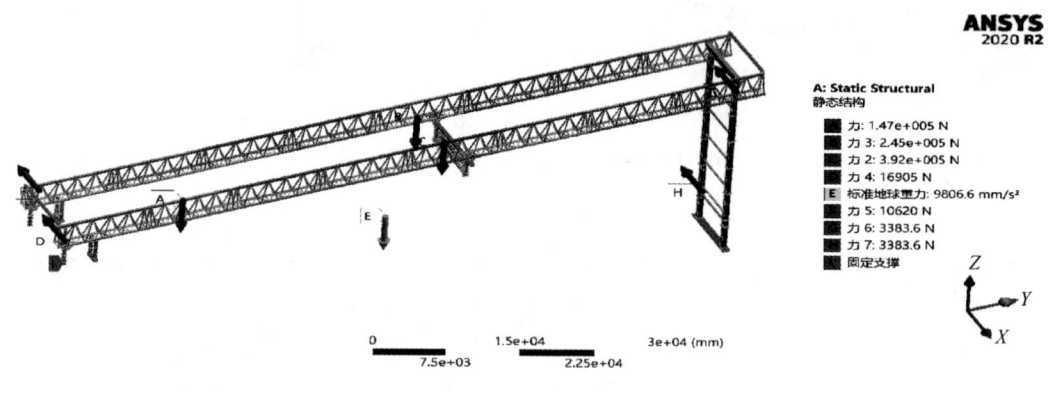

图 5-26　载荷分布图

（2）有限元计算结果及分析。经过有限元计算后，得到 160 t 全预制装配式架桥机等效应力云图和变形云图，分别如图 5-27 和图 5-28 所示。

由图 5-27 可知，160 t 全预制装配式架桥机在第一个典型工况下的最大等效应力出现在该架桥机的前支腿中横梁与支腿的连接处，最大等效应力为 214.81 MPa。该值小于规定的 257.46 MPa，因此符合使用要求。

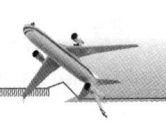

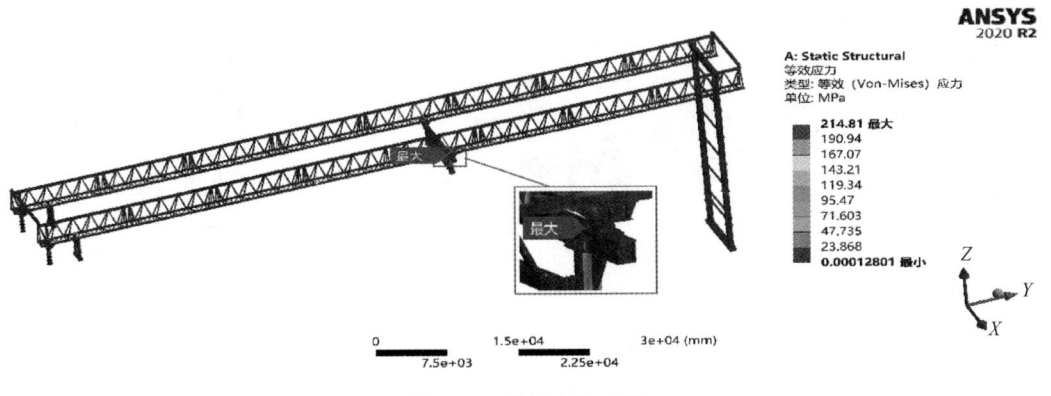

图 5-27　等效应力云图

由图 5-28 可知，160 t 全预制装配式架桥机主梁在第一个典型工况下的最大变形量为 15.055 mm，最大变形量出现在该架桥机的前支腿与过孔托辊之间的主梁上。此时前支腿与过孔托辊的间距为 41720 mm，在这之间的主梁重力载荷较大，因此最大变形量出现在当前位置是符合实际情况的。由刚度要求可知，此时最大允许变形量为 59.6 mm，而此时 160 t 全预制装配式架桥机主梁的最大变形量小于最大允许变形量，因此可以认为在第一个典型工况下 160 t 全预制装配式架桥机满足刚度要求。

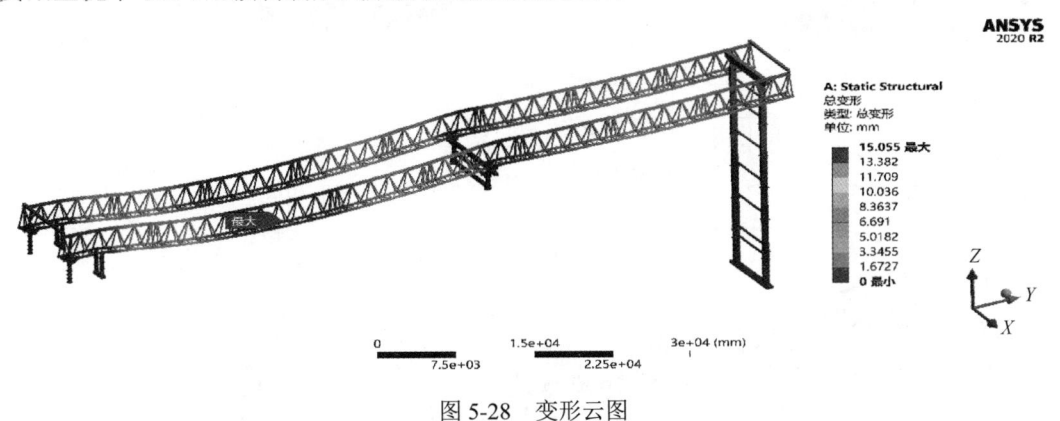

图 5-28　变形云图

2. 前支腿在前辅支腿后方的墩顶盖梁上

160 t 全预制装配式架桥机在过孔过程的第二个典型工况是，前支腿自行移动到前辅支腿后方的墩顶盖梁上，为过孔做准备。这时 160 t 全预制装配式架桥机的支撑部分为除前支腿外的其余支腿。

（1）载荷及约束处理。160 t 全预制装配式架桥机在过孔过程的第二个典型工况下的载荷处理方法与该架桥机在第一个典型工况下的载荷（后支腿在前支腿后方）处理方法相同。

按照不同载荷对应的处理方法，在 ANSYS Workbench 中施加相对应的载荷，得到的载荷分布图如图 5-29 所示。

（2）有限元计算结果及分析。经过有限元计算，得到 160 t 全预制装配式架桥机的等效应力云图和变形云图，分别如图 5-30 和图 5-31 所示。

图 5-29　载荷分布图

图 5-30　等效应力云图

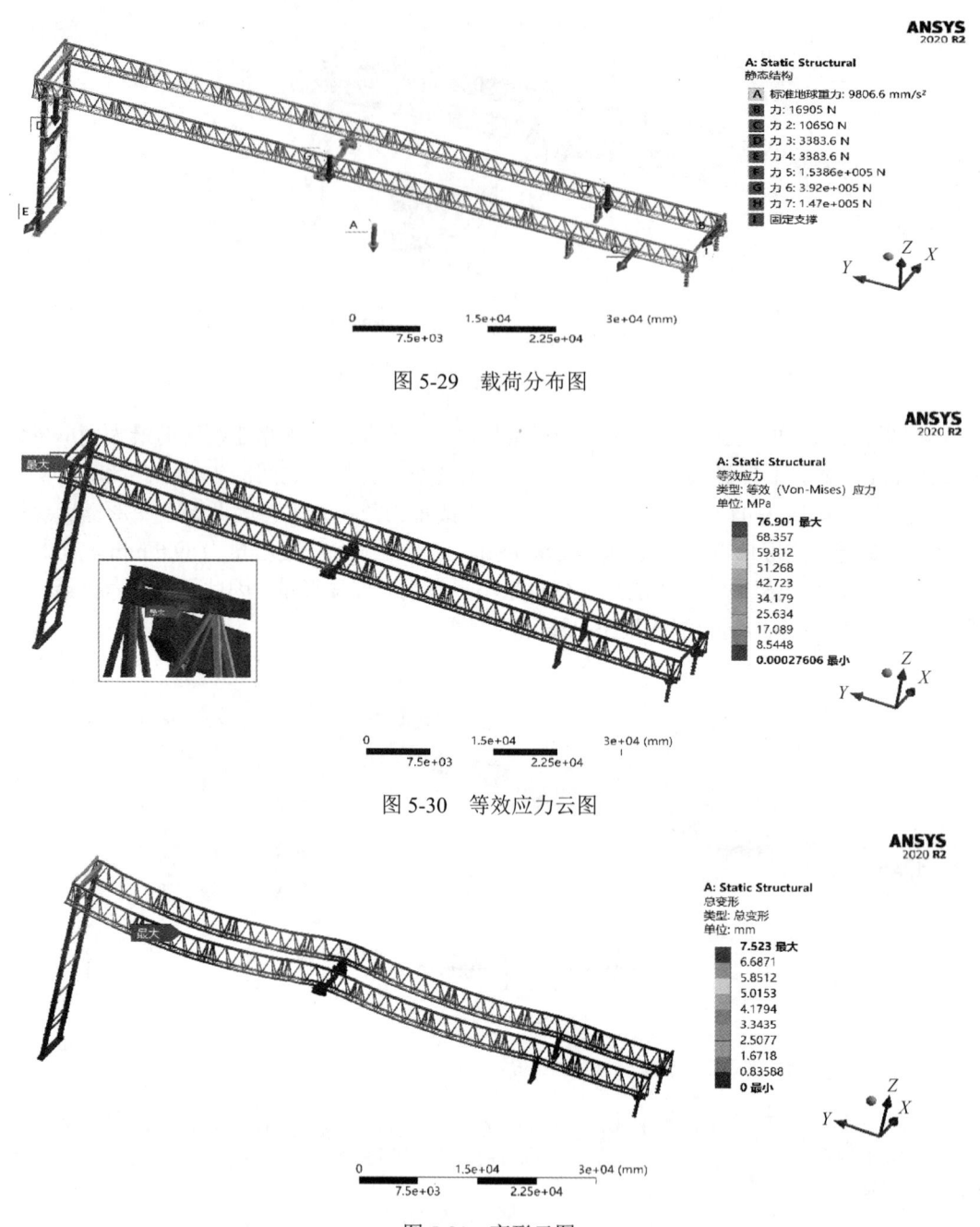

图 5-31　变形云图

由图 5-30 可知，160 t 全预制装配式架桥机在第二个典型工况下的最大等效应力出现在其前辅支腿与主梁的连接处，最大等效应力为 76.901 MPa，该值小于规定的 257.46 MPa，符合使用要求。

由图 5-31 可知，160 t 全预制装配式架桥机主梁在第二个典型工况下的最大变形量为 7.523 mm，最大变形量出现在该架桥机的前辅支腿与后支腿之间的那段主梁上。此时这两

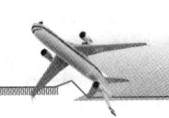

个支腿的间距为32230 mm，在这之间的主梁重力载荷较大，因此最大变形量出现在当前位置是符合实际情况的。由刚度要求可知，此时最大允许变形量为46.04 mm，而此时160 t全预制装配式架桥机主梁的最大变形量小于最大允许变形量，因此可以认为在第二个典型工况下160 t全预制装配式架桥机满足刚度要求。

3. 后顶高支腿和前辅支腿处于悬空状态

160 t全预制装配式架桥机在过孔过程中的第三个典型工况是后顶高支腿和前辅支腿处于悬空状态，此时前支腿、后支腿及过孔托辊起支撑作用，同时前后起重小车分别位于后支腿和过孔托辊的上方。当160 t全预制装配式架桥机依照这种方式刚完成过孔时，其后顶高支腿和前辅支腿仍处于悬空状态。此时160 t全预制装配式架桥机主梁的前端部（相对于施工方向）与前支腿中心的间距为33050 mm，位于前支腿之前的那段主梁处于最大悬臂状态，因此需要对该工况下的160 t全预制装配式架桥机进行有限元分析。

（1）载荷及约束处理。160 t全预制装配式架桥机在过孔过程中的第二个典型工况下的载荷处理方法与该架桥机在过孔过程中的第一个典型工况下的载荷（后支腿在前支腿后方）处理方法相同。

按照不同载荷对应的处理方法，在ANSYS Workbench中施加相对应的载荷，得到的载荷分布图如图5-32所示。

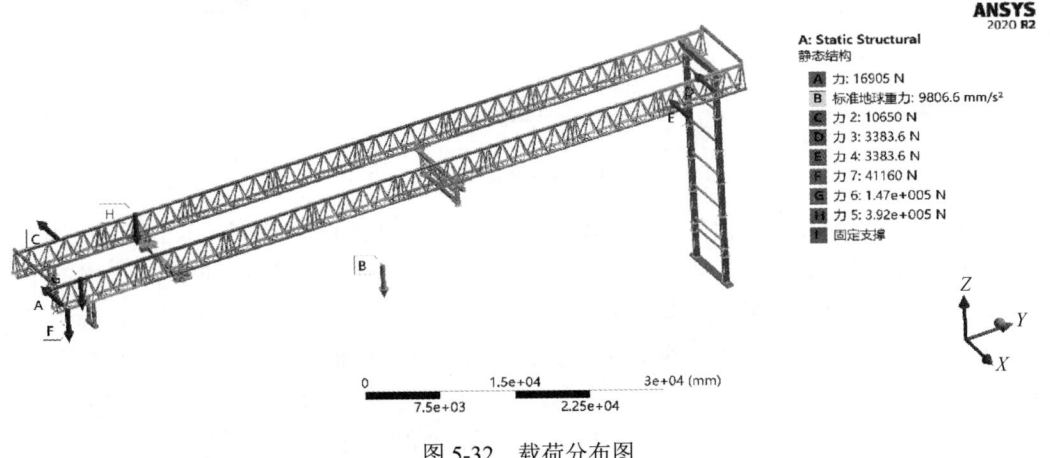

图5-32 载荷分布图

（2）有限元计算结果及分析。经过有限元计算，得到160 t全预制装配式架桥机的等效应力云图和变形云图，分别如图5-33和图5-34所示。

由图5-34可知，160 t全预制装配式架桥机主梁的最大变形量为215.32 mm，最大变形量出现在主梁前端。160 t全预制装配式架桥机的前支腿中心与主梁前端的间距为33050 mm，根据前文中的刚度判断准则，对于悬臂工作状态下的桥式起重机，其最大允许刚度为$\dfrac{L}{350}$，其中L为有效悬臂长度。因此，在第二个典型工况下160 t全预制装配式架桥机最大允许刚度为94.4mm。

图 5-33　等效应力云图

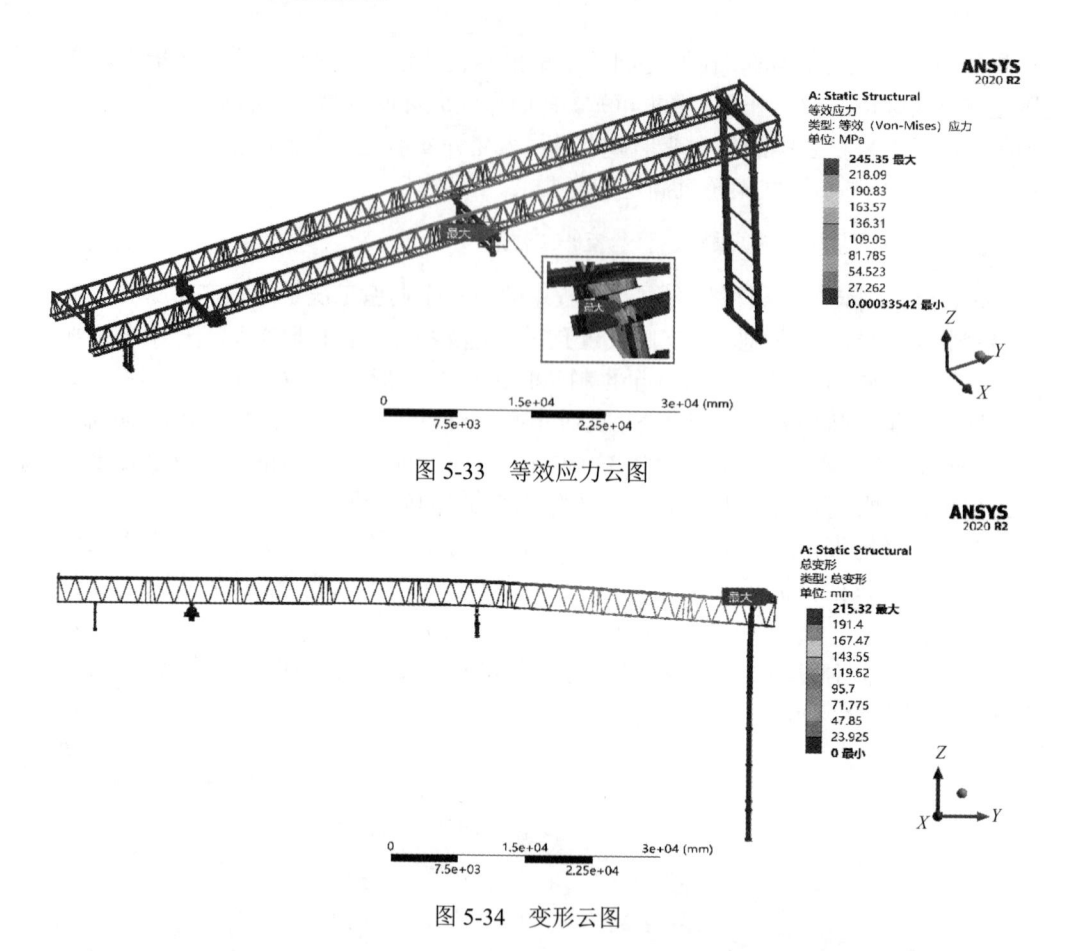

图 5-34　变形云图

根据有限元计算结果，此工况下 160 t 全预制装配式架桥机达不到刚度要求。根据国家标准《起重机设计规范中》中的刚度条件，主梁的变形量过大会导致在该主梁上方工作的起重小车移动受阻或运动精度变差。而此时 160 t 全预制装配式架桥机中的前后起重小车并不处于工作状态，这两个起重小车分别位于后支腿与过孔托辊的上方，因此不能够仅根据刚度条件断定 160 t 全预制装配式架桥机无法在此工况下正常工作。考虑到此时 160 t 全预制装配式架桥机的工作状态，最危险的情况是 160 t 全预制装配式架桥机整体向前方倾覆，因此应该对该工况下 160 t 全预制装配式架桥机的整体抗倾覆稳定性进行验证。

5.1.8　160 t 全预制装配式架桥机在小曲率半径和大纵向坡度工况下的有限元分析

城市中的高架路的建设往往依托城市的现实路况以及周围房屋的位置，因此在城市高架路的建设过程中有时会出现曲率半径较小的路段。城市高架路的辅路通常需要与其他已有的道路相连，并且城市高架路通常是在已有道路的上方进行建设，因此在建设城市高架路辅路时常常会出现大纵坡的情况。

为应对以上可能在城市高架路建设过程中出现的工况，在设计 160 t 全预制装配式架桥机时考虑了曲率半径大于或等于 500m、纵向坡度小于或等于 8% 的条件。

在如今的城市高架路的建设过程中，不仅要考虑高架路的实用性，也要考虑高架路的整体美观。例如，一些城市中的立交桥的辅路通常不是一条平行于主路的坡道，而是一条具有一定弧度的坡道。这种道路同时包含了小曲率半径和大纵向坡度的特点，是城市高架路建设过程中的难点。因此，有必要对这种工况下的架桥机进行有限元计算。160 t 全预制装配式架桥机架设小曲率半径曲线段高架路的示意图如图 5-35 所示。

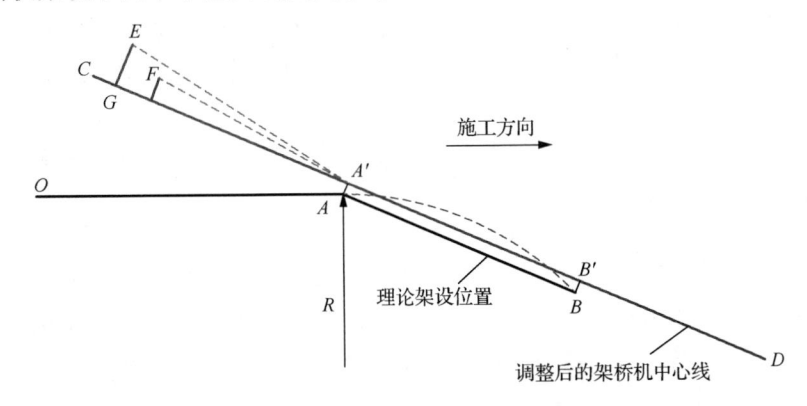

图 5-35　160 t 全预制装配式架桥机架设小曲率半径曲线段高架路的示意图

在图 5-35 中，OA 表示已经完成架设的高架路中心线，AB 表示曲线段高架路中心的理论架设位置，CD 表示调整后的架桥机中心线；E 和 F 分别表示 160 t 全预制装配式架桥机处于曲线外侧的后顶高支腿位置与过孔托辊位置。

下面分析各支腿在此工况下是否能够支撑在已有的高架路路面或墩顶盖梁上。

根据平分中矢法原理，在架设曲线段高架路时，实际的架设中心应处于以预制箱梁为弦（AB）的曲线对应的中矢位置（$A'B'$），因此在实际架设时架桥机的中心线要偏移一定的距离，可以根据下式计算偏移距离：

$$L_{AA'} = \frac{L_{AB}^2}{16R} \tag{5-17}$$

式中，L_{AB} 为预制箱梁长度（30m）；R 为曲线段高架路半径（500m）。经计算，$L_{AA'}$ =112.5 mm。

为保证前支腿可以支撑在墩顶盖梁上，前支腿中心 B' 应满足以下关系：

$$L_{AA'} \leqslant W_{gl} - W_{qzt} - W_{aq} \tag{5-18}$$

式中，W_{gl} 为墩顶盖梁长度的一半（5775 mm）；W_{qzt} 为前支腿跨度的一半（3500 mm）；W_{aq} 为工作安全平面宽度（500 mm）。经计算，$W_{gl} - W_{qzt} - W_{aq}$ =1775 mm，满足上式。

在调整架桥机中心线后后顶高支腿（点 E）向曲线外侧偏转，因此需要计算其与已有高架路中心（OA）的距离。

令 $\alpha = \angle EA'C$，由于偏转角度较小，因此用 AA' 直线距离（$L_{AA'}$）代替 AA' 的垂直距离，此时点 E 与直线 OA 的距离（$L_{E\text{-}OA}$）可用下式计算：

$$L_{E\text{-}OA} = \sqrt{L_{EG}^3 + L_{A'G}^2} \cdot \sin\left(\alpha + \frac{\theta}{2}\right) + L_{AA'} \tag{5-19}$$

式中，L_{EG} 为后顶高支腿跨度的一半（4m）；$L_{A'G}$ 为后支腿中心与后顶高支腿中心的距离（14.47m）；θ 为弦 AB 对应的圆心角。

经计算，$L_{E\text{-}OA}=4.5271\,\text{m}$，该值大于高架路宽度的一半（4～5m）。因此，此时 160 t 全预制装配式架桥机的后顶高支腿处于已有高架路的路面之外。在实际施工时，应将该支腿收起，以保证正常施工。

根据以上计算方法，检验过孔托辊、后支腿的位置，确认它们都可以支撑在已有高架路的路面上，前辅支腿在工作时不要求支撑在已有的墩顶盖梁上，它支撑在路基上即可。

针对大纵向坡度（坡度为8%）的工况，160 t 全预制装配式架桥机的主梁要保持水平状态，此时 160 t 全预制装配式架桥机主梁与高架路存在一定的角度。因此，需要调整对各支腿的高度。

综上分析，160 t 全预制装配式架桥机可以实现小曲率半径和大纵向坡度工况下的城市高架路建设工作。下面对此结论进行验证。

（1）载荷及约束处理。160 t 全预制装配式架桥机在此工况下的载荷类型和大小与架设预制箱梁时的载荷类型和大小基本相同，不同的是，此工况下 160 t 全预制装配式架桥机架设的预制箱梁与主梁存在一定的角度。因此在分析时，应把起重小车以及预制箱梁的重心适当偏移。经计算，重心应偏移 96 mm。对于该工况下的载荷分布，可以参考架设预制箱梁时的载荷分布。

（2）有限元计算结果及分析。经有限元计算，得到 160 t 全预制装配式架桥机的等效应力云图和变形云图，分别如图 5-36 和图 5-37 所示。此时最大的等效应力为 245.66 MPa，最大变形量为 14.046 mm，两者均小于许用值，因此 160 t 全预制装配式架桥机确定可以在小曲率半径和大纵向坡度的工况下进行施工。

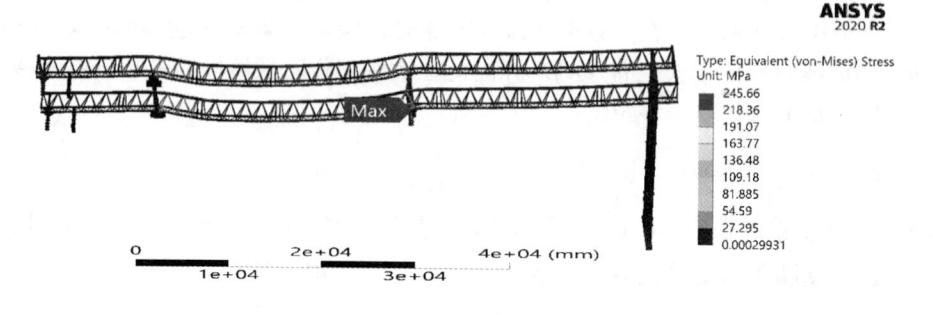

图 5-36　等效应力云图

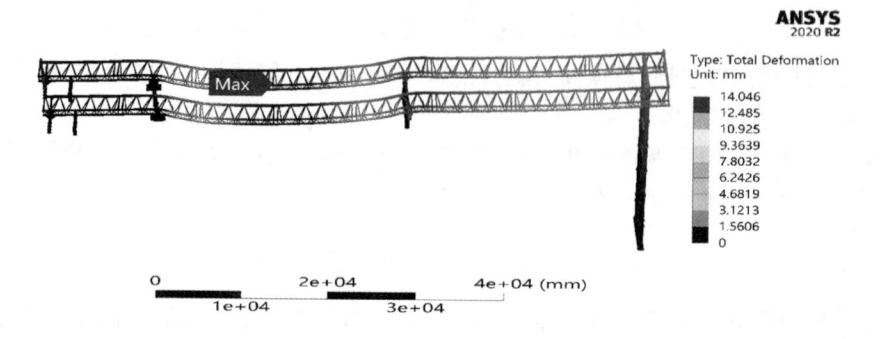

图 5-37　变形云图

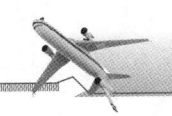

5.2　160 t 全预制装配式架桥机金属结构稳定性及抗倾覆稳定性分析

在 160 t 全预制装配式架桥机中有很多受压的金属结构，这些金属结构除了需要满足强度和刚度，还需满足稳定性。这些金属结构的稳定性最终会影响 160 t 全预制装配式架桥机的整体抗倾覆稳定性。

160 t 全预制装配式架桥机的前辅支腿的高度较大且该支腿在架设墩柱时是主要受力结构，因此有必要分析其稳定性。

160 t 全预制装配式架桥机的主梁无论在何种工况下都是主要的承载结构，并且主梁的上弦杆与下弦杆之间存在很多腹杆，这些腹杆的稳定性直接影响主梁的稳定性。但是腹杆的数量很多，如果对每个腹杆的稳定性逐一验证，则会极大地降低计算效率，可以通过有限元分析方法对主梁的稳定性进行分析。

在对 160 t 全预制装配式架桥机主要受压金属结构的稳定性进行分析后，还应该对其整体的抗倾覆稳定性进行分析。160 t 全预制装配式架桥机在进行城市高架路建设的过程中会出现悬臂工作的工况，因此有必要对其纵向（沿着施工方向）的抗倾覆稳定性进行分析。此外，该架桥机的整体高度较高，应考虑风载荷和悬挂物对其稳定性的影响，有必要对其横向抗倾覆稳定性进行分析。

160 t 全预制装配式架桥机的前辅支腿由多段相似的结构拼接而成且整体的高度很大。在架设墩柱时，该支腿作为一个主要的承重支腿，有必要对其进行稳定性分析，避免在工作过程中因微小的扰动量而导致前辅支腿产生大的变形甚至被压溃。需要对 160 t 全预制装配式架桥机前辅支腿的整体稳定性和局部稳定性进行分析，通常将其整体稳定性研究作为局部稳定性分析的基础。下面分别对前辅支腿的整体稳定性及局部稳定性进行分析。

5.2.1　前辅支腿的整体稳定性分析

整体稳定性分析是指将结构视为一个整体进行稳定性分析。例如，对一个由四块钢板焊接而成的支腿，在分析其整体稳定性时将四块钢板看作一个整体，而不单独分析每块钢板的稳定性。整体稳定性分析考虑整个结构的稳定性，反映结构的稳定性性能，是稳定性分析的基础。因此，通常将整体稳定性作为局部稳定性分析的前提，只有当结构满足整体稳定性要求时，分析其局部稳定性才有意义。

160 t 全预制装配式架桥机前辅支腿的截面如图 5-38 所示。根据钢结构设计理论，设有加强筋（筋板）的结构稳定性要优于没有加强筋的结构。但是，为提高计算的效率，在验证整体稳定性时不考虑内部的筋板。如果在这种情况下前辅支腿满足稳定性要求，那么在考虑内部筋板的情况下前辅支腿也必定满足稳定性要求。

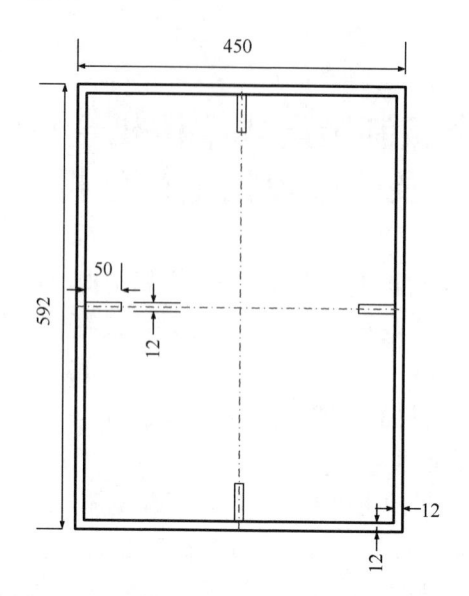

图 5-38　160 t 全预制装配式架桥机前辅支腿的截面

对 160 t 全预制装配式架桥机整体稳定性的验证，可以使用以下公式：

$$\sigma = \frac{N}{A\varphi} \leqslant [\sigma] \tag{5-20}$$

式中，A 为构件的毛截面面积；N 为计算的轴向力，单位为 N；φ 为轴心受压稳定系数。

可以根据前辅支腿的截面尺寸直接计算出构件的毛截面面积，可以利用 ANSYS Workbench 探针功能中的"力反应"工具直接测得轴向力。轴心受压稳定系数的确定相对复杂，其值的选取条件主要有两个，即截面的类型和假想长细比。下面对这两个条件进行确定。

（1）截面类型的确定。可以根据《起重机设计规范》（GB3811—2008）中的表 6-7 "轴心受压构件的截面类型"进行确定，可以确定 160 t 全预制装配式架桥机前辅支腿的截面类型为 b 类。

（2）假想长细比的确定。160 t 全预制装配式架桥机前辅支腿的材料为 Q345 钢材，其屈服极限 $\sigma_s = 345$ N/mm²，该值大于 235 N/mm²，这种情况下的假想长细比的确定可以依照以下公式：

$$\lambda_F = \lambda \sqrt{\frac{\sigma_s}{235}} \tag{5-21}$$

式中，λ 为前辅支腿的长细比，可以根据以下公式确定其值：

$$\lambda = \frac{l_c}{r} \tag{5-22}$$

式中，l_c 为构件的计算长度，单位为 mm，可以根据公式 $l_c = \mu l$ 确定其值，其中的 l 为前辅支腿的实际长度，单位为 mm；μ 为长度系数，可以按《起重机设计规范》（GB3811—2008）中的表 J-1 "长度系数值"确定其值。r 为构件毛截面对通过形心的强轴或弱轴的回转半径，

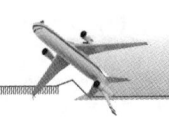

单位为mm，可以根据式 $r = \sqrt{\dfrac{I_{(x/y)}}{A}}$ 确定其值，其中的 $I_{(x/y)}$ 为构件对通过形心的 x 轴或 y 轴的毛截面惯性矩，单位为 mm^4。

从 160 t 全预制装配式架桥机前辅支腿的三维模型可知，该前辅支腿的第 2~5 段结构（从上面开始计数）为相同结构。因此，在验证其稳定性时选取其中的一段结构即可。

对 160 t 全预制装配式架桥机前辅支腿各段结构整体稳定性，也采用上述公式进行分析。为了节省计算量，只须选取其中具有代表性的结构段进行整体稳定性分析，可选择前辅支腿中的第 1、5 和 6 段结构进行整体稳定性分析。

160 t 全预制装配式架桥机前辅支腿各段的截面形状及尺寸都是相同的，但各段的长度及各段中连系梁的位置不同，即在验证整体稳定性时各段的计算长度 l_c 不同。

在分析 160 t 全预制装配式架桥机前辅支腿的整体稳定性时，应该选择对其前辅支腿最不利的工作状态。160 t 全预制装配式架桥机架设墩柱时，其前辅支腿处于最不利的工作状态。验证 160 t 全预制装配式架桥机前辅支腿整体稳定性的相关参数，可经过计算或查表得到。

由以上的计算结果可知，160 t 全预制装配式架桥机前辅支腿第 1 段结构对 x 轴和对 y 轴的假想长细比分别为 $\lambda_{Fx} = 0.981$ 与 $\lambda_{Fy} = 0.987$。为了方便查表，将计算得到的假想长细比取整，取整后，$\lambda_{Fx1}=16$，$\lambda_{Fy1}=13$。已知假想长细比和前辅支腿的截面类型，通过《起重机设计规范》（GB 3811—2008）中的"表 K-2"确定稳定系数 $\varphi_{x1} = 0.981$，$\varphi_{y1} = 0.987$。由整体稳定性的验证公式可知，稳定系数值越小，越不容易满足整体稳定性要求。在验证整体稳定性时应该考虑最不利的工作状态，因此保留较小的稳定系数，即 $\varphi_{x1} = 0.981$。前辅支腿第 1 段结构整体稳定性验证结果如表 5-6。

表 5-6 前辅支腿第 1 段结构整体稳定性验证结果

毛截面面积 A_{m1} / mm^2	实际长度 l_1 / mm	长度系数 μ_1	计算长度 l_{c1} / mm	毛截面通过 x 轴的惯性矩 I_{x1} / mm^4	毛截面通过 y 轴的惯性矩 I_{y1} / mm^4
24432	4940	0.49	2420.6	8.3622×10^8	1.2749×10^9
毛截面对 x 轴的回转半径 r_{x1} / mm	毛截面对 y 轴的回转半径 r_{y1} / mm	长细比（x 轴） λ_{x1}	长细比（y 轴）λ_{y1}	假想长细比（x 轴） λ_{Fx1}	假想长细比（x 轴） λ_{Fy1}
185.0038	228.4328	13.0841	10.5966	15.9	12.8

通过 ANSYS Workbench 探针功能中的"力反应"工具查看 160 t 全预制装配式架桥机的前辅支腿第 1 段结构在当前工作状态下的轴向力，即 $F_{zx1}=67028N$。将以上参数代入整体稳定性验证公式，可得 $\sigma_1 = 3\ MPa$，满足整体稳定性要求。

160 t 全预制装配式架桥机前辅支腿其余段结构的整体稳定性验证过程大体相同。前辅支腿第 5 段结构整体稳定性验证结果见表 5-7。

对假想长细比取整，则 $\lambda_{Fx5} = 12$，$\lambda_{Fy5} = 10$，参考前辅支腿第 1 段结构稳定系数的确定方法，最终确定的稳定系数为 $\varphi_{x5} = 0.989$。

表 5-7 前辅支腿第 5 段结构整体稳定性验证结果

毛截面面积 A_{m5} / mm^2	实际长度 l_5 / mm	长度系数 μ_5	计算长度 l_{c5} / mm	毛截面通过 x 轴的惯性矩 I_{x5} / mm^4	毛截面通过 y 轴的惯性矩 I_{y5} / mm^4
24432	4230	0.43	1818.9	8.3622×10^8	1.2749×10^9
毛截面对 x 轴的回转半径 r_{x5} / mm	毛截面对 y 轴的回转半径 r_{y5} / mm	长细比（x 轴）λ_{x5}	长细比（y 轴）λ_{y5}	假想长细比（x 轴）λ_{Fx5}	假想长细比（x 轴）λ_{Fy5}
185.0038	228.4328	9.8317	7.9625	11.9	9.6

通过 ANSYS Workbench 探针功能中的"力反应"查看 160 t 全预制装配式架桥机的前辅支腿第 5 段结构在当前工作状态下的轴向力，即 F_{zx5}=793880 N。将以上参数代入整体稳定性验证公式可得 σ_5 = 32.85 MPa，满足整体稳定性要求。

160 t 全预制装配式架桥机前辅支腿第 6 段结构整体稳定性的验证方法与其第 1 段和第 5 段结构的整体稳定性验证方法相同。前辅支腿第 6 段结构整体稳定性验证结果见表 5-8。

表 5-8 前辅支腿第 6 段结构整体稳定性验证结果

毛截面面积 A_{m6} / mm^2	实际长度 l_6 / mm	长度系数 μ_6	计算长度 l_{c6} / mm	毛截面对 x 轴的惯性矩 I_{x6} / mm^4	毛截面对 y 轴的惯性矩 I_{y6} / mm^4
24432	3370	0.5	1685	8.3622×10^8	1.2749×10^9
毛截面对 x 轴的回转半径 r_{x6} / mm	毛截面对 y 轴的回转半径 r_{y6} / mm	长细比（x 轴）λ_{x6}	长细比（y 轴）λ_{y6}	假想长细比（x 轴）λ_{Fx6}	假想长细比（x 轴）λ_{Fy6}
185.0038	228.4328	9.1079	7.3763	11.0355	8.9375

对假想长细比取整，则 $\lambda_{Fx6}=11$，$\lambda_{Fy6}=9$，参考前辅支腿第 1 段结构稳定系数的确定方法，最终确定稳定系数为 $\varphi_{x6} = 0.991$。

通过 ANSYS Workbench 探针功能中的"力反应"工具查看 160 t 全预制装配式架桥机的前辅支腿第 6 段结构在当前工作状态下的轴向力，即 F_{zx6}=802480 N。将以上参数代入整体稳定性验证公式，可得 σ_6 = 33.14 MPa，满足整体稳定性要求。

由 160 t 全预制装配式架桥机前辅支腿的 3 个典型段结构的整体稳定性验证结果可知，该架桥机的前辅支腿满足整体稳定性要求。

5.2.2 前辅支腿局部稳定性分析

结构的某一部分的稳定性达不到要求，可能会导致该结构中其他部分的载荷增大，此时从整体上看，该结构可以满足整体稳定性要求但是存在安全隐患。因此对满足整体稳定性要求的结构，仍需要对其中的各组成部分（通常是钢板）进行局部稳定性分析。

160 t 全预制装配式架桥机前辅支腿各段结构的截面类型为箱型截面，各段结构对应的截面图已经在上文中给出。

依据国家标准《钢结构设计标准》（GB 50017—2017）对受压构件的局部稳定性的分析规定，可以根据以下公式分析受压构件的局部稳定性，即

$$\frac{b}{t} \leqslant 40\sqrt{\frac{235}{\sigma_s}} \tag{5-23}$$

式中，b 为净宽或净距离：对于没有加强筋的箱型截面，该值为板材的净宽度；对于存在纵向加强筋的箱型截面，该值为侧壁版和加强筋之间的净距离；t 为板材的厚度；σ_s 为板材的屈服极限。

160 t 全预制装配式架桥机前辅支腿所用材料为 Q345 钢材，其屈服极限 $\sigma_s = 345\text{N/mm}^2$ 可以根据截面尺寸图得到所用的板材厚度，即 $t = 12\text{mm}$；也可以根据截面尺寸图通过计算得到板材宽度，在计算时应该分别计算平行于 x 轴和平行于 y 轴的板材宽度，即 b_x 和 b_y，经过计算可知，$b_x = 278\text{mm}$，$b_y = 207\text{mm}$。

将以上已知数据代入局部稳定性验证公式，可以得前辅支腿箱型截面中各板材的局部稳定性验证结果，即

$$\frac{b_x}{t} = \frac{278}{12} = 23.2 \leqslant 40\sqrt{\frac{235}{\sigma_s}} = 33 \tag{5-24}$$

$$\frac{b_y}{t} = \frac{207}{12} = 17.25 \leqslant 40\sqrt{\frac{235}{\sigma_s}} = 33 \tag{5-25}$$

由以上两个局部稳定性的验证结果可知，160 t 全预制装配式架桥机的前辅支腿满足局部稳定性要求。

5.2.3 主梁线性屈曲分析

160 t 全预制装配式架桥机的主梁主体结构是空间三角桁架结构，针对这种结构的稳定性验证没有统一且较为简便的计算公式。相关的计算公式两极分化，要么为了计算的简便省略空间三角桁架结构中的很多细节，这样会降低计算精度；要么考虑的细节较全面但计算过程烦琐，计算效率极低。

为避免两极分化，下面使用有限元分析方法对 160 t 全预制装配式架桥机的主梁进行稳定性分析，可以有效地解决计算精度与计算效率的问题。

屈曲分析主要用于研究结构在特定载荷下的稳定性及确定结构失稳的临界载荷，屈曲分析包括线性屈曲分析和非线性屈曲人分析。结构在使用过程中，当其所承受的载荷与其变形量处于平衡状态时，结构整体表现出稳定状态。若增大结构所承受的载荷，则结构的变形量逐渐增大，当增大到某个临界值时，结构进入新的平衡状态，这时结构处于失稳状态，又称为屈曲。

结构的失稳状态分为以下三大类：

（1）岔点失稳。对于一个处于稳定状态的结构，逐渐增加其所承受的载荷，当载荷增加到某一个临界值时，若继续增加载荷，则原稳定结构进入新的稳定状态，这类稳定性问题也被称作"线性屈曲问题"。

（2）极值点失稳。处于稳定状态的结构在承受超过其"极限载荷"的外力时，该结构没有进入新的平衡状态。

（3）跳跃失稳。处于稳定状态的结构在承受超过其"极限载荷"的外力时，该结构的

变形量持续增加，而后突然进入一种在大变形状态下的稳定状态，即结构从一种稳定状态"跳跃"到另一种稳定状态。

进行线性屈曲分析时，主要依据以下方程求解：

$$[\boldsymbol{K} + \lambda_1 \boldsymbol{S}]\boldsymbol{\psi} = 0 \tag{5-26}$$

式中，$\boldsymbol{K}$ 为结构总体刚度矩阵；$\boldsymbol{S}$ 为应力硬化矩阵，确定该矩阵需要用到 ANSYS Workbench 中的"静力学分析"模块；$\boldsymbol{\psi}$ 为屈曲模态位移矩阵；λ_1 为特征值，也称屈曲载荷系数。

通过以上方程得到屈曲载荷系数，而在实际应用中需要得到结构在发生屈曲时的临界载荷。可以根据下式计算该临界载荷的大小：

$$P_{lj} = \lambda_1 P_{sj} \tag{5-27}$$

式中，P_{lj} 为结构发生屈曲时的临界载荷；P_{sj} 为结构实际承受的载荷，或者在进行线性屈曲分析时对结构施加的载荷。

由式（5-27）可知，在进行线性屈曲分析时所施加的载荷与屈曲载荷系数的乘积即结构发生屈曲时的临界载荷。若在计算过程中将所施加的载荷值设为单位载荷，即 $P_{sj}=1\mathrm{N}$，则式（5-27）变为 $P_{lj}=\lambda_1$，此时计算得到的屈曲载荷系数的数值即结构发生屈曲时的临界载荷值。

160 t 全预制装配式架桥机在架设墩柱过程中，其主梁处于相对"危险"的工作状态，因此有必要对该工作状态下的主梁进行线性屈曲分析，确保其稳定性满足要求。

可以使用 ANSYS Workbench 实现线性屈曲分析。首先对结构进行静力学分析，然后在此分析结果的基础上通过"Eigenvalue Buckling"模块进行线性屈曲分析。线性屈曲分析流程如图 5-39 所示。

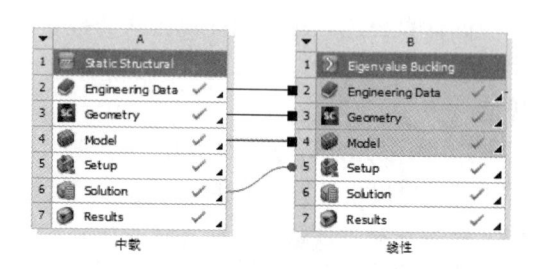

图 5-39 线性屈曲分析流程

下面针对 160 t 全预制装配式架桥机的主梁结构进行线性屈曲分析。为了提高计算效率，对模型进行简化，即将 160 t 全预制装配式架桥机除主梁外的其他结构省略，仅在对应的位置施加载荷与约束。

完成主梁的静力学分析后，在 ANSYS Workbench 2020 主界面的左侧找到"Eigenvalue Buckling"模块，通过单击鼠标左键将该模块直接拖到"静力学模块"中的"Solution"上，从而完成数据的传递。

进入"Eigenvalue Buckling"模块后，需要对求解器进行相关设置，将"最大模态阶数"设为 2；对"包含负的载荷系数"选项选择"否"，若对该选项选择"是"，则 ANSYS Workbench 2020 在计算过程中会出现负值，该负值表示使用与当前所施加载荷方向相反且大小为当前

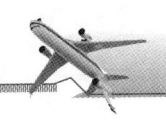

所施加载荷与该屈曲载荷系数的乘积的载荷将得到同样的屈曲模态；在求解方案中添加"总变形"，以此作为最终的判断依据。

通过线性屈曲分析得到的屈曲载荷系数针对当前结构中的所有载荷。例如，某个结构既承受重力载荷又承受一个外力，此时对该结构进行线性屈曲分析的目的是求出作用在该结构上的外力的极值大小，而不需要考虑重力载荷的极值。为了解决这一问题，可以进行多次迭代，其原理如下：

假设，某个结构承受重力载荷、风载荷和外力载荷等，将重力载荷、风载荷等这些不需要考虑极值的载荷记为恒载（F_{HZ}），将外力载荷等需要考虑极值的载荷记为动载（F_{DZ}）；在初始恒载为F_{HZ1}和初始动载为F_{DZ1}的情况下对该结构进行线性屈曲分析，得到的屈曲载荷系数为λ_{11}，此时该结构的屈曲临界载荷计算公式为

$$P_{lj1} = \lambda_{11}(F_{HZ1} + F_{DZ1}) \tag{5-28}$$

这时得到的屈曲临界载荷包含重力载荷等，而实际只需要动载（F_{DZ}）的临界值，因此需要进行迭代计算，令

$$F_{DZ2} = \lambda_{11} \cdot F_{DZ1} \tag{5-29}$$

然后将F_{HZ1}和F_{DZ2}作为结构的载荷，再次进行线性屈曲分析，从而得到屈曲载荷系数λ_{12}，此时结构的屈曲临界载荷计算公式为

$$P_{lj2} = \lambda_{12}(F_{HZ1} + \lambda_{11} \cdot F_{DZ1}) \tag{5-30}$$

重复以上过程n次，得到结构的屈曲临界载荷：

$$P_{lj2} = \lambda_{1n}(F_{HZ1} + \lambda_{11} \cdots \lambda_{1(n-1)} \cdot F_{DZ1}) \tag{5-31}$$

当第n次的屈曲载荷系数为1时，即$\lambda_{1n} = 1$，由上式可知：

$$P_{lj2} = F_{HZ1} + \lambda_{11} \cdots \lambda_{1(n-1)} \cdot F_{DZ1} \tag{5-32}$$

此时施加在结构上的动载$F_{DZn} = \lambda_{11} \cdots \lambda_{1(n-1)} \cdot F_{DZ1}$就是该结构所能承受的动载临界值。

根据以上分析，将160 t全预制装配式架桥机在当前工作状态下的载荷划分为动载、恒载两部分。在160 t全预制装配式架桥机的金属结构分析过程中已经对其在架设墩柱过程中的载荷进行了说明，现在对该架桥在架设墩柱的第一个阶段所承受的载荷进行分类处理。

（1）恒载：重力载荷、风载荷、后起重小车重力载荷、前起重小车车架重力载荷。

（2）动载：吊具和墩柱的重力载荷

在ANSYS Workbench 2020的"静力学分析"模块中，对160 t全预制装配式架桥机的主梁施加上述载荷并计算，然后采用迭代计算，以确定动载的临界值。在当前工作状态下，初始动载$F_{DZ} = 1323 \times 10^3$ N。为便于观察，将各次的迭代计算结果列在表5-9中。

表5-9 各次迭代计算结果

迭代次数	动载大小/N	屈曲载荷系数
1	1323000	26.332
2	34837236	1.8619
3	64863449.7084	1.01
4	65512084.2055	1.0001

由表 5-9 可知，第 4 次迭代计算得到的屈曲载荷系数为 1.0001，可以认为该值近似 1。这意味着第 4 次迭代计算过程中使用的动载就是 160 t 全预制装配式架桥机在当前工作状态下的动载临界值。此临界值明显大于实际施加的载荷，因此可以认为此时该架桥机满足屈曲条件。通过 ANSYS Workbench 2020 计算得到架设墩柱第一阶段的一阶屈曲载荷系数，如图 5-40 所示。

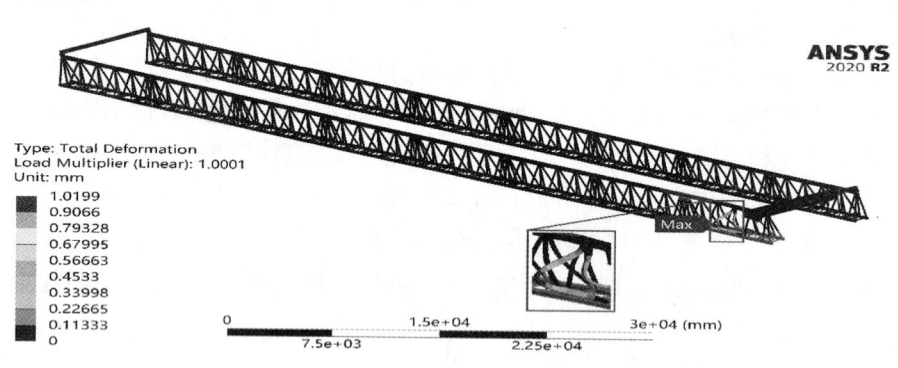

图 5-40 架设墩柱第一阶段的一阶屈曲载荷系数

由图 5-40 可知，屈曲发生在 160 t 全预制装配式架桥机主梁的迎风侧且靠近前起重小车的位置，发生屈曲时的临界载荷为 65512.084×10^3 N，该临界值大于当前工作状态下 160 t 全预制装配式架桥机所承受的载荷（1323×10^3 N），因此满足要求。

在 160 t 全预制装配式架桥机架设墩柱的第二阶段，其主梁也处于危险的状态，因此也有必要进行线性屈曲分析。在当前工作状态下，160 t 全预制装配式架桥机上的前起重小车载着墩柱移向该架桥机一侧的桁架梁，这时两侧桁架梁所承受的载荷是不同的。两侧桁架梁承受的载荷已经在前文中给出，现对这些载荷进行分类处理。

（1）恒载：重力载荷、风载荷、后起重小车重力载荷、前起重小车车架重力载荷。
（2）动载：墩柱远侧的各个集中载荷（远端）、墩柱近侧的各个集中载荷（近端）。

在 ANSYS Workbench 2020 的"静力学分析"模块中，对 160 t 全预制装配式架桥机的主梁施加上述载荷并计算，然后采用迭代计算，以确定动载的临界值。在当前工作状态下初始远端动载 $F_{DZY} = 1323 \times 10^3$ N，初始近端运载 $F_{DZJ} = 1323 \times 10^3$ N。为便于观察，将各次的迭代计算结果列在表 5-10 中。

表 5-10 各次迭代计算结果

迭代次数	近端动载大小/N	远端动载大小/N	屈曲载荷系数
1	82687.5	578812.5	21.589
2	1785140.4375	12495983.0625	1.3241
3	2363704.4533	16545931.1731	1.0037
4	2372464.5057	16607151.1184	1.0001

由表 5-10 可知，第 4 次迭代计算得到的屈曲载荷系数为 1.0001，可以认为该值近似 1。这意味着第 4 次迭代计算过程中使用的动载就是 160 t 全预制装配式架桥机在当前工作状态

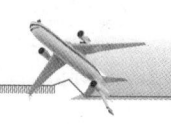

下的动载临界值。该临界值明显大于实际施加的载荷，因此可以认为此时该架桥机满足屈曲条件。通过 ANSYS Workbench 2020 计算得到架设墩柱第二阶段的一阶屈曲载荷系数，如图 5-41 所示。

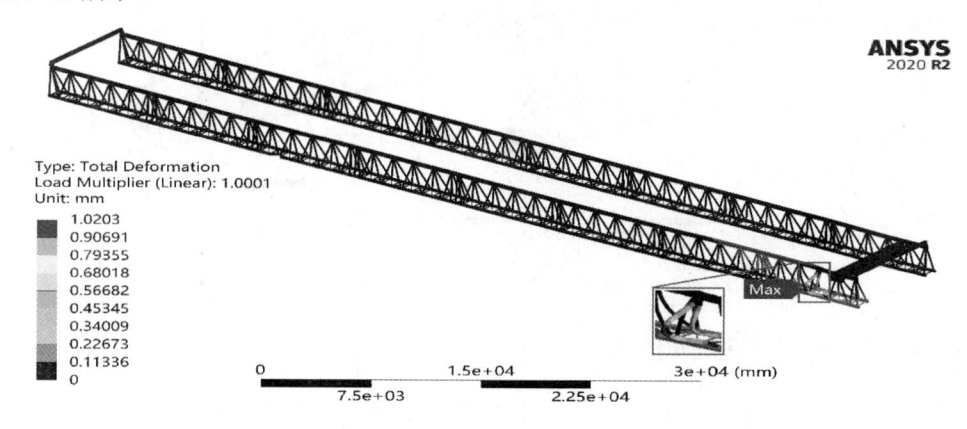

图 5-41　架设墩柱第二阶段的一阶屈曲载荷系数

160 t 全预制装配式架桥机在架设预制箱梁时，前后起重小车共同将预制箱梁（质量为 160 t）吊起，整个预制箱梁的重力载荷以及前后起重小车的重力载荷都由 160 t 全预制装配式架桥机的主梁承担。因此，有必要对主梁进行屈曲分析，以确定其安全性。

在当前工作状态下将前后起重小车的车架质量和吊具质量看作一个整体，此时的恒载及动载分类如下：

（1）恒载：主梁重力载荷、风载荷、前后起重小车重力载荷。

（2）动载：预制箱梁重力载荷

将对应的载荷逐次施加在 160 t 全预制装配式架桥机相应的位置，初始动载荷 $F_{DZ}=1568\times10^3$ N，各次迭代计算结果列在表 3-6 中。

表 5-11　各次迭代计算结果

迭代次数	动载大小/N	屈曲载荷系数
1	1568000	12.422
2	19477696	1.5961
3	31088350.5856	1.0136
4	31511152.1536	1.0003

由表 5-11 可知，第 4 次迭代计算得到的屈曲载荷系数为 1.0003，可以认为该值近似 1。这意味着第 4 次迭代计算过程中使用的动载就是 160 t 全预制装配式架桥机在当前工作状态下的动载临界值。该临界值明显大于实际施加的载荷，因此可以认为此时该架桥机满足屈曲条件。通过 ANSYS Workbench 2020 计算得到当前工作状态下的一阶屈曲载荷系数，如图 5-42 所示。

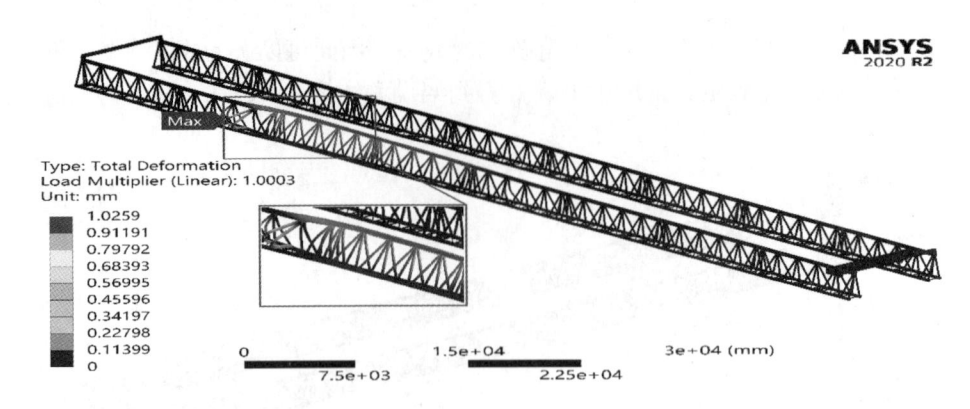

图 5-42　当前工作状态下的一阶屈曲载荷系数

5.2.4　主梁非线性屈曲分析

进行线性屈曲分析时，在计算过程中不考虑结构变形对计算结果的影响。若考虑实际工程中的结构变形影响，则有必要进行非线性屈曲分析。进行非线性屈曲分析时，往往将已经完成计算的线性屈曲分析结果作为初始依据。

在计算时应设置一定数量的载荷步，每完成一个载荷步的计算，ANSYS Workbench 2020 将根据此时的结构变形相应地调整计算矩阵。因此，非线性屈曲分析结果比线性屈曲分析结果更加准确。

进行非线性屈曲分析时，通常需要引入结构的初始缺陷。可以将线性屈曲分析的结果乘以一定的放大系数，以该乘积作为非线性屈曲分析的初始缺陷。

在 ANSYS Workbench 2020 中完成线性屈曲分析后，添加一个新的"静力学分析"模块，然后将"线性屈曲分析"模块中的"Solution"选项中的数据传递到刚添加的"静力学分析"模块中的"Model"选项，并将两个模块中的"工程数据"进行共享。非线性屈曲分析流程如图 5-43 所示。

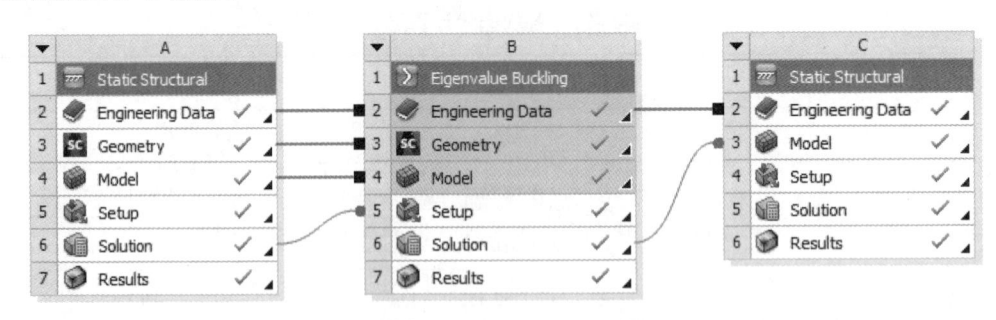

图 5-43　非线性屈曲分析流程

通过调整"线性屈曲分析"模块中的"Solution"选项的输出特性，确定线性屈曲分析结果放大系数，如图 5-44 所示。

完成以上步骤后，进入新添加的"静力学分析"模块中，将"大变形"选项设为打开状态；打开"节点力"选项；同时设置载荷步，把初始载荷步设为 20，最小载荷步和最大载荷步分别为 10 与 50。

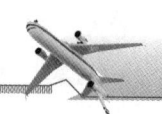

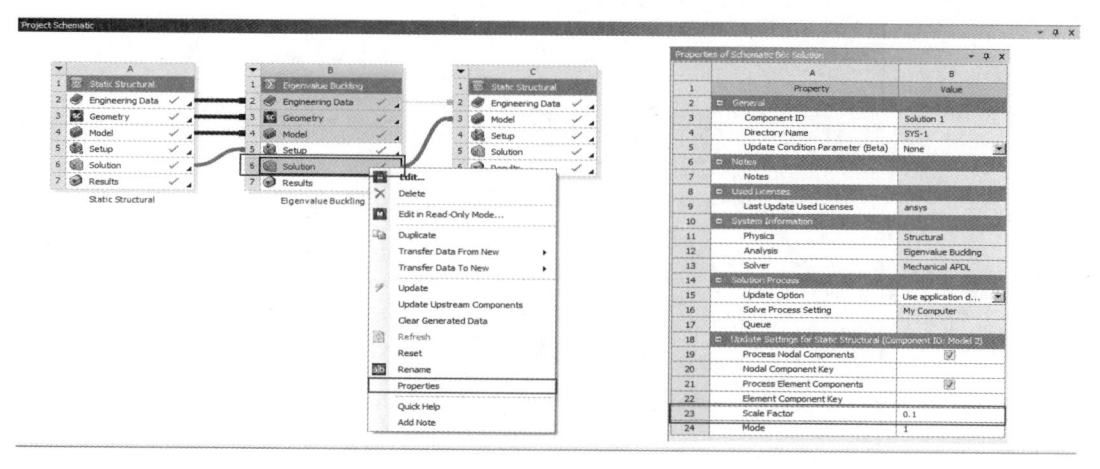

图 5-44　确定线性屈曲分析结果放大系数

在非线性屈曲分析过程中施加的载荷与上述线性屈曲分析过程中施加的最后一次迭代的载荷相同。经计算后可以得到载荷与变形量（相当于位移）关系曲线，如图 5-45 所示。

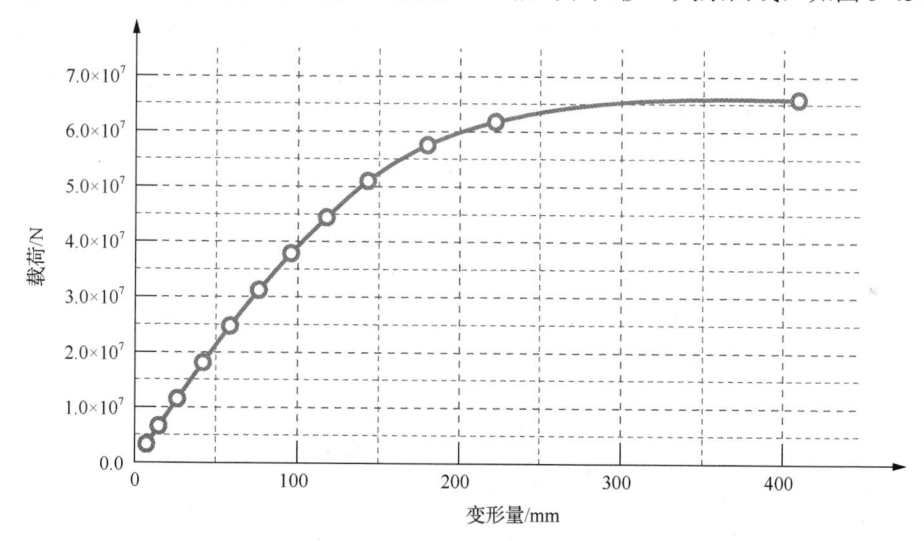

图 5-45　载荷与变形量关系曲线

由图 5-45 可知，当载荷 $F_{lj\text{-}fl} = 6.17 \times 10^7$ N 时，变形量较大，因此将该载荷认为非线性屈曲临界载荷，与上文计算的线性屈曲临界载荷进行对比后发现，非线性屈曲分析得到的临界载荷更小。此时的临界载荷大于当前工作状态下的实际载荷，因此满足非线性屈曲要求。

在通过载荷与变形量关系曲线确定非线性屈曲临界载荷时，应分别考虑远端与近端的非线性临界载荷，即需要绘制出远端载荷与变形量关系曲线、近端载荷与变形量关系曲线，分别如图 5-46 与图 5-47 所示。

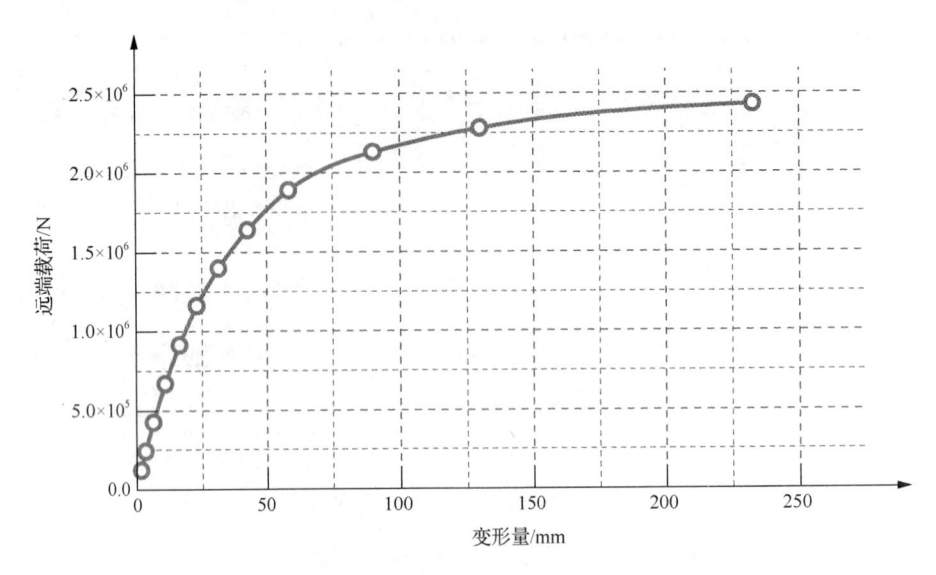

图 5-46　远端载荷与变形量关系曲线

由图 5-46 和图 5-47 可知，远端非线性临界载荷 $F_{\text{ljy-fl}} = 2.13 \times 10^6$ N，近端非线性临界载荷 $F_{\text{ljj-fl}} = 21.46 \times 10^7$ N。此时的非线性临界载荷大于当前工作状态下的实际载荷，因此满足非线性屈曲要求。

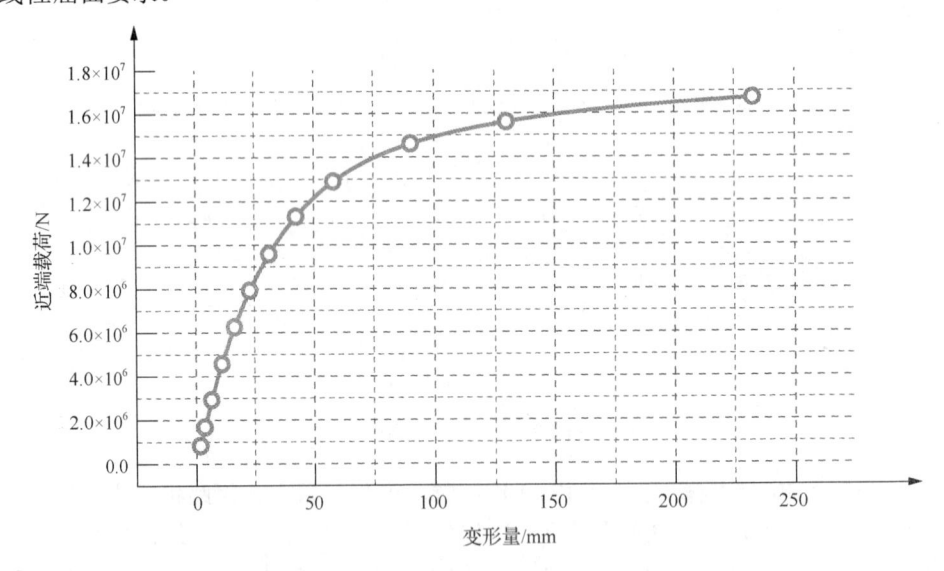

图 5-47　近端载荷与变形量关系曲线

160 t 全预制装配式架桥机在当前工作状态下的非线性屈曲分析流程与架设墩柱（中载）状态下的非线性屈曲分析流程相同，经计算得到当前工作状态下 160 t 全预制装配式架桥机主梁的载荷与变形量关系曲线，如图 5-48 所示。

由图 5-48 可知，当非线性临界载荷 $F_{\text{lj-fl}} = 2.8 \times 10^7$ N 时，变形量较大，因此将该载荷认为非线性屈曲临界载荷。此时的非线性临界载荷大于当前工作状态下的实际载荷，因此满足非线性屈曲要求。

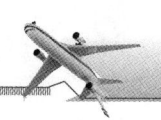

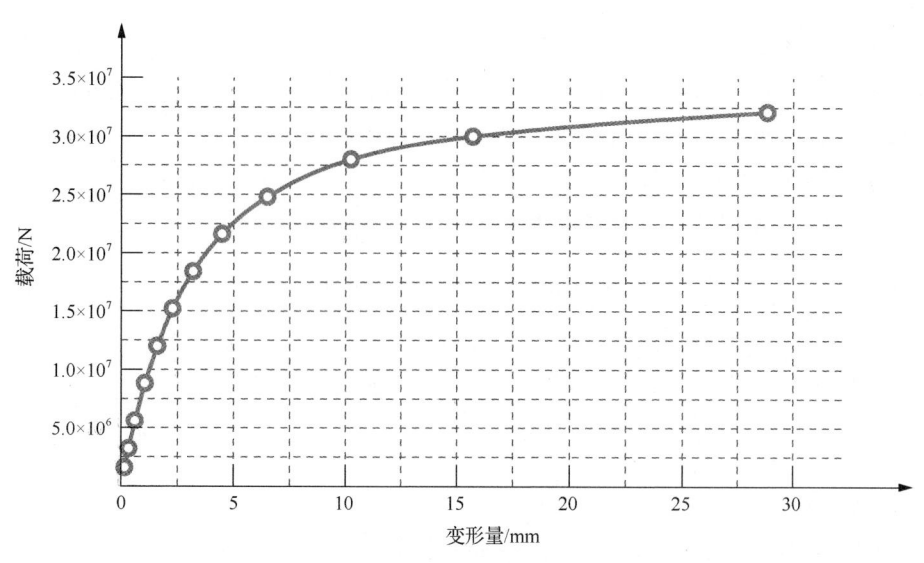

图 5-48　主梁的载荷与变形量关系曲线

5.2.5　160 t 全预制装配式架桥机的抗倾覆稳定性分析

虽然 160 t 全预制装配式架桥机满足强度要求,但是在实际的施工过程中它还存在整体倾覆的危险,因此有必要对 160 t 全预制装配式架桥机的抗倾覆稳定性进行分析。抗倾覆稳定性分析常用方法是重力法和力矩法,考虑到 160 t 全预制装配式架桥机的实际工作状态,使用力矩法进行抗倾覆稳定性分析更加简便。

160 t 全预制装配式架桥机在架设墩柱和预制箱梁过程中,需要保证起吊的重物重心始终保持在主梁的中间,不易倾覆。导致 160 t 全预制装配式架桥机发生横向倾覆的主要载荷是作用在主梁及前辅支腿上的风载荷。

选取 160 t 全预制装配式架桥机的非工作状态（假设在 11 级风力下）作为计算工况（Computation Case）,此时的横向受力图如图 5-49 所示。其中未标出风载荷,风载荷的方向指向平面内部。

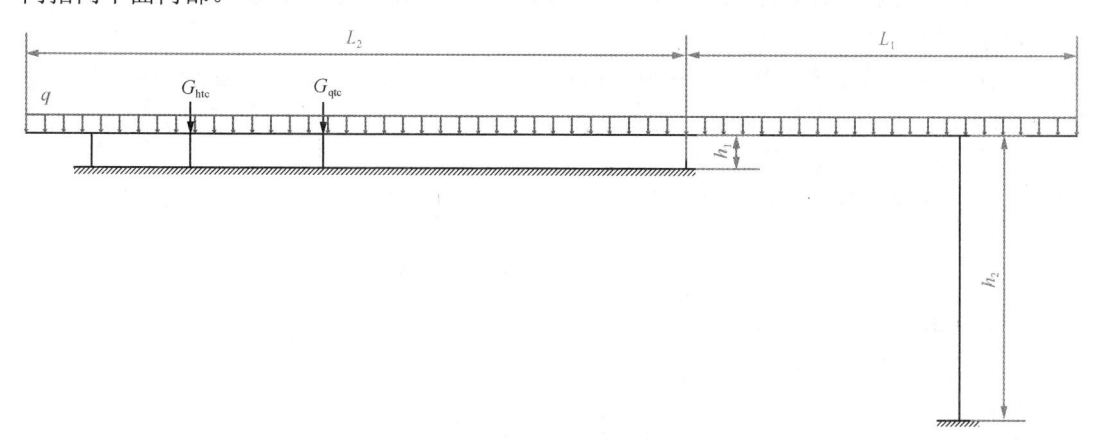

图 5-49　横向受力图

图 5-49 中的 G_{qtc}、G_{htc} 分别代表 160 t 全预制装配式架桥机上的前后起重小车的重力载荷，该架桥机前端与后端到前支腿的距离分别记为 $L_1 = 33.05$ m 和 $L_2 = 46.95$ m，将主梁的重力载荷转化为均布载荷 q，$q = 15.239 \times 10^3$ N/m。160 t 全预制装配式架桥机在此工况下的载荷大小已经在前文中给出。

160 t 全预制装配式架桥机各类支腿的横向宽度列在表 5-12 中。

表 5-12　各类支腿列横向宽度

支腿或支撑物名称	后顶高支腿	过孔托辊	后支腿	前支腿	前辅支腿
横向宽度/mm	8000	8000	7000	7000	6000

1. 横向抗倾覆稳定性分析

1）载荷计算

根据横向受力图，以前支腿为界限将 160 t 全预制装配式架桥机主梁的重力载荷分为两部分。这两部分的载荷大小如下：

$$G_{zl1} = qL_1 = 503.649 \times 10^3 \text{ N} \tag{5-33}$$

$$G_{zl2} = qL_2 = 715.471 \times 10^3 \text{ N} \tag{5-34}$$

参考上述过程将主梁承受的风载荷也分为两部分：

$$P_{Wzl-1} = \frac{L_1}{L}(P_{W\text{-}zl\text{-}11} + P'_{W\text{-}zl\text{-}11}) = 91.069 \times 10^3 \text{ N} \tag{5-35}$$

$$P_{Wzl-2} = \frac{L_2}{L}(P_{W\text{-}zl\text{-}11} + P'_{W\text{-}zl\text{-}11}) = 129.370 \times 10^3 \text{ N} \tag{5-36}$$

式中：L 为 160 t 全预制装配式架桥机主梁的总长度 $L=80$m。

按下式计算前辅支腿承受的总风载荷：

$$P_{Wqf} = P_{W\text{-}qf\text{-}11} + P'_{W\text{-}qf\text{-}11} = 54.138 \times 10^3 \text{ N} \tag{5-37}$$

2）稳定力矩的计算

在当前工况下起到稳定作用的载荷包括 160 t 全预制装配式架桥机主梁的重力载荷、前后起重小车的重力载荷。下面计算这些载荷提供的稳定力矩。

在计算 160 t 全预制装配式架桥机主梁提供的稳定力矩时，选取各类支腿的最小跨度作为计算跨度，这样计算得到的稳定力矩是偏小的。若经验算后该稳定力矩满足要求，则实际的结构必定满足抗倾覆稳定性要求。

160 t 全预制装配式架桥机主梁在前辅支腿处提供的稳定力矩的计算公式如下：

$$M_{Hzl1} = G_{zl1}\frac{L_{qf}}{2} = 1.511 \times 10^6 \text{ N} \cdot \text{m} \tag{5-38}$$

式中，L_{qf} 为前辅支腿的跨度。

160 t 全预制装配式架桥机主梁在前支腿处提供的稳定力矩的计算公式如下：

$$M_{Hzl2} = G_{zl2}\frac{L_{qz}}{2} = 2.504 \times 10^6 \text{ N} \cdot \text{m} \tag{5-39}$$

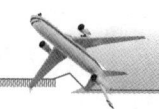

式中，L_{qz} 为前支腿的跨度。

前后起重小车提供的稳定力矩的计算公式如下：

$$M_{\mathrm{Hqtc}} = G_{\mathrm{qtc}} \frac{L_{\mathrm{qz}}}{2} = 1.372 \times 10^6 \ \mathrm{N \cdot m} \tag{5-40}$$

$$M_{\mathrm{Hhtc}} = G_{\mathrm{htc}} \frac{L_{\mathrm{qz}}}{2} = 5.145 \times 10^5 \ \mathrm{N \cdot m} \tag{5-41}$$

式中，G_{qtc}、G_{htc} 为分别为前后起重小车的重力载荷。

总的稳定力矩的计算公式如下：

$$M_{\mathrm{HW}} = M_{\mathrm{Hzl1}} + M_{\mathrm{Hzl2}} + M_{\mathrm{Hqtc}} + M_{\mathrm{Hhtc}} = 5.9015 \times 10^6 \ \mathrm{N \cdot m} \tag{5-42}$$

3）倾覆力矩的计算

倾覆力矩主要由作用于 160 t 全预制装配式架桥机主梁上的风载荷及前辅支腿上的风载荷产生。主梁上的风载荷又可以分为两部分，对位于前支腿与前辅支腿之间的主梁段上的风载荷引起的倾覆力矩，在计算时以前辅支腿的高度作为计算高度。此时计算得到的倾覆力矩较实际的倾覆力矩大，若以该倾覆力矩作为计算依据且其值满足抗倾覆稳定性要求，则实际结构必定满足抗倾覆稳定性要求。

$$M_{\mathrm{Hzl1}} = P_{\mathrm{Wzl-1}} \left(\frac{h_{\mathrm{zl}}}{2} + h_2 \right) = 2.42 \times 10^3 \ \mathrm{N \cdot m} \tag{5-43}$$

$$M_{\mathrm{Hzl2}} = P_{\mathrm{Wzl-2}} \left(\frac{h_{\mathrm{zl}}}{2} + h_1 \right) = 5.921 \times 10^5 \ \mathrm{N \cdot m} \tag{5-44}$$

式中，h_{zl} 为主梁的高度。

$$M_{\mathrm{Hqf}} = P_{\mathrm{Wqf}} \frac{h_2}{2} = 6.767 \times 10^6 \ \mathrm{N \cdot m} \tag{5-45}$$

总的倾覆力矩的计算公式如下：

$$M_{\mathrm{HQ}} = M_{\mathrm{Hzl1}} + M_{\mathrm{Hzl2}} + M_{\mathrm{Hqf}} = 3.6888 \times 10^6 \ \mathrm{N \cdot m} \tag{5-46}$$

4）分析抗倾覆稳定性

通常验证抗倾覆稳定性是否满足要求的原则如下：验证总的稳定力矩与总的倾覆力矩的比值是否大于1.5，若大于1.5，则认为此时的抗倾覆稳定性满足要求。

$$\frac{M_{\mathrm{HW}}}{M_{\mathrm{HQ}}} = 1.5998 > 1.5 \tag{5-47}$$

从上式的计算结果可知，此时的抗倾覆稳定性满足要求。

2. 纵向抗倾覆稳定性分析

对 160 t 全预制装配式架桥机，除了需要考虑横向抗倾覆稳定性，还需要考虑它的纵向抗倾覆稳定性。下面以 160 t 全预制装配式架桥机在过孔过程中的最大前悬臂状态，为计算工况，分析其纵向抗倾覆稳定性。此时 160 t 全预制装配式架桥机处于悬空状态的主梁长度大于 30m，前辅支腿也处于悬空状态。

当前工况下的纵向受力图如图 5-50 所示。由图 5-50 可知，当发生纵向倾覆时，最可能的情况是该架桥机以前支腿作为支撑向右侧倾覆。

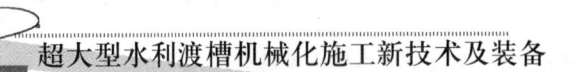

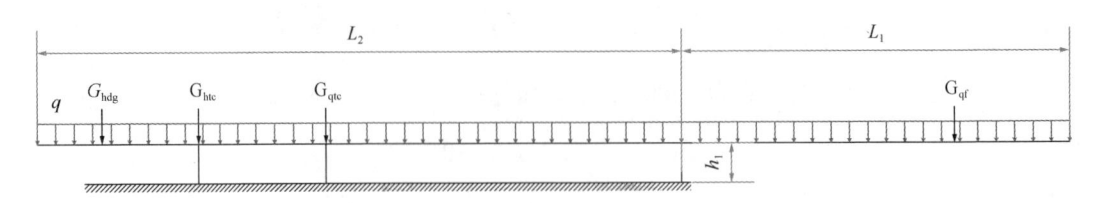

图 5-50 纵向受力图

在当前工况下,前辅支腿与后顶高支腿处于收起状态,不起支撑作用,因此在纵向受力图中未将其画出,仅在相应的位置施加重力载荷。后顶高支腿的重力载荷 $G_{hdg} = 41.16 \times 10^3$ N,前辅支腿的重力载荷 $G_{qf} = 278.32 \times 10^3$ N。

1)载荷计算

在当前工况中下能导致 160 t 全预制装配式架桥机纵向倾覆的载荷主要是该架桥机悬臂段上的主梁重力载荷与处于悬空状态的前辅支腿的重力载荷。此时,160 t 全预制装配式架桥机所承受的风载荷对纵向抗倾覆稳定性的影响较小,因此在计算时可以不考虑风载荷的影响。其余各部分参数已经在上文中给出。

2)稳定力矩的计算

在当前工况下起到稳定作用的载荷包括 160 t 全预制装配式架桥机主梁的重力载荷、前后起重小车的重力载荷、后顶高支腿的重力载荷。下面对这些载荷提供的稳定力矩进行分析。

160 t 全预制装配式架桥机前支腿左侧部分(参考图 5-50)的主梁重力载荷提供的稳定力矩计算公式如下:

$$M_{Zzl2} = G_{zl2}\frac{L_2}{2} = 16.796 \times 10^6 \text{ N} \cdot \text{m} \tag{5-48}$$

前后起重小车的重力载荷提供的稳定力矩计算公式如下:

$$M_{Zqtc} = G_{qtc}L_{qtc-qt} = 12.497 \times 10^6 \text{ N} \cdot \text{m} \tag{5-49}$$

$$M_{Zhtc} = G_{htc}L_{htc-qt} = 6.280 \times 10^6 \text{ N} \cdot \text{m} \tag{5-50}$$

式中,L_{qtc-qt} 和 L_{htc-qt} 分别为前后起重小车与前支腿的距离。

后顶高支腿的重力载荷提供的稳定力矩计算公式如下:

$$M_{Zhdg} = G_{hdg}L_{hdg-qt} = 1.932 \times 10^6 \text{ N} \cdot \text{m} \tag{5-51}$$

总的稳定力矩计算公式如下:

$$M_{WZ} = M_{Zzl2} + M_{Zqtc} + M_{Zhtc} + M_{Zhdg} = 37.505 \times 10^6 \text{ N} \cdot \text{m} \tag{5-52}$$

3)倾覆力矩的计算

在当前工况下可能导致 160 t 全预制装配式架桥机发生纵向倾覆的载荷包括该架桥机前支腿右侧悬臂段主梁的重力载荷、悬空的前辅支腿的重力载荷。下面对这两个载荷引起的倾覆力矩进行计算。

悬臂段主梁的重力载荷引起的倾覆力矩计算公式如下:

$$M_{Zzl1} = G_{zl1}\frac{L_1}{2} = 8.323 \times 10^6 \text{ N} \cdot \text{m} \tag{5-53}$$

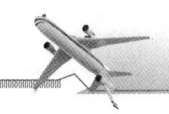

前辅支腿的重力载荷引起的倾覆力矩计算公式如下:

$$M_{Zqf} = G_{qf}L_{qf\text{-}qt} = 8.244 \times 10^6 \text{ N} \cdot \text{m} \tag{5-54}$$

总的倾覆力矩计算公式如下:

$$M_{ZQ} = M_{Zzl1} + M_{Zqf} = 16.547 \times 10^6 \text{ N} \cdot \text{m} \tag{5-55}$$

4)分析抗倾覆稳定性

纵向抗倾覆稳定性的验证原则与横向抗倾覆稳定性的验证原则相同:当总的稳定力矩与倾覆力矩的比值大于 1.5 时,认为满足抗纵向倾覆稳定性要求。

$$\frac{M_{ZW}}{M_{ZQ}} = 2.3 > 1.5 \tag{5-56}$$

从上式的计算结果可知,此时的纵向抗倾覆稳定性满足要求。

5.3　160 t 全预制装配式架桥机的金属结构优化

通过前文的分析可知,160 t 全预制装配式架桥机的强度、刚度、稳定性等指标可以满足规定的使用要求。为了进一步提升 160 t 全预制装配式架桥机的工作效率,可以对其金属结构进行适当的优化。

160 t 全预制装配式架桥机的主梁是主要承重结构,同时主梁位于该架桥机的顶部,给各支腿带来一定的附加载荷。这些附加载荷既增加了 160 t 全预制装配式架桥机的总质量,也增加了其他结构的载荷,在一定程度上减少了各支腿的使用寿命。因此有必要对 160 t 全预制装配式架桥机的金属结构进行优化。

5.3.1　多目标优化的相关理论

对结构进行多目标优化的方法有很多种,响应面优化方法是其中一种较为优秀的方法。响应面优化方法区别于直接优化方法,是一种通过代理模型(响应面模型)实现的优化方法。通过已知的三维模型数据进行相关的计算分析,利用数学以及统计学的方法找出每次计算的结果与三维模型的参数之间的关联,这个关联就是响应面模型。虽然响应面模型被称作模型,但是它并不是可见的实际模型,其本质是各个设计变量与计算结果之间的一种相对准确的对应关系,是一种数学模型。在使用响应面模型进行优化计算时,往往获得更高的计算效率。例如,在考虑一根悬臂梁的壁厚值(1~10 cm)对其应力的影响时,若使用直接优化方法,则首先需要对每个壁厚值(1 cm,2 cm,3 cm,…,10 cm)进行一次三维建模,然后进行一次有限元计算,最后通过比较得出最佳的壁厚值;若使用响应面优化方法,则只需建立少量的不同壁厚值(1 cm,2 cm,3 cm)的悬臂梁的三维模型,并进行有限元计算,根据几组数据可以确定相应的响应面模型,然后以此响应面模型作为计算依据,采用遗传算法等计算方法找出全局最优解。

使用响应面优化方法进行结构的优化,可以极大地减少建立不同尺寸的三维模型所需要的时间。当设备的自身结构比较复杂或在结构优化过程中需要考虑的参数较多时,响应面优化方法具有明显的优势,而且更容易获得全局最优解。若使用直接优化方法进行结构的优化时，则得到的最优解的值取决于已经建立的三维模型的数值，例如针对上述壁厚例子，使用直接优化方法得到的最优壁厚值是 1~10 cm 之间的某一个，而使用响应面优化方法得到的最优解可能是 5.5 cm。产生这样结果的原因如下：使用直接优化方法时优化的结果会受到所建立的三维模型数量的限制，也就是说，可以认为使用直接优化方法进行结构优化时需要考虑离散值；使用响应面模型进行结构优化时，优化的结果不会受到所建立的三维模型数量的限制，在优化的过程中会将设计范围内的尺寸都进行考虑（也可以通过限制尺寸的增量因子限制取值的精度），因此响应面优化方法能够得到更加优秀的优化结果，因此采用响应面优化方法进行结构优化时需要考虑连续值。

综上可知，响应面模型具有较好的准确性及更高的优化效率。对尺寸很大或有限元计算较慢的结构进行优化时，使用响应面模型可以极大地减少运算量，提升分析效率。响应面优化流程图如图 5-51 所示。

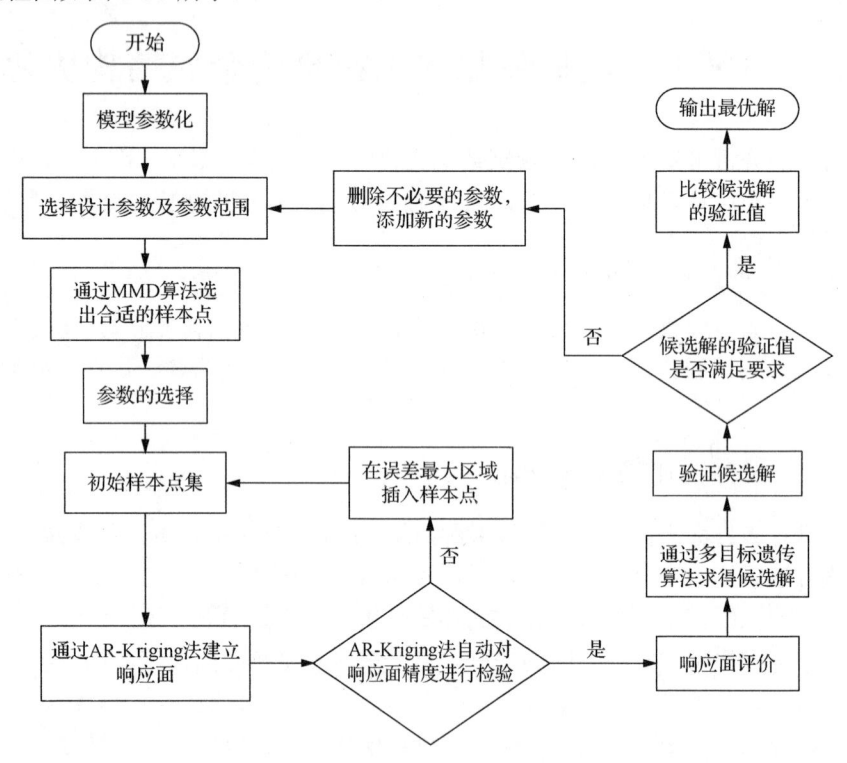

图 5-51 响应面优化流程图

为了得到精度较高的响应面模型，需要足够多的样本点，但是大量的样本点会增加计算量，可以通过最大最小距离（Max-Min Distance，MMD）算法选出样本点集中最有代表性的样本点作为初始样本点集。

MMD 算法的核心思路如下：计算出整个设计空间各个设计点之间的距离（此处选择欧式距离，也可以使用其他距离），选出最小距离中的最大者，将此距离两端的设计点作为可以代表设计空间特性的样本点。MMD 算法属于一种"聚类算法"，因此通过这种方法得到的样本点也称为聚类中心。

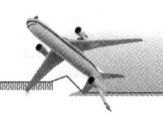

可以通过数学表达的方式说明 MMD 算法的原理：

令 $D=\{x_1,x_2,x_3,\cdots,x_n\}$，它表示一个设计空间，使用 MMD 算法选出这个设计空间具有代表性的设计点作为样本点，就是找到下式的解的过程：

$$z(D) = \max\left\{\min_{x_i,x_j \in D}\|x_i - x_j\|\right\} \tag{5-57}$$

式中，$\|x_i - x_j\|$ 为设计点 x_i 与设计点 x_j 之间的欧几里得距离（也称欧氏距离）。

为加深读者对 MMD 算法的理解，下面通过一个例子对通过 MMD 算法选择设计点的过程进行说明。图 5-52 所示为设计空间，假设存在一个包含 5 个设计点的二维设计空间 $D=\{x_1,x_2,x_3,x_4,x_5\}$，现在需要从该设计空间选出 3 个可以代表该设计空间的设计点作为样本点，即选出 3 个聚类中心。具体步骤如下：

（1）选出初始的聚类中心。根据 MMD 算法的数学表达式，找出上述设计空间中的设计点之间最大的最小距离。该设计空间（见图 5-52）的任意两个设计点之间的最小距离就是这两个设计点之间的直线距离，所以此时问题就转化为寻找设计点之间的最大距离。由图 5-52 中可知，设计点 x_1 与设计点 x_2 之间的距离 d_{21} 为最大距离，所以将设计点 x_1 与设计点 x_2 作为初始聚类中心，即 $c_1 = x_1, c_2 = x_2$。

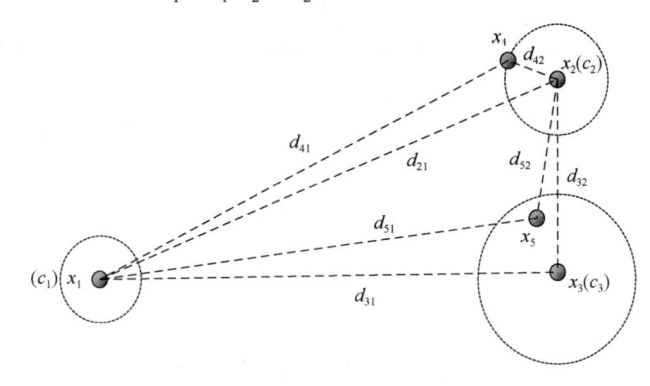

图 5-52 设计空间

（2）选出其他设计点与初始聚类中心之间的最小距离。设计点 x_3 与设计点 x_1 和设计点 x_2 的距离分别为 d_{31} 及 d_{32}，经过比较可知设计点 x_3 到聚类中心 c_2 的距离 d_{32} 更小；设计点 x_4 与设计点 x_1 和设计点 x_2 的距离分别为 d_{41} 及 d_{42}，经过比较可知设计点 x_4 到聚类中心 c_2 的距离 d_{42} 更小；设计点 x_5 与设计点 x_1 和设计点 x_2 的距离分别为 d_{51} 及 d_{52}，经过比较可知设计点 x_5 到聚类中心 c_2 的距离 d_{52} 更小。

（3）比较各个最小距离，确定其中的最大值。在步骤（2）中已经比较了各个设计点到两个初始聚类中心距离的最小值，现在需要对这些最小值进行排序，并选出其中的最大值。将设计点 x_3、设计点 x_4、设计点 x_5 与初始聚类中心 c_1 和 c_2 的距离小值按照从小到大的顺序进行排序，可得

$$d_{42} < d_{52} < d_{32} \tag{5-58}$$

所以最小距离的最大值为 d_{32}。

（4）确定第三个聚类中心。在步骤（3）中已经确定了设计点 x_3、设计点 x_4、设计点 x_5

与初始聚类中心 c_1 和 c_2 的最小距离中的最大值——d_{32},此距离为设计点 x_3 与初始聚类中心 c_2 之间的距离,这个距离两端的设计点(x_2 和 x_3)可以作为聚类中心。设计点 x_2 已被确定为初始聚类中心,那么第三个聚类中心为 c_3,$c_3 = x_3$。

(5)建立 AR-Kriging 响应面模型。AR-Kriging 响应面模型是 Kriging 响应面模型的改进版,为了更好地理解 AR-Kriging 响应面模型原理,需要先理解 Kriging 响应面模型原理。

Kriging 响应面模型除了可以选出样本点集中的数据点,还可以对未知点进行预测。该模型预测未知点的核心思想如下:通过已知样本点与加权矩阵的乘积对未知点进行预测。为实现以上目的,Kriging 响应面模型由两部分组成:一部分为确定性成分 $h(x)$,另一部分为随机过程 $z(x)$,它们与响应量 $y(x)$ 的关系式为

$$y(x) = h(x) + z(x) \tag{5-59}$$

对于上式中的确定性成分 $h(x)$,使用线性回归模型进行处理,可以得到其估计式:

$$\hat{h}(x) = f^T(x)\beta \tag{5-60}$$

式中,$f^T(x)$ 为关于输入量 x 的基函数;β 为该线性回归模型的系数矩阵。

根据式(5-59)和式(5-60),可以将响应量 $y(x)$ 用下式表示:

$$y(x) = f^T(x)\beta + z(x) \tag{5-61}$$

式中,$z(x)$ 为一个均值等于 0 且方差是 σ^2 的高斯随机过程,其协方差具有如下性质:

$$\text{Cov}\left[z(x_i), z(x_j)\right] = \sigma^2 R(\gamma, x_i, x_j) \tag{5-62}$$

式中,$R(\gamma, x_i, x_j)$ 为关于任意两个输入量 x_i 与 x_j 之间的高斯相关函数,其表达式如下:

$$R(\gamma, x_i, x_j) = \sum_{k=1}^{n} \exp\left[-\gamma_k (x_i^k - x_j^k)^2\right] \tag{5-63}$$

式中,$\gamma = [\gamma_1, \gamma_2, \gamma_3, \cdots, \gamma_n]$,它是参数向量;$x_i^k$ 和 x_j^k 中的 k 表示相应输入量矩阵中的第 k 个元素。

根据已知输入量和对应的响应量的值,通过极大似然估计方法可以得到 β 和 σ^2 的估计表达式,即

$$\hat{\beta} = (N^T R^{-1} N)^{-1} N^T R^{-1} Y \tag{5-64}$$

$$\hat{\sigma}^2 = \frac{1}{n}(Y - \beta N)^T R^{-1}(Y - \beta N) \tag{5-65}$$

式中,N 为包含 n 个元素为 1 的列向量;Y 为由响应量组成的向量。

由以上各式可知,参数向量 γ 对 Kriging 模型的结果有较大影响,但是 γ 的值无法得到最优的解析解。因此,考虑使用极大似然估计方法对确定其值,其估计表达式如下:

$$\hat{\gamma} = \arg\max_{\gamma > 0} (-n \ln \hat{\sigma}^2 + \ln |R|) \tag{5-66}$$

通过以上计算过程得出了主要参数的估计值($\hat{\beta}$,$\hat{\sigma}^2$,$\hat{\gamma}$),根据这些参数估计值可以得到未知点的预测表达式,即

$$\hat{y}(x) = f^T(x)\beta + r(x) R^{-1}(Y - N\hat{\beta}) \tag{5-67}$$

式中,$r(x) = \left[R(\hat{\lambda}, x, x_1), R(\hat{\lambda}, x, x_2), \cdots, R(\hat{\lambda}, x, x_n)\right]$,表示未知点与输入量中的已知点之间

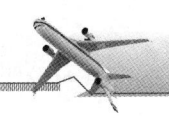

的相关函数矩阵。

此时未知点的预测方差的表达式如下：

$$\hat{\sigma}^2_{\hat{y}(x)} = \sigma^2[1 + \mu^T(N^TR^{-1}N)^{-1}\mu - r^T(x)R^{-1}r(x)] \tag{5-68}$$

式中，$\mu = N^TR^{-1}r(x) - f(x)$。

以上是常见的 Kriging 响应面模型的基本原理。为了进一步提高该模型的精度，可以在 Kriging 模型建立的过程中自动在全局误差最大的范围内插入设计点，然后采用梯度法对该区域中的设计点进行搜索找出最优值，将该值更新到已有的设计点集中，这就是 AR-Kriging（Auto-Refinement Kriging）响应面模型的原理。

可以通过最大绝对误差（RMAE）和均方根误差（RMSE）判断该方法得到的模型质量，当这两项数值处于较低水平时，说明该模型的质量较高。

在解决具有多个优化目标的优化问题时，多目标遗传（MOGA）算法具有很好的适应性，该算法是一种以 Pareto 排序为指导思想的搜索算法，与基于线性加权思想的多目标优化算法有着本质的区别。

MOGA 算法在计算之初会对整个解集空间的元素进行编码，从而生成包含一定数量个体的种群，然后对这个种群中的个体进行搜索，并通过评价函数对每个个体的适应性进行判断，适应性强的个体将有更大的概率成为下一代个体的父代，从而生成新的子代。新的子代个体组成新的种群，由于新的子代继承了适应性较强的父代个体"基因"，所以它们具有更强的适应性，也更容易产生具有更高适应性的子代。因此，MOGA 算法的本质就是对整个解集空间进行一轮又一轮的搜索，以达到找出满足相应要求的种群的目的。

5.3.2 160 t 全预制装配式架桥机金属结构优化分析

1. 模型的参数化处理

通过前文的介绍可知，在构建响应面模型过程中，为使响应面模型具有较高的准确性，需要一定数量的初始数据作为依据。这些初始数据的来源为不同参数条件下的有限元计算结果，对于不同参数条件下的有限元计算结果，可以使用手动变更参数的方式进行计算，即手动变更结构的不同参数，然后进行有限元计算；也可以采用自动更新的方式，即在设置好各参数的变化范围后，程序将自动更新模型并进行后续的有限元计算。显然，使用自动更新模型的方法获取初始数据更加高效，但在使用自动更新模型的方法前必须对原模型进行适当的处理，即需要对模型进行参数化处理。

模型的参数化处理可以通过 SolidWorks 2020 实现，但在后续计算过程中为了增加优化过程的稳定性，需要保持 SolidWorks 2020 处于运行状态，这样会降低计算机的运算速度。

为解决这个问题，使用 SpaceClaim 2020 R2 中的"标尺"工具，对模型进行参数化处理。SpaceClaim 2020 R2 是一个模型处理软件，该软件可以实现模型的建立、缺陷处理甚至可以进行有限元网格的划分。使用 SpaceClaim 2020 R2 建立模型的操作逻辑与其他建模软件不同，该软件中的很多操作只需要通过鼠标的拖拽、旋转、滚动即可完成。

使用 SpaceClaim 2020 R2 进行模型的参数化处理时，可以根据实际情况对一些参数进行分组处理。对参数进行分组可以有效地减少参数的数量，例如，160 t 全预制装配式架桥机的主梁是由多段结构相同的桁架梁拼接而成的，因此在进行参数化处理时将其中相同的部分分组处理并设为一个统一参数。经过 SpaceClaim 2020 R2 参数化处理，选出 10 个参数作为 160 t 全预制装配式架桥机的优化参数。参数化处理结果如图 5-53 所示。

图 5-53　参数化处理结果

2. 确定设计变量

通过对 160 t 全预制装配式架桥机架设墩柱工况的分析，选取以下可能对该架桥机整体性能影响显著的参数：$P1$——主梁上弦杆左腹板厚度、$P2$——主梁上弦杆右腹板厚度、$P3$——主梁上弦杆下底板厚度、$P4$——主梁上弦杆上盖板厚度、$P5$——主梁下弦杆左腹板厚度、$P6$——主梁下弦杆右腹板厚度、$P7$——主梁下弦杆下底板厚度、$P8$——主梁下弦杆上盖板厚度、$P9$——前辅支腿上梁前腹板厚度、$P10$——前辅支腿上梁后腹板厚度。

以上参数是根据 160 t 全预制装配式架桥机架设墩柱工况的分析以及此工况下的静力学计算结果选择的，并不能保证每个参数对 160 t 全预制装配式架桥机整体的工作性能都有显著影响。因此，需要对这些参数进行筛选。

相关性矩阵可以较为直观地表现出各个参数的影响关系，进而达到筛选关键参数的目的。图 5-54 为以上 10 个参数的相关性矩阵，其中的 $P11$、$P12$、$P13$ 分别表示 160 t 全预制装配式架桥机的质量，以及架设墩柱工况下的最大变形量和最大等效应力。

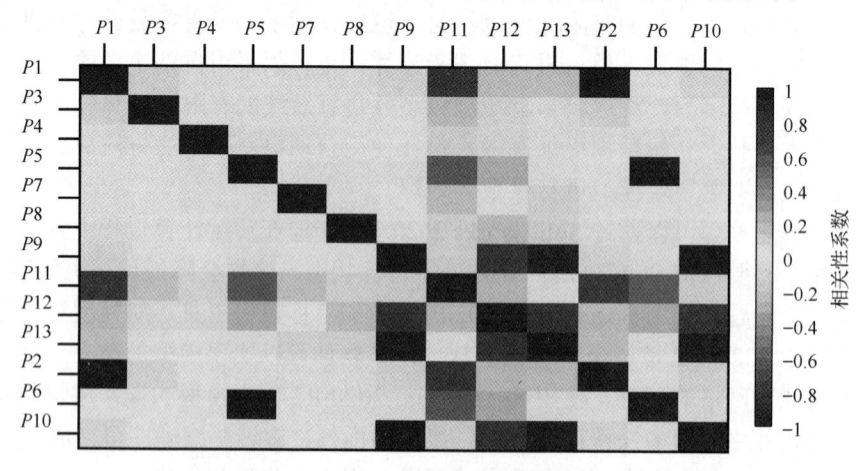

图 5-54　10 个参数的相关性矩阵

根据相关性矩阵的分析规则，若两个参数的相关系数小于 0.2，则可以认为这两个参数没有明显的相关性。图 5-54 中的红色部分表示两个参数符合"正相关"的关系，蓝色的部分表示两个参数符合"负相关"的关系。该图中颜色的深浅程度代表相关性的强弱，颜色越深，该参数组合的相关性越强（请登录华信教育资源网下载本书彩色插图）。根据敏感性分析的方法和相关性矩阵的分析规则，可从相关性矩阵中选出在架设预制箱梁工况下对 160 t 全预制装配式架桥机整体性能影响较大的参数，即 $P1$、$P2$、$P5$、$P6$ 和 $P9$。这 5 个设计量的初始尺寸及其变化范围列在表 5-13 中。

表 5-13　设计变量初始尺寸及其变化范围

设计变量	参数名称	尺寸/mm	下限值/mm	上限值/mm
$P1$	主梁上弦杆左腹板厚度	25	35	45
$P2$	主梁上弦杆右腹板厚度	25	35	45
$P5$	主梁下弦杆左腹板厚度	20	30	40
$P6$	主梁下弦杆右腹板厚度	20	30	40
$P9$	前辅支腿上梁前腹板厚度	40	60	80

3. 确定初始样本点

使用响应面模型进行结构优化时，响应面模型的精度直接影响优化的效果，因此有必要建立拟合优度高的响应面模型。在建立响应面模型时通常需要一定的初始数据作为样本点，样本点的数量越多，建立的响应面模型的精度越高，但是过多的样本点会极大地影响响应面模型的建立速度。因此需要筛选样本点，即根据各个参数的变化范围在设计空间选出最具代表性的样本点。

针对上文已经确定的 5 个设计变量（参数）及其变化范围，通过 MMD 算法在该设计空间筛选样本点，对筛选后的样本点在设计空间的分布情况可以通过图 5-55 所示的参数平行坐标图进行评价。

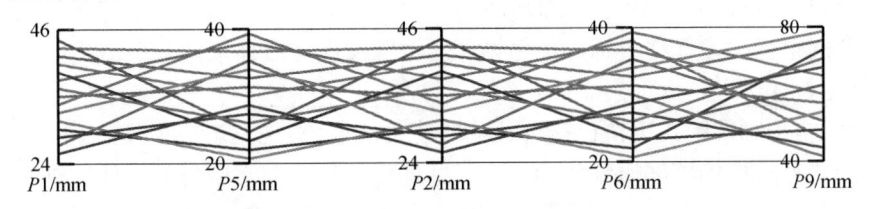

图 5-55　参数平行坐标图

图 5-55 中的每条从左至右的折线代表一个包含一组设计变量（$P1$、$P2$、$P5$、$P6$、$P9$）尺寸信息的样本点，从该参数平行坐标图可以看出，各个样本点基本均匀地充满整个设计空间。说明这些样本点可以充分地反映设计空间的整体情况，所以可以使用此样本点集作为后续建立响应面模型的样本。

4. 建立响应面模型

将筛选的样本点作为初始数据，使用 AR-Kriging 法建立了响应面模型。由于该方法可以充分考虑局部样本数据和整体样本数据，使得拟合的结果在全局上有更强的适应性，因此使用该方法得到的响应面模型精度一般较好。为了充分说明该响应面模型的准确性，可以使用拟合优度图对其进行检验。

拟合优度图可以显示构建响应面模型时所用样本点的值（横轴）和通过响应面预测出的值（纵轴）之间的关系。若构建的响应面模型的质量好，则得到的散点图中的点的分布趋势近似一条直线，并且该直线的斜率为 1；若拟合优度图中的点分布得较为随机，则说明该响应面模型的拟合效果不好，若使用该响应面模型进行后续优化计算，将导致比较大的误差。此时，有必要选择其他试验设计方法及拟合算法重新建立响应面模型，最后得到 160 t 全预制装配式架桥机响应面模型的拟合优度图（见图 5-56）。

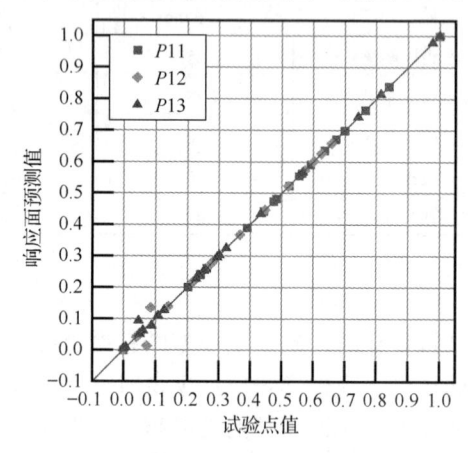

图 5-56 拟合优度图

由 160 t 全预制装配式架桥机响应面模型的拟合优度图可知，通过上述方法建立的响应面模型对 $P11$（质量）、$P12$（最大变形量）、$P13$（最大等效应力）具有较高的拟合优度，因此可以使用这个响应面模型进行后续的优化计算。

在优化设计过程中，确定优化数学表达式是至关重要的一步。在建立优化数学表达式时，最重要的事是确定优化目标、优化设计变量以及优化边界条件。

1）优化目标

若 160 t 全预制装配式架桥机的自身质量过大，则会对地基造成损坏，因此可以将 160 t 全预制装配式架桥机的整体质量作为一个目标优化。根据前文中有限元计算以及已有的样本数据的分析，160 t 全预制装配式架桥机主梁的最大变形量及最大等效应力都比许用值小，所以可以将最大变形量及最大等效应力的最大值作为另一个优化目标。

2）优化设计变量

在优化设计过程中，优化设计变量是整个优化设计的"载体"。若要得到理想的优化结果则需要找到合适的优化设计变量。得到了理想的优化结果之后，还需要对优化设计变量的值进行更新，才能最终实现优化。在前文的相关性分析中已经找出了在架设预制箱梁工况下对 160 t 全预制装配式架桥机整体性能影响显著的参数，将这些参数作为优化设计变量是合理的。

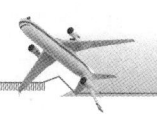

3）优化边界条件

考虑到 160 t 全预制装配式架桥机应满足相应的强度以及刚度要求，将架桥机在架设预制箱梁工况下的最大变形量以及最大等效应力的最大值作为优化目标，将该架桥机所用材料（Q345 钢材）的许用强度与许用刚度作为优化设计的优化边界条件。

4）优化数学表达式

根据以上分析，最终得到的 160 t 全预制装配式架桥机的优化数学表达式如下：

$$\begin{cases} \min M \\ \max D \\ \max E \\ \text{s.t.} \quad D \leqslant [f] \\ \qquad E \leqslant [\sigma] \\ P_{li} \leqslant P_i \leqslant P_{hi}, \, i=1,2,5,6,9 \end{cases} \quad (5\text{-}69)$$

式中，M 为 160 t 全预制装配式架桥机的质量；D 为在当前工况下 160 t 全预制装配式架桥机主梁的最大变形量；E 为在当前工况下 160 t 全预制装配式架桥机的最大等效应力；$[\sigma]$ 为材料的许用强度；$[f]$ 为在当前工况下的许用刚度；P_i 为优化设计变量，其中的 P_{li} 表示变化设计变量的下限值，P_{hi} 表示优化设计变量的上限值。

5. 多目标优化

根据以上的优化数学表达式，可以结合多目标遗传（MOGA 算法）进行 160 t 全预制装配式架桥机结构尺寸的多目标优化。

1）优化求解

根据以上的优化数学表达式并结合 MOGA 算法对 160 t 全预制装配式架桥机的结构尺寸进行搜索，该架桥机的质量搜索结果、最大等效应力搜索结果、最大变形量搜索结果，分别如图 5-57～图 5-59 所示。

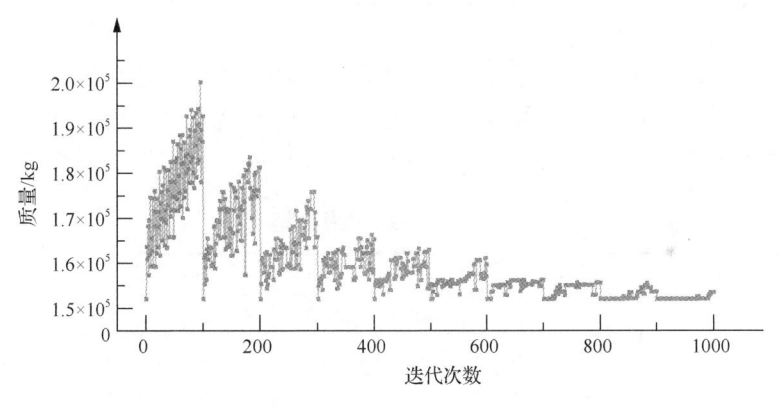

图 5-57　质量搜索结果

2）优化结果分析

在处理多目标优化问题时，由于每个优化目标之间可能是相互"对立"的，所以不会直接生成一个最优解，而是会生成一定数量（可人为设置个数）的候选点。每个候选点能够实现的最终优化结果也是不同的，这需要根据实际情况进行人为选择。

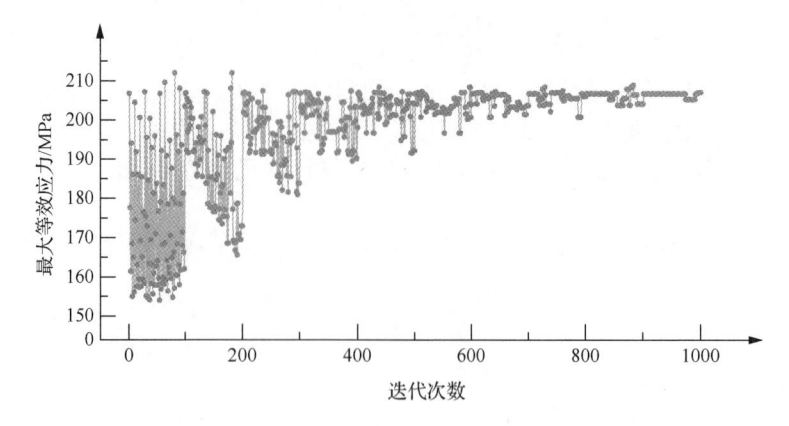

图 5-58 等效应力搜索结果

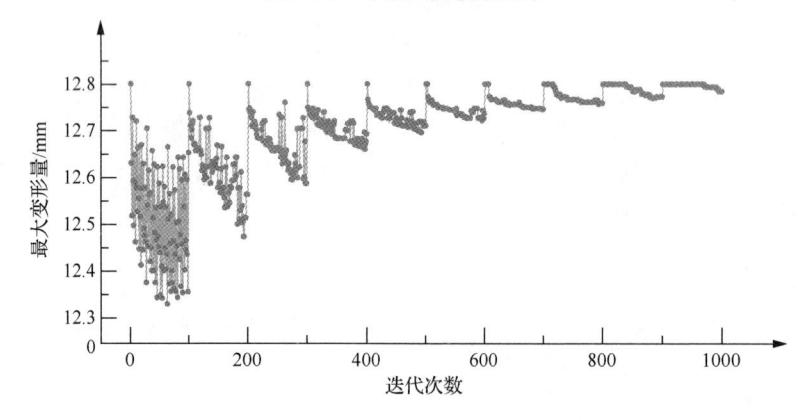

图 5-59 最大变形量搜索结果

对响应面模型进行多目标优化后，得到三组优化结果（此优化结果的组数可以自行设定）。此时得到的三组优化结果是对响应面模型进行优化的结果，并不是对三维模型优化的实际结果，需要对该三组优化结果进行验证。

在验证时，可以人工更新模型的方式，也可以使用"响应面优化"模块中的"验证计算点"功能实现验证。由于模型参数较多且已经进行参数化处理，因此选择所用软件中的自动验证计算点方法对三组优化结果进行验证，验证后的三组优化结果列在表 5-14 中。

表 5-14 多目标优化候选点

候选点	P1/mm	P2/mm	P5/mm	P6/mm	P9/mm	P11/kg 计算值	P11/kg 验证值	P12/mm 计算值	P12/mm 验证值	P13/MPa 计算值	P13/MPa 验证值
1	25	25	20	20	40	152049	152049	12.801	12.801	206.79	206.79
2	25	25	20.5	20.5	40	152548	152548	12.795	12.795	206.709	206.879
3	25	25	21	21	40	153047	153047	12.790	12.795	206.806	206.956

由表 5-14 可知，使用响应面模型经优化计算后得到的值与使用三维模型计算得到的值基本吻合。因此，可以判断该响应面模型的准确性较好，说明使用响应面模型进行结构优化是可行的。

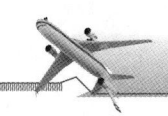

通过比较可知，在以上三组候选点中，候选点 1 的质量更小，最大等效应力更小，最大变形量更大，但是小于相应的许用值。因此，将候选点 1 中的参数作为 160 t 全预制装配式架桥机最优参数。

160 t 全预制装配式架桥机在优化前后的参数对比列在表 5-15 中，经过优化后 160 t 全预制装配式架桥机的质量减少了 14%。

表 5-15　优化前后的参数对比

对比项	$P1$/mm	$P2$/mm	$P5$/mm	$P6$/mm	$P9$/mm	质量/kg	最大变形量/mm	最大等效应力/MPa
原始值	35	35	30	30	60	176871	12.449	166.72
优化值	25	25	20	20	40	152049	12.801	206.79
变化量	10	10	10	10	20	24822	0.352	40.07

第6章 运槽车

6.1 运槽车的有限元静力学分析

运槽车的有限元静力学分析步骤包括运槽车三维有限元模型的建立、赋予运槽车所用材料的属性及单元类型、划分网格、施加边界条件和约束、施加载荷、分析结果、查看分析结果等。图6-1所示为有限元一般分析方法。

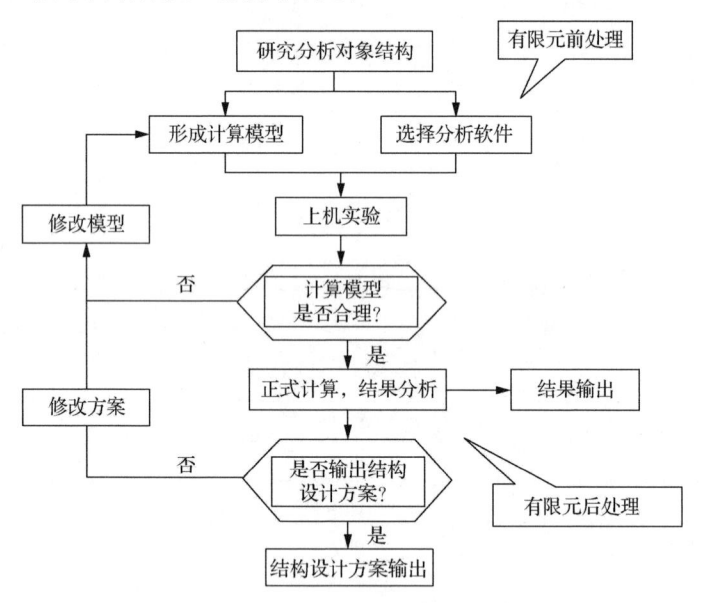

图6-1 有限元一般分析方法

6.1.1 强度和刚度条件的确定

（1）安全系数的确定。
钢结构强度安全系数：$n \geqslant 1.34$
（2）材料强度和刚度条件的确定
运槽车材料的型号、厚度、屈服强度和安全系数见表6-1。

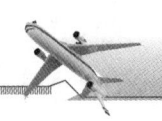

表6-1 运槽车材料的型号、厚度、屈服强度和安全系数

材料型号	厚度/mm	屈服强度 σ_s/MPa	安全系数
Q235	≤16	235	1.34
	16～40	225	
	40～60	215	
Q345	≤16	345	1.34
	16～40	335	

根据材料的结构特点、属性、受力和安全系数，计算不同材料的许用应力，具体计算过程如下：

Q235钢材的许用应力：

$$[\sigma] = \frac{235}{1.34} = 175.4$$

Q345钢材的许用应力：

$$[\sigma] = \frac{345}{1.34} = 257.5$$

材料的强度条件应满足：

$$\sigma_{\max} \leqslant [\sigma]$$

刚度条件（支撑梁的挠度）：

$$Y_L \leqslant \frac{L}{500}$$

其中，L为运槽车各种连接梁的跨度。

各种连接梁的跨度和挠度见表6-2。

表6-2 各种连接梁的跨度和挠度

连接梁名称	跨度/mm	挠度/mm
支撑梁	17700	35.4
上连接梁	6100	12.2
下连接梁	9100	18.2
长下平衡梁	2900	5.8
短下平衡梁	1380	2.76

设计依据与技术规范如下：《钢结构设计规范》（GB/T 50017—2017）和《起重机设计规范》（GB/T 3811—2008）。

6.1.2 运槽车的台车有限元模型

在建模前，要充分了解运槽车的模型结构并对其总体结构进行规划，才能保证在数值模拟分析时用合理有效的方法处理工程实际问题，才能够使建立的有限元模型准确地反映运槽车的动作特征。需要分析运槽车各个连接梁的结构性能。由于运槽车的结构复杂，所建模型尺寸过大,所以用于有限元分析的模型不仅网格划分难度大而且网格数量多,需要对运槽车结构做适当的简化。

由于运槽车是由两辆一样的台车组成的,并且后期这两辆台车在施工过程中的载荷及受力点也完全一样,因此在保证计算结果正确的前提下,简化模型,提高后期网格划分速度,减少计算机的计算量,降低分析计算时间。下面只分析一辆DY1300型台车在各工况下是否满足安全性要求,由于DY1300型台车机构复杂,外形尺寸大,需要对其模型进行合理适当的简化处理。简化模型时应当遵循下面两个原则。

(1)在SolidWorks软件中建立运槽车模型,然后检查运槽车模型结构,确保该模型导入ANSYS Workbench软件后没有出现部件结构错位、重叠、缝隙等问题。部件结构错位会使模型网格划分不成功而出现报警。

(2)去除运槽车模型中的倒角、圆角、小孔等细小特征,删除运槽车模型中的焊接过渡区,还要删除非构架中的关键部位,如螺栓、螺钉、螺帽等零件。

在SolidWorks软件中使用分割命令,对运槽车模型的各个部件进行划分,把各个梁结构划分成尽量规则的结构,以便进行规则的六面体网格划分。根据以上两个原则,将SolidWorks软件中的运槽车模型进行简化并导入ANSYS Workbench,并在"Geometry"模块中使用"Form a new part"功能,使划分后的部件模型成为一个整体,这样后续的网格划分才能共节点。图6-2所示为简化后的运槽车的台车有限元模型。

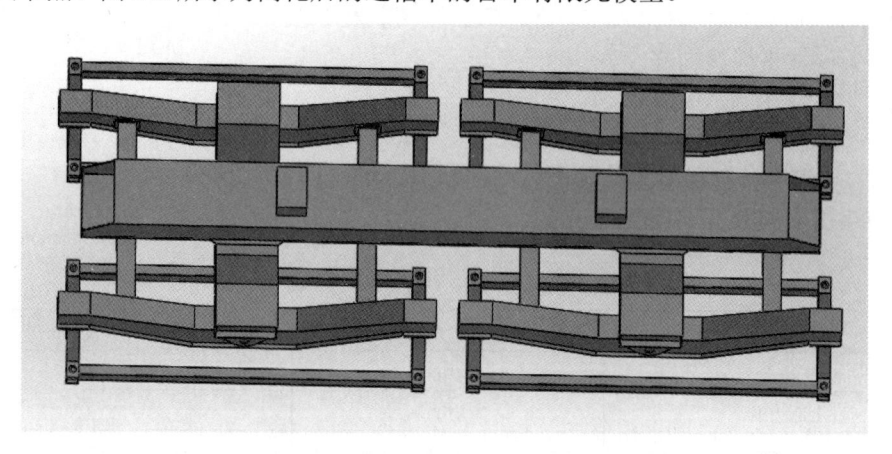

图6-2 简化后的运槽车的台车有限元模型

把台车模型导入ANSYS Workbench,定义模型的材料属性,该软件存储各种结构材料的资料库,基本上可以满足不同属性材料的数据。对于资料库中不存在的材料,可以在工程数据模块中添加需要的材料物理属性。在运槽车静力学分析状态下,需要在ANSYS Workbench中添加运槽车结构中各个连接梁的材料属性、泊松比、密度和杨氏模量,不需要考虑热载荷的影响。DY1300型运槽车各个连接梁的材料都是Q345B钢材,Q345B钢材是高强度的结构用合金钢(含碳量<0.2%),这种钢材的冷冲压性能、低温性能、可切削性能、焊接综合性能都很好,因此广泛应用于车辆、建筑、船舶、压力容器、桥梁等。Q345B钢材的基本力学性能见表6-3。

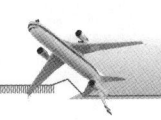

表 6-3 Q345B 钢材的基本力学性能

材料型号	密度/(kg/m^3)	杨氏模量/MPa	泊松比
Q345B	7850	2.06×10^5	0.280

将在 SolidWorks 2020 中建立好的模型导入 ANSYS Workbench 中,由于模型各个零部件的接触方式由 ANSYS Workbench 自动赋予,因此不准确,在完成网格划分后,需要对各个零部件的接触面进行整合处理。可在 ANSYS Workbench 的仿真界面中定义接触方式。ANSYS Workbench 中的主要接触方式及其特点见表 6-4。

表 6-4 ANSYS Workbench 中的主要接触方式及其特点

接触方式	类型	特点
绑定(Boned)	线性	相当于刚接,不允许接触面相对滑移
不分离(No Separation)	线性	在垂直方向接触面不能分离,在平行方向可在小范围内滑移
粗糙(Rough)	非线性	接触面阻力无限大,接触面不会发生滑移
摩擦(Frictional)	非线性	定义摩擦系数,使接触面能够相对滑移
无摩擦(Frictionless)	非线性	接触面光滑,能随意滑移

对于不同问题,采用的接触方式也不同,恰当选取算法能够比较真实地反应工况,使计算结果接近实际值。

受力约束方式:下平衡梁与台车的接触面有固定约束。

零部件约束设置规定如下:

(1)对所有铰座连接处,采用紧固连接方式,即绑定接触。

(2)对支撑梁与上连接梁,采用不分离的接触方式。

(3)对其余连接,都采用紧固连接方式。

运槽车结构的有限元前处理占总分析时间的 45%左右,而且有限元计算精度主要依赖于网格划分的质量。网格划分不合理,不仅使分析结果失真而且会使计算失败,网格划分得越细、形状越规则,计算结果与实际值越接近,并且计算结果容易收敛。但是网格划分得越细,网格单元数量与节点数量越多,计算机进行有限元计算的时间越长。为此需要多次尝试网格划分,找到划分精度与分析时间相适应的设置值。运槽车模型网格划分的好坏将直接影响仿真结果的准确性,所以网格划分是关键步骤。

ANSYS Workbench 有四面体网格和六面体网格,四面体网格的优点是可以在各种模型上生成网格,而且网格逼近型面程度高,但是计算精度低,并且网格单元数量大,计算量也大。六面体网格较容易实现模型壁面处的正交性,因此计算精度比四面体网格高,而且六面体网格的质量比四面体网格好,对于同样网格单元尺寸的六面体网格和四面体网格,六面体网格单元数量比四面体网格单元数量少,有限元计算所需要时间短。

对于运槽车的台车模型来说,虽然各个连接梁不是完全规则的部件,但是可以通过切割功能把不规则的整体分为规则的多个个体,然后在 ANSYS Workbench 中对模型进行六面体网格划分。经过多次尝试,最终确定六面体网格单元尺寸为 50mm,生成的网格节点数 522866个,网格单元为 131485 个。网格划分后的运槽车的台车有限元模型如图 6-3 所示。

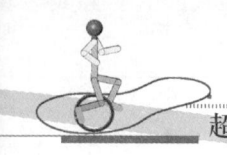

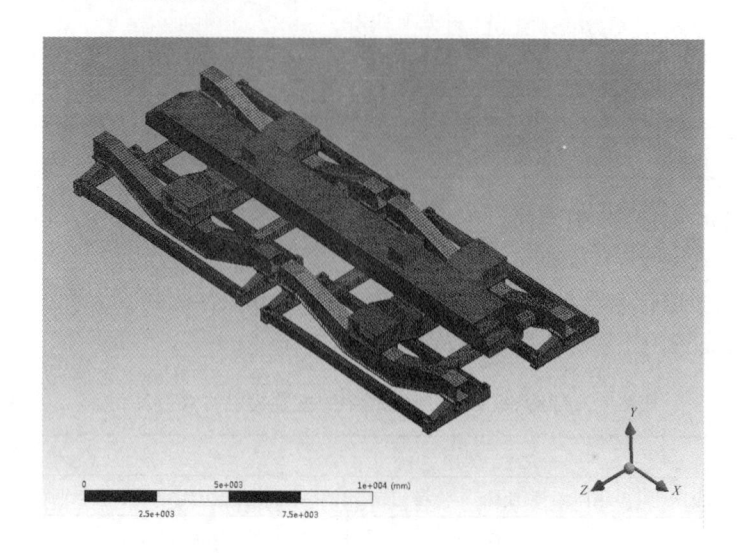

图 6-3　网格划分后的运槽车的台车有限元模型

6.1.3　施加载荷及约束

ANSYS Workbench 中的静力学分析模块提供 4 种约束载荷：第一种是惯性载荷（Inertial），该载荷施加在整个模型上，其大小与物体结构的质量有关，因此在材料属性中需要设置材料的密度，而加速度通过惯性载荷施加在物体结构上。惯性载荷的子菜单中有加速度（Acceleration）、重力加速度（Standard Earth Gravity）、旋转加速度（Rotational Velocity）。第二种是结构载荷，该载荷是指施加在整个系统或单个零部件上的力或力矩，常用的结构载荷有力载荷（Force）、压力载荷（Pressure）、远程载荷（Remote Force）等。第三种是物体结构的约束，它是指用来限制整个系统或零部件在某一区域或方向上的移动或转动约束，也就是限制整个系统或零部件的自由度。常见的约束有固定约束（Fixed Support）、强迫位移（Displacement）、无摩擦约束（Frictionless Support）等。第四种是热载荷，施加热载荷时物体结构中会产生一个温度场，使其模型发生热膨胀或热传导，并在模型中发生热扩散。

运槽车在工作过程中主要承受固定载荷、附加载荷（风载荷、惯性载荷）、驮运载荷。

1. 固定载荷

固定载荷是指运槽车的重力载荷和作用在运槽车结构上的其他重力载荷，如驾驶室和发电机室的重力载荷等，运槽车的重力载荷与重力加速度和质量有关。驾驶室和发电机室产生的重力载荷以集中形式施加在下平衡梁的若干节点上。

$$驾驶室的重力载荷\ G_1=900\times10=9000\text{N}$$
$$发电机室的重力载荷\ G_2=1600\times10=16000\text{N}$$

2. 附加载荷

附加载荷是指运槽车在工作状态下承受外界施加的载荷，包括风载荷、工艺载荷及由环境作用引起的温度载荷、冰雪载荷等。此处暂不考虑工艺载荷、温度载荷、冰雪载荷，只考虑风载荷。

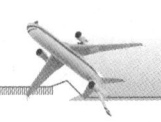

风载荷计算公式如下：

$$P_W = CpA$$

式中，C 为风力系数；p 为计算风压；A 为迎风面积。

风力系数与物体结构的外形、尺寸等有关，根据运槽车的支撑梁、上连接梁、下连接梁、下平衡梁的外形和尺寸，对这 4 个迎风部件的风力系数分别选取 1.4、1.6、1.7、1.8。按运槽车使用手册上的最大许用风压，选取计算风压，运槽车使用手册规定运槽车空载时最大许用风压为 800N/m²，运槽车满载时（例如，运载 1200 t 渡槽）最大许用风压为 250N/m²。迎风面积 A 为风向平行于台车运行轨道方向时运槽车结构的有效面积。下面分析计算运槽车 4 个部件的直接风载荷，对这 4 个部件的间接风载荷忽略不计。主要分析运槽车空载时和满载时运槽车 4 个部件的风载荷，见表 6-5～表 6-6。

表 6-5 空载时运槽车 4 个部件的风载荷

部件名称	支撑梁	下连接梁	上连接梁	下平衡梁
风载荷/N	17920	9448	1440	4752

表 6-6 满载时运槽车 4 个部件的风载荷

部件名称	支撑梁	上连接梁	下连接梁	下平衡梁
风载荷/N	5600	464	2951	1485

3．驮运载荷

运槽车的驮运载荷为一榀渡槽的重力载荷，其质量为 1200 t，由运槽车两个支撑梁上的四个支撑座共同承担其重力载荷，每个支撑座承担的载荷：$G_3 = \dfrac{1200 \times 1000 \times 9.8}{4} = 2940000\text{N}$

受力约束方式：下平衡梁与台车接触面为支撑面，所以此处采用固定约束（Fixed Support），用于限制机构在 X 轴、Y 轴、Z 轴方向的移动和绕各个轴的转动，运槽车空载时和满载时的载荷分布及边界条件约束如图 6-4～图 6-5 所示。

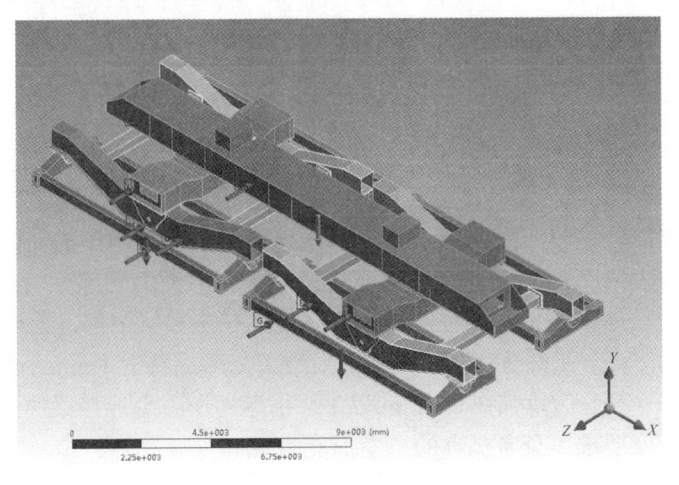

图 6-4 运槽车空载时的载荷分布及边界条件约束

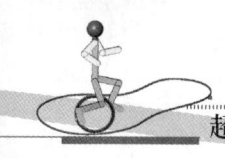

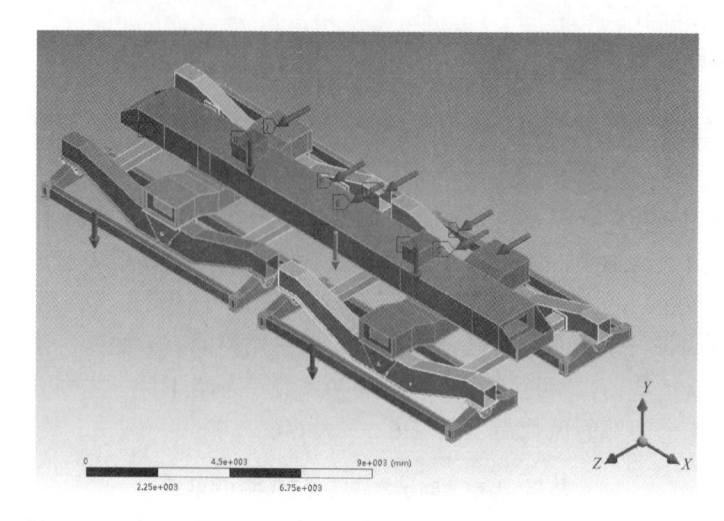

图 6-5　运槽车满载时的载荷分布及边界条件约束

6.1.4　有限元静力学分析结果

还需要考虑运槽车结构的薄弱部位（零件）及变形（挠度）最大的部位，对运槽车的刚度判断选择整体变形（Total Deformation），对运槽车的强度判断选择第四强度理，由第四强度理论可知，导致结构屈服损伤的主要因素是其单元体的均方根剪应力。由于运槽车结构主要使用 Q345B 钢材，由 Q345B 钢材的物理性能可知，塑性变形是主要的破坏方式，因此选择第四强度理论判定运槽车各个梁的静力学性能，选用 Equivalent Stress 等效应力作为判定准则。由于运槽车外形高大，空载时由重力产生的影响不能忽略，因此在进行结构整体分析之前，需要考虑运槽车时的变形情况。

运槽车空载时的等效应力分布如图 6-6 所示，由该图可以看出，其应力分布位置为支撑梁、两个上连接梁的两端、四个下连接梁的两端、前部两个下平衡梁，而前部两个下平衡梁的等效应力（Equivalent Stress）值较小，空载时较大的应力主要分布在上连接梁和下连接梁的中部，以及下平衡梁承载驾驶室和发电机组重力载荷的结构处，最大应力值为 37.49MPa，这些部位是承载力集中处，容易出现应力集中。运槽车支撑梁大部分区域的应力值都很小，不会超过 5.4MPa，仅支撑梁与上连接梁连接区域应力值超过 13MPa。由运槽车结构所用 Q345B 钢材的物理性能可知，Q345B 钢材的屈服强度为 345MPa，对安全系数选取 1.34，该材料的许用应力为 257MPa，则运槽车空载时的等效应力小于许用应力 257MPa。

运槽车空载时的位移分布如图 6-7 所示，由该图可知，运槽车的支撑梁中部变形程度最大，最大变形量达到 1.546 mm，支撑梁是运槽车上直接受力的部分，也是运槽车身结构中较薄弱的部分。运槽车发生弯曲时的最大位移发生在支撑梁中部，上连接梁和支撑梁连接处为间接受力第一处，此部分变形程度较大，最大变形量将近 1 mm，而下连接梁和下平衡梁的变形量很小，其变形量都在 0.5 mm 以下。由运槽车各个连接梁的刚度标准可知，运槽车空载时满足刚度要求，具备优良的抗变形能力。

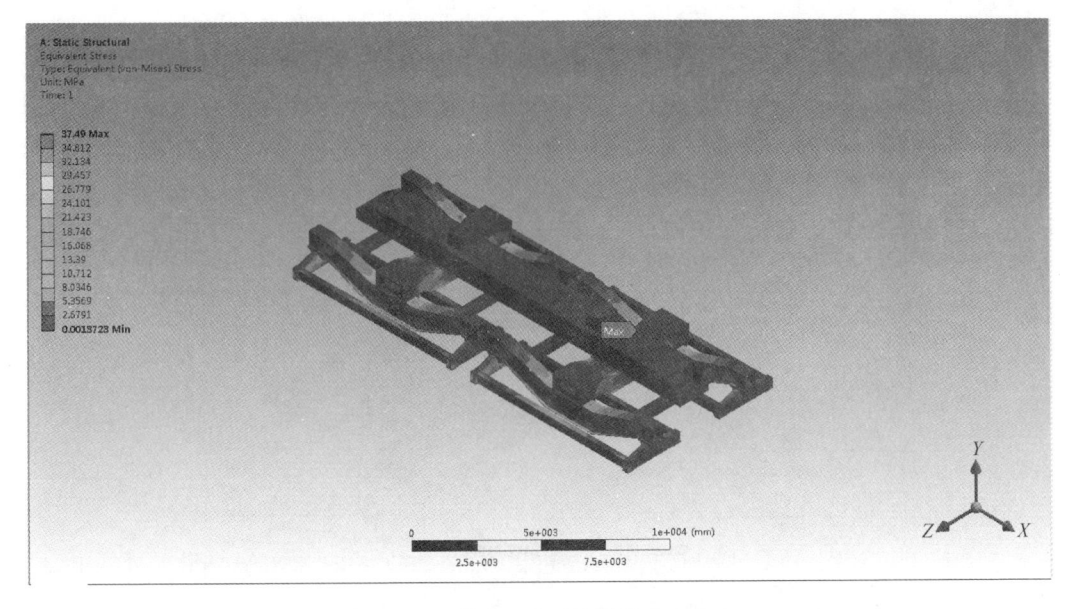

图 6-6 运槽车空载时的等效应力分布

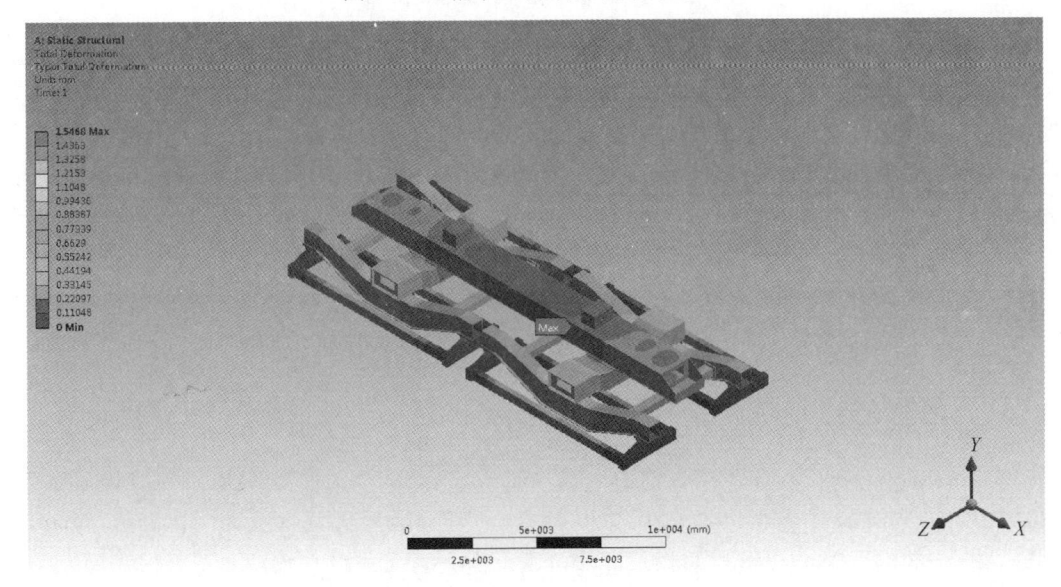

图 6-7 运槽车空载时的位移分布

运槽车满载时的应力分布如图 6-8 所示，由该图可知，运槽车结构应力主要分布在上支撑梁的支撑座、两个上连接梁中部的大部分区域、四个下连接梁中部大部分区域、两个后平衡梁的长梁结构中部的上表面，以及平衡梁中的两个对称元宝梁（短梁）的内表面、两个前平衡梁中的两个对称元宝梁（短梁）的内表面，但是以上区域的等效应力值相对较小，都在 40MPa 以下。应力值最大在上连接梁截面突变处，该处的应力最大值是 90.378MPa，该值小于运槽车所用材料 Q345B 钢材的许用应力 257MPa，因此满足运槽车结构的力学性能。

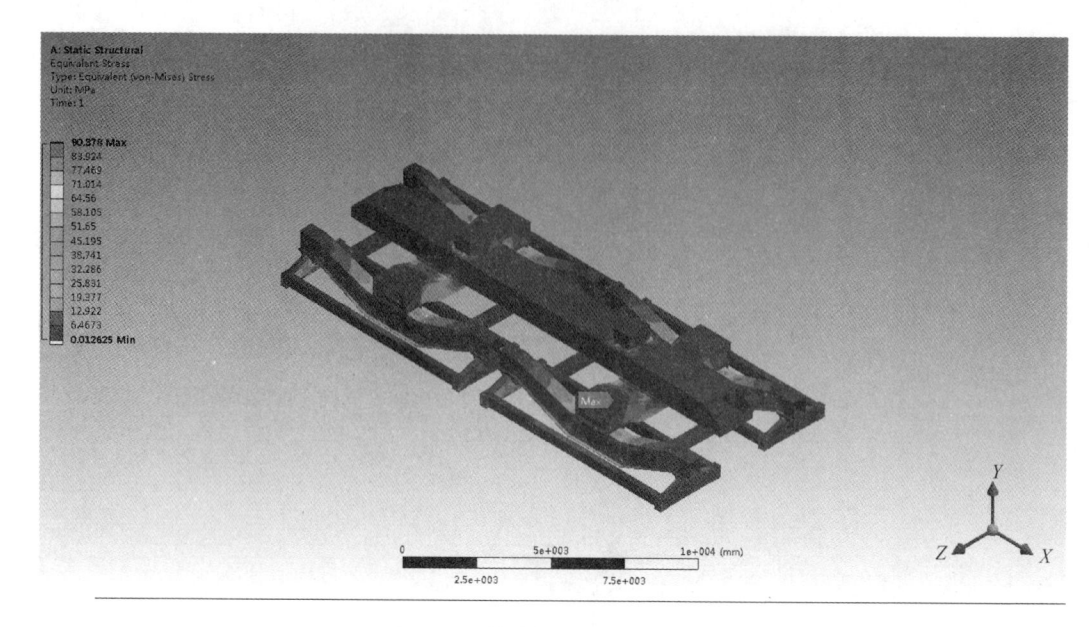

图 6-8 运槽车满载时的应力分布

运槽车满载时的位移分布如图 6-9 所示，由该图可知，满载时运槽车结构最大变形量出现在支撑梁中部，最大变形量是 3.78mm，小于支撑梁的许用挠度（35.4mm），运槽车支撑梁发生大变形是因为支撑梁需要承受渡槽及架桥机的重力载荷。两个上连接梁及下连接梁都有不同程度的变形，其中上连接梁与支撑梁铰接处的变形量较大，下连接梁两端的变形量较小，下连接梁的位移最大值在 2.7mm 以下。因此运槽车满载时具有良好的抗变形能力。

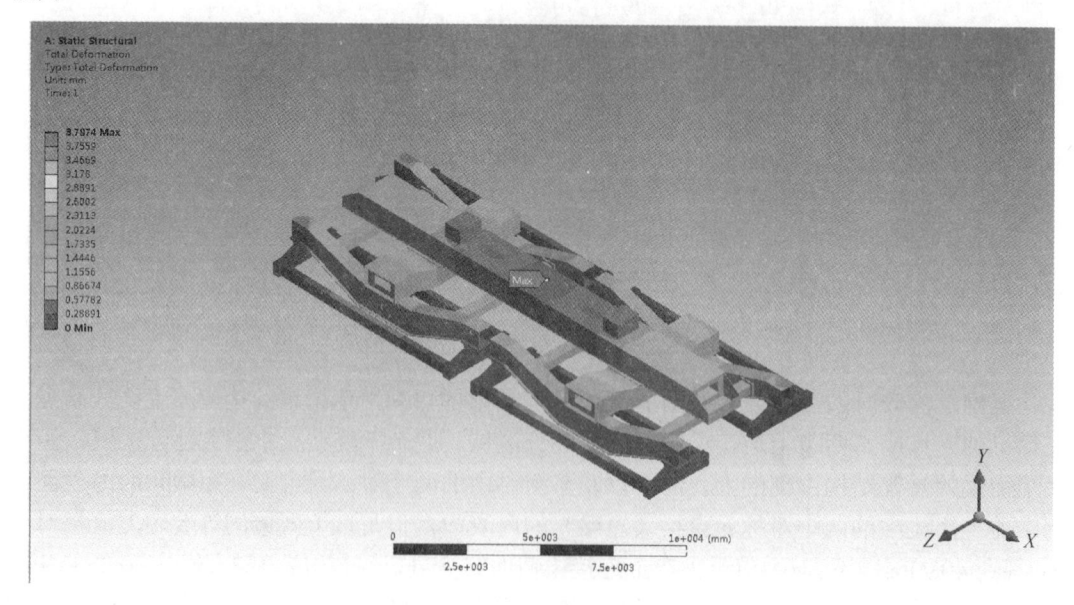

图 6-9 运槽车满载时的位移分布

6.2 运槽车的模态分析

在内部动力系统和外界激励作用的影响下运槽车形成一个由多个振动源组合的振动系统。内部动力系统造成整车振动的起因包括车速不均、传动系统不平衡、电动机振动等多种激励因素，其中车速不均的影响最严重。当内部动力系统的工作频率或外界激励因素的频率与整车固有频率接近时，可能导致整车和零部件共振，共振将造成车架强度降低和疲劳损坏，从而降低使用寿命。在实际工作状态下，通过分析运槽车模态，以避开激励因素的频率，但运槽车结构是由多个零部件组合而成的，也是一个由许多振动源叠加的弹性系统。在运行中若要避免运槽车的某低阶或高阶振动引起共振，则需要防止内部和外界激励引起集中频率作用。为了保证运槽车在使用过程中具有良好的工作性能，在设计其机构时就要明确结构的固有频率和与其相对应的振型。关于整车的固有频率和相对应的振型，可以通过模态分析得到，模态是振动特征最显著的表现形式。

6.2.1 模态分析中各个参数的设置

模态分析支持的几何体有实体、面体和线体等，并且只对线性行为有效，结构中的非线性单元将被忽略。模态分析中可以使用质点，但质点在模态分析中只有质量没有硬度，并不会改变结构的刚度，因此质点的存在会降低结构自由振动的频率。模态分析中必需的材料属性包括杨氏模量、泊松比和密度，因为固有频率与系统的质量分布和刚度分布关系非常密切。

下面使用第 5 章建立的模型进行模态分析，材料分别为 Q235 钢材和 Q345 钢材。

（1）定义接触区域。由于运槽车是由各个零部件组装而成的装配体，各个零部件之间存在接触问题，而模态分析是纯粹的线性行为，所以采用的接触类型与静力学分析有所不同。在模态分析中只有绑定和不分离接触属于线性接触，只须一次迭代，而粗糙、无摩擦与摩擦接触属于非线性接触，需要多次迭代。这里运用绑定接触将各个零部件连接，从而进行模拟分析。

（2）定义网格控制并划分网格。使用六面体网格对模型进行网格划分，网格单元尺寸为 50mm。

（3）施加载荷和边界条件约束。模态分析中不存在结构和热载荷，但在计算有预应力的模态分析时需考虑载荷，因为预应力是由载荷产生的。对于模态分析中的约束，需考虑以下几种情况：一是对于不存在或只存在部分的约束，刚体模态将被检测，这些模态将处于 0Hz 附近。与静力学分析不同，模态分析并不要求禁止刚体运动。二是边界条件对于模态分析很重要，它能影响零部件的固有频率和振型，分析时需要仔细考虑模型是如何被约束的。选择运槽车底部下平衡梁凸台下表面为固定约束（Fixed Support），约束下平衡梁沿空间三轴方向移动和转动。

（4）定义分析类型。分析类型是指在 ANSYS Workbench 中选取 Analysis Systems 中的 Modal 模块。

(5) 设置求解频率选项。提取运槽车结构的前十阶频率进行分析。

(6) 对问题进行求解。模态分析有两种类型，即自由状态下的模态分析和有约束状态下的模态分析，但是一般情况下自由状态在实际工况下不会发生。在有约束状态下，运槽车结构的固有频率和振型会发生改变，施加约束的模态分析能够真实地反映运槽车的振动情况，因此对运槽车的有约束状态进行模态分析。具体约束位置在边界条件设置中已介绍过，这里不再赘述。

6.2.2 运槽车的模态分析

运槽车的结构和载荷是影响其振动特征的两大因素，其中结构因素是指运槽车结构刚度、悬架刚度及阻尼的影响；载荷因素是指运槽车的车轮不平衡引起的激励载荷，以及发动机（如东风康明斯 6BTAA5.9-G2 型发动机）转动导致的简谐振动载荷等。根据有方公司提供的相关资料求出 DY1300 型运槽车在行驶过程中载荷引起的激励频率，具体内容如下：

（1）由运槽车的车轮不平衡引起的激励频率计算公式 $f=v/3.14D$，其中，v 为运槽车的速度；D 为轮胎外径。

运槽车的为 0～24m/min，轮胎外径 D=550mm，由车轮不平衡引起的激励频率为 0～0.232Hz。

（2）东风康明斯 6BTAA5.9-G2 型发动机转动导致的激励频率由经验公式 $f=(n/60)M$ 计算得到，其中 n 为无负载运转速度，即怠速转速，M 为发动机汽缸总数的二分之一。东风康明斯 6BTAA5.9-G2 型发动机的怠速转速为 750～850r/min，M 值为 3，经计算得到的发动机转动导致的激励频率为 4.2～4.72Hz。

以上两种激励频率中的一种作用在运槽车上，都可能对运槽车结构的使用寿命造成一定的影响。如果激振频率与固有频率相同，将会导致共振，造成运槽车产生裂纹，也可能使运槽车断裂。因此，运槽车固有频率要尽量避免与外界激励频率相同。

下面使用 Modal 模块对运槽车机构进行模态分析。由于整个运槽车是对称机构，因此选取运槽车的一半车架结构的有限元模型，求解该结构的前十阶模态，得出其前十阶固有频率并列于表 6-7 中。

表 6-7 运槽车前十阶固有频率

阶　数	频　率/Hz	阶　数	频　率/Hz
1	6.4709	6	11.163
2	7.5737	7	11.184
3	7.665	8	12.213
4	8.412	9	12.365
5	9.7433	10	13.052

由表 6-7 可知，运槽车的前十阶固有频率在 6.4709～13.052Hz 之间波动，即运槽车最大固有频率为 13.052Hz，其最小固有频率为 6.4709Hz，并且其固有频率范围远大于运槽车的车轮不平衡引起的激励频率范围 0～0.232Hz，因此运槽车的车轮不平衡对运槽车的固有频率影响很小，主要是因为运槽车的速度较小。发动机转动引起的激励频率范围 4.2～4.72Hz

与运槽车的固有频率范围也不相同，但是激励频率最大值 4.72Hz 与运槽车一阶固有频率 6.4709Hz 比较接近，可能导致运槽车的车架产生共振。模态分析得到的运槽车前十阶固有频率对应的振型图分别如图 6-10～图 6-19 所示。

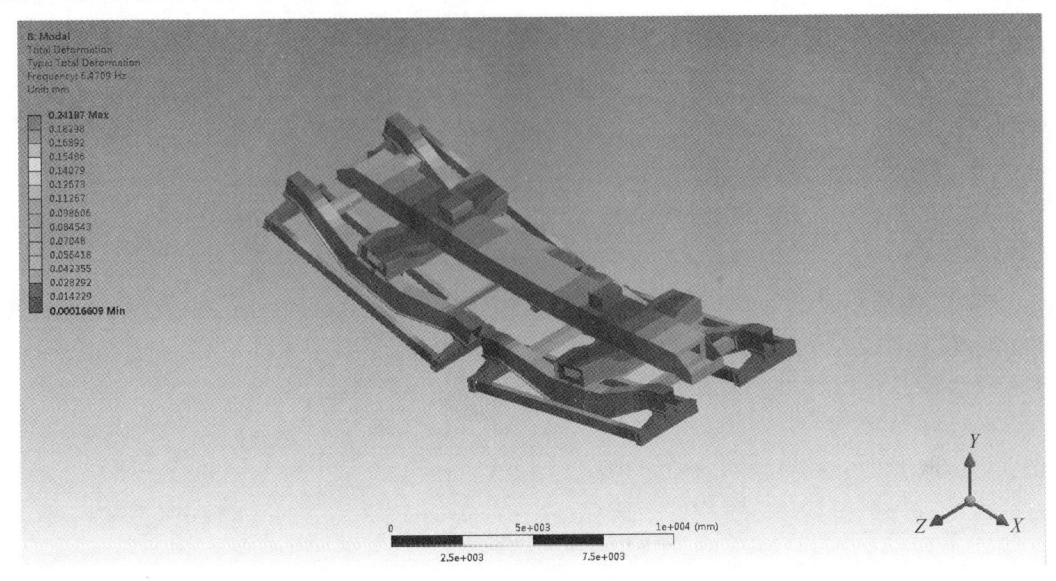

图 6-10　一阶固有频率对应的振型图

下面分析各个振型图：

在图 6-10 中，运槽车的固有频率为 6.4709 Hz，其振型表现为整体绕 Z 轴弯曲，最大振幅在 4 个下平衡梁的两端，并且此时的振幅最大值为 0.24187 mm。

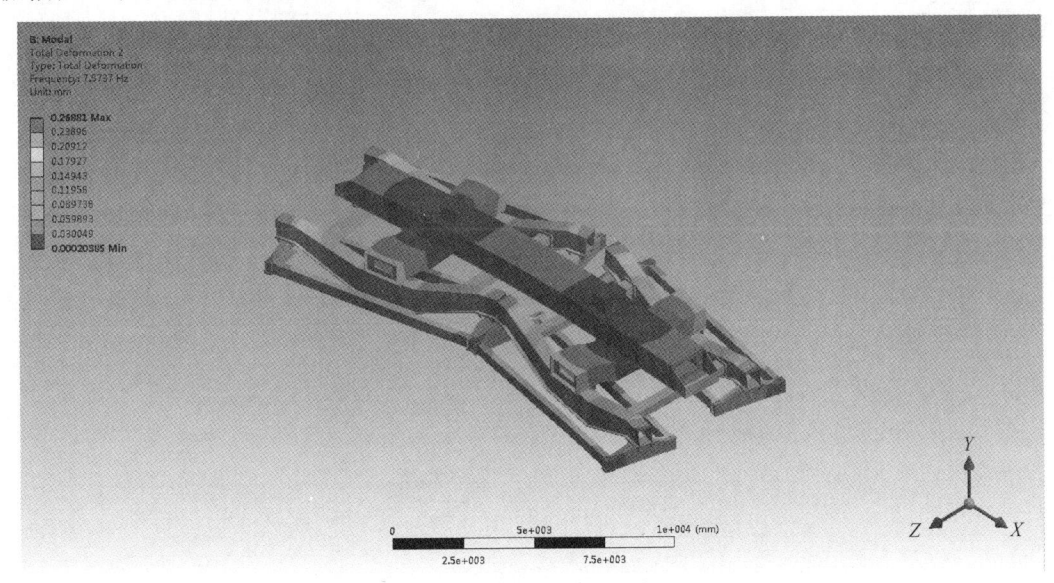

图 6-11　二阶固有频率对应的振型图

在图 6-11 中，运槽车的固有频率为 7.5737 Hz，其振型表现为运槽车扭转振动，运槽车右半部分结构向上扭转振动，左部分结构垂直向下扭转，四个下连接梁的两端面和四个平衡梁长梁与竖梁的连接处振幅最大，其最大值为 0.26881 mm。

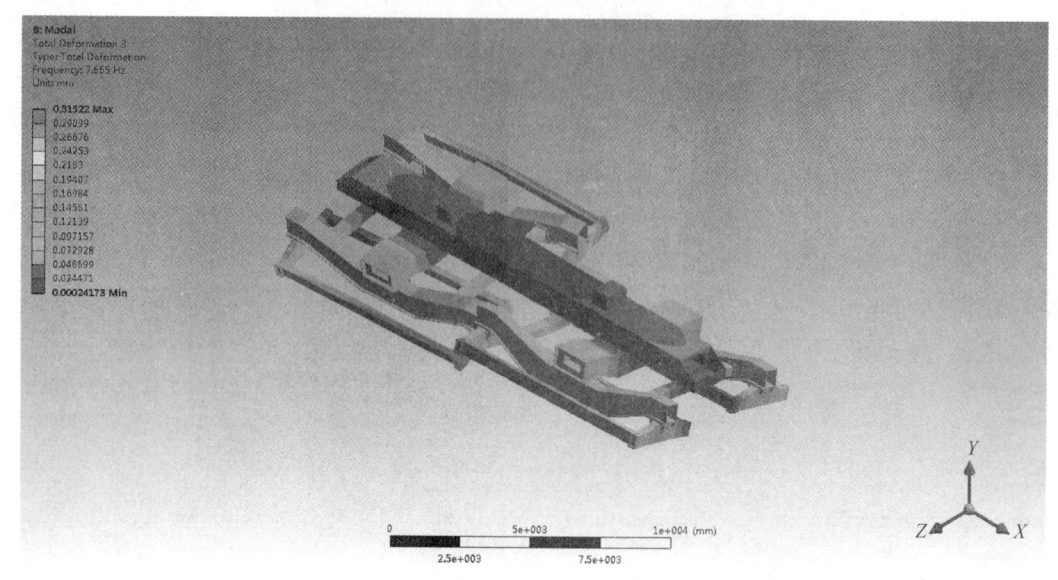

图 6-12　三阶固有频率对应的振型图

在图 6-12 中，运槽车的固有频率为 7.665 Hz。其振型表现为运槽车左右两个对称部分结构上下波动：左半部分结构中的前下平衡梁向下振动，后下平衡梁向上翘起；右半部分结构中的前下平衡梁向上振动，后平衡梁向下振动。最大振幅出现在平衡梁长梁的下表面，其最大值为 0.31522 mm。

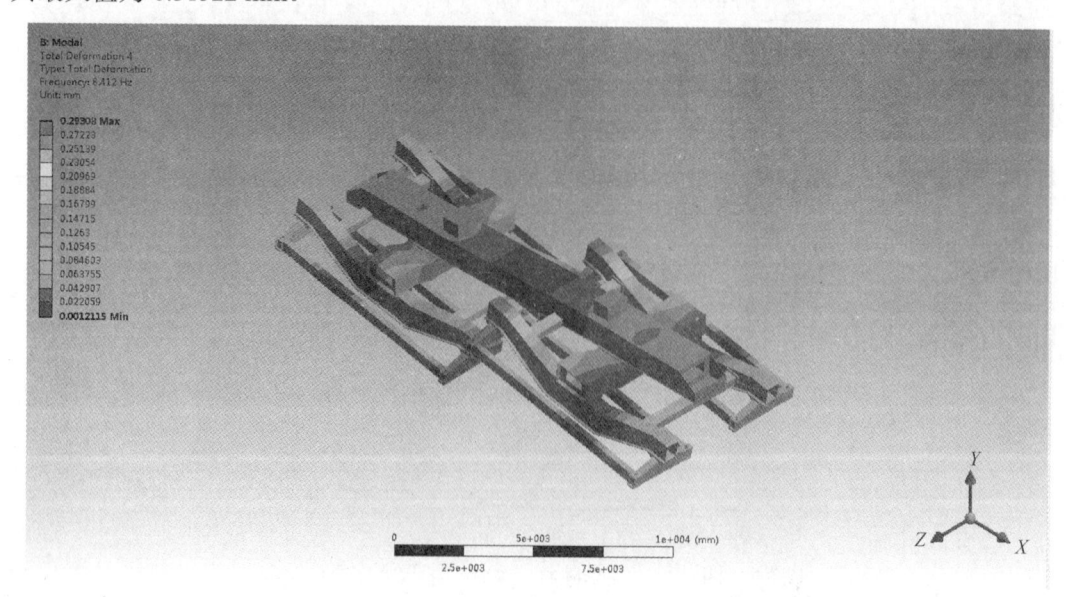

图 6-13　四阶固有频率对应的振型图

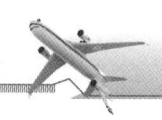

在图 6-13 中，运槽车的固有频率为 8.412 Hz。其振型表现为运槽车单侧摆动，即运槽车左半部分结构整体作侧向摆动，最大振幅出现在左下平衡梁处，此处结构突变，变形量较大，振幅最大值为 0.29308 mm。

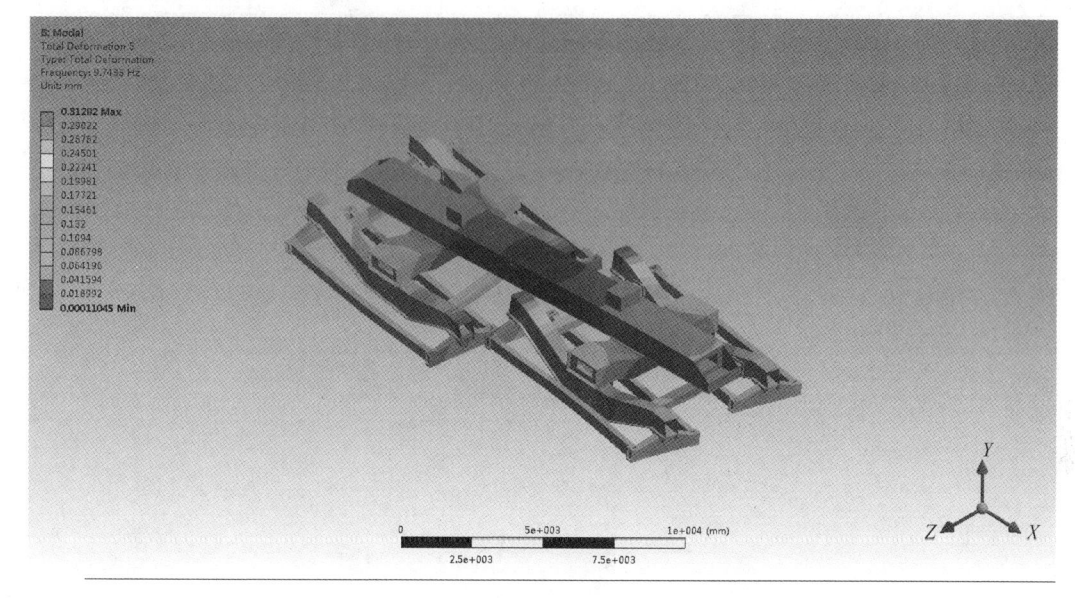

图 6-14 五阶固有频率对应的振型图

在图 6-14 中，运槽车的固有频率为 9.7433 Hz。其振型表现为运槽车的左右两个对称结构在 Y 轴的反方向作上下摆动，导致整个运槽车结构出现微小的扭动，下连接梁相互对应部分的变形量最大，振幅最大值为 0.31282 mm。

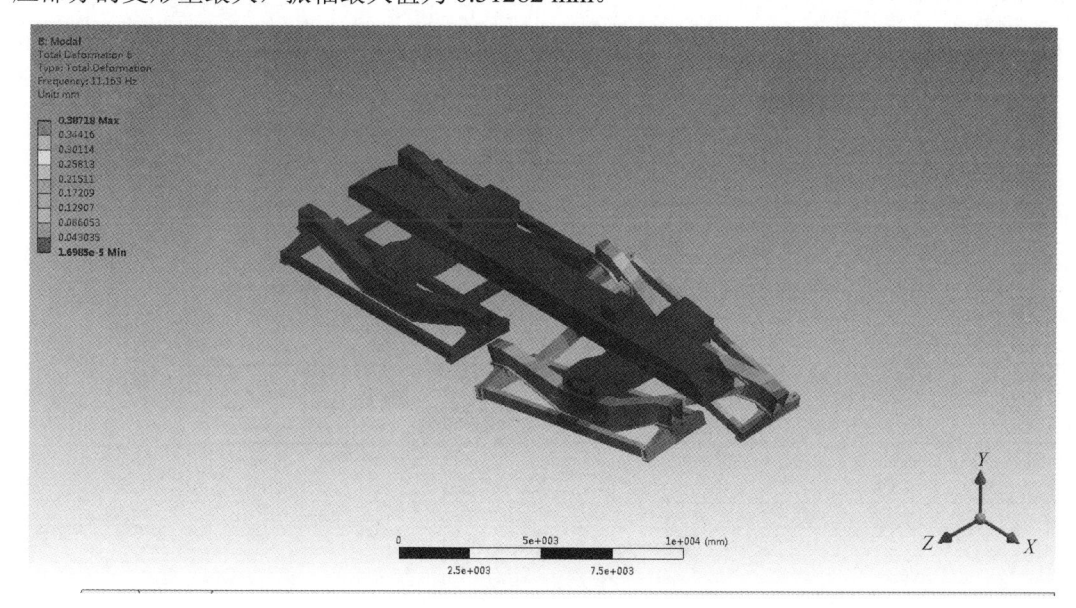

图 6-15 六阶固有频率对应的振型图

在图 6-15 中，运槽车的固有频率为 11.163 Hz。其振型表现为运槽车左半部分结构的前下连接梁、下平衡梁与后下连接梁、平衡梁在斜面内作反方向的上下摆动，下平衡梁与上连接梁铰接处的变形量最大，振幅最大值为 0.38718 mm。

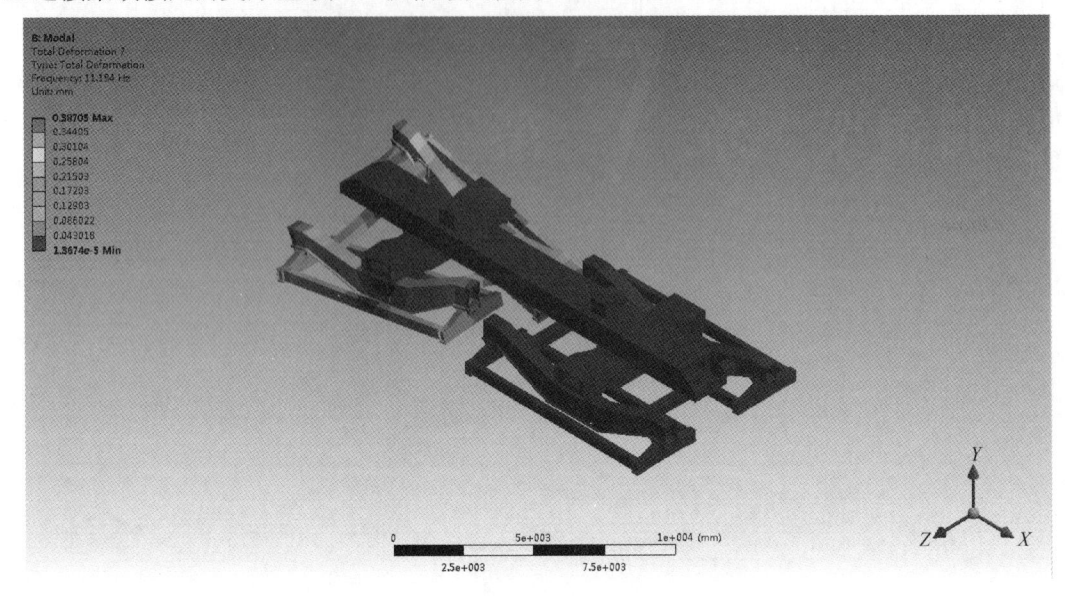

图 6-16　七阶固有频率对应的振型图

在图 6-16 中，运槽车的固有频率为 11.184 Hz。其振型表现为运槽车右半部分结构的前下连接梁、下平衡梁与后下连接梁、平衡梁在斜面内作反方向的上下摆动，下平衡梁与上连接梁铰接处的变形量最大，振幅最大值为 0.38705 mm。

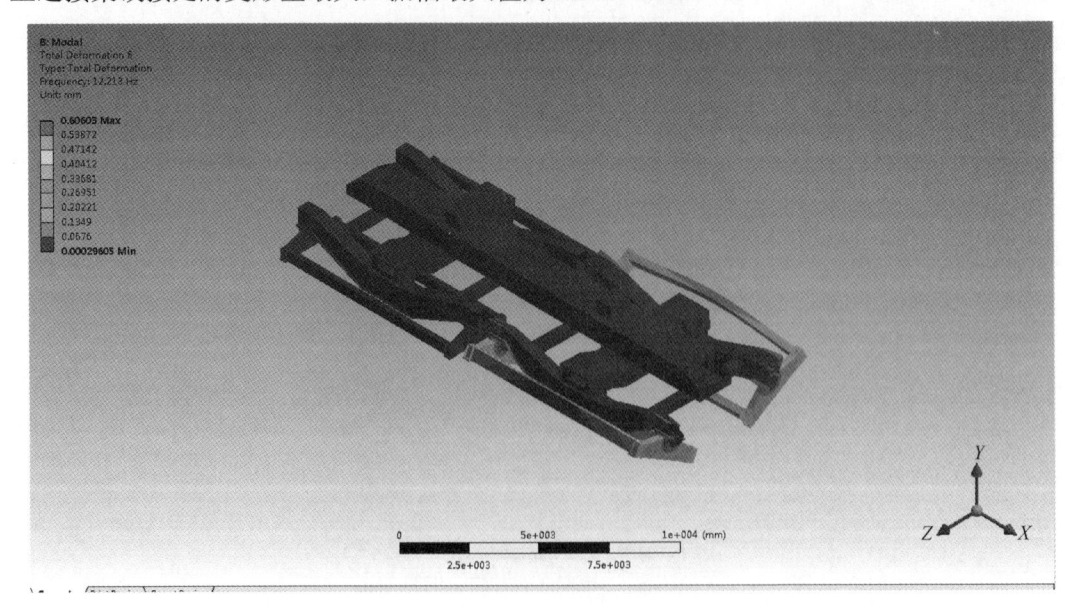

图 6-17　八阶固有频率对应的振型图

在图 6-17 中，运槽车的固有频率为 12.213 Hz。其振型表现为运槽车右半部分结构的下平衡梁在斜面内作对称摆动，振幅最大位置在平衡梁长梁中部，振幅最大值为 0.60603 mm。

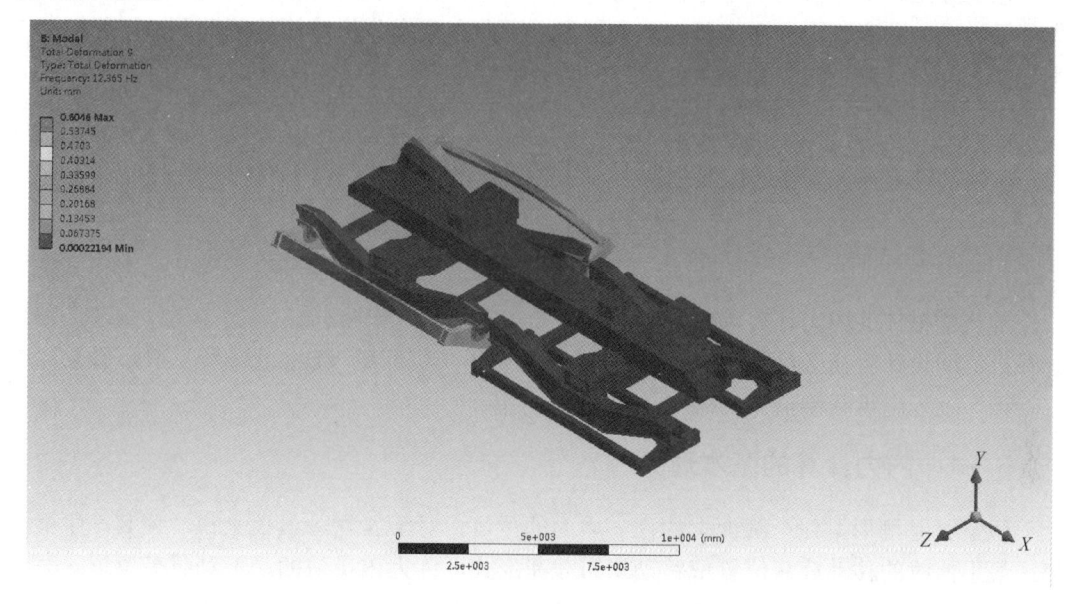

图 6-18　九阶固有频率对应的振型图

在图 6-18 中，运槽车的固有频率为 12.365 Hz。其振型表现为运槽车左半部分结构的下平衡梁在斜面内作对称摆动，振幅最大位置在平衡梁长梁部，振幅最大值为 0.6046 mm。

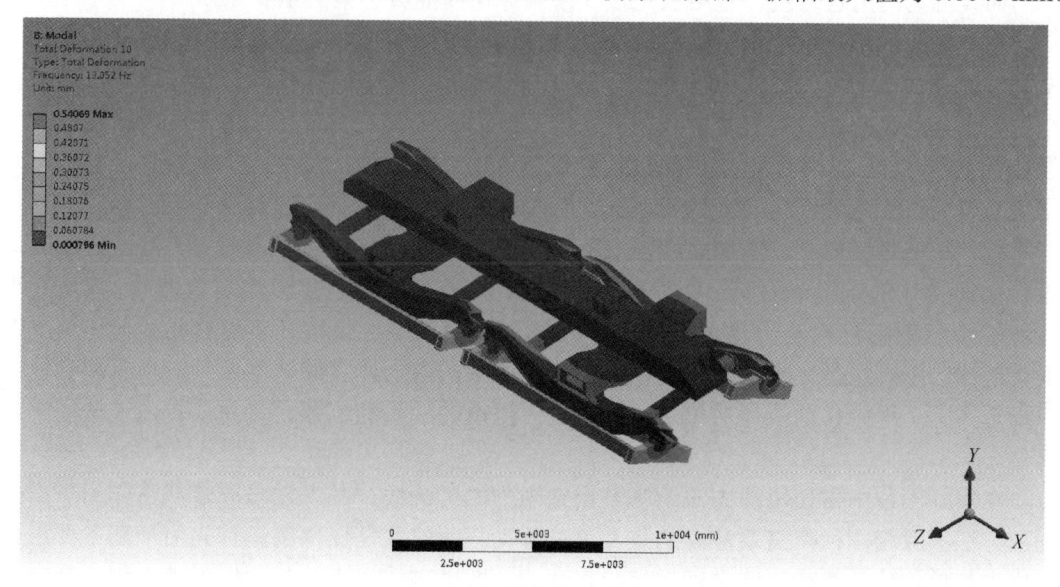

图 6-19　十阶固有频率对应的振型图

在图 6-19 中，运槽车的固有频率为 13.052 Hz。其振型表现为下平衡梁绕 X 轴在斜面内作摆动，振幅最大值位置在平衡梁前后对应的长梁上表面右侧，振幅最大值为 0.54069 mm。

在实际工程中分析运槽车结构动力特性时，不仅要考虑运槽车模态分析结果，还要考虑外界激励的频率范围和激励频率下的振型。因此在模态分析结构的基础上，需严格考虑实际情况，对运槽车的实际激励载荷下的动力特性进行分析。

6.3 "槽上运槽"过程中承载槽槽体的内力计算及程序设计

承载槽槽体的内力计算涉及许多公式，查表或手算十分麻烦。为提高工作效率，使用计算机辅助设计势在必行。在 Windows 操作系统下，可应用 VB 6.0 编程工具，开发"槽上运槽"过程中承载槽槽体的内力计算程序。

6.3.1 内力计算的基本理论

假定 S 是槽形梁任一截面上的任一内力的量值，对于 S 这一量值来说，使其产生最大值或最小值时的移动载荷位置或移动均布载荷形式，称为该量值的最不利载荷位置。对于槽形梁某一截面的内力来说，先确定内力量值对应的最不利载荷位置，槽形梁在移动载荷作用下的计算问题就转化为固定载荷下的计算问题了。把槽形梁各个截面上的内力最大值或最小值称为绝对最大内力或绝对最小内力，把由槽形梁各个截面上的最大内力值依次连成的曲线称为内力包络线，包络线是设计或验算钢筋混凝土梁的重要依据。

在"槽上运槽"过程中承受移动载荷的渡槽简称承载槽，其内力随移动载荷的变化而变化，以承载槽的内力最大值作为设计依据，在实际工程中研究移动载荷作用时，其中一个重要工具是影响线。绘制影响线的方法称为静力法：首先将载荷作用在承载槽槽体的任意位置，同时建立坐标系，用横坐标代表载荷作用点的位置；然后由平衡条件计算出所求量值与载荷位置两者之间的函数表达式，也就是影响线方程；最后根据该方程绘出影响线。影响线方程的定义如下：槽形梁结构中某一量值 S 随竖向单位移动载荷（$F=1$）的作用位置变化而变化的函数表达式，称为该量值的影响线方程（也称影响系数方程）。该方程对应的函数图形称为这一量值的影响线，影响线反映某一量值在单位移动载荷作用下的变化规律。影响线是分析移动载荷作用下槽形梁结构内力计算的基本工具，使用影响线可以确定实际工程中移动载荷对槽形梁结构某一量值的最不利位置，进而计算出该量值的最大值。

在实际工程中常使用静力法绘制某指定内力的影响线，其方法与固定载荷作用下求内力的方法大致相同，但需要注意的是，单位移动载荷位置是变化的。首先由平衡条件创建该内力与单位移动载荷位置之间的函数表达式，即影响线方程，最后根据该方程绘制出影响线。

（1）弯矩影响线。图 6-20 为简支梁受力图，选取截面 K 左边的 AK 梁段作为隔离体，根据单位移动载荷（相当于 $F=1$）是否在 AK 梁段上，分以下两种情况计算弯矩 M_K。

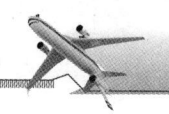

当单位移动载荷 F 作用在 AK 梁段上时，

$$M_K = \frac{1-x}{l} \times a - 1 \times (a-x) = \left(1 - \frac{a}{l}\right)x = \frac{b}{l}x \quad \text{其中，} 0 \leq x \leq a \tag{6-1}$$

当单位移动载荷 F 作用在 KB 梁段上时，

$$M_K = \frac{1-x}{l} \times a = \left(1 - \frac{x}{l}\right)a \quad \text{其中，} a \leq x \leq 1 \tag{6-2}$$

由以上两个公式可知，影响线方程是关于 x 的一次函数，其对应的函数图形是两段直线，即弯矩影响线由两段直线组成。

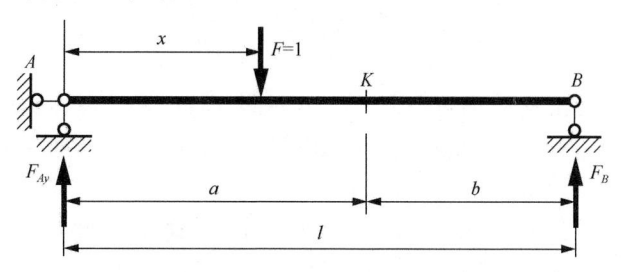

图 6-20 简支梁受力图

（2）剪力影响线。可将 AK 梁段视为简支梁，图 6-21 为简支梁剪力示意图。同样选取 AK 梁段作为隔离体，在图 6-21 中，当单位移动载荷 F 在 AK 梁段上移动时可按以下公式计算 K 端的剪力，即

$$F_{SK} = \frac{1-x}{l} - 1 = -\frac{x}{l} \quad \text{其中，} 0 \leq x < a \tag{6-3}$$

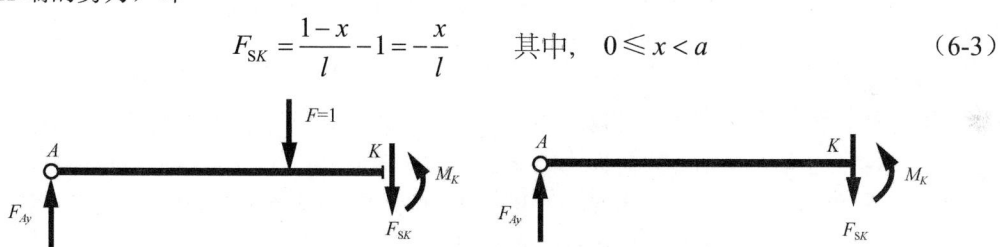

图 6-21 简支梁剪力示意图

当单位移动载荷 F 在截面 K 右边的 KB 梁段上移动时，可用式（6-4）计算 K 端的剪力，即

$$F_{SK} = 1 - \frac{x}{l} \quad \text{其中，} a < x \leq l \tag{6-4}$$

由式（6-3）和式（6-4）可以看出，剪力影响线方程是关于 x 的一次函数，并且 x 的系数相同。由此可知，剪力影响线由两段互相平行的直线段组成，纵坐标在 K 端有一个突变值。

6.3.2 利用影响线求承载槽槽体的内力

假定渡槽结构中某指定量值 S（弯矩、剪力等）的影响线已绘制，则可由叠加原理，使用影响线求出载荷作用在某一位置时的 S 值。

假设有一组平行的竖向集中载荷 $F_1, F_2, \cdots, F_n$ 作用于槽形梁的已知位置（见图 6-22），影响线上与各集中载荷作用点对应位置的竖向坐标分别用 $y_1, y_2, \cdots, y_n$ 表示。由影响线定义

可知，竖向坐标 y_i 对应单位载荷 F 作用于该位置时量值 S 大小。在载荷 F_i 的作用下，对应的量值应为 $F_i y_i$，由叠加原理得

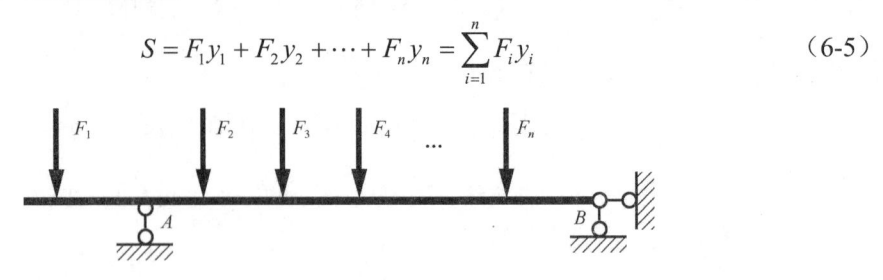

$$S = F_1 y_1 + F_2 y_2 + \cdots + F_n y_n = \sum_{i=1}^{n} F_i y_i \tag{6-5}$$

图 6-22 集中载荷分布图

当有两个大小不等的移动集中载荷 F_1、F_2（设 $F_1 > F_2$）组成行列载荷并能前后调换位置时，最不利载荷位置则是其中数值较大载荷作用于影响线最大竖向坐标处，同时把另一个载荷作用于影响线坡度较缓的一边。如果两个载荷的位置不能前后调换，就需要计算两个载荷分别在影响线顶点时的量值 S，比较大小后才能确定。如果行列中大小不等的移动集中载荷个数较多时，那么由最不利载荷位置的定义确定量值 S，当载荷移动到此位置时，量值 S 取最大值，载荷从该位置向右或向左稍微移动，量值 S 都将减少。量值 S 的最大值就是所有可能产生的极值中的最大者，最大值将出现在 $\Delta S / \Delta x$ 尖角处（正负号改变处），并且无论行列载荷向左还是向右移动，量值 S 的增量都小于或等于零，即 $\Delta S \leqslant 0$。

$$\Delta S = \sum_{i=1}^{n} F_i \Delta y_i = \sum_{i=1}^{n} F_i \tan \alpha_i \Delta x = \Delta x \sum_{i=1}^{n} F_i \tan \alpha_i \tag{6-6}$$

使 $\Delta S / \Delta x$ 改变正负号的载荷称为临界载荷 F_{cr}，该载荷位于影响线顶点时的行列载荷的位置称为临界载荷位置。

如果影响线是三角形，那么 F_{cr} 位于影响线顶点上。若行列载荷向右移动 Δx 时（设 Δx 向右移动时为正），F_{cr} 也将移动到影响线顶点之右。相应的影响线纵坐标改变量为

$$\begin{aligned}\Delta S &= \sum F_{左} \Delta x \tan \alpha_1 - (F_{cr} + \sum F_{右}) \Delta x \tan \alpha_2 \\ &= \Delta x \left[\sum F_{左} \tan \alpha_1 - (F_{cr} + \sum F_{右}) \tan \alpha_2 \right] \\ &\leqslant 0 \end{aligned} \tag{6-7}$$

因为 $\Delta x > 0$，所以 $\left[\sum F_{左} \tan \alpha_1 - (F_{cr} + \sum F_{右}) \tan \alpha_2 \right] \leqslant 0$，当行列载荷向左移动（$\Delta x$ 取负值）时，则 $\left[\sum F_{左} \tan \alpha_1 - (F_{cr} + \sum F_{右}) \tan \alpha_2 \right] \geqslant 0$，由此确定临界载荷的位置。

6.3.3 承载槽槽体的内力计算程序设计

VB 6.0 是基于 Visual Basic 编程语言的一种编程软件，在国内作为一种编译程序极受欢迎。

1. 部分程序内容及程序流程图

计算最大弯矩的程序如下：

```
Private Sub Button1_Click (ByVal sender As System.Object, ByVal e As
```

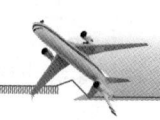

```vb
System.EventArgs)Handles Button1.Click
    Dim n As Integer
    Dim S As Single
    Dim L0 As Single
    Dim yn As Integer
    Dim MxMax As Single (定义变量)
    P = TextBox1.Text
    S = TextBox2.Text
    L0 = TextBox3.Text
    n = TextBox4.Text (定义程序中各文本框的输入值)
    yn = Int(L0 / 2 / S)* 2 + 1
    ReDim Mx(yn - 1)
    MxMax = L0 / 4
    For i As Integer = 0 To (yn - 1)/ 2 - 1
    Mx(i)= ((L0 - (yn - 1)* S)/ 2 + i * S)/ (L0 / 2)* MxMax
    Next
    Mx((yn - 1)/ 2)= MxMax
    For i As Integer = (yn - 1)/ 2 To yn - 1
    Mx(i)= Mx(yn - 1 - i)
    Next
    ReDim M(n - 1 + yn)
    For i As Integer = 0 To yn - 1
    M(i)= 0
    For j As Integer = i To Math.Max(0, i - (n - 1))Step -1
    M(i)= Mx(j)* P + M(i)
    Next
    Next
    For i As Integer = 1 To n
    M(i + yn - 1)= 0
    If n >= i Then
    For j As Integer = yn - 1 To (Math.Max(yn - n + i, 0))Step -1
    M(i + yn - 1)= M(i + yn - 1)+ Mx(j)* P
    Next
    End If
    Next
    Dim tmpm As Single
    Dim LacN As Integer
    LacN = 0
    tmpm = M(0)
    For i As Integer = 0 To yn + n - 1
    If M(i)> tmpm Then
    tmpm = M(i)
    LacN = i
    End If
    Next
    MsgBox(跨中弯矩最大值为" & M(LacN).To String & " kN.m",,"跨中弯矩最大值")
    End Sub(程序结束)
```

计算跨中弯矩最大值的程序流程图如图 6-23 所示。

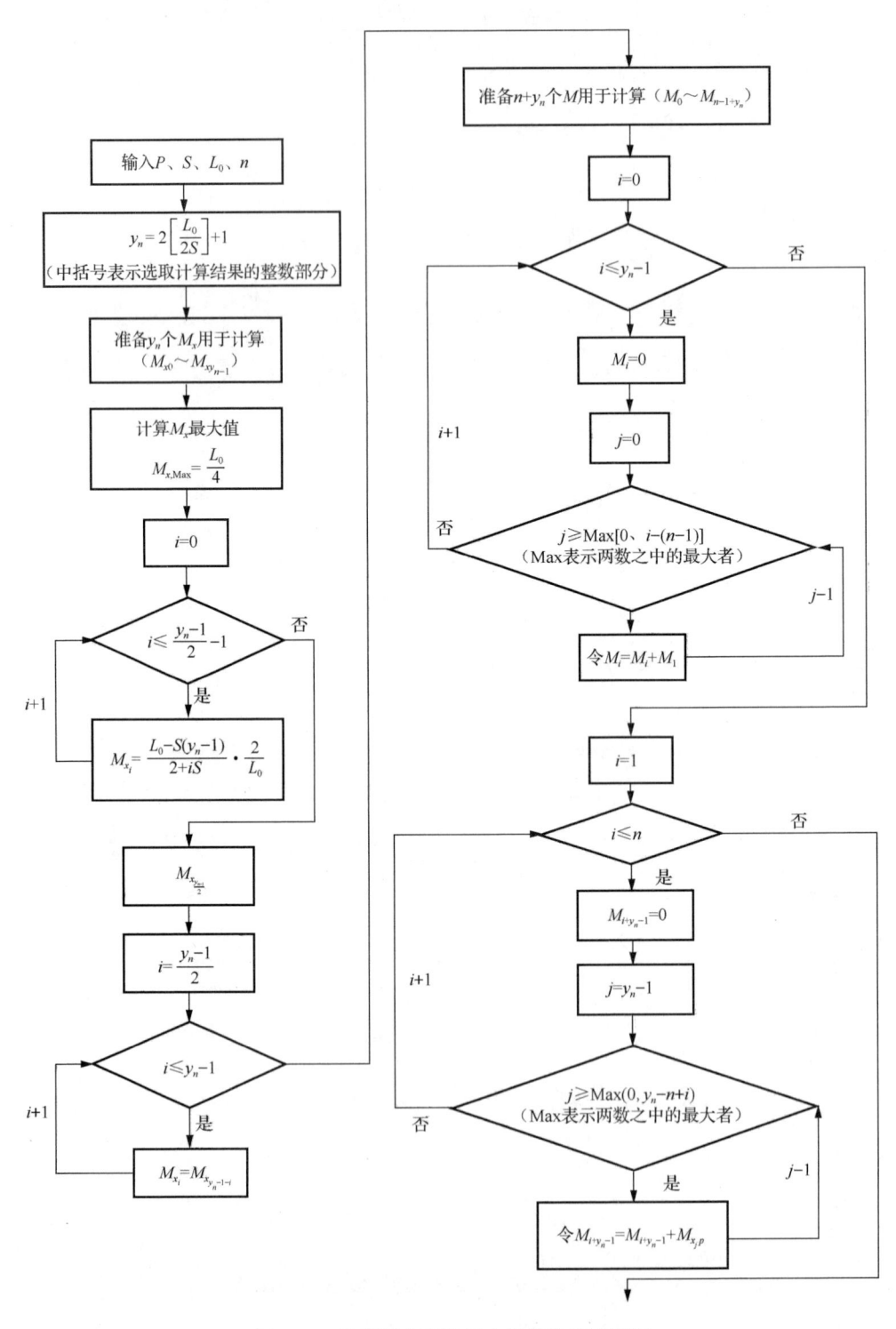

图 6-23　计算跨中弯矩最大值的程序流程图

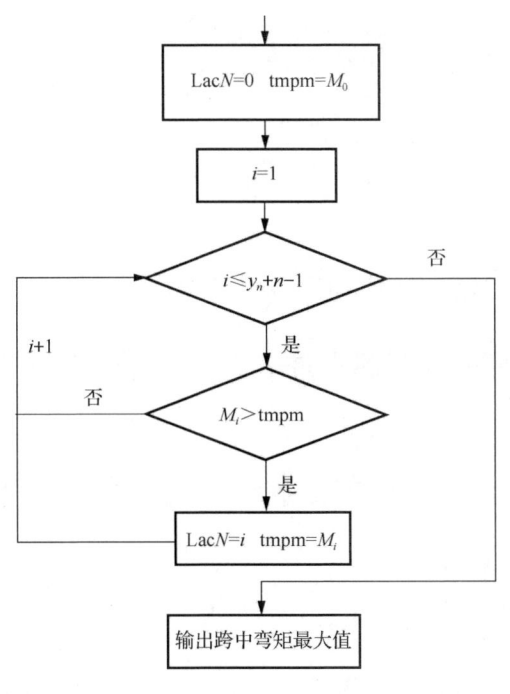

图 6-23　计算跨中弯矩最大值的程序流程图（续）

2. 程序操作及相关界面显示

上述程序用于计算 U 形渡槽运槽车槽顶行走时，承载槽跨中弯矩最大值和端部剪力最大值。程序操作及相关界面显示如下：

双击"U 形渡槽运槽车槽顶行走内力计算程序"图标，弹出该程序主界面，如图 6-24 所示，输入用于计算跨中弯矩最大值、端部剪力最大值的参数，包括单个集中载荷 P 的设计值（单位为 kN）、相邻集中载荷间距 S（单位为 m）、简支梁计算长度 L_0（单位为 m）、集中载荷个数 N，输入 4 个参数值，如图 6-25 所示。输入完毕，单击"跨中弯矩最大值"按钮，弹出跨中弯矩最大值计算结果界面。若需修改参数值或返回主界面，则单击"确定"按钮（见图 6-26）。单击"端部剪力最大值"按钮，则弹出端部剪力最大值计算结果界面。若需修改参数值或返回主界面，则单击"确定"按钮（见图 6-27）。

图 6-24　U 形渡槽运槽车槽顶行走内力计算程序主界面

图 6-25　输入 4 个参数值

图 6-26　跨中弯矩最大值计算结果界面

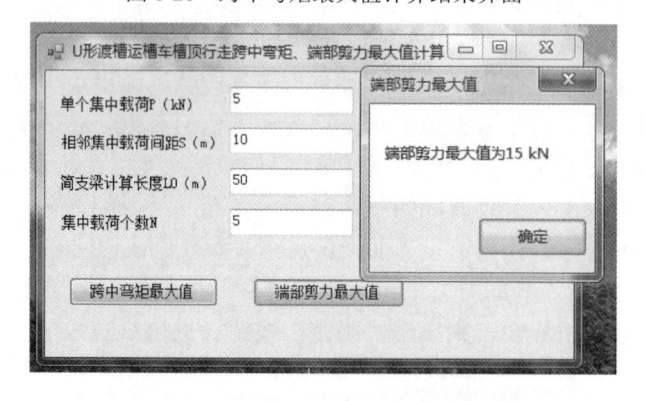

图 6-27　端部剪力最大值计算结果界面

6.4　"槽上运槽"过程中承载槽槽体的有限元计算

在南水北调中线沙河架设的预制渡槽单榀体形巨大,单榀渡槽的质量约为 1200 t,是国内最重的预制渡槽。架设时采取"槽上运槽"方式,对预制渡槽的质量及架设操作都提出更高的要求,在后期运行过程中已架设好的渡槽将长期承载约 1450 t 的质量。因此,对预制混凝土的耐久性和稳定性要求极其严格,需要分析运槽过程中承载槽的安全可靠性。

6.4.1　U 形渡槽模型建立的基本假设及方法

U 形渡槽的受力状态呈显著的空间特点，因此仅用一般的结构平面或杆系分析不能准确地表示 U 形渡槽结构的应力状态，需要使用三维实体单元分析其结构。U 形渡槽三维模型的建立需要以其结构实际尺寸、材料性质、载荷形式等为依据，而且要尽量真实地反应结构原型，以此为基础进行模型分析，才可能得到准确、可靠的分析结果。根据 U 形渡槽在各种工况载荷下的应力、应变状态，认为弹性理论是实用的，可将 U 形渡槽看作一个弹性体求解。其基本假设如下：

（1）U 形渡槽具有连续性。U 形渡槽是连续性的介质，而且在其变形中仍保持连续性。U 形渡槽的骨架、钢筋（包括预应力钢筋和普通钢筋等）等组件的尺寸要远远小于其外形尺寸，为此，使用宏观性测得的混凝土物理特性，即可以用数学上的连续函数赋予 U 形渡槽的物理量及其物理特性。

（2）U 形渡槽为弹性体。U 形渡槽为弹性体的假设是指该渡槽的变形和载荷在加载及卸载过程中保持一一对应的线性函数关系，并且在卸载后，U 形渡槽的变形也完全消失。

ANSYS Workbench 包含 7 大类 200 多种单元，如电磁单元、流体单元、结构单元等。在结构分析中常使用结构单元，结构单元又分为很多类型，不同类型有不同特性，用于分析不同问题。根据 U 形渡槽的结构力学特性，需创建其三维模型。建立混凝土模型时，选择 SOLID65 单元。此单元也称为 3D 加筋混凝土单元，适用于模拟加筋或无筋的结构。SOLID65 单元由 8 个节点组成，每个节点上都有 3 个自由度，分别沿三个坐标轴移动。

ANSYS Workbench 中的预应力钢筋建模方式包括分离式和整体式两种。分离式是指把混凝土和预应力钢筋分开考虑，模拟混凝土和预应力钢筋两种材料之间连接及滑移的方式有两种：一种是直接连接这两种单元，另一种是设置一种模拟黏结力连接单元。无论采用哪种方式，两者的刚度矩阵都是分开计算求解的，根据钢筋和混凝土力学特性选择不同的单元。例如，采用实体力筋法建立三维模型，用 SOLID65 单元模拟混凝土，用 LINK8 单元模拟预应力钢筋。

若结构分析区域大，则很难将混凝土和预应力钢筋分开建模划分单元，但只需分析结构在外载荷下的总体位移、应力分布等情况，此时采用整体式建模。在使用整体式建立的模型中，预应力钢筋均匀地弥散在整个混凝土模型中，并把混凝土模型看作具有连续均匀性的模型。对于预应力钢筋对结构的作用，可以通过调整模型材料的整体力学特性进行分析。例如，调整模型材料的弹性模量和屈服强度等参数。

分离式建模和整体式建模各有优缺点：分离式建模复杂，但应力钢筋在混凝土结构中的位置准确，如果预应力钢筋线复杂，就不易建模；整体式建模简便，无须考虑预应力钢筋在混凝土中的具体位置，可以直接建模，划分网格比分离更加简便，结构在预应力钢筋下的整体状态效应容易求出。但是在使用整体式建立的模型中很难分析预应力钢筋对混凝土细部的受力情况，对于横向、环向、纵向复杂的预应力，等效处理困难。

把由弹性模量不同的混凝土及其中的钢筋组成的实际截面，换算成一种抗拉等力学性能一样的均质截面。也就是说，把混凝土中的钢筋换算成既可以受拉也可以受压的假想混凝土。假想混凝土和钢筋的变形一样，即 $\varepsilon_e = \varepsilon_s$，具体换算公式如下：

$$\sigma_e = E_e\varepsilon_e = E_e\frac{\sigma_s}{E_s} = \frac{\sigma_s}{\dfrac{E_s}{E_e}} = \frac{\sigma_s}{n} \tag{6-8}$$

由于受力大小不变，因此下式成立：

$$A_e\sigma_e = A_s\sigma_s = A_s n\sigma_e$$

$$A_e = nA_s$$

式中，A_e 为假想混凝土面积；σ_e 为假想混凝土应力；A_s 为普通钢筋截面积；σ_s 为普通钢筋应力。

其中，

$$n = \frac{E_s}{E_e}$$

由于普通钢筋在混凝土中主要起骨架的作用，而对混凝土在工况下的应力和应变没有太大的作用，并且普通钢筋的截面积和 U 形渡槽的截面积相比小得多，因此，为了建模简便，在模型中不考虑普通钢筋的作用。

6.4.2 U 形渡槽三维模型的建立

U 形渡槽是一种空间复杂的结构，为准确地得出 U 形渡槽在各种工况下的应力及应变状态，使用分离式建模，并且假设预应力钢筋和混凝土结构连接良好，所以无须模拟两者的相对滑移情况。

U 形渡槽主要作为南水北调中线的沙河梁式渡槽，预制箱梁式渡槽混凝土方量约为 1.05×10^5 m³，由 228 榀预制箱梁式渡槽组成。单榀渡槽的跨度为 30m，选用等级代号为 C50F200W8 的混凝土，混凝土方量为 461 m³；该渡槽上部槽身为 U 形结构，槽体布置形式为两联四槽，四槽槽身相互独立。单榀渡槽的长度为 29.96 m，高度为 9.2 m，宽度为 9.3 m；安装的普通钢筋总质量为 65 t，安装的预应力钢筋总质量为 15.8 t；U 形渡槽直径为 8 m，壁厚为 35 cm，局部槽壁加厚至 90 cm。U 形渡槽的三维模型如图 6-28 所示。在槽顶间隔 2.5 m 设置 0.5 m×0.5 m 的拉杆，每两槽下部对应一个支座。图 6-29 所示为 U 形渡槽截面布置示意，图 6-30 所示为使用预应力钢筋的 U 形渡槽二维截面。

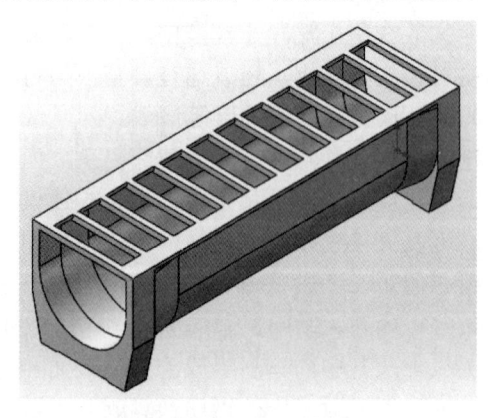

图 6-28 U 形渡槽的三维模型

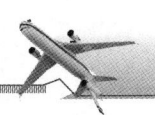

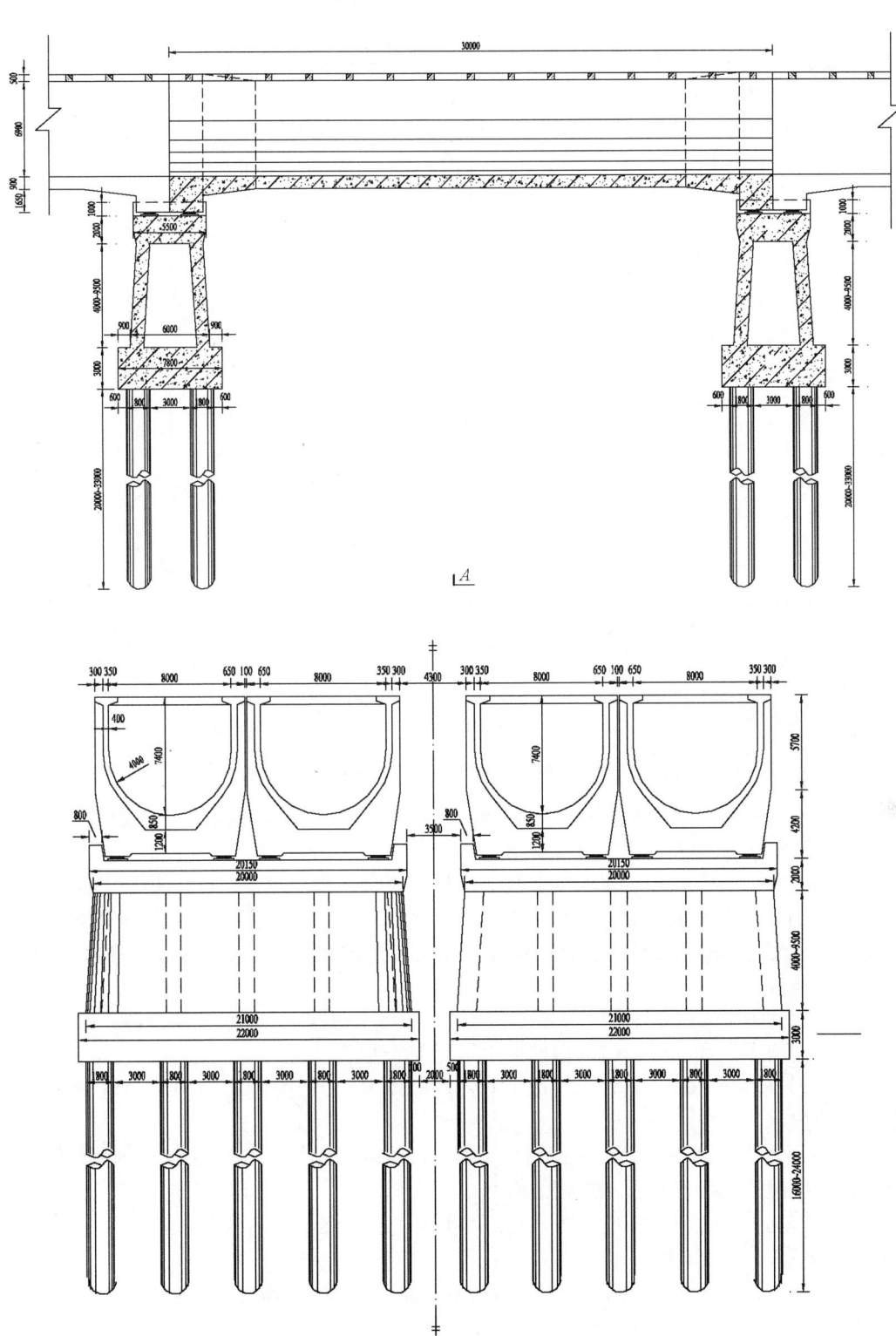

图 6-29 U 形渡槽截面布置示意（单位为 mm）

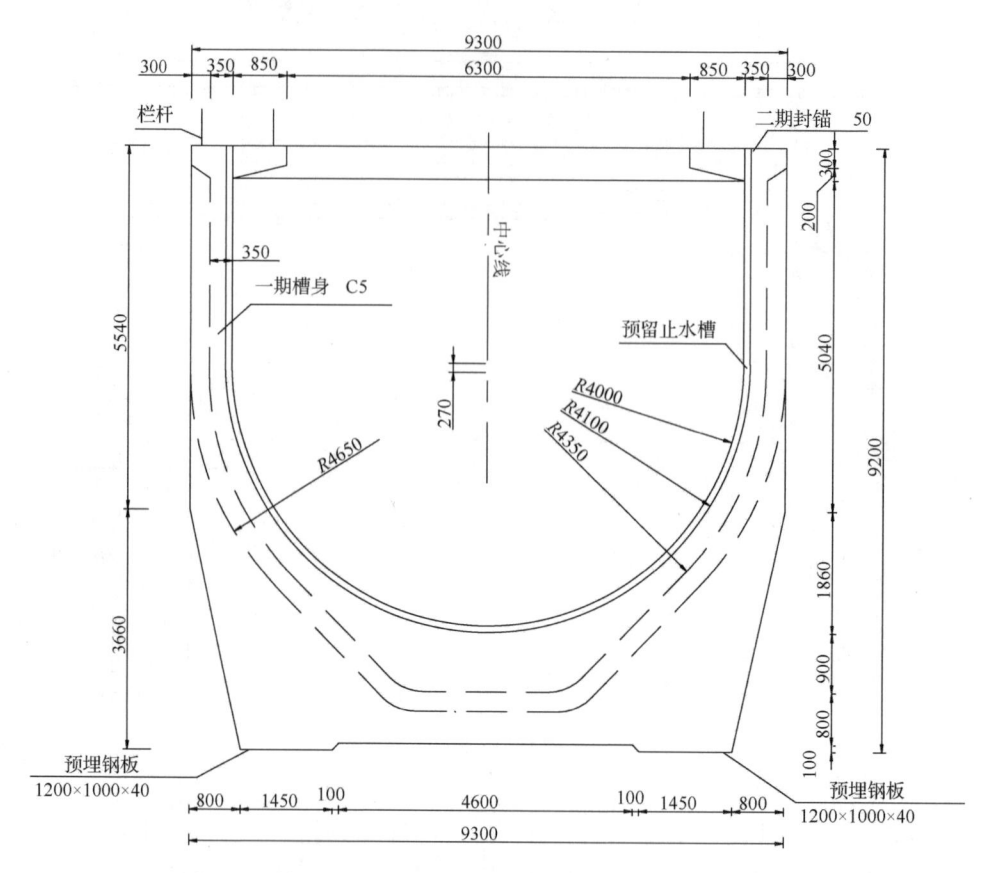

图 6-30 使用预应力钢筋的 U 形渡槽二维截面（单位为 mm）

沙河梁式渡槽是世界上最大的预制渡槽，如此体形巨大的 U 形渡槽史无前例，无成功范例可借鉴，施工难度大。主要特点如下：

（1）该渡槽钢筋笼绑扎主要包括普通钢筋和预应力钢筋，两者质量共 80.8t。钢筋种类繁多，普通钢筋包括 9 种规格约 1.4 万根，预应力钢筋包括纵向圆锚、纵向扁锚和环向扁锚，共 98 束（553 根）预应力钢筋，因此该渡槽的钢筋结构复杂，间距密集，钢筋笼绑扎与吊装施工难度大。

（2）预应力集中，薄壁结构，混凝土最小壁厚为 35cm，各个部位浇筑混凝土的条件均不相同，对混凝土的和易性、可振捣性提出了复杂的要求。

（3）对预制渡槽采取一次性浇筑成型，针对槽体端肋、反圆弧等特殊部位混凝土的铺设和振捣难度极大。

（4）U 形渡槽下部是直径为 8m 的反圆弧段，反圆弧段的排气是施工中的控制难点，过水截面平整度的控制也是预制渡槽的难点。

U 形渡槽选用的混凝土强度等级为 C50，参考《水工混凝土结构设计规范》(SL 191—008) 中的规定：

（1）强度等级为 C50 的混凝土（简称 C50 混凝土）弹性模量 $E_e = 3.45 \times 10^{10}$ Pa，密度 $\rho_e = 2500$ kg/m³，泊松比为 0.167。

（2）普通钢筋弹性模量 $E_s = 1.95 \times 10^{11}$ Pa，密度 $\rho_s = 7800$ kg/m³，泊松比为 0.3。

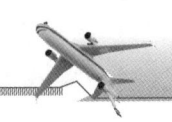

使用 ANSYS Workbench 进行结构计算时，由于渡槽跨中加强部位应力分布复杂，并且这些部位的应力分析十分重要，而用板/壳单元难以描述，因此对混凝土结构使用 SOLID65 单元模拟，使用 LINK8 单元模拟预应力钢筋，对预应力钢筋和混凝土分别建模。SOLID65 单元是具有 8 个节点的六面体，每个节点在 X、Y、Z 轴方向上各有 3 个平动位移，即每个节点有 3 个自由度，该单元可用于分析应力、塑性、蠕变、大变形等。LINK8 单元由两个节点组成，每个节点有 3 个自由度，分别是沿 X、Y、Z 轴方向移动，该单元可用于分析蠕变、膨胀、大变形等，但是该单元不能承受弯矩的作用。对混凝土和预应力钢筋分别建模，然后使用耦合法把预应力钢筋单元和混凝土单元连接在一起。虽然 U 形渡槽的结构和承受的载荷具有对称性，但是其支座不具有对称性，因此不能使用该渡槽的四分之一模型进行分析计算，而需要使用整个模型。

下面规定在有限元模型中，U 形渡槽的横向为坐标系的 X 轴方向，其竖向为 Y 轴正方向，其纵向为 Z 轴方向。U 形渡槽底部分别有 X、Y、Z 轴 3 个方向的约束、X、Y 轴两个方向的约束、Y 轴方向的约束、Y、Z 轴方向的约束，分别施加于 4 个支座。

模型网格划分的好坏直接影响计算结果的精度，但是网格划分得过细，造成计算机 CPU 使用率高，对计算机配置要求高，网格划分时间过长。因此，需要多次尝试网格划分，当计算结果随着网格大小的变化不大时，可认为此时的网格划分满足分析要求。经多次尝试，最终确定的 U 形渡槽有限元模型网格划分效果如图 6-31 所示。网格划分后渡槽有限元模型共 109718 个节点和 62372 个单元。U 形渡槽内部预应力钢筋布置示意如图 6-32 所示。

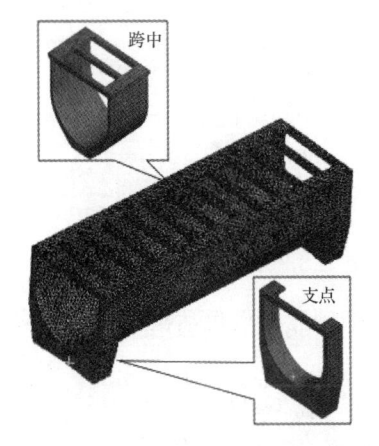

图 6-31　U 形渡槽有限元模型网格划分效果 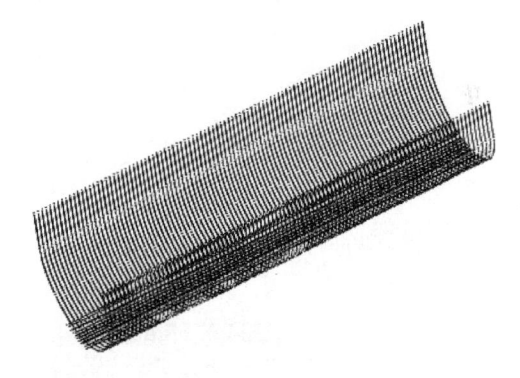　　图 6-32　U 形渡槽内部预应力钢筋布置示意

6.4.3　载荷计算

已知 U 形渡槽受到地心引力作用、风载荷（以在槽身垂直方向上施加均布载荷模拟风载荷）、人群载荷（以在槽顶施加一定均布载荷模拟人群载荷）。设 U 形渡槽混凝土容重为 25kN/m^3，人群载荷为 2.5kN/m^2，风载荷标准值按式（6-9）计算：

$$w_k = \beta_z \mu_s \mu_z \omega_0 \tag{6-9}$$

式中，w_k 为风载荷标准值；β_z 为高度 z 处的风振系数；μ_s 为风载荷体形系数，空槽时，其值为 1.42；μ_z 为风压高度变化系数，此处其值为 1.2；ω_0 为基本风压，参照《建筑结构载荷设计规范》(GB5009—2012)中的全国基本风压图,此处其值为 0.40kN/m²。

按上式计算得到的槽身垂直方向上的风载荷标准值为 0.83kN/m²。

上述分析主要针对施工期"槽上运槽"过程中承载槽槽体的安全性,不考虑运营期渡槽的受力情况,下面选取 U 形渡槽施工期的 4 种工况进行分析计算。

工况一：重力载荷+人群载荷+风载荷。

工况二：重力载荷+人群载荷+风载荷+活动载荷 1（运槽车）。

工况三：重力载荷+人群载荷+风载荷+活动载荷 2（运槽车+渡槽）。

工况四：重力载荷+人群载荷+风载荷+活动载荷 3（运槽车+架桥机）。

单榀渡槽的质量为 1200t，轮轨式运槽车的质量为 350t，架桥机的质量为 1050 t，运槽车走行轮组由 4 纵列 16 轴线共 64 个钢轮组成。

6.4.4 有限元分析结果

在渡槽架设施工期中，运槽车行走在已铺架好的渡槽上，其中最不利的状况是运槽车行走在承载槽跨中位置，铺轨承载槽处于简支状态，同时加上运槽车的自重 350t，承载槽的受力状态严峻。因此分析承载槽的受力情况是保证施工期 U 形渡槽安全性的必要工作。使用 ANSYS Workbench 对承载槽进行受力分析时，由于 U 形渡槽材料和模型相同，因此建立上述 4 种工况下的数据共享连接（见图 6-35），以此分析运槽车行走在承载槽中间位置（跨中）时的受力情况。

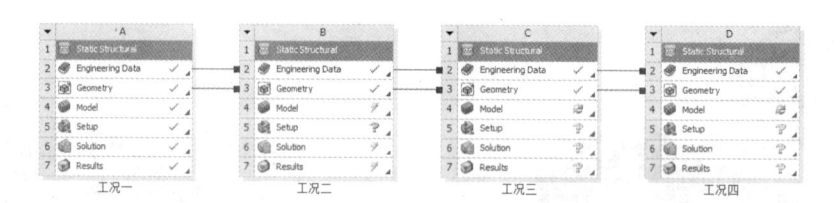

图 6-33 数据共享连接

最后得到的上述 4 种工况下承载槽的总变形图、横向应力（包括拉应力和压应力）云图及纵向应力云图分别如图 6-34~图 6-45 所示。

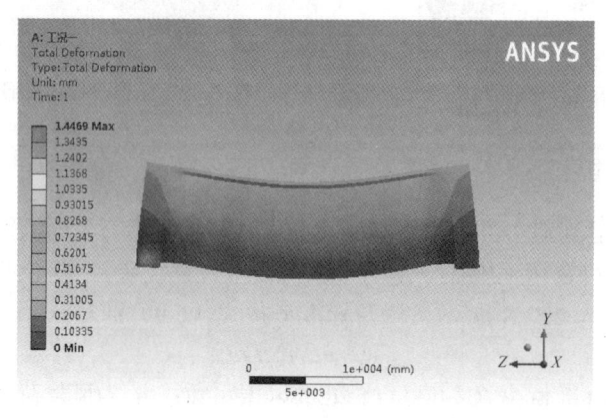

图 6-34 工况一下承载槽的总变形图

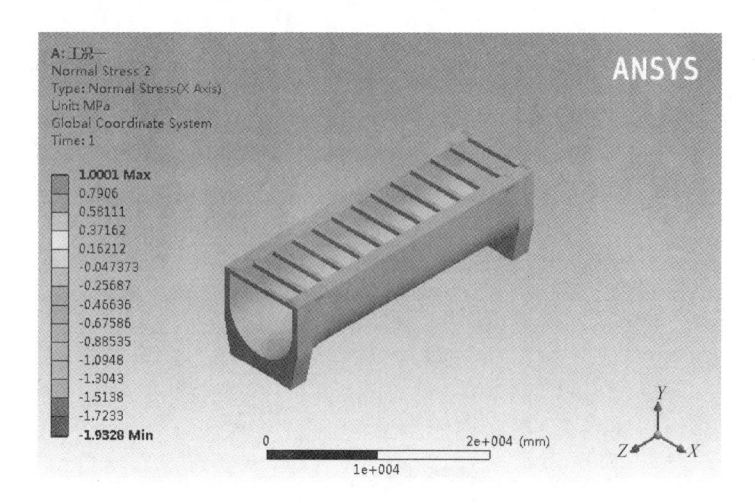

图 6-35　工况一下承载槽的横向应力云图

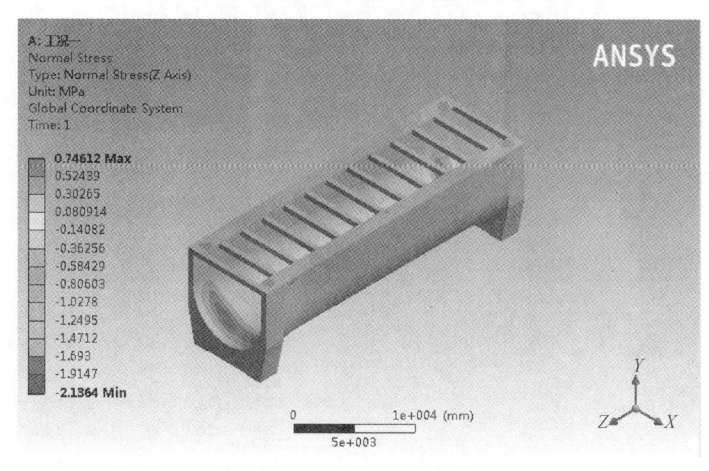

图 6-36　工况一下承载槽的纵向应力云图

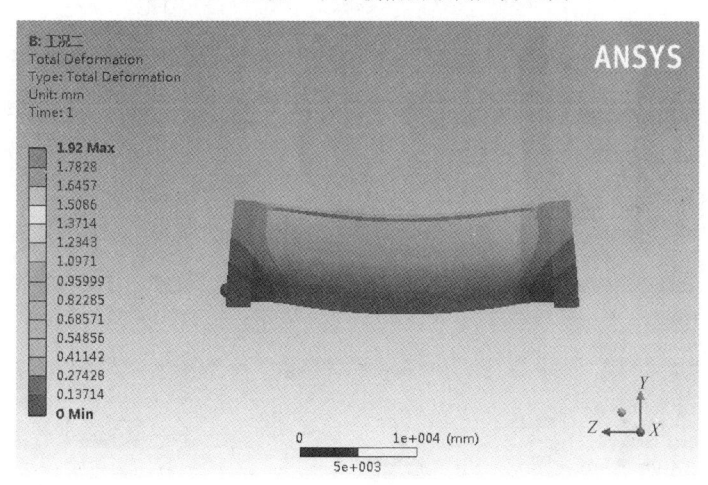

图 6-37　工况二下承载槽的总变形图

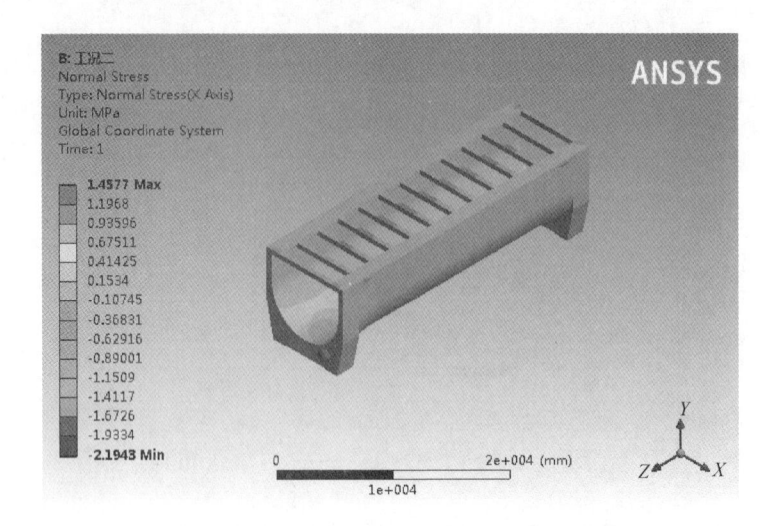

图 6-38　工况二下承载槽的横向应力云图

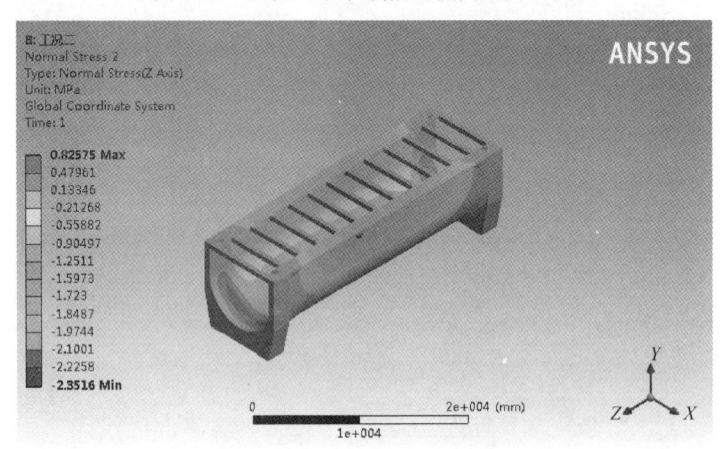

图 6-39　工况二下承载槽的纵向应力云图

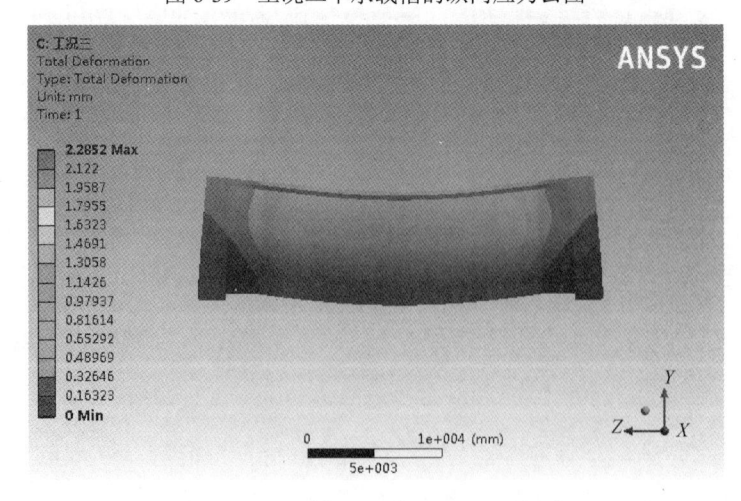

图 6-40　工况三下承载槽的总变形图

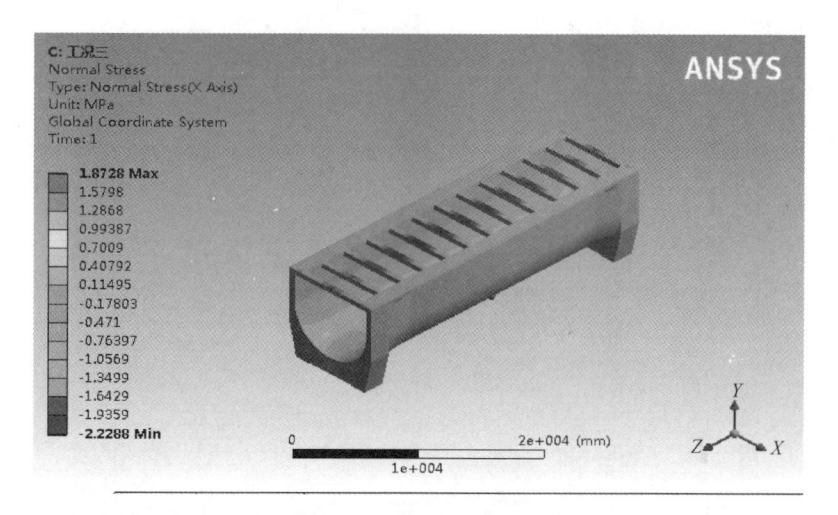

图 6-41　工况三下承载槽的横向应力云图

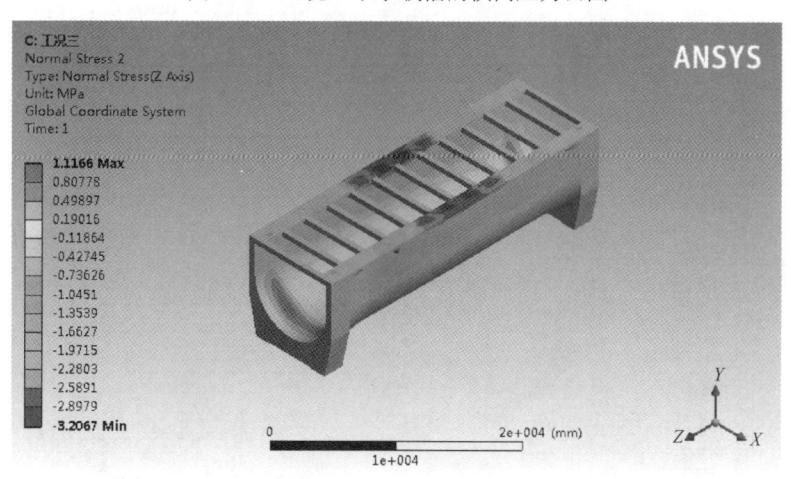

图 6-42　工况三下承载槽的纵向应力云图

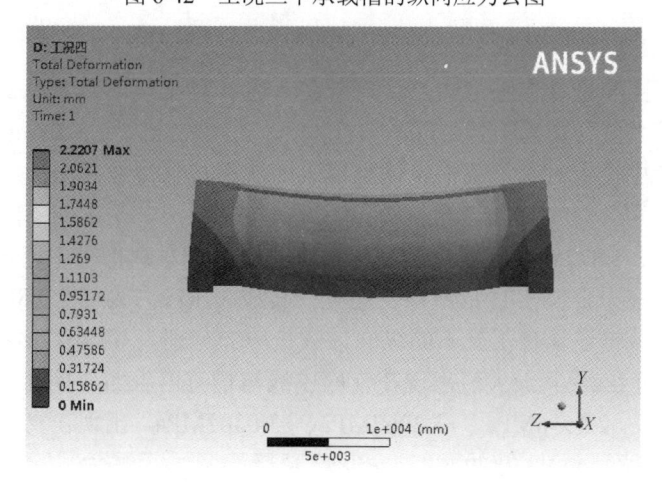

图 6-43　工况四下承载槽的总变形图

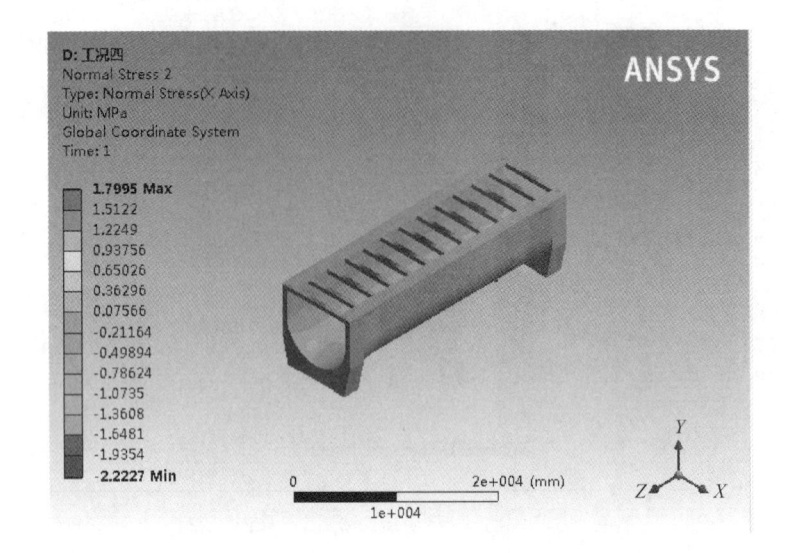

图 6-44　工况四下承载槽的横向应力云图

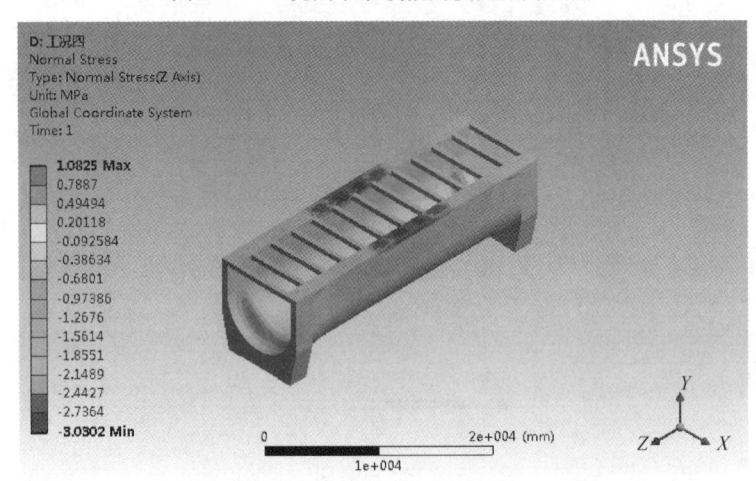

图 6-45　工况四下承载槽的纵向应力云图

由以上应力云图和总变形图可知，承载槽在上述 4 种工况下最大总变形量在跨中连杆下表面位置，其最大值分别为 1.4449mm、1.92mm、2.2852mm、2.2207mm；运槽车的其中一辆台车行驶到跨中位置时，承载槽整体呈现下凹状态，整体像碗形；承载槽在工况一下的横向最大拉应力为 1.0001MPa，承载槽在工况二、工况三、工况四下的横向最大拉应力分别为 1.4577MPa、1.8728MPa、1.7995MPa，并且发生在承载槽跨中连杆中线处，4 种工况下的最大横向压应力出现在 U 形渡槽支座处，其最大压应力为-2.2288MPa，该压应力出现在工况三下；承载槽在 4 种工况下的纵向最大拉应力分别为 0.74612MPa、0.82575MPa、1.1166MPa、1.0825MPa，其最大值出现在支座中线与槽身内表面连接处，纵向最大压应力分别为-2.1364MPa、-2.3516MPa、-3.2067MPa、-3.0302MPa，出现在支座与槽身下表面连接处。

从应力云图还可以看出，U 形渡槽的槽体整体处于受压状态，个别部位受拉，但拉应

力很小。其中，工况三下承载槽的横向拉应力值 1.8728MPa 与 C50 混凝土的抗拉强度值 1.873MPa 接近，但是这种短暂载荷不会长时间作用在承载槽上，因此无须对承载槽进行加固处理。

由以上分析可知，4 种工况下承载槽纵向应力最大值和横向应力最大值都没有超过 C50 混凝土在相关设计规范中的抗拉强度值 1.89MPa。因此，在上述 4 种工况下，承载槽整体受力状态良好，并且在载荷组合状态下没有出现应力超标的情况，表明施工期承载槽结构是安全的。需要注意的是，在工况三下，无论承载槽的总变形还是横向应力值都是 4 种工况中的最大值，即工况三是"槽上运槽"过程中相对危险的工况。

下面分析工况三下承载槽详细的受力情况，选择端面、1/8 跨截面、2/8 跨截面、3/8 跨截面和跨中截面作为应力分析的典型截面。这些截面的横向应力云图和纵向应力云图分别如图 6-46～图 6-55 所示。

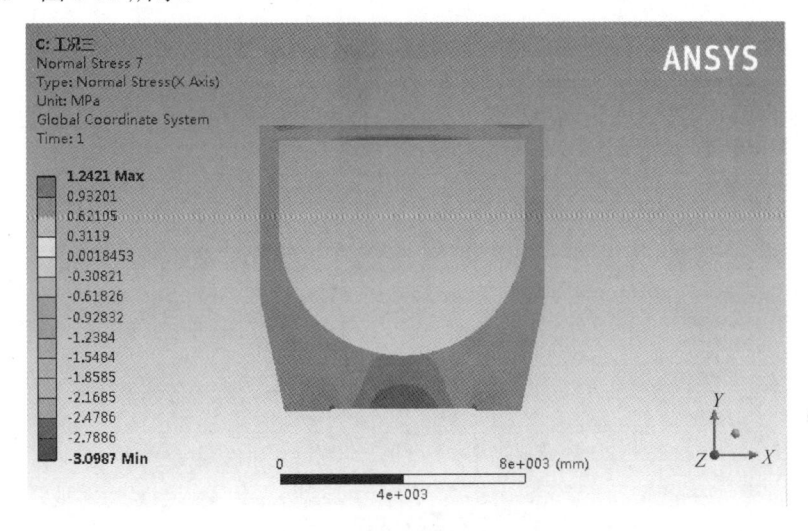

图 6-46 端面横向应力云图

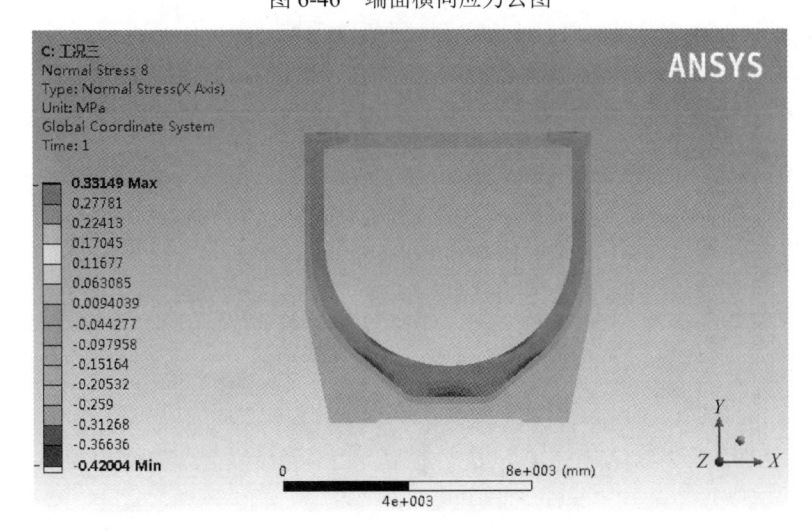

图 6-47 1/8 跨截面横向应力云图

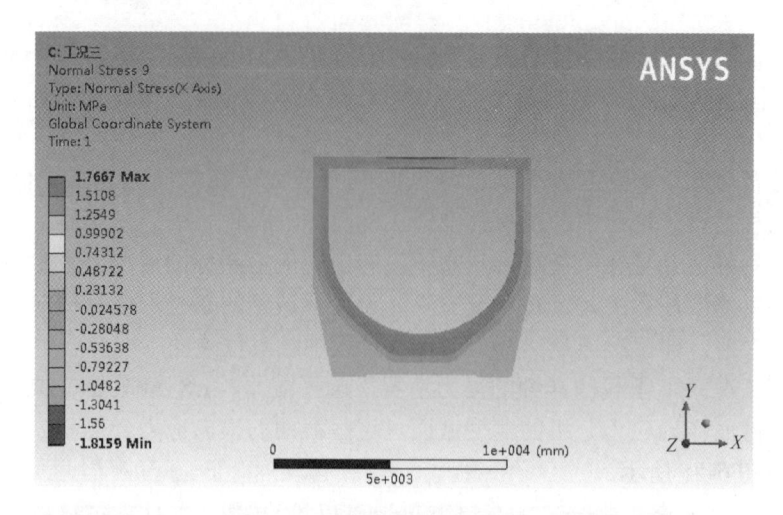

图 6-48　2/8 跨截面横向应力云图

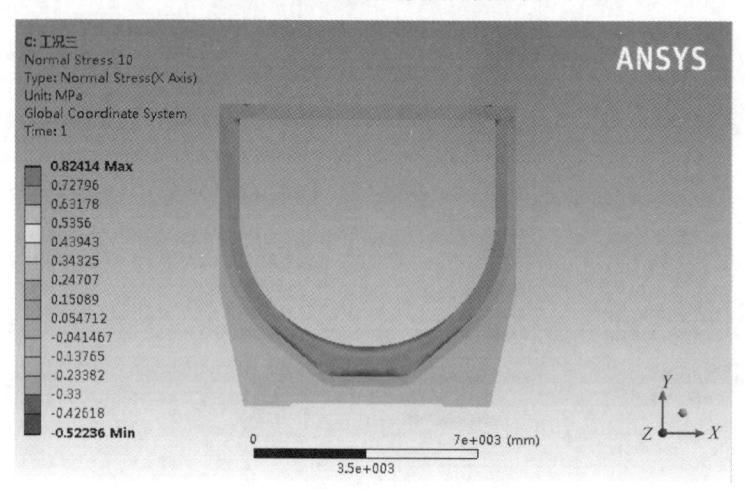

图 6-49　3/8 跨截面横向应力云图

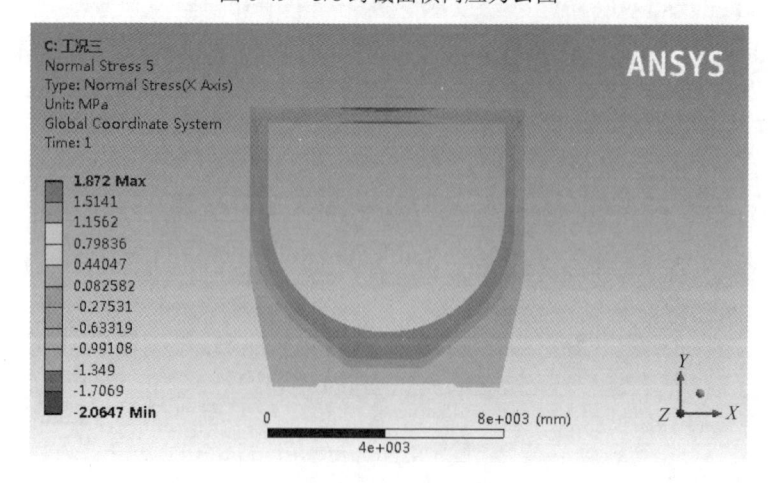

图 6-50　跨中截面横向应力云图

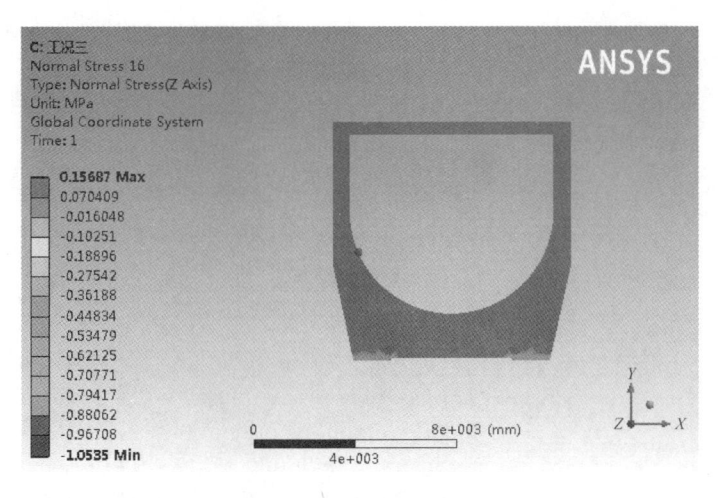

图 6-51 端面纵向应力云图

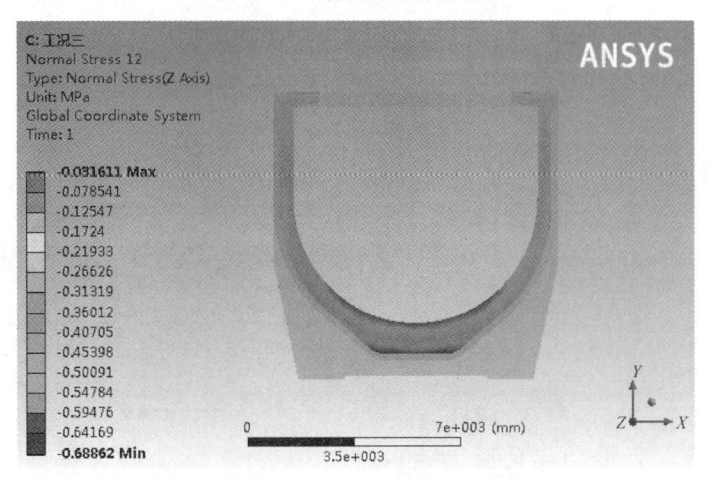

图 6-52 1/8 跨截面纵向应力云图

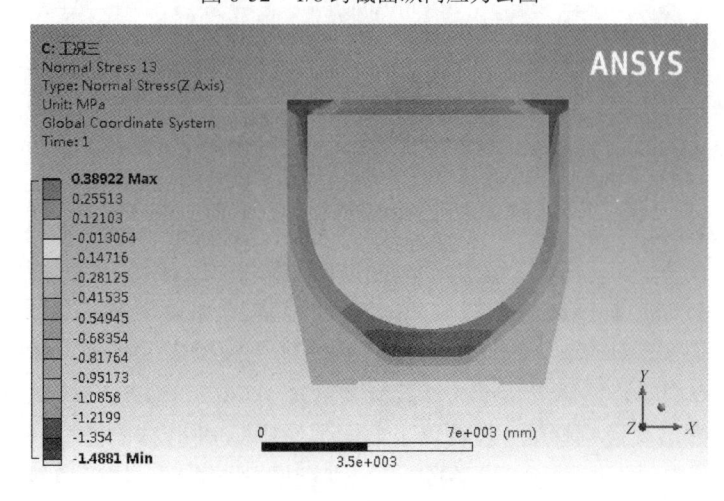

图 6-53 2/8 跨截面纵向应力云图

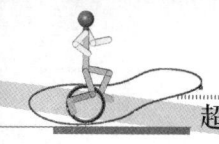

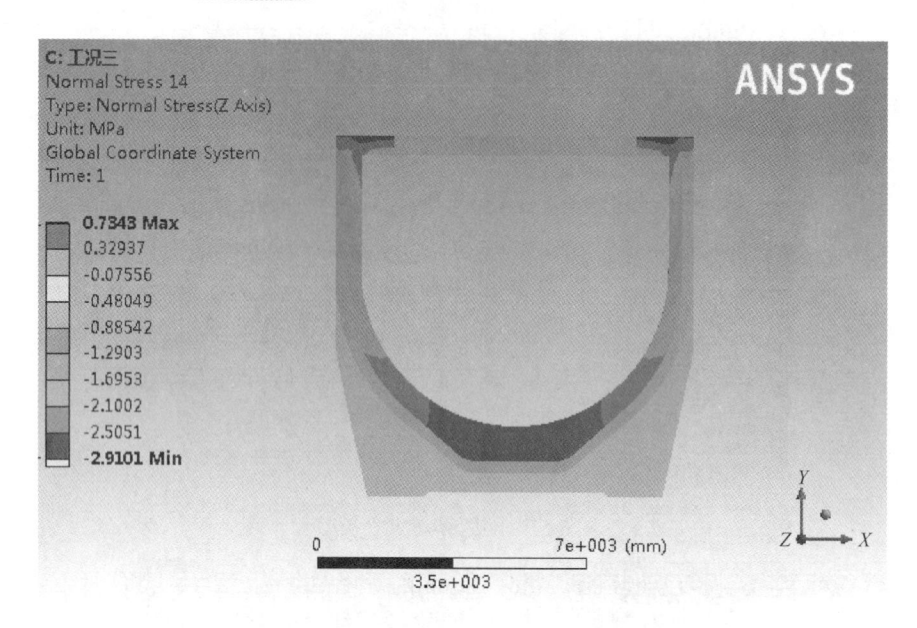

图 6-54　3/8 跨截面纵向应力云图

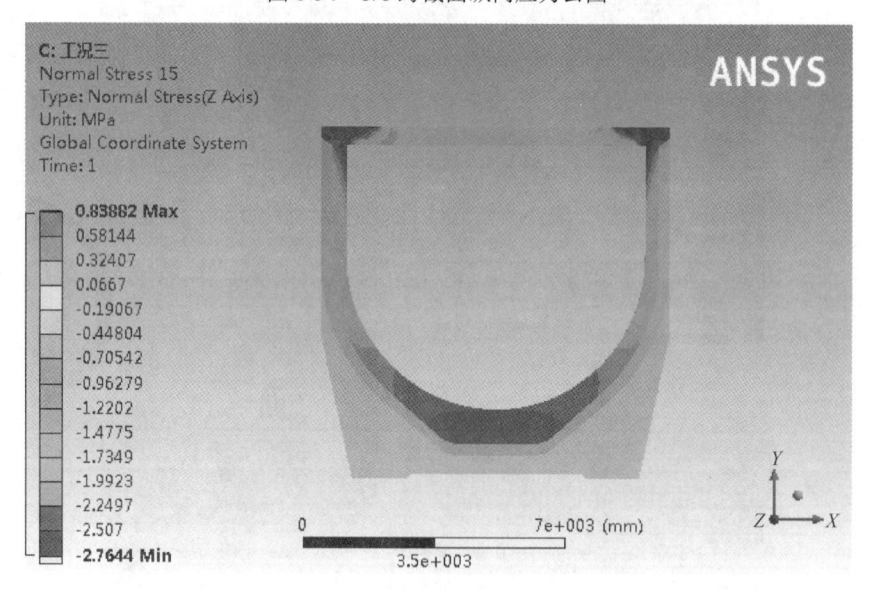

图 6-55　跨中截面纵向应力云图

由图 6-46～图 6-55 可知，运槽车的台车在承载槽跨中位置时，承载槽的端面横向应力最大值出现在端面顶部下表面中线附近，截面整体处于受压状态，最大压应力值为 -3.0987MPa；1/8 跨截面的最大横向拉应力出现在 U 形渡槽内壁，最大横向压应力出现在 U 形渡槽外壁，该截面整体承受压应力，其最大值为 -0.044277MPa；2/8 跨截面的最大压应力和最大拉应力都出现在拉杆处，拉杆以下截面都受压；3/8 跨截面的横向应力最大值出现在槽身下部，压应力最大值为 -0.52236MPa，出现在槽身下表面，拉应力最大值出现在槽身内表面；跨中截面的横向应力最大值出现在拉杆处，最大压应力为 -2.0647MPa，拉杆以下

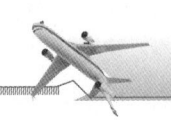

槽身受压，最大拉应力为 1.872MPa。端面纵向应力基本上是拉应力，除了支座受压，纵向最大压应力为-1.0535MPa；1/8 跨截面的纵向应力都是负值，即都是压应力，最小压应力出现在 U 形渡槽槽身下部内壁，最大压应力出现在 U 形渡槽下部外壁；2/8 跨截面的纵向最大拉应力出现在 U 形渡槽槽身下部外壁，最大压应力出现在 U 形渡槽顶部，其最大值为-1.4881MPa，此截面处的拉杆整体受拉；3/8 跨截面的纵向拉应力与压应力的分布规律和 2/8 跨相似，最大压应力也出现在 U 形渡槽顶部，最大值为-2.9101MPa，槽体地板受拉，最大拉应力值为 0.7343MPa；跨中截面的纵向拉应力在各截面的拉应力中最大，最大拉应力为 0.83882MPa，跨中截面的最大压应力出现在 U 形渡槽顶部，其最大值为-2.7644MPa。

综上分析结果可知，工况三下产生的压应力远小于 C50 混凝土的抗压强度，即拉应力依然小于 C50 混凝土的设计抗拉强度。这一结论说明，承载槽在施工过程中承受的应力和变形都满足要求，因此使用已架设完成的承载槽是可行的。

第 7 章 架桥机起重小车

7.1 架桥机起重小车同步控制技术

本节内容包括架桥机起重小车运动过程分析、起重小车系统动力学模型、滑模控制器设计、扰动滑模观测器设计和起重小车系统仿真分析。

7.1.1 起重小车运动过程分析

在实际工程中，架桥机起重小车的走行与吊具的升降都由电动机完成。为了使起重小车能够精确地完成复杂的架设动作，使用目前应用最广泛且性能更好的永磁同步电动机作为驱动源，每台起重小车配备三台不同的永磁同步电动机。为了简化问题，不考虑起重小车的横向移动，仅考虑起重小车的走行和吊具的升降。

架桥机起重小车在架设墩柱时的运动过程如图 7-1 所示。前后起重小车首先将墩柱运送到架设区域，即该图中前起重小车的位置。在运送墩柱的过程中，需要保证前后起重小车同步（架设主梁的运动过程与上述过程相似，此处不再赘述）。在前起重小车位置保持固定，后起重小车保持走行的同时，后起重小车的起升机构开始下降墩柱。此时，后起重小车的起升机构与走行机构需要符合一定的同步运动关系，才能使全预制装配式架桥机平稳快速地完成墩柱的架设。因此，起重小车同步运动总体上包括以下三种形式：前后起重小车走行电动机的同步运动、前后起重小车起升电动机的同步吊装运动、后起重小车走行电动机与起升电动机的同步运动。

图 7-2 是架桥机起重小车在架设梁时的模型。在架设梁的过程中，必须时刻保持梁的水平，才能保证架桥机起重小车运行的稳定性。此时，无论是前后起重小车的走行还是前后起重小车吊具的升降，都要求前后起重小车走行电动机与起升电动机有较高的同步控制精度。图 7-3 是架桥机起重小车在架设墩柱时的模型，从该图可以看出，若要使墩柱完成规定的由横摆到竖直摆放动作，需要后起重小车走行电动机与起升电动机保持一定比例的

同步运动。这两个电动机的运动比例关系分析如下：设 L 为墩柱上吊点间距，θ_1 和 θ_2 分别为起升电动机与走行电动机的角位置，y_1 为起重小车走行距离，y_2 为墩柱下降距离，r_1 和 r_2 分别为吊绳（钢丝）卷筒半径和后起重小车的车轮半径。其中，$y_1 = \theta_1 r_1$，$y_2 = \theta_2 r_2$，$y_1 = \sqrt{L^2 - (L - y_2)^2}$。两个电动机的角位置关系式如下：

$$\theta_2 = \frac{\sqrt{L^2 - (L - \theta_1 r_1)^2}}{r_2} \qquad y_2 < L \tag{7-1}$$

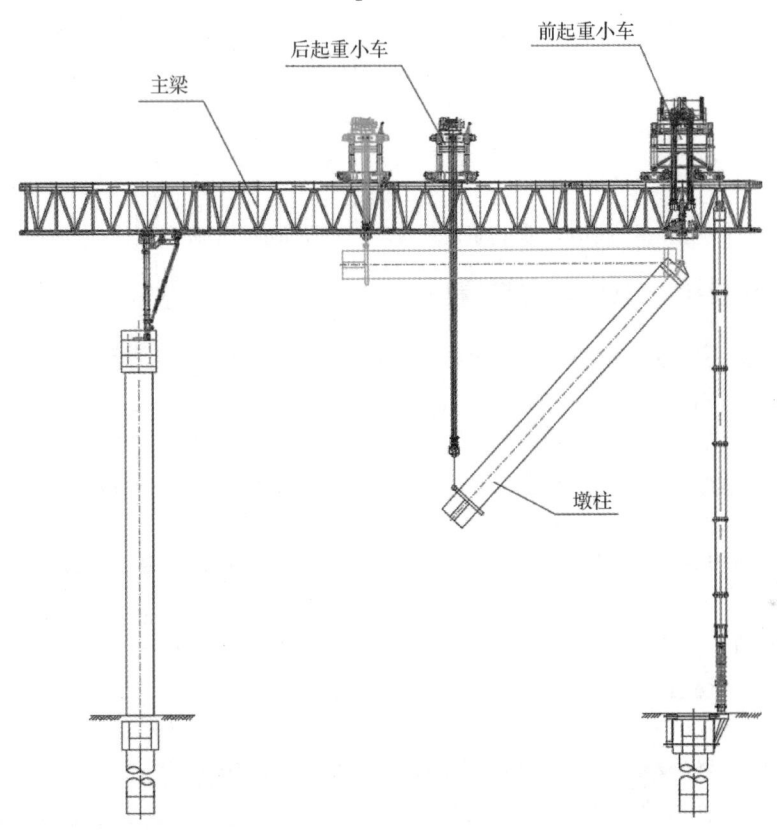

图 7-1　架桥机起重小车在架设墩柱时的运动过程

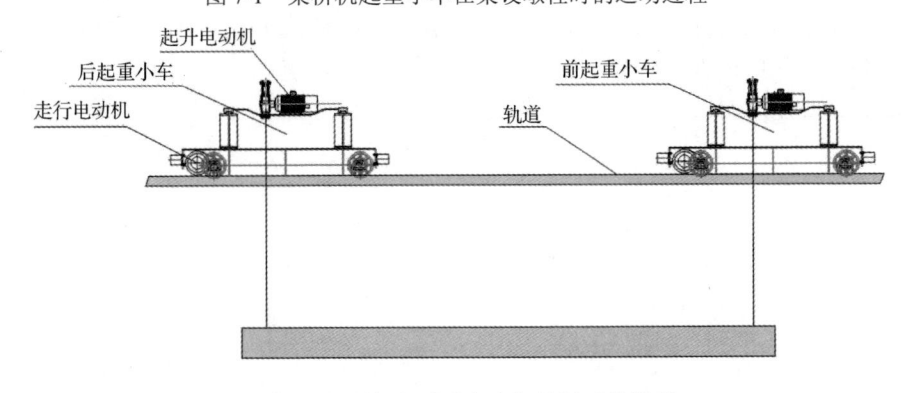

图 7-2　架桥机起重小车在架设梁时的模型

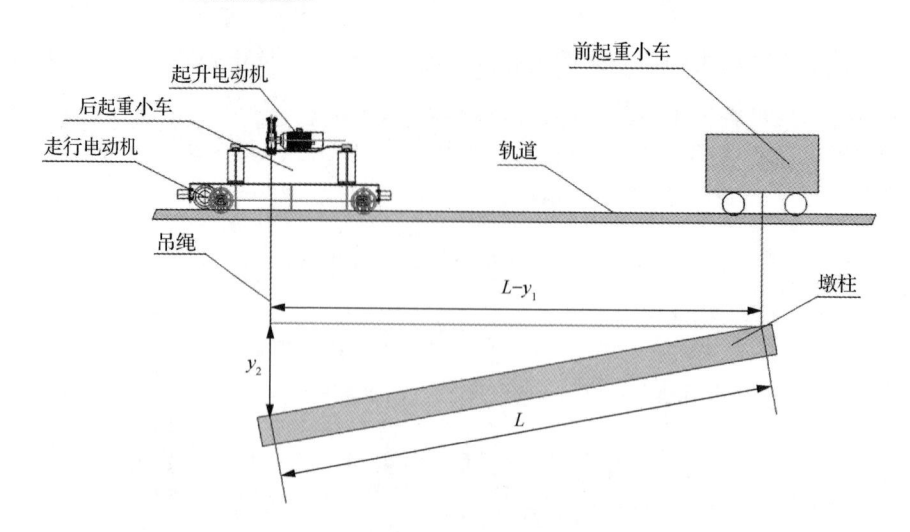

图 7-3　架桥机起重小车在架设墩柱时的模型

7.1.2　起重小车系统动力学模型

架桥机起重小车的驱动力来自电动机。随着相关技术的进步，各种电动机发展迅速，直流电动机由于机构复杂、造价高、效率低等原因已逐渐被交流电动机替代。而交流电动机中的感应电动机和永磁同步电动机应用广泛，但感应电动机在控制系统中的控制性能较差，并且低速运行效率低，能耗高，因此这种电动机不适用于全预制装配式架桥机起重小车。永磁同步电动机具有运行效率高、能耗低、可控性强等特点，被大量应用于闭环控制系统，并且表现出极佳的跟踪精度。因此，起重小车的走行电动机与起升电动机均采用永磁同步电动机。为了简化数学模型的表达，采用坐标变换法计算 d-q 坐标系下的起重小车系统动力学模型，为后续架桥机起重小车的精确吊装提供设计基础。

传统上表示永磁同步电动机三相的自然坐标系是三相（A 相、B 相和 C 相）静止坐标系，是因为其定子是一个三相的对称绕组。为了简化三相静止坐标系，进行 Clark 变换，即将三相静止坐标系转化为两相正交 α-β 坐标系。其中 α 轴代替 A 轴，β 轴逆时针旋转 90°；反之，称为 Clark 逆变换。但是转换后的坐标系不可随轴旋转，其实际绕组是时刻旋转的。为了便于分析问题，还要进行 Park 变换，即将 α、β 轴旋转，一个旋转角度 θ 称为电角度，另一个旋转角度 ω 称为转子角速度，从而得到 d-q 坐标系。其中，d 轴代表励磁分量，q 轴代表力矩分量。相应的逆过程称为 Park 逆变换。3 种坐标系的关系示意如图 7-4 所示。

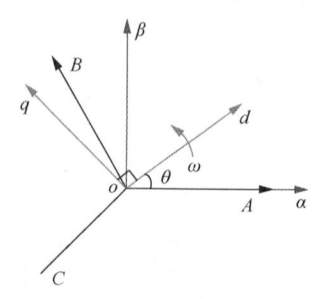

图 7-4　3 种坐标系的关系示意

第7章 架桥机起重小车

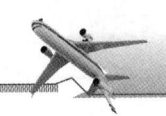

1. 起重小车系统在三相静止坐标系下的数学模型

起重小车驱动电动机在 ABC 坐标下的电压方程为

$$\begin{cases} u_{An} = Ri_A + \dfrac{\mathrm{d}\psi_A}{\mathrm{d}t} \\ u_{Bn} = Ri_B + \dfrac{\mathrm{d}\psi_B}{\mathrm{d}t} \\ u_{Cn} = Ri_C + \dfrac{\mathrm{d}\psi_C}{\mathrm{d}t} \end{cases} \tag{7-2}$$

式中，R 为定子绕组电阻，单位为 Ω；i_A、i_B、i_C 为相电流，单位为 A；u_{An}、u_{Bn}、u_{Cn} 为相电压，单位为 V；Ψ_A、Ψ_B、Ψ_C 为三相定子磁链，单位为 Wb。

永磁同步电动机的三相定子磁链为

$$\begin{cases} \Psi_A = Li_A + \Psi_{fA} \\ \Psi_B = Li_B + \Psi_{fB} \\ \Psi_C = Li_C + \Psi_{fC} \end{cases} \tag{7-3}$$

式中，L 为定子绕组电感，单位为 H；Ψ_{fA}、Ψ_{fB}、Ψ_{fC} 为永磁体定子磁链，单位为 Wb。

起重小车系统的机械运动方程如下：

$$T_e - T_L = B\omega + \dfrac{J}{p}\dfrac{\mathrm{d}\omega}{\mathrm{d}t} \tag{7-4}$$

式中，T_e 为电磁转矩，单位为 N·m；T_L 为负载转矩，单位为 N·m；B 为黏性系数，单位为 N·s·m^{-1}；p 为电动机极对数；J 为转动惯量，单位为 kg·m^2。

2. 起重小车系统在 α-β 坐标系下的数学模型

根据图 7-4 中的坐标变换，通过下述 Clark 变换公式和 Clark 逆变换公式，得到相关状态方程。

Clark 变换公式：

$$\begin{bmatrix} i_\alpha \\ i_\beta \end{bmatrix} = \sqrt{\dfrac{2}{3}} \begin{bmatrix} 1 & -\dfrac{1}{2} & -\dfrac{1}{2} \\ 0 & \dfrac{\sqrt{3}}{2} & -\dfrac{\sqrt{3}}{2} \end{bmatrix} \begin{bmatrix} i_A \\ i_B \\ i_C \end{bmatrix} \tag{7-5}$$

Clark 逆变换公式：

$$\begin{bmatrix} i_A \\ i_B \\ i_C \end{bmatrix} = \sqrt{\dfrac{2}{3}} \begin{bmatrix} 1 & 0 \\ -\dfrac{1}{2} & \dfrac{\sqrt{3}}{2} \\ -\dfrac{1}{2} & -\dfrac{\sqrt{3}}{2} \end{bmatrix} \begin{bmatrix} i_\alpha \\ i_\beta \end{bmatrix} \tag{7-6}$$

联合以上两式，得到起重小车电动机在 α-β 坐标系下的状态方程，即

$$\begin{cases} \dfrac{\mathrm{d}i_\alpha}{\mathrm{d}t} = -\dfrac{R}{L}i_\alpha + \dfrac{1}{L}u_\alpha - \dfrac{1}{L}e_\alpha \\ \dfrac{\mathrm{d}i_\beta}{\mathrm{d}t} = -\dfrac{R}{L}i_\beta + \dfrac{1}{L}u_\beta - \dfrac{1}{L}e_\beta \end{cases} \tag{7-7}$$

其中，e_α 和 e_β 为反电动势，它们满足以下关系式：

$$\begin{bmatrix} e_\alpha \\ e_\beta \end{bmatrix} = \begin{bmatrix} -\omega\Psi_f \sin\theta \\ -\omega\Psi_f \cos\theta \end{bmatrix} \tag{7-8}$$

3. 起重小车系统在 d-q 坐标系下的数学模型

d-q 坐标系下的数学模型也称为基本方程，利用该坐标系下的基方程可以清晰方便地分析起重小车电动机的性能。

Park 变换公式：

$$\begin{bmatrix} i_d \\ i_q \end{bmatrix} = \begin{bmatrix} \cos\theta & \sin\theta \\ -\sin\theta & \cos\theta \end{bmatrix}\begin{bmatrix} i_\alpha \\ i_\beta \end{bmatrix} \tag{7-9}$$

Park 逆变换公式：

$$\begin{bmatrix} i_\alpha \\ i_\beta \end{bmatrix} = \begin{bmatrix} \cos\theta & -\sin\theta \\ \sin\theta & \cos\theta \end{bmatrix}\begin{bmatrix} i_d \\ i_q \end{bmatrix} \tag{7-10}$$

变换后的永磁同步电动机磁链方程为

$$\begin{cases} \Psi_d = L_d i_d + \Psi_f \\ \Psi_q = L_q i_q \end{cases} \tag{7-11}$$

式中，Ψ_d、Ψ_q 为永磁定子磁链，单位为 Wb；L_d、L_q 为等效电感，单位为 H；i_d、i_q 为 d 轴和 q 轴电流，单位为 A；Ψ_f 为转子磁链，单位为 Wb。

永磁同步电动机的电压方程为

$$\begin{cases} u_d = R_s i_d + \dfrac{\mathrm{d}\Psi_d}{\mathrm{d}t} - n_p\omega\Psi_q \\ u_q = R_s i_q + \dfrac{\mathrm{d}\Psi_q}{\mathrm{d}t} - n_p\omega\Psi_d \end{cases} \tag{7-12}$$

式中，u_d、u_q 为 d 轴和 q 轴电压，单位为 V；R_s 为绕组电阻，单位为 Ω；n_p 为转子极对数；ω 为转子角速度，单位为 N·m。

永磁同步电动机的转矩方程为

$$T_e = \dfrac{3}{2}n_p\Psi_f i_q \tag{7-13}$$

永磁同步电动机的机械运动方程为

$$J\dfrac{\mathrm{d}\omega}{\mathrm{d}r} = T_e - B\omega - T_L \tag{7-14}$$

4. 起重小车系统动力学方程

后起重小车系统模型如图 7-5 所示。下面以该模型为例介绍起重小车系统动力学方程。

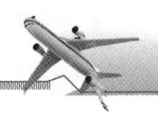

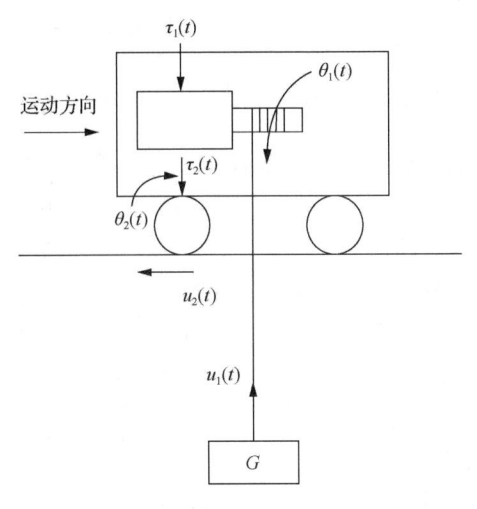

图 7-5 后起重小车系统模型

根据后起重小车运动的物理特性，并且考虑其电动机的非线性特性、干扰及所施加的负载，后起重小车系统动力学方程如下：

$$(J_i + \Delta J_i)\ddot{\theta}_i(t) + (B_i + \Delta B_i)\dot{\theta}_i(t) + G_i = u_i(t) - \tau_i(t) \tag{7-15}$$

式中，$i=1,2$，分别表示起升电动机和走行电动机；ΔJ_i 为转动惯量的扰动量，单位为 $kg \cdot m^2$；ΔB_i 为黏性系数的扰动量，单位为 $N \cdot s \cdot m^{-1}$；$\tau_i(t)$ 为外部干扰项；G_i 为重力项；$\ddot{\theta}_i(t)$、$\dot{\theta}_i(t)$ 为分别为电动机角加速度项和角速度项；$u_i(t)$ 为控制输入项。

电动机模型参数的变化、摩擦力及各种扰动量的存在使基于式（7-15）的控制器设计变得复杂。由于滑模控制的稳定性强，因此式（7-15）可改写为

$$J_i\ddot{\theta}_i(t) + B_i\dot{\theta}_i(t) = u_i(t) + d(t,\dot{\theta}_i) \tag{7-16}$$

其中，$d(t,\dot{\theta}_i)$ 为电动机的等效干扰，其关系式为

$$d_i(t,\dot{\theta}_i) = -[G_i + \Delta J_i\ddot{\theta}_i(t) + \Delta B_i\dot{\theta}_i(t) + \tau_i(t)] \tag{7-17}$$

为了方便下文进行控制器的设计，以及解决电动机存在的饱和约束问题，假设 ΔJ_i、ΔB_i 有未知上界，$\tau_i(t)$ 有界，G_i 为已知常量，则 $d(t,\dot{\theta}_i)$ 有未知上界 $\bar{d}_i$，并且 $d(t,\dot{\theta}_i)$ 一阶可导，其导数有界。将 $d(t,\dot{\theta}_i)$ 与 $\theta_i(t)$ 分别简化为 d_i 和 θ_i。

令 $x_i = \theta_i$，$v_i = \dot{\theta}_i$，则式（7-16）改写为

$$\begin{cases} \dot{x}_i = v_i \\ \dot{v}_i = \dfrac{1}{J_i}[u_i(t) - B_i v_i + d_i] \end{cases} \tag{7-18}$$

7.1.3 滑模控制器设计

1. 同步控制策略

由于架桥机在架设墩柱过程中需要使用多电动机进行同步控制，因此必须考虑多电动机的同步控制问题。实际工程中的电动机同步问题比较普遍，目前，传统的同步控制分为

181

两种：一是非耦合控制，其中并行控制和主从控制应用最广泛；二是耦合控制，其中交叉耦合控制与偏差耦合控制的能力较强。

1）并行控制

并行控制是最简单的电动机同步控制方式，多电动机系统的输入信号来自同一值。由于给定信号值单一，因此系统控制不受其他信号的影响，单电动机受到的扰动不会影响其他电动机的工作。这种控制方法简单，系统跟随性好，当系统受到的扰动量不大时，同步性能较好。但当一轴受到扰动后，由于该系统无闭环反馈功能，导致两轴产生的同步偏差无法消除，而且随着干扰的持续，偏差会越来越大，进而对系统正常运行产生影响。并行控制结构如图 7-6 所示。

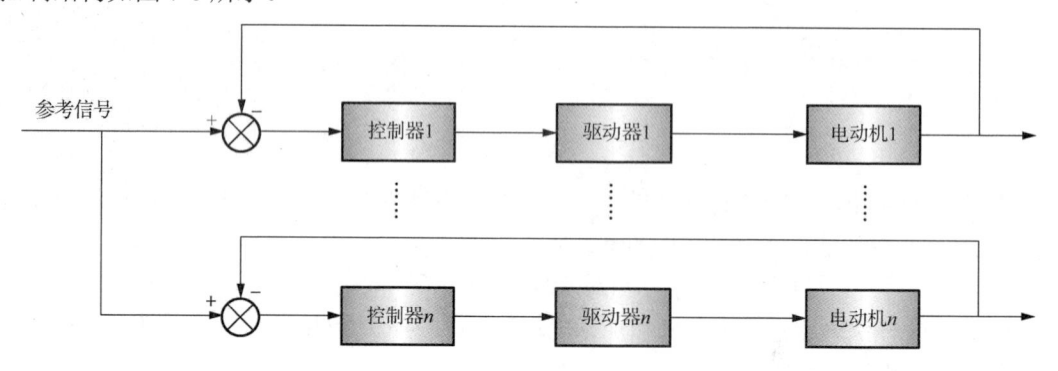

图 7-6 并行控制结构

2）主从控制

主从控制是指在控制系统中选择一个电动机作为主轴输出信号，而其他轴（从轴）以主轴输出信号作为参考。这种控制方法的稳态同步性较好，缺点是主轴受到扰动后从轴也会随之产生偏差，进而出现失稳。从轴受到的扰动不会对主轴产生影响，但系统启停时电动机之间的同步误差会增大。因此，主从控制策略适用于对位置和速度同步精度要求不高的场合。主从控制结构如图 7-7 所示。

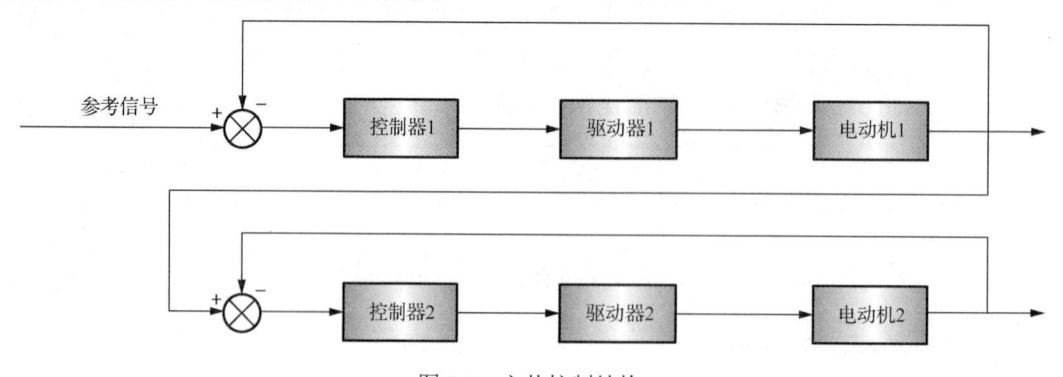

图 7-7 主从控制结构

在主从控制方式下，通过设计控制器的参数及信号值可以提高同步性。一些文献将主电动机目标信号值与从电动机目标信号值相减而得到的误差值输入自适应控制器中，自适应控制器将误差信号反馈到主电动机输入信号中，从而实时调整控制器参数值，形成反馈

式主从控制系统，获得较好的同步控制效果。

3）交叉耦合控制

交叉耦合控制方式最初应用于高速精密的多轴系统，用于控制多轴的同步误差，提高各轴之间的配合精度。交叉耦合控制特点是将多轴电动机输出信号进行比较、作差，将其结果作为跟踪误差信号，将新的误差信号反馈到电动机的输入信号中，从而实时调整各轴之间的相对误差，实现轴与轴之间的精确同步。交叉耦合控制在两轴之间的同步控制效果极好，可以较好地解决两轴之间的增益及动态不匹配问题，交叉耦合控制结构如图 7-8 所示。

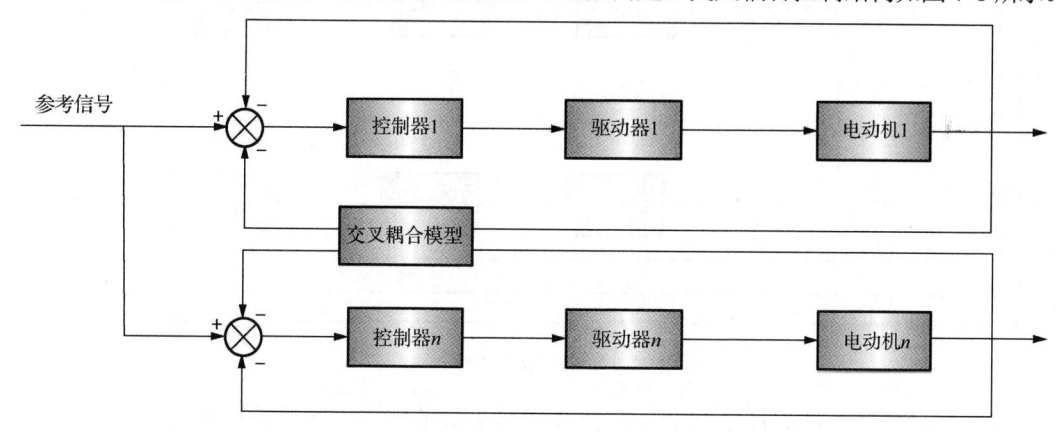

图 7-8 交叉耦合控制结构

交叉耦合控制方式需要与非线性控制器进行配合，才能较好地提高同步控制效果。一些文献为了解决电动机启动时的同步误差问题，提出了交叉耦合控制与模糊控制相结合的策略，有效提高了电动机启动速度和同步效果。还有一些文献为了减小双轴平移机构的同步性，将滑模 PID（比例、积分、微分）控制器与交叉耦合控制相结合，有效地提高了双轴的同步精度。

4）偏差耦合控制

交叉耦合控制方式在三轴及以上系统中的同步控制效果很差，为了解决多轴同步控制问题，在偏差耦合控制应运而生。其控制思想是，将多轴系统中的一轴速度与其他各轴速度作差，将各轴速度差求和并把它作为误差信号进行补偿，通过对不同轴的增益参数进行调整，得到各轴增益补偿值。这种控制方式能有效提高多轴的同步性。随着轴数的增加，偏差耦合控制的复杂程度也变高。偏差耦合控制结构如图 7-9 所示。

偏差耦合控制方式对多轴的同步控制效果较好。一些文献针对公路和铁路两用牵引车的多电动机转角问题，将模糊 PID 控制器与偏差耦合控制相结合，取得了较好的同步控制精度。还有一些文献针对多电动机转速同步问题，设计了变增益速度补偿器，结合单神经元 PID 控制器，使多电动机同步性得到了提升。

2. 滑模控制原理

滑模控制（变结构控制）始于 20 世纪 60 年代初。滑模控制方式下的结构简单，稳定性强，使其诞生之日起就得到广泛的关注，如今它已成为一门独立的学科。

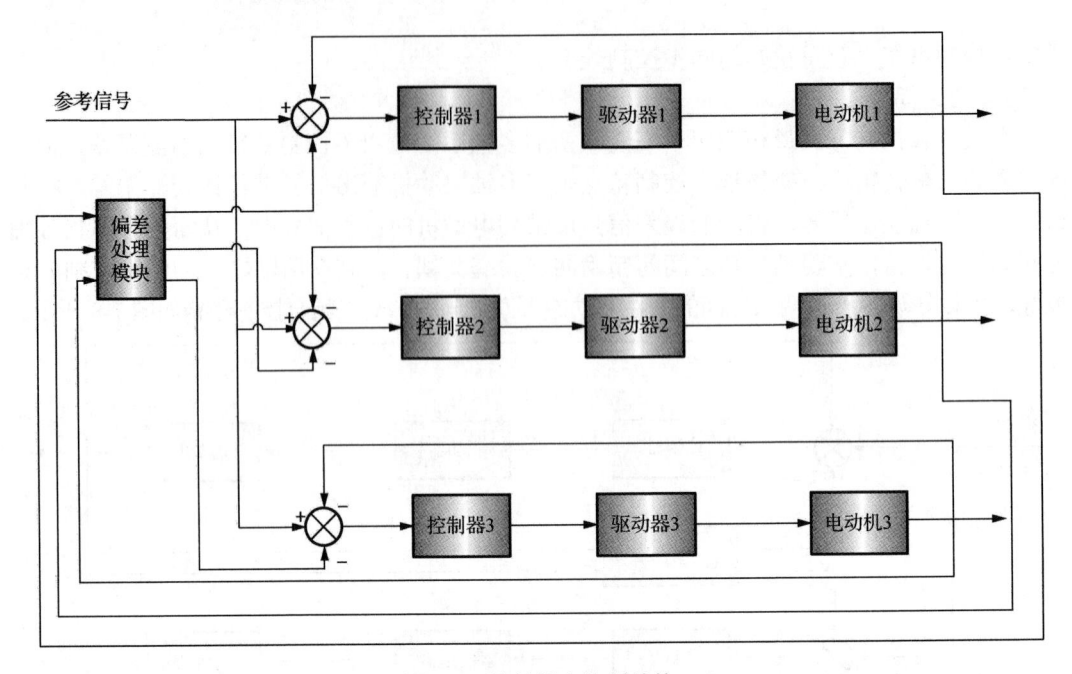

图 7-9　偏差耦合控制结构

滑模控制原理框图如图 7-10 所示。滑模控制最大的特点是通过设计不同情况下的切换法则或控制函数，使系统可以在一定时间内维持在设定的轨迹（滑模面）上，这是一种非连续的控制方法。

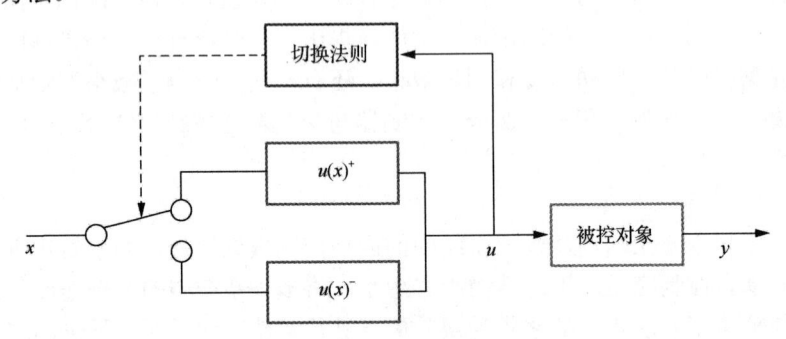

图 7-10　滑模控制原理框图

滑模面是一种超平面。在滑模控制中，系统的状态可以在有限时间内维持在设定的超平面上。在超平面上的系统具有很强的稳定性，即使系统的参数突变以及受到不确定干扰时，其控制效果也不会受到影响，这也是区别于传统控制方法的最大特点。正是因其强稳定性，滑模控制在工业领域受到广泛的应用。

假设如下系统：

$$\dot{x} = f(x,u,t) \tag{7-19}$$

式中，$x \in R^n$，表示 f 的状态变量；$u \in R^n$，表示 f 的控制变量；$t \in R$，表示时间；

首先设计一个滑模面 $s(x)$，使该系统在有限时间内到达并且维持在滑模面上运动；然后求解其控制函数 $u(x)$，使系统进入滑动模态。

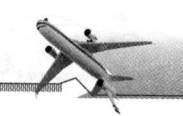

控制函数如下：

$$u = \begin{cases} u^+(x), & s(x) > 0 \\ u^-(x), & s(x) < 0 \end{cases} \quad (7\text{-}20)$$

当 $u(x)$ 的取值不同时，也就是 $u^+(x) \neq u^-(x)$ 时，系统为变结构控制状态。若要实现滑模控制，需要满足如下条件。

（1）滑模面存在滑动模态区。
（2）滑模面外相位轨迹能在有限时间内到达滑模面。
（3）系统在滑模面上的动态性能及稳定性高。

满足上述三个条件的设计也就是对滑模控制器的设计，设计时选取合适的滑模面 $s(x)$，对其值提升系统的控制精度与稳定性起至关重要的作用。

滑模面上的三种点的运动特性如图 7-11 所示。滑模面 $s(x)=0$ 时，状态空间分为 $s(x)>0$ 和 $s(x)<0$ 两个区域。在图 7-11 中，用 A、B、C 表示三种点。

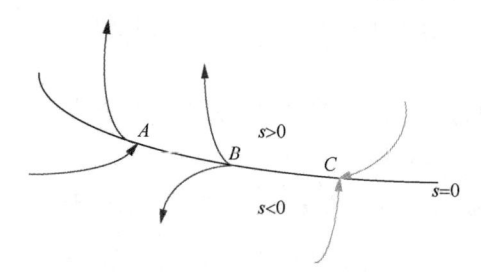

图 7-11 滑模面上的三种点的运动特性

其中，A 点为通常点，当系统经过滑模面时，从 $s<0$ 区域进入 $s>0$ 区域，在滑模面 $s=0$ 处直接穿过；B 点为起始点，当系统经过滑模面附近时，将从 $s=0$ 处向 $s<0$ 和 $s>0$ 两个区域运动；C 点为终止点，当系统经过滑模面附近时，将从滑模面两侧 $s<0$ 和 $s>0$ 两个区域向 $s=0$ 处运动，之后停留在 $s=0$ 附近并作高频振荡。

在滑模控制方式下，若要使系统可控，必须使其状态点控制在 C 点。也就是说，A 点和 B 点为发散点，对于滑模控制无意义。因此，滑模控制的最终目的是将系统状态点"吸引"到滑模面 $s=0$ 周围，并在滑模面两侧作高频振荡。在终止点 C 点附近作振荡的区域被称为"滑动模态"，因此这种控制方式称为滑模控制。

滑模控制相比于其他非线性控制，具有较强的稳定性和对系统参数摄动的不敏感性，因此非常适合电动机数学模型精度不高和干扰较多的电动机控制系统。若要使系统状态实现滑模控制，需要满足如下的稳定性条件：

$$\begin{cases} \lim_{s(x) \to 0^+} \dot{s}(x) \leq 0 \\ \lim_{s(x) \to 0^-} \dot{s}(x) \geq 0 \end{cases} \quad (7\text{-}21)$$

即当系统的状态变量在滑模面 $s>0$ 区域时，状态变量的趋近速度 $\dot{s}(x) \leq 0$；当系统的状态变量在滑模面 $s<0$ 区域时，$\dot{s}(x) \geq 0$。这样可以保证系统状态变量始终趋近于滑模面，实现系统的稳定。为了便于分析系统的稳定性，式（7-21）可以简化为以下表达式：

$$\lim_{s(x)\to 0} s\dot{s} \leqslant 0 \tag{7-22}$$

为了使系统的状态点在任意位置都能在有限时间内趋近于滑模面 $s=0$，很多学者提出了滑模控制的可达性条件，该条件表达式如下：

$$s\dot{s} < 0 \tag{7-23}$$

上式称为广义滑模控制条件，满足上述条件的系统的状态点可以在状态空间的任意位置趋近于滑模面 $s=0$，这种控制称为广义滑模控制。

在实际滑模控制中，由于控制器时延、系统的惯性等原因，系统状态点到达滑模面后不会一直在其上运动，而是在滑模面附近穿越振荡（称为抖振）。这是滑模控制的固有特性，抖振会带来一系列的影响。例如，会引起系统产生高频振荡。如何削弱抖振成为设计滑模控制器中重要的问题。

抑制抖振的 3 种方法如下：

（1）使用饱和函数替代控制函数。这种方法是以牺牲稳定性抑制抖振。

（2）边界层连续化法。这种方法虽然能够有效抑制抖振，但削弱了系统控制的自适应性。

（3）边界层在线调整方法。这种方法通过系统的状态点实时运动情况，对边界层厚度进行调整，抖振的抑制效果比较好。

3. 基于交叉耦合控制方式的新型移动滑模控制器设计

由上述分析结果可知，非耦合控制方式优点明显，缺点是其精度只能依赖一个轴，若一轴失稳，则另一轴会产生更大的误差，而且其延时较大，因此同步精度较低。而起重小车系统的同步问题都是双轴控制的，交叉耦合控制方式最适合架桥机起重小车系统。为架桥机起重小车设计的电动机交叉耦合控制同步系统结构如图 7-12 所示。

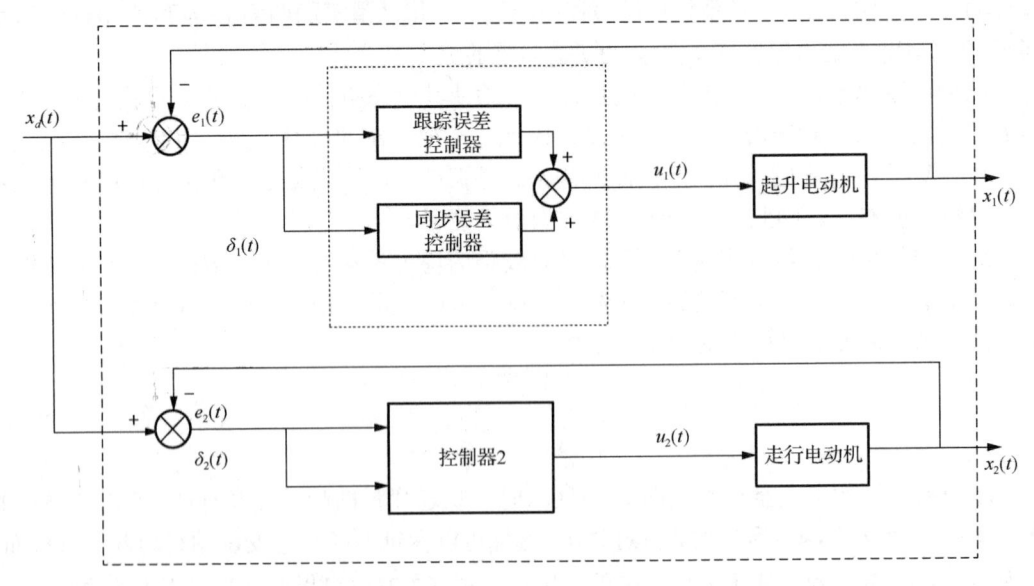

图 7-12 为架桥机起重小车设计的电动机交叉耦合控制同步系统结构

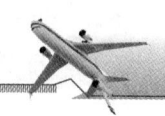

对于双吊具的同步升降和前后起重小车的同步走行,都属于1:1的比例关系,这也是同步系统中最简单的形式。对于后起重小车的走行与升降,其比例关系已在式(7-1)中给出。

电动机的机械结构差异、负载差异及外界的各种干扰的存在使得两轴存在着同步误差,因此采用交叉耦合控制方式,将两轴的位置误差进行比较,得出同步误差,将这一误差反馈到双轴的输入端,使两轴都可以调整状态并同步。

定义电动机的跟踪误差如下:

$$e_i = x_{id} - x_i \quad (7\text{-}24)$$

定义电动机的同步误差如下:

$$\delta_i = z_{i+1} - z_i \quad (7\text{-}25)$$

注意:当 $i=2$ 时,$i+1=1$(编程时做的假设和记号);对应于双起升与双走行系统,$z=e$;对应于后起重小车的走行与起升系统,$z_2 = \dfrac{e_2 x_{1d}}{x_{2d}}$,$z_1 = e_1$。

定义电动机的交叉耦合同步误差如下:

$$e_i^* = \delta_i + \alpha_i \int_0^t \delta_i \mathrm{d}x \quad (7\text{-}26)$$

但是单靠交叉耦合控制方式对系统的同步误差进行控制仍然存在很多问题,因此需要配合先进的控制理论才能提高其控制性能。这里采用滑模控制解决同步吊装问题。

电动机的跟踪误差与交叉耦合同步误差已在式(7-24)和式(7-26)中给出,现在定义新的滑模面如下:

$$s_i(t) = c_1(t)e_i + c_2\dot{e}_i + c_3 e_i^* + c_4 e_i^{-at} \quad (7\text{-}27)$$

式中,$c_2, c_3, c_4, a \in \mathrm{R}^+$,$c_1(t)$ 的表达式如下:

$$c_1(t) = (\varphi_1 + \varphi_2 \mathrm{e}^{-\mu t^2})^m \quad (7\text{-}28)$$

式中,φ_1、φ_2、$\mu \in \mathrm{R}^+$,$1 < m < 2$。

$c_1(t)$ 控制系统的收敛速度,图 7-13 所示为不同 m 值下 $c_1(t)$ 随时间变化的曲线。从该图可以看出,系统在初始时刻有较大的值,随着时间的变化其值逐渐减小。$c_1(t)$ 的增大会使控制力急剧增大,因此需要设计式(7-28)的时变参数。

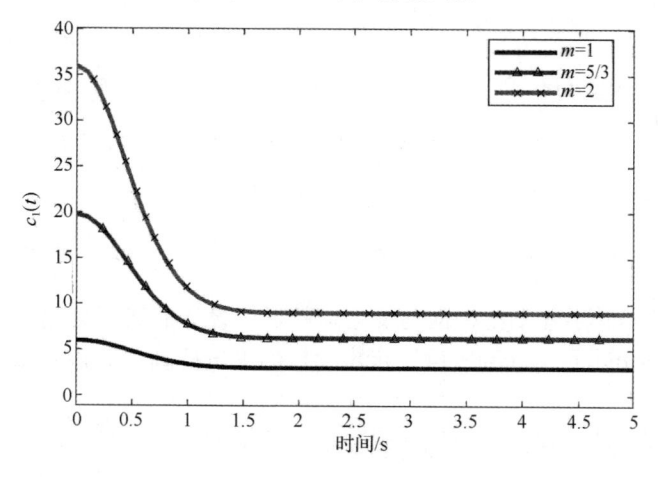

图 7-13 不同的 m 值下 $c_1(t)$ 随时间变化的曲线

c_4 的值与初始时刻有关，为提高系统的稳定性，选取其值时，应尽量使系统在初始时刻位于滑模面附近。

对式（7-27）进行求导，得

$$\dot{s}_i(t) = \dot{c}_1(t)e_i + c_1(t)\dot{e}_i + c_2\ddot{e}_i + c_3\dot{e}_i^* - c_4 a e^{-at}$$
$$= \dot{c}_1(t)e_i + c_1(t)\dot{e}_i + c_2\dot{v}_i + c_3\dot{e}_i^* - c_4 a e^{-at} \qquad (7-29)$$

将式（7-18）代入上式，得

$$\dot{s}_i(t) = \dot{c}_1(t)e_i + c_1(t)\dot{e}_i + \frac{c_2}{J_i}[u_i(t) - B_i v_i + d_i] + c_3\dot{e}_i^* - c_4 a e^{-at} \qquad (7-30)$$

为了抑制抖振，利用的趋近律如表达式如下：

$$\dot{s}_i = -k_1 s_i - \left[k_2 |s_i|^r + q(s_i)\right]\mathrm{sgn}(s_i) \qquad (7-31)$$

其中，$k_1, k_2, r \in \mathrm{R}^+$；$q(s_i)$ 是设计的变增益参数，其表达式如下：

$$q(s_i) = k(1 - \mathrm{e}^{-\delta|s_i|}) \qquad (7-32)$$

由式（7-32）可知，当系统误差远离滑模面时，即 $|s_i|$ 增大时，$q(s_i)$ 趋近于 k，将会提高其收敛速度；当系统误差接近滑模面时，即 $|s_i|$ 减小时，$\mathrm{e}^{-\delta|s_i|}$ 趋近于 1，因此 $q(s_i)$ 将逐渐趋近于零，并且在控制器的作用下系统将逐渐趋近于零，从而使设计的控制器在不降低收敛速度的同时减弱抖振。上述分析表明，$q(s_i)$ 会随着滑模面的变化在 $0 \sim k$ 之间变化，从而调整参数达到理想的趋近效果。图 7-14 为等速趋近律与变增益趋近律的比较。

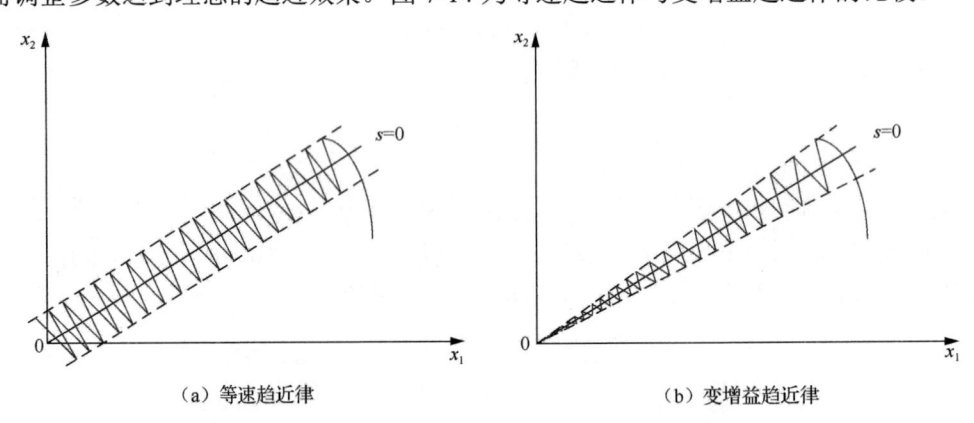

(a) 等速趋近律　　　　　　　　　(b) 变增益趋近律

图 7-14　等速趋近律与变增益趋近律的比较

结合式（7-30）和式（7-31）可得控制力表达式：

$$u_i(t) = \frac{J}{c_2}[\dot{c}_1(t)e_i + c_1(t)\dot{e}_i + c_3\dot{e}_i^* - ac_4 e^{-at}] + k_1 s_i + [k_2|s_i|^r + q(s_i)]\mathrm{sgn}(s_i) + Bx_2 \qquad (7-33)$$

式（7-33）就是基于移动滑模面与变增益趋近律设计的架桥机起重小车系统滑模控制器输出信号，其输出信号反馈到永磁同步电动机的矢量控制器的输入端，实现对电动机的控制。

为了验证变增益趋近律的稳定性，建立李雅普诺夫函数，即

$$V_i(t) = \frac{1}{2}s_i^2 \tag{7-34}$$

对上式求导，得

$$\dot{V}(t) = s\dot{s} = s[\dot{c}_1(t)e_i + c_1(t)\dot{e}_i + c_2\ddot{e}_i + c_3\dot{e}_i^* - ac_4 e_i^{-at}]$$

$$= s[\dot{c}_1(t)e_i + c_1(t)\dot{e}_i - \frac{c_2}{J_i}(u_i - B_i x_{2i} + d_i) + c_3\dot{e}_i^* - ac_4 e_i^{-at}] \tag{7-35}$$

将式（7-31）代入上式，得

$$\dot{V}(t) = s\left\{-k_1 s - [k_2|s|^r + q(s)]\mathrm{sgn}(s) + d_i\right\}$$

$$= -k_1 s^2 - k_2|s|^{r+1} - q(s)|s| + d_i s$$

$$\leqslant -k_1 s^2 - k_2|s|^{r+1} - [q(s) - \bar{d}_i]|s|$$

$$< -k_1 s^2 - k_2|s|^{r+1} < 0 \tag{7-36}$$

通过以上分析与证明可知，电动机的跟踪误差 e_i、同步误差 δ_i 及交叉耦合同步误差 e_i^* 在式（7-33）代表的控制力的作用下逐渐收敛到滑模面 $s_i(t)$，因此，证明上述闭环系统稳定。

7.1.4 扰动滑模观测器设计

在架桥机架设渡槽过程中，外界环境的不确定性、工况的不同及系统内部的参数变化等影响，导致控制器不能达到理想的控制精度。为了使架桥机满足在各种环境下精确吊装，需要设计一种方法，使之能够准确地估计出扰动量并实时补偿。

针对上述问题，本章提出了一种基于扰动滑模观测器的复合控制方法：在原状态方程的基础上加入扰动量，设计出一种开关函数并把它作为扰动量变化率的估计值，并且通过分析表明，若要实现准确估计，该观测器需要满足一定的参数条件，从而准确地估计原系统的扰动量，然后作为反馈量反馈到原系统中，以抵消扰动量。

改写式（7-18），将 d_i 当作系统的状态变量，可得

$$\begin{cases} \dot{w}_{1i} = \dot{x}_i = w_{2i} \\ \dot{w}_{2i} = \dot{v}_i = \dfrac{1}{J_i}[u_i(t) - B_i v_i + d_i] \\ \dot{w}_{3i} = r(t) \end{cases} \tag{7-37}$$

其中，$r(t)$ 表示扰动量 $d(t)$ 的变化率。由于扰动量 $d(t)$ 包含建模不确定项、干扰等因素，因此需要满足如下限制条件：

$$|d(t)| \leqslant l \tag{7-38}$$

建立如下扰动滑模观测器：

$$\begin{cases} \dot{\hat{w}}_{1i} = \hat{w}_{2i} + \lambda_1(t)g_{sm} \\ \dot{\hat{w}}_{2i} = \dfrac{1}{J_i}[u_i(t) - B_i \hat{w}_{2i} + \hat{d}_i] + \lambda_2(t)g_{sm} \\ \dot{\hat{d}}_i = \lambda_3(t)g_{sm} \end{cases} \tag{7-39}$$

式中，$\hat{w}_{1i}, \hat{w}_{2i}, \hat{d}_i$ 分别为 w_{1i}, w_{2i}, d_i 的估计项；$g_{sm}=|\varepsilon_1|^{r_2}\text{sgn}(\varepsilon_1)$，$\varepsilon_i = \hat{w}_{1i} - w_{1i}$；$\lambda_p(t)$ ($p=1,2,3$) 为设计的时变参数，其表达式如下：

$$\lambda_p(t) = \beta_p \frac{1-e^{-\alpha t}}{1+e^{-\alpha t}} \tag{7-40}$$

式中，$\beta_p, \alpha \in R^+$。

扰动滑模观测器的收敛速度与时变参数 $\lambda_p(t)$ 有关，时变参数 $\lambda_p(t)$ 越大，收敛速度越快。$\lambda_p(t)$ 的设计是为了避免当扰动滑模观测器的初值与原系统的初值不同时而产生的峰值现象，从而对扰动滑模观测器的收敛效果产生影响。

将式（7-37）与式（7-39）相减得到的误差方程如下：

$$\begin{cases} \dot{\varepsilon}_1 = \varepsilon_2 - \lambda_1(t)g_{sm} \\ \dot{\varepsilon}_2 = -\frac{B_i \varepsilon_2}{J_i} + \varepsilon_3 - \lambda_2(t)g_{sm} \\ \dot{\varepsilon}_3 = r(t) - \lambda_3(t)g_{sm} \end{cases} \tag{7-41}$$

式中，$\varepsilon_2 = \hat{w}_{2i} - w_{2i}$，$\varepsilon_3 = \hat{d}_i - d_i$。

设计的扰动滑模观测器原理如图 7-15 所示。

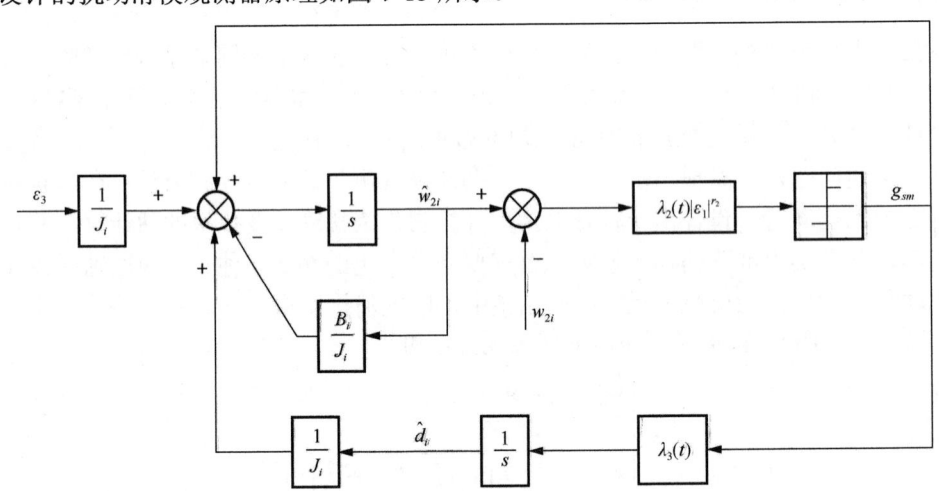

图 7-15 设计的扰动滑模观测器原理

下面证明该观测器的性能。

建立李雅普诺夫函数：

$$V_{\varepsilon i}(t) = \frac{1}{2}\varepsilon_1^2 + \frac{1}{2}\varepsilon_2^2 + \frac{1}{2}\varepsilon_3^2 \tag{7-42}$$

对上式求导，并将式（7-41）代入其中，得

$$\begin{aligned}\dot{V}_{\varepsilon i}(t) &= \varepsilon_1 \dot{\varepsilon}_1 + \varepsilon_2 \dot{\varepsilon}_2 + \varepsilon_3 \dot{\varepsilon}_3 \\ &= \varepsilon_1[\varepsilon_2 - \lambda_1(t)g_{sm}] + \varepsilon_2\left[-\frac{B_n \varepsilon_2}{J_n}/+\varepsilon_3 - \lambda_2(t)g_{sm}\right] + \varepsilon_3[r(t) - \lambda_3(t)g_{sm}]\end{aligned} \tag{7-43}$$

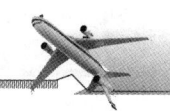

若要使上式计算结果小于零，需满足：

$$\begin{cases} \lambda_1(t) > h|\varepsilon_2| \\ \lambda_2(t) > h|\varepsilon_3| \\ \lambda_3(t) > h|r(t)| \end{cases} \quad (7\text{-}44)$$

式中，h 为滑模安全因子，$h>1$。

综上所述，在满足式（7-44）的参数选取原则下，根据式（7-39）设计的扰动观测器将在有限时间收敛到零。

将设计的扰动滑模观测器与滑模控制器相结合，得到复合滑模同步控制器，其控制力表达式如下：

$$u_i(t) = \frac{J}{c_2}[\dot{c}_1(t)e_i + c_1(t)\dot{e}_i + c_3\dot{e}_i^* - ac_4 e_i^{-at}] + k_1 s_i + [k_2|s_i|^r + q(s_i)]\mathrm{sgn}(s_i) + Bx_2 - \hat{w}_{3i}$$

设计的复合滑模同步控制器结构如图 7-16 所示。其中，w_{31} 和 w_{32} 分别为起升电动机和走行电动机的干扰估计值。将目标位置传输到位置控制器中与实际误差进行比较，然后传输到滑模控制器中，将干扰观测器测量到的干扰补偿到滑模控制器中，从而控制电动机，达到精确吊装的目的。

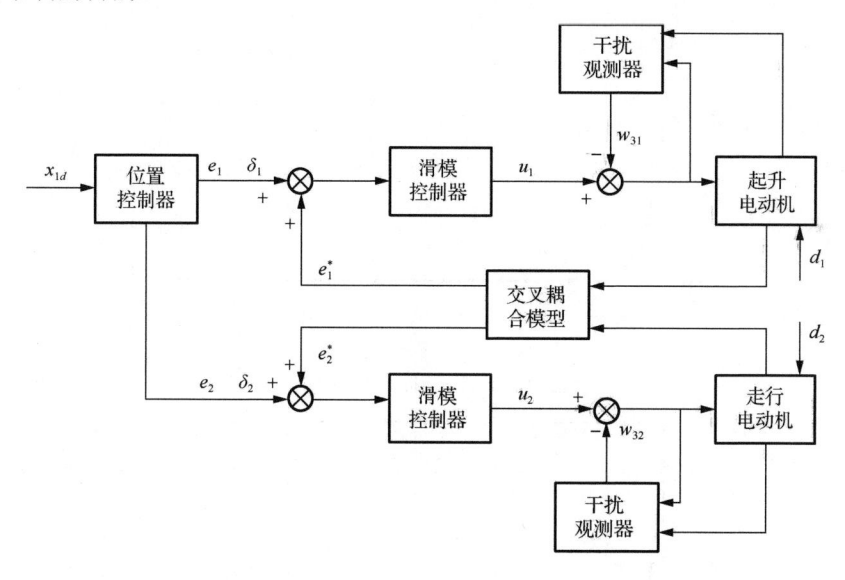

图 7-16 设计的复合滑模同步控制器结构

7.1.5 起重小车系统仿真分析

为了验证 7.1.4 节提出的复合滑模同步控制器对架桥机起重小车系统的控制性能，下面通过 MATLAB/ SIMULINK 仿真平台，对其数学模型进行仿真。

该控制器的各项参数需要满足其选取原则，k_1、k_2 及 k 的选取需要保证快速收敛的同时把抖振的影响减到最小；φ_1、φ_2 及 m 的选取需满足快速到达滑模面的条件；c_3 的作用是控制同步误差的收敛速度，但其值不能太大，否则，会导致控制力过大。c_4 的选取与系统的初始状态相关，通过控制 c_4 的参数可以控制系统初始时刻的状态，需要使系统在初始时刻接近滑模面或位于滑模面上。由于滑模控制的特性,系统在滑模面上时稳定性最强,因此c_4的选取是决定系统整体稳定性的关键;由于每台电动机内部参数不同,因此在对不同电动机的控制器参数选取时也会不同。控制器的参数选取如下所示。

起升电动机的各项参数如下:$J_1=0.075\text{kg}\cdot\text{m}^2$,$B_1=0.02\text{N}\cdot\text{s}\cdot\text{m}^{-1}$,$L=8000\text{mm}$,$r_1=300\text{mm}$,$\alpha_1=30$,$\varphi_1=3$,$\varphi_2=3$,$\mu=2$,$m=5/3$,$c_2=1$,$c_3=15$,$c_4=-98$,$a=8$,$k_1=0.8$,$k_2=10$,$r=0.85$,$k=15$,$\delta=0.8$。

走行电动机的各项参数如下:$J_2=0.007\text{kg}\cdot\text{m}^2$,$B_2=0.002\text{N}\cdot\text{s}\cdot\text{m}^{-1}$,$r_2=200\text{mm}$,$\alpha_2=30$,$\varphi_1=3$,$\varphi_2=3$,$\mu=2$,$m=5/3$,$c_2=1$,$c_3=20$,$c_4=-380$,$a=8$,$k_1=0.8$,$k_2=10$,$r=0.85$,$k=10$,$\delta=0.8$。

1. 无扰动量下的仿真结果

在无扰动量的情况下,验证复合滑模同步控制器的收敛速度及抑制抖振能力。设起升电动机的目标位置$x_{1d}=5\text{rad}$,扰动量$d=0$,仿真时间为5s。无扰动量下的仿真结果如图7-17所示。

(a)起升电动机的跟踪误差

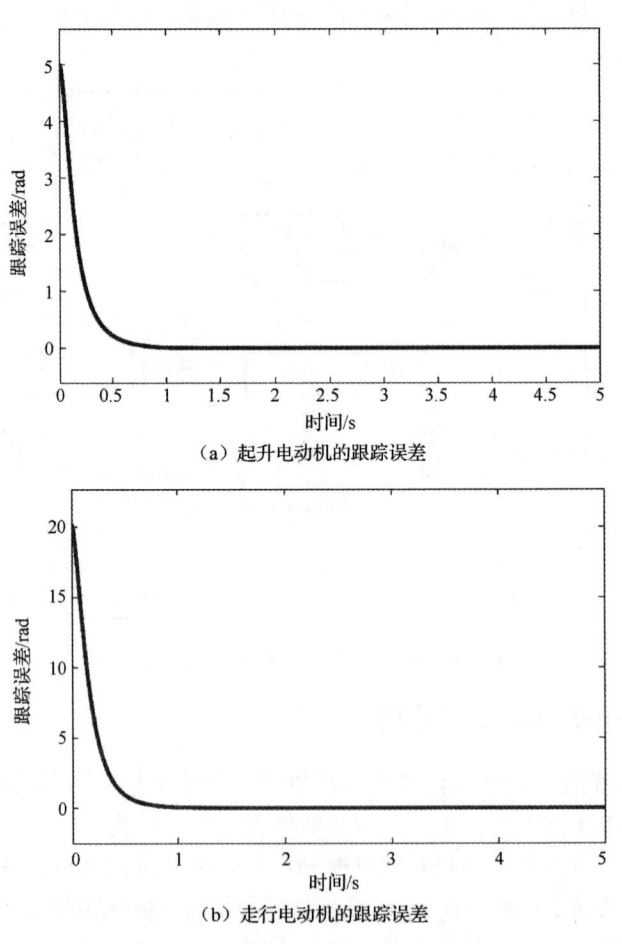

(b)走行电动机的跟踪误差

图7-17 无扰动量下的仿真结果

(c) 起升电动机的控制力

(d) 起升电动机的控制力曲线局部放大图

(e) 起升电动机和走行电动机的同步误差

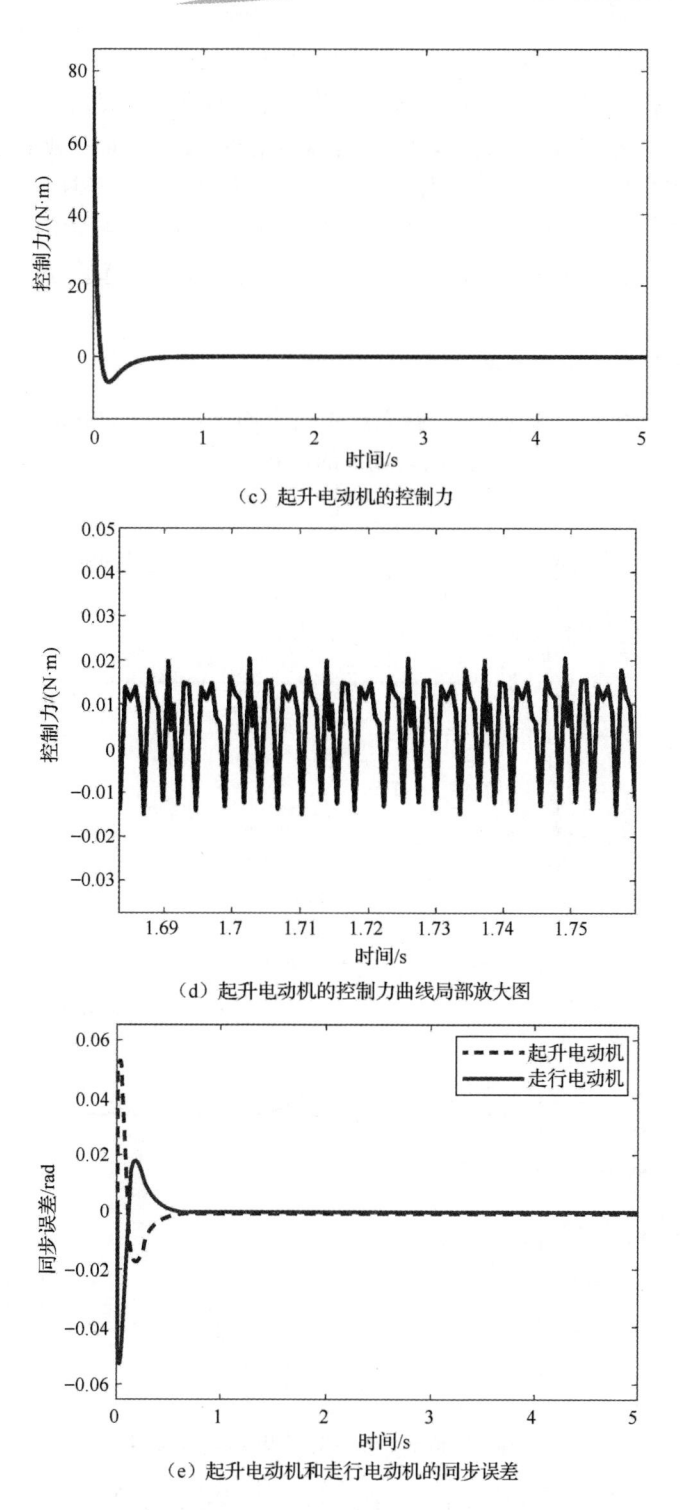

图 7-17 无扰动量下的仿真结果（续）

由图 7-17（a）和图 7-17（b）可知，由于同步运动比例关系，当 $x_{1d}=5\,\text{rad}$ 时，$x_{2d}=20.154\,\text{rad}$，设计的复合滑模同步控制器可以使吊具在 0.8s 到达规定位置，由图 7-17（c）和图 7-17（d）可知，增大控制力后，抖振的幅度变得很小，即抖振抑制效果好；由图 7-17（e）可以看出，起升电动机和走行电动机的同步误差极小 (0.06 rad)，并且误差的收敛速度也很快 (0.8s)。上述情况表明，设计的复合滑模同步控制器可以实现较快的响应速度及较准确的位置跟踪精度，并且同步控制精度也很高，可以实现架桥机起重小车系统的快速同步控制。

2. 常值扰动量下的仿真结果

在无扰动量下的仿真结果基础上，在系统中机上施加常值扰动量 $d=1\,\text{N}\cdot\text{m}$，并在 3s 时刻加入时变扰动量 $d=2\,\text{N}\cdot\text{m}$。常值扰动量下的同步误差仿真结果如图 7-18 所示。

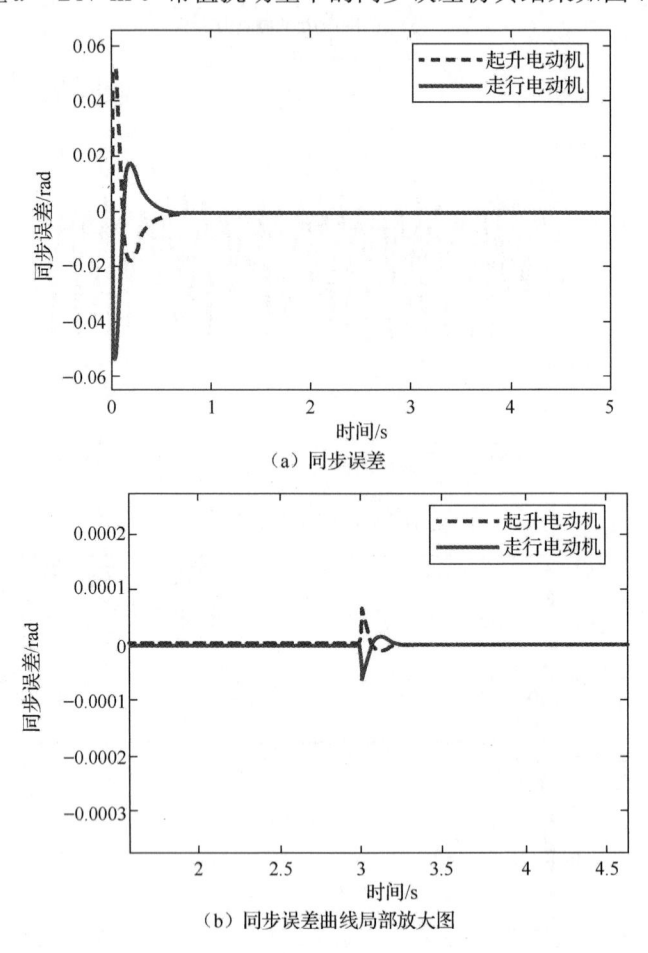

（a）同步误差

（b）同步误差曲线局部放大图

图 7-18　常值扰动量下的同步误差仿真结果

由图 7-18 可知，在常值扰动量下，系统的同步误差收敛速度几乎没有受到影响，在加入时变扰动量时，对系统同步精度的影响极小（0.0003 rad），并且在很短的时间内收敛。上述情况表明滑模控制器对扰动的响应与抑制能力极强。

3. 时变扰动量下的仿真结果

在无扰动量下的仿真结果基础上给干扰观测器输入扰动量，施加的时变扰动量 $d = 2\sin(t)$，滑模控制器参数如下：$\beta_1=15$，$\beta_2=120$，$\beta_3=300$，$\alpha=10$。时变扰动量下的仿真结果如图 7-19 所示。

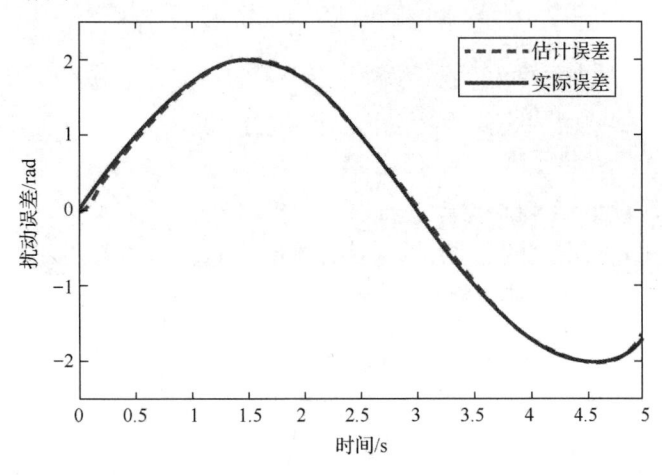

图 7-19 时变扰动量下的仿真结果

由图 7-19 可知，估计误差曲线与实际误差曲线几乎重合，表明干扰观测器的估计精度较高，将干扰观测器估计出的扰动量及时反馈到滑模控制器中，可以有效地补偿扰动量，从而提升系统的稳定性。

7.2　架桥机起重小车精确对位技术

架桥机在架设盖梁时，吊具与钢丝绳的连接是柔性连接，导致盖梁在运输、安装过程中摆动，难以精确对位，而整个吊装系统属于欠驱动系统，导致盖梁的摆动在一定时间内难以消除，严重影响架桥机的吊装速度与精度。通过分析以及查阅大量文献，消除架桥机起重小车吊具随盖梁摆动的最佳方式就是采用闭环控制系统对吊装系统进行控制。

7.2.1　架桥机起重小车吊装系统运动分析

架桥机起重小车吊装系统运动简图如图 7-20 所示，设 l 为钢丝绳长度，θ 为起吊物摆角，θ_x 和 θ_y 分别为起吊物在 X 轴与 Y 轴方向的分量。运行机构沿 Y 轴方向运动，小车架沿 X 轴方向运动。

小车架上安装起升机构（包含吊具），重物通过钢丝绳与起升机构相连，起升机构在 Z 轴方向上移动。当小车架或运行机构单独运动时，由于钢丝绳的存在，重物只在 X 轴或 Y 轴方向上摆动；当小车架和运行机构同时运动时，重物的摆动情况变得很复杂，它会绕着中心点以钢丝绳长度为半径进行类似球冠面的圆周摆动，尤其当运行机构加减速运动时，摆动更加明显，造成架桥机在吊装时不能精确定位，使安装精度和效率降低。

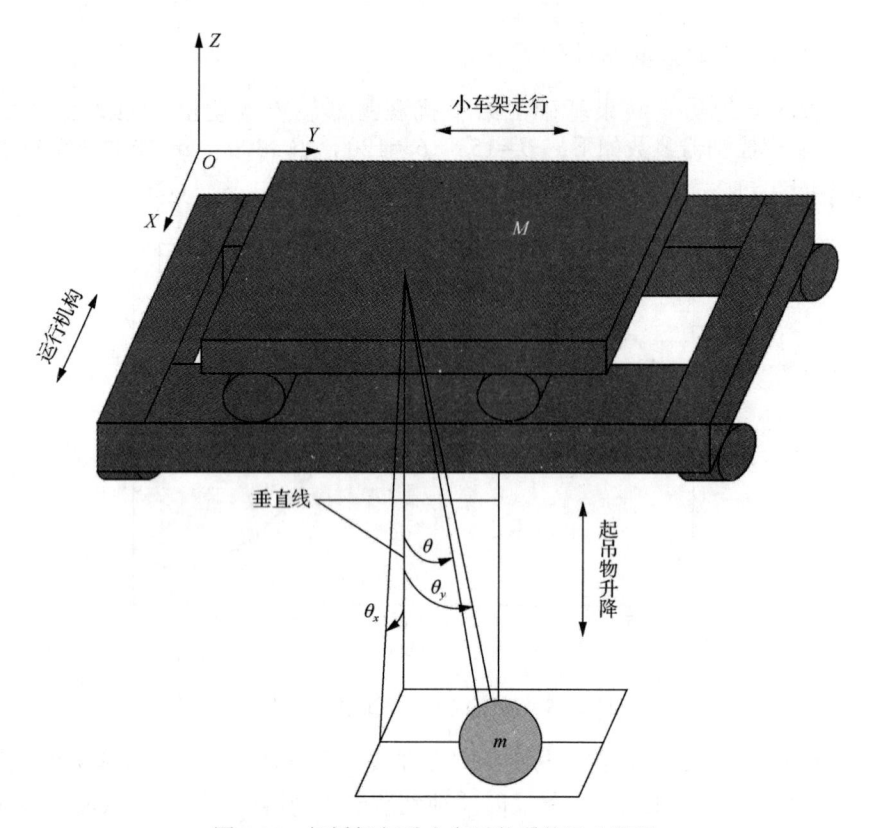

图 7-20　架桥机起重小车吊装系统运动简图

7.2.2　起重小车吊装系统的数学模型

1. 起重小车吊装系统物理模型的假设

起重小车吊装系统在启动或制动时，因惯性而使钢丝绳下的重物摆动，这是重物摆动的主要原因。起重小车上的电动机振动、因运行机构及小车架运行轨道的不平行而产生的不均匀阻力、风阻力的影响也会使重物摆动，其中的高频小幅振荡因钢丝绳的柔性阻尼影响而最终降低到零，但有些因素无法用数学模型精确表示。在起重小车三维模型中，运行机构与横向移动的小车架存在两个方向的联动，这种联动非常复杂，难以解耦，使得吊具精确对位问题变得复杂，不利于问题的解决，而且重物的摆动幅度受很多因素的影响。为了便于问题的分析与数学模型的建立，必须对起重小车吊装系统的物理模型进行合理简化，即需要作如下假设：

（1）在架桥机实际工作中，运行机构的走行与小车架的走行不会同时进行。为了简化问题，只需考虑一个方向上的摆动，因此，忽略小车架走行，只考虑运行机构的运动。

（2）忽略钢丝绳的重力及弹性变形，把它视为无质量、无变形的刚体。

（3）重物承受的风阻力等由外界引起的各种扰动量都归于某一状态量的干扰。

（4）假设由电动机产生的转矩直接控制起重小车的驱动力 F，无其他量可控。

（5）将起重小车与轨道产生的摩擦视为理想摩擦。

（6）将重物视为一个无体积质点。

简化后，可以建立起重小车起吊系统的数学模型，该模型参数见表7-1。

表7-1 起重小车吊装系统的数数模型参数

序号	参数名称	符号	参数值	单位	备注
1	起重小车质量	M	给定值	kg	
2	重物（包含吊具和起吊物）质量	m	给定值	kg	
3	轨道摩擦系数	μ	给定值	无	
4	钢丝绳长度	l	变量	m	
5	钢丝绳提升速度	$\dot{l}$	变量	m/s	
6	钢丝绳提升加速度	$\ddot{l}$	变量	m/s²	基于球坐标系
7	起升电动机拉力	F	变量	N	
8	起吊物摆角	θ	变量	deg	
9	起吊物摆动的角速度	$\dot{\theta}$	变量	deg/s	
10	起吊物摆动的角加速度	$\ddot{\theta}$	变量	deg/s	
11	重力加速度	g	9.798	m/s²	

2. 采用拉格朗日方程建模

传统的动力学建模方法有两种，一种是牛顿力学建模方法，采用这种建模方法时需要对每个受力物体进行分析，导致复杂系统的建模变得非常困难。另一种是拉格朗日方程建模方法，它基于能量的角度及最小作用量原理建立方程，所建立的方程个数取决于系统的自由度，大大简化了模型的复杂程度。对于架桥机起重小车吊装系统，采用拉格朗日方程进行建模，其定义式为

$$L(q_i, \dot{q}_i) = T(q_i, \dot{q}) - V(q_i, \dot{q}) \tag{7-45}$$

式中，L为拉格朗日算子；T为系统动能，$T = \sum_{t=1}^{n} \frac{1}{2} m_t v_t^2$；V为系统势能；i为质点系的自由度数；$q_i$为质点系的广义坐标。

根据最小作用量原理，对架桥机起重小车吊装系统，采用如下拉格朗日方程：

$$\frac{\mathrm{d}}{\mathrm{d}t}\left(\frac{\partial L}{\partial \dot{q}_i}\right) - \frac{\partial L}{\partial q_i} = f_i \tag{7-46}$$

式中，f_i为第i个质点系受到的广义外力。

3. 建立三维模型

起重小车的三维运动简图如图7-21所示。其中，XOY平面为起重小车运动平面，Z轴方向为重物起升方向，θ_x和θ_y分别为起吊物在X轴与Y轴方向上的摆角分量；l为钢丝绳长度，坐标$(x, y, 0)$为起重小车坐标位置。

（1）重物质量m在各个坐标轴的位移分量为

$$\begin{cases} x_m = x + l \sin\theta_x \cos\theta_y \\ y_m = y + l \sin\theta_y \\ z_m = -l \cos\theta_x \cos\theta_y \end{cases} \tag{7-47}$$

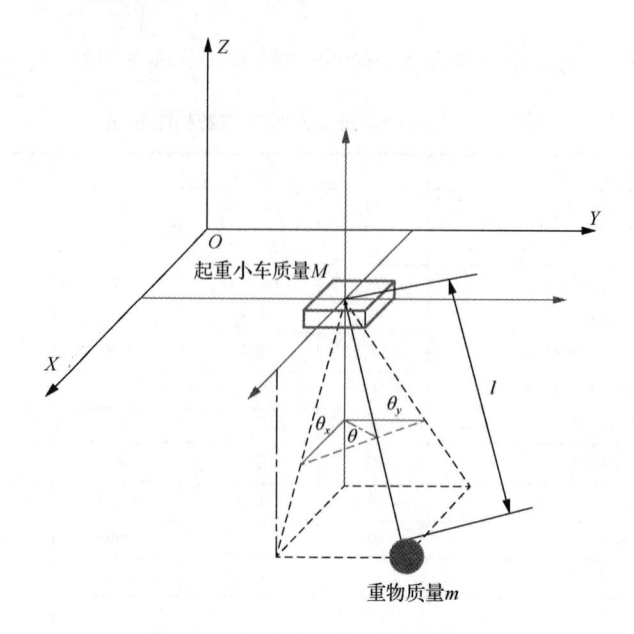

图 7-21　起重小车的三维运动简图

（2）起重小车动能的计算。

$$T_M = \frac{1}{2}(M_x \dot{x}^2 + M_y \dot{y}^2 + M_l \dot{l}^2) \tag{7-48}$$

式中，M_x、M_y、M_l 分别为起重小车在 X 轴、Y 轴、l 轴方向上的质量分量。

重物动能：

$$T_m = \frac{1}{2} m v_m^2 \tag{7-49}$$

式中，$v_m^2 = \dot{x}_m^2 + \dot{y}_m^2 + \dot{z}_m^2$，将式（7-47）代入其中，可得，

$$\begin{aligned} v_m^2 = &\ \dot{x}^2 + \dot{y}^2 + \dot{l}^2 + l^2 \cos^2\theta_y \dot{\theta}_x^2 + l^2 \dot{\theta}_y^2 + \\ & 2\dot{x}(\dot{l}\sin\theta_x\cos\theta_y + l\dot{\theta}\cos\theta_x\cos\theta_y - l\dot{\theta}_y\sin\theta_x\sin\theta_y) + \\ & 2\dot{y}(\dot{l}\sin\theta_y + l\cos\theta_y\dot{\theta}_y) \end{aligned} \tag{7-50}$$

起重小车吊装系统的总动能计算公式如下：

$$\begin{aligned} T = &\ T_M + T_m \\ = &\ \frac{1}{2}(M_x \dot{x}^2 + M_y \dot{y}^2 + M_l \dot{l}^2) + \\ & \frac{1}{2} m[\dot{x}^2 + \dot{y}^2 + \dot{l}^2 + l^2 \cos^2\theta_y \dot{\theta}_x^2 + l^2 \dot{\theta}_y^2 + \\ & 2\dot{x}(\dot{l}\sin\theta_x\cos\theta_y + l\dot{\theta}\cos\theta_x\cos\theta_y - l\dot{\theta}_y\sin\theta_x\sin\theta_y) + \\ & 2\dot{y}(\dot{l}\sin\theta_y + l\cos\theta_y\dot{\theta}_y)] \end{aligned} \tag{7-51}$$

（3）起重小车势能的计算由于起重小车不在 Z 轴方向上运动，因此其势能为 0。重物 m 的位置参考图 7-21，其在 Z 轴方向上的坐标 $z_m = -l\cos\theta_x\cos\theta_y$，以 XOY 平面作为势能零点，则起重小车装吊系统的总势能计算公式如下：

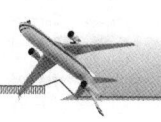

$$P = P_m = -mgl\cos\theta_x \cos\theta_y \qquad (7\text{-}52)$$

(4)拉格朗日算子的计算

$$\begin{aligned}L &= T - V \\ &= \frac{1}{2}(M_x \dot{x}^2 + M_y \dot{y}^2 + M_l \dot{l}^2) + \\ &\quad \frac{1}{2}m[\dot{x}^2 + \dot{y}^2 + \dot{l}^2 + l^2\cos^2\theta_y \dot{\theta}_x^2 + l^2\dot{\theta}_y^2 + \\ &\quad 2\dot{x}(\dot{l}\sin\theta_x \cos\theta_y + l\dot{\theta}_x\cos\theta_x\cos\theta_y - l\dot{\theta}_y\sin\theta_x\sin\theta_y) + \\ &\quad 2\dot{y}(\dot{l}\sin\theta_y + l\cos\theta_y\dot{\theta}_y)] + mgl\cos\theta_x\cos\theta_y \end{aligned} \qquad (7\text{-}53)$$

(5)广义坐标下的拉格朗日方程。

设广义坐标 $q_i = [x, y, l, \theta_x, \theta_y]$，$i = 1 \sim 5$，将式（7-53）代入式（7-46），可以得到各坐标轴方向上的拉格朗日方程。

① 在广义坐标 X 轴方向上的拉格朗日方程。

$$(M+m)\ddot{x} + (m\ddot{l} - ml\dot{\theta}_x^2 - ml\dot{\theta}_y^2)\sin\theta_x\cos\theta_y + (ml\ddot{\theta}_x + 2m\dot{l}\dot{\theta}_x)\cos\theta_x\cos\theta_y \\ -(ml\ddot{\theta}_y + 2m\dot{l}\dot{\theta}_y)\sin\theta_x\sin\theta_y - 2ml\dot{\theta}_x\dot{\theta}_y\sin\theta_y\cos\theta_x = f_x \qquad (7\text{-}54)$$

② 在广义坐标 Y 轴方向上的拉格朗日方程。

$$(M+m)\ddot{y} + (m\ddot{l} - ml\dot{\theta}_y^2)\sin\theta_y + (ml\ddot{\theta}_y + 2m\dot{l}\dot{\theta}_y)\cos\theta_y = f_y \qquad (7\text{-}55)$$

③ 在广义坐标 l 轴方向上的拉格朗日方程。

$$m\ddot{x}\sin\theta_x\cos\theta_y + m\ddot{y}\sin\theta_y + m\ddot{l} - ml\dot{\theta}_x^2\cos^2\theta_y - ml\dot{\theta}_y^2 - mg\cos\theta_x\cos\theta_y = f_l \qquad (7\text{-}56)$$

④ 在广义坐标 θ_x 轴方向上的拉格朗日方程。

$$\cos\theta_x\cos\theta_y + (g - 2l\dot{\theta}_x\dot{\theta}_y)\sin\theta_x\cos\theta_y + 2\dot{l}\dot{\theta}_x\cos^2\theta_x + l\ddot{\theta}_x\cos^2\theta_y = 0 \qquad (7\text{-}57)$$

⑤ 在广义坐标 θ_y 轴方向上的拉格朗日方程。

$$\ddot{x}\sin\theta_x\sin\theta_y - (l\dot{\theta}_x^2 + g)\cos\theta_x\sin\theta_y - \ddot{y}\cos\theta_x - l\ddot{\theta}_y - 2\dot{l}\dot{\theta}_y = 0 \qquad (7\text{-}58)$$

上述 5 个方程构成精确的三维拉格朗日动力学模型。

4. 二维模型的建立

由上文可以看出，三维拉格朗日动力学模型非常复杂，不利于问题的分析。因此需要将该模型简化，建立二维拉格朗日动力学模型。起重小车的二维运动简图如图 7-22 所示。

起重小车的动能计算公式为

$$\begin{aligned}K &= K_M + K_m \\ &= \frac{1}{2}M\dot{x}^2 + \frac{1}{2}m(\dot{x}^2 + \dot{l}^2 + l^2\dot{\theta}^2) + m(\dot{x}\dot{l}\sin\theta + \dot{x}l\dot{\theta}\cos\theta)\end{aligned} \qquad (7\text{-}59)$$

起重小车的势能计算公式为

$$P = -mgl\cos\theta \qquad (7\text{-}60)$$

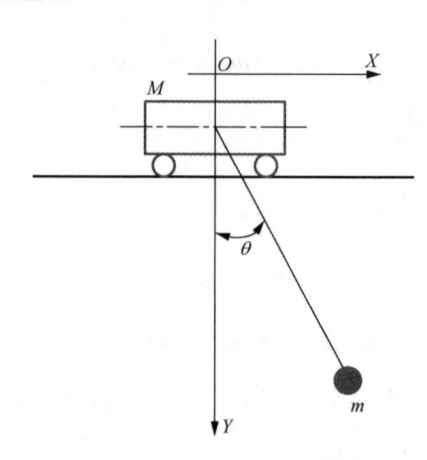

图 7-22　起重小车的二维运动简图

拉格朗日算子计算公式为

$$L = T - V$$
$$= \frac{1}{2}M\dot{x}^2 + \frac{1}{2}m(\dot{x}^2 + \dot{l}^2 + l^2\dot{\theta}^2) + m(\dot{x}\dot{l}\sin\theta + \dot{x}l\dot{\theta}\cos\theta) + mgl\cos\theta \tag{7-61}$$

将式（7-61）代入式（7-46），得到起重小车在广义坐标 X、l、θ 轴方向上的拉格朗日方程，即

$$\begin{cases} (M+m)\ddot{x} + m\sin\theta\ddot{l} + ml\cos\theta\ddot{\theta} + 2ml\cos\theta\dot{\theta} - ml\sin\theta\dot{\theta}^2 + \mu_x\dot{x} = F_x \\ m\sin\theta\ddot{x} + m\ddot{l} + \mu_l\dot{l} - ml\dot{\theta}^2 - mg\cos\theta = F_l \\ l\cos\theta\ddot{x} + 2l\dot{l}\dot{\theta} + l^2\ddot{\theta} + gl\sin\theta = 0 \end{cases} \tag{7-62}$$

式中，F_x，F_l 分别为起重小车的驱动力和重物的提升力；μ_x，μ_l 分别为起重小车的运动摩擦力和重物驱动摩擦力。

5. 系统状态空间方程及模型的简化

基于现代控制理论，对架桥机起重小车吊装系统进行分析时，需要将模型表达成状态空间方程的形式，因此，需要将模型进一步简化。系统的状态空间分为线性和非线性的，实际的架桥机起重小车吊装系统是非线性的。通常，对于非线性系统，需要考虑的因素较多，不利于问题的分析与解决。对模型进行适当的假设以及合理的简化，可以将其表达成线性系统，其通用表达式如下：

$$\begin{cases} \dot{x} = Ax + Bu \\ y = Cx + Du \end{cases} \tag{7-63}$$

1) 线性化处理

基于现代控制理论，可在起吊物摆角处于稳定点 $\theta=0$ 和 $\dot{\theta}=0$ 时进行线性化处理。令非线性方程 $\dot{x} = f(x,u)$，系统显性化方程表达式如下：

$$\dot{x} = \frac{\partial f}{\partial x}x + \frac{\partial f}{\partial u}u \tag{7-64}$$

将式（7-62）代入式（7-64），得到如下线性定常系统方程组：

$$\dot{x} = Ax + Bu \tag{7-65}$$

其中，系统状态系数矩阵 A 的表达式为

$$A = \begin{bmatrix} 0 & \dfrac{m(l\dot{\theta}+g-\ddot{l})}{M} & \dfrac{2m\dot{l}(1-\cos\theta)}{M+m(1-\cos\theta)} & -\dfrac{m(\sin\theta+2\dot{\theta}\cos\theta-2\dot{\theta})}{M+m(1-\cos\theta)} \\ 0 & 0 & 1 & 0 \\ 0 & -\dfrac{g}{l}-\dfrac{ml\dot{\theta}^2+mg-\ddot{l}M}{lM} & -\dfrac{2\dot{l}}{l\cos\theta} & -\dfrac{2\dot{\theta}}{l\cos\theta}+\dfrac{m(\sin\theta+2\dot{\theta}\cos\theta-2\dot{\theta})}{l(M+m-m\cos\theta)} \\ \dot{\theta}\cos\theta+\cos\theta & -\dfrac{m\dot{l}}{M} & \dot{x}\cos\theta & \dfrac{m\sin\theta(\sin\theta+2\dot{\theta}\cos\theta-2\dot{\theta})}{M+m(1-\cos\theta)} \end{bmatrix}$$

系统控制系数矩阵 B 的表达式为

$$B = \begin{bmatrix} \dfrac{1}{M} & 0 & -\dfrac{1}{Ml} & \dfrac{\sin\theta}{M} \\ 0 & 0 & 0 & \dfrac{1}{M} \end{bmatrix}^{\mathrm{T}}$$

2）钢丝绳长度不变的假设

在实际工作中架桥机起重小车的起升机构与运行机构不同时运动，可以忽略运动过程中钢丝绳的长度变化，将其设为常数 l，因此可对式（7-65）所示的方程组进行简化，即

$$\dot{x} = Ax + Bu$$

其中，状态向量 $x = [\dot{x} \ \theta \ \dot{\theta}]^{\mathrm{T}}$，控制矢量 $u = F_x$。

由此系统状态系数矩阵 A 与系统控制系数矩阵 B 可简化为

$$A = \begin{bmatrix} 0 & \dfrac{mg}{M} & 0 \\ 0 & 0 & 1 \\ 0 & -\dfrac{(m+M)g}{Ml} & 0 \end{bmatrix} \qquad B = \begin{bmatrix} \dfrac{1}{M} \\ 0 \\ \dfrac{1}{Ml} \end{bmatrix} \tag{7-66}$$

将摆角作为起重小车吊装系统的跟踪目标，则该系统输出量为

$$y = \begin{bmatrix} 1 & 0 & 0 \\ 0 & 0 & 1 \end{bmatrix} x \tag{7-67}$$

得到最终简化后的起重小车吊装系统的动力学模型：

$$\begin{cases} (M+m)\ddot{x} + ml\ddot{\theta} + f_x\dot{x} = F_x \\ \ddot{x} + l\ddot{\theta} + g\theta = 0 \end{cases} \tag{7-68}$$

为了进行后续控制器的设计，定义如下状态变量：$x_1 = x$，$x_2 = \theta$，$x_3 = \dot{x}$，$x_4 = \dot{\theta}$。将式（7-68）转化为状态方程：

$$\begin{cases} \dot{x}_1 = x_3 \\ \dot{x}_2 = x_4 \\ \dot{x}_3 = \dfrac{1}{M}(F_x + mgx_2 - f_x x_3) \\ \dot{x}_4 = -\dfrac{1}{Ml}(M+m)gx_2 + \dfrac{1}{Ml}(f_x x_3 - F_x) \end{cases} \tag{7-69}$$

7.2.3 起重小车吊装系统的性能分析

根据 7.2.2 节模型简化后得出的起重小车数学模型及状态方程，通过现代控制理论的能控性与能观性分析系统的控制性能及稳定性，以便后续控制算法的设计。

在设计控制算法的过程中，能控性与能观性的分析是必不可少的。能控性是指考察系统在输入量 $u(t)$ 的控制作用下其状态变量 $x(t)$ 的转移情况；能观性是指输出量 $y(t)$ 反映状态变量 $x(t)$ 的能力。

系统的能控性完全是由系统的结构、参数与控制施加点决定的，因此，对于系统 $\dot{x} = Ax + Bu$，其具有能控性的充分必要条件是，由系统状态系数矩阵 A 与系统控制系数矩阵 B 构成的矩阵 $M = (b, Ab, A^2b, \cdots, A^{n-1}b)$ 满秩。也就是说，rank $M=n$；能观性的充分必要条件是，由系统状态系数矩阵 A 与输出矩阵 C 构成的矩阵 $N = (C, CA, CA^2, \cdots, CA^{n-1})^T$ 满秩，即 rank $N = n$。

选取起重小车的一组参数进行分析：$M = 40000 \text{kg}$，$m = 20000 \text{kg}$，$l = 2\text{m}$，$g = 9.8 \text{m/s}^2$。将这些参数代入式（7-65），得到

$$A = \begin{bmatrix} 0 & 4.90 & 0 \\ 0 & 0 & 1 \\ 0 & -7.35 & 0 \end{bmatrix} \quad B = \begin{bmatrix} 0.00125 \\ 0 \\ -0.00063 \end{bmatrix} \quad C = \begin{bmatrix} 1 & 0 & 0 \\ 0 & 0 & 1 \end{bmatrix}$$

通过上述矩阵得到

$$M = \begin{bmatrix} 0.125 & 0 & -1.5435 \\ 0 & -0.063 & 0 \\ -0.063 & 0 & 0.1715 \end{bmatrix} \quad N = \begin{bmatrix} 1 & 0 & 0 \\ 0 & 0 & 1 \\ 0 & 4.90 & 0 \\ 0 & -7.35 & 0 \\ 0 & 0 & 4.90 \\ 0 & 0 & -7.35 \end{bmatrix}$$

由上述计算结果可知，rank M=rank N=3，即满秩，因此该系统完全能控且能观。

稳定性是衡量一个系统能否正常工作的重要条件，通常一个系统的运行会受到各种扰动量的影响，稳定性则是决定系统在受到扰动后能否重新恢复稳定状态的重要指标。对于系统，采用李雅普诺夫稳定性原理进行判断，其判据如下：如果系统状态系数矩阵 A 的特征根全部具有负实部，那么该系统是稳定的；如果系统状态系数矩阵 A 有特征根在虚轴上，那该系统是临界稳定的，否则，是不稳定的。

系统状态系数矩阵 A 的特征根 eig$(A) = [0, 0+2.6192i, 0-2.6192i]^T$，其特征根在虚轴上，也就是说，该系统是临界稳定的。从物理上看，给系统一个输入量后，起吊物会一直摆动，如果没有外界干扰，则摆动会一直持续，这正好说明了系统模型的正确性。在实际工作中，由于阻力的存在，摆动终会停止，但停止周期过长，将会影响架桥机的整个架设速度与精度，如何快速消摆就成为首要问题。

7.2.4 起重小车吊装系统状态反馈闭环控制

一般来说，架桥机在架设盖梁时，起重小车会出现加速、匀速与减速三个运动过程。

由于起重小车与盖梁是通过钢丝绳进行柔性连接的,因此在加速和减速过程中盖梁会出现来回摆动。在加速过程中,由于惯性,盖梁会滞后于起重小车。同样,在减速过程中,盖梁会超前于起重小车。由于起重小车是临界稳定系统,即使实际工作中存在阻尼,但这种摆动也需要很长时间才会消除,这种现象严重影响了架桥机的工作效率及整体安全性能。如何在架设过程中将摆角控制到最小或在最短时间内将摆角减小到零是关键问题。

控制系统分为开环控制系统和闭环控制系统,其中,开环控制系统结构简单,不需要使用各种传感器采集信号,但缺点也非常突出。闭环控制系统需要精确的数学模型支撑,并且任何扰动量都会影响其控制性能,稳定性较差。闭环控制系统依赖传感器采集各种输出信号,将输出结果与期望结果进行比较并反馈到输入信号中进而实现在线调整。本章设计出的控制器对干扰的调节能力较强,能够实现摆角的快速消除,但控制器的设计较为复杂,硬件要求也高。

在闭环控制系统中,用到很多现代控制理论,如 PID 控制器、状态反馈控制器、滑模控制器、模糊控制器、神经网络控制器等。其中,状态反馈控制器结构简单,稳定性高。下面对起重小车吊装系统进行状态反馈控制器的设计。

状态反馈是现代控制理论中常用的控制方法,它能够提供更加丰富的状态信息和可供选择的自由度。具体来说,状态反馈将系统中的每个状态变量与反馈系数相乘,然后将乘积反馈到输入端,从而进行控制律的设计。状态反馈控制器结构如图 7-23 所示。

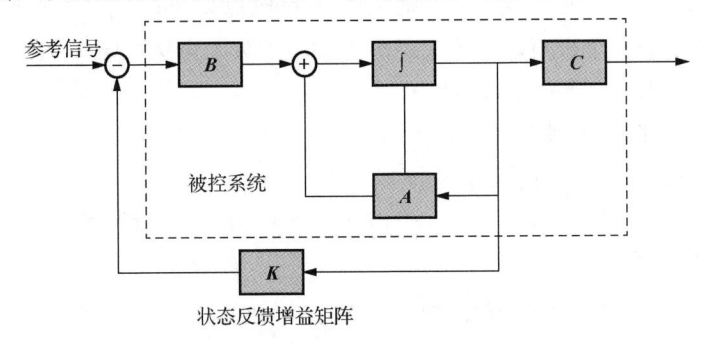

图 7-23 状态反馈控制器结构

其状态空间方程为

$$\begin{cases} \dot{x} = Ax + Bu \\ y = Cx \end{cases} \tag{7-70}$$

状态反馈控制律表达式为

$$u = v - Kx \tag{7-71}$$

式中,v 为参考信号,K 为状态反馈增益矩阵。

将式(7-70)代入式(7-71),得到状态反馈闭环系统的状态空间方程,即

$$\begin{cases} \dot{x} = (A - BK)x + Bv \\ y = Cx \end{cases} \tag{7-72}$$

由于系统的输入量是控制力,为了测得状态反馈控制器在指定位移下的摆角,需要预设目标位置,因此,将反馈设为目标位置与实际位置之差,将式(7-71)转换为 $u = v - Ke$,

其中 $e = x_d - x$。由此得到的状态反馈闭环系统的状态空间方程为

$$\begin{cases} \dot{x}_d = Ax_d + Bv \\ \dot{x} = Ax + B(v - Ke) \end{cases} \quad (7-73)$$

整理得

$$\dot{e} = (A - BK)e \quad (7-74)$$

系统的参数已在上节给出，设状态反馈增益矩阵 $K = [k_1 \ k_2 \ k_3]$，系统极点 $P = [p_1, p_2, p_3]$。系统的性能主要取决于系统的极点，为了取得良好的动态性能，需要合理地配置极点。在极点中，存在主导极点和非主导极点。极点越靠近虚轴，其对应的分量衰减得越慢，也越能影响系统的性能，这种极点称为主导极点。系统是一个三阶系统，在选取极点时，需要先将三阶系统降为两阶，找出两个主导极点，然后在离虚轴较远处选取第三个极点。

二阶系统的表达式为 $s^2 + 2\zeta\omega_n s + \omega_n^2 = 0$，其中，$\omega_n$ 为该系统的特征参数，ζ 为阻尼比，该系统的阻尼比 $\zeta = 0.707$，当响应时间 $\Delta = 0.05$ 时，调整时间 t_s 的表达式如下：

$$t_s \geq \frac{3 + \ln\frac{1}{\sqrt{1-\zeta^2}}}{\zeta\omega_n} \quad (7-75)$$

一般情况下架桥机的启动时间为 2s，调整时间应小于启动时间，因此选取 $t_s = 1$s，根据式（7-75）计算结果，可知 $\omega_n = 5$，则两个主导极点如下：$p_{1,2} = -\zeta\omega_n \pm j\omega_n\sqrt{1-\zeta^2} = -3.53 \pm 3.53i$。对于第三个极点，应选取距离虚轴较远处，可选取 $p_3 = -15$。因此，系统极点为 $P = [-3.53 - 3.53i, -3.53 + 3.53i, -15]$。

状态反馈增益矩阵的计算步骤如下：

（1）计算系统状态系数矩阵 A 的特征多项式。

$$A(s) = \det(sI - A) = s^3 + a_1 s^2 + a_2 s + a_3 = s^3 + 17.15s \quad (7-76)$$

（2）求期望特征多项式。

$$\begin{aligned} A^*(s) &= s^3 + a_1^* s^2 + a_2^* s + a_3^* \\ &= s^3 + (p_1 + p_2 + p_3)s^2 + (p_1 p_2 + p_2 p_3 + p_1 p_3) - p_1 p_2 p_3 \\ &= s^3 - 22.06s^2 + 130.8218s + 373.8270 \end{aligned} \quad (7-77)$$

（3）将期望特征多项式与系统状态系数矩阵 A 特征多项式对应同次幂的系数相减。

$$\begin{aligned} D &= [a_3^* - a_3, a_2^* - a_2, a_1^* - a_1] \\ &= [373.8270, 113.6718, -22.06] \end{aligned} \quad (7-78)$$

（4）计算变换矩阵。

$$Q = [B, AB, A^2 B]\begin{bmatrix} a_2 & a_1 & 1 \\ a_1 & 1 & 0 \\ 1 & 0 & 0 \end{bmatrix}$$

$$= \begin{bmatrix} 0.00613 & 0 & 0.00125 \\ 0 & -0.00063 & 0 \\ 0 & 0 & -0.00063 \end{bmatrix} \quad (7-79)$$

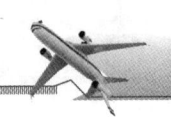

(5)计算状态反馈增益矩阵。

$$K = DQ^{-1} = [61032, -181874, 157362]^T \quad (7-80)$$

为了验证所设计的状态反馈控制器的性能，通过 MATLAB/SIMULINK 仿真平台搭建模型，系统参数如下：$M = 40000\,\text{kg}$，$m = 20000\,\text{kg}$，$l = 2\,\text{m}$，$g = 9.8\,\text{m/s}^2$，初始误差 $e = [0, 0.5, 0]$，状态反馈增益矩阵 $K = [61032, -181874, 157362]^T$。

相关仿真结果见图 7-24～图 7-26。由图 7-24 可知，在无状态反馈控制时摆角将会一直变化，在状态反馈控制下摆角在 14s 后收敛到零附近（见图 7-25），初步实现消摆，验证了状态反馈控制器的可行性。从图 7-26 可以看出，在消摆过程中，起重小车速度一直处于变化状态，正是起重小车速度的变化导致摆动的快速消除。

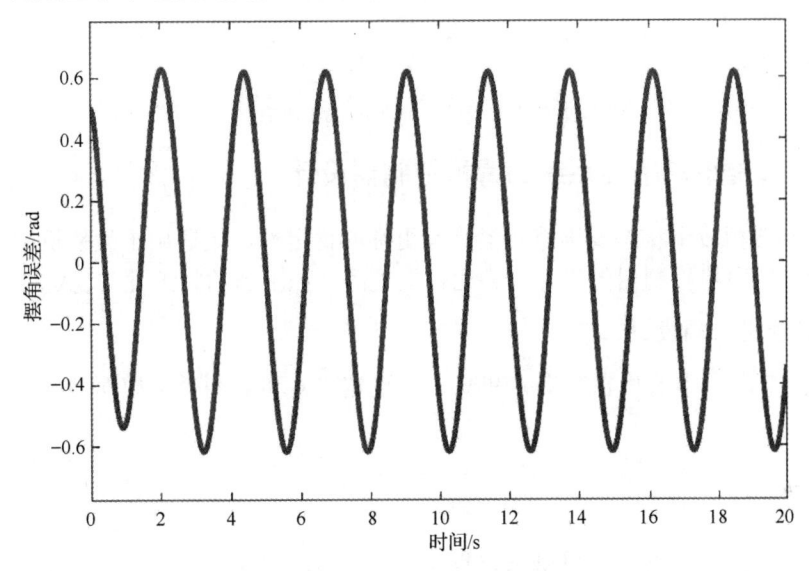

图 7-24 无状态反馈控制下的摆角误差

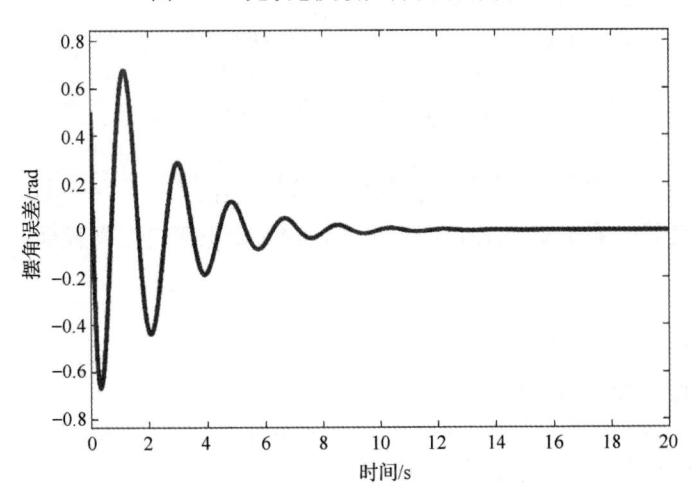

图 7-25 有状态反馈控制下的摆角误差

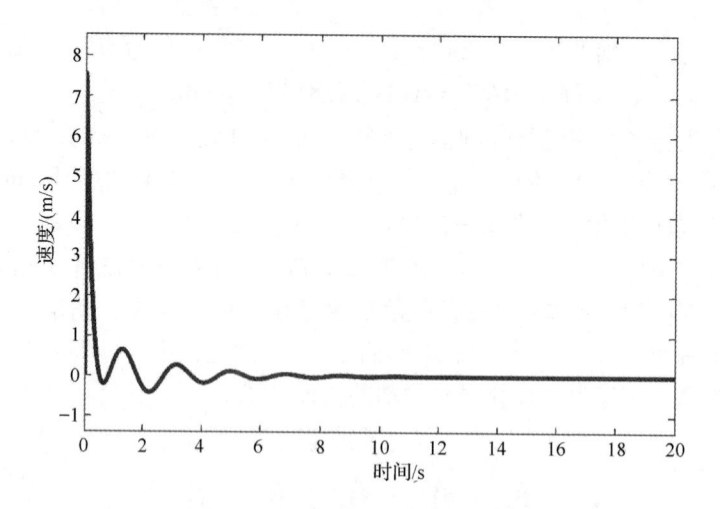

图 7-26 状态反馈控制下的起重小车的速度

7.2.5 起重小车吊装系统的滑模控制器设计

滑模控制器相较于状态反馈控制器具有更强的稳定性,更适用于架桥机起重小车吊装系统。下面介绍滑模控制器的设计,并比较上述两种控制器的收敛性与稳定性。

1. 双层滑模面的设计

对于式(7-69)中的状态变量 x_1 和 x_2,需要定义 s_1 和 s_2 两个滑模面,并把它们作为第一层滑模面。

$$\begin{cases} s_1 = c_1 e_x + \dot{e}_x \\ s_2 = c_2 e_\theta + \dot{e}_\theta \end{cases} \tag{7-81}$$

其中,$e_x = x_d - x_1$,$e_\theta = \theta_d - x_2$ 分别为位置和摆角的跟踪误差;$\dot{e}_x = \dot{x}_d - \dot{x}_1$,$\dot{e}_\theta = \dot{\theta}_d - \dot{\theta}_1$;$x_d$ 和 θ_d 分别为期望的目标位置和目标摆角;$c_1, c_2 > 0$。

分别对 s_1 和 s_2 求导,并将式(7-78)代入求导后的式子,得到下式:

$$\begin{cases} \dot{s}_1 = c_1 \dot{e}_x + \ddot{x}_d - \dfrac{1}{M}(F_x + mgx_2 - f_x x_3) \\ \dot{s}_2 = c_2 \dot{e}_\theta + \ddot{\theta}_d + \dfrac{1}{Ml}(M+m)gx_2 - \dfrac{1}{Ml}(f_x x_3 - F_x) \end{cases} \tag{7-82}$$

为了使状态变量 x_1 和 x_2 趋向各自的滑模面,定义如下第二层滑模面:

$$s = \alpha s_1 + \beta s_2 \tag{7-83}$$

2. 趋近律设计

为了抑制抖振,设计如下趋近律:

$$\dot{s} = -k_1 s - k_2 \operatorname{sgn}(s) \tag{7-84}$$

其中 $\operatorname{sgn}(s)$ 为符号函数,其表达式如下:

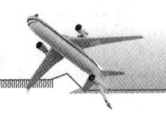

$$\text{sgn}(s) = \begin{cases} 1, & s > 0 \\ 0, & s = 0 \\ -1, & s < 0 \end{cases} \tag{7-85}$$

将式（7-82）代入式（7-83）并与式（7-84）联立，得到控制力计算公式：

$$F_x = \frac{\alpha c_1 Ml}{\alpha l - \beta}\dot{e}_x + \frac{\alpha Ml}{\alpha l - \beta}\ddot{x}_d + \frac{(\beta - \alpha l)m + \beta M}{\alpha l - \beta}gx_2 + f_x x_3 +$$

$$\frac{Ml\beta c_2}{\alpha l - \beta}\dot{e}_\theta + \frac{Ml\beta}{\alpha l - \beta}\ddot{\theta}_d + \frac{Mlk_1}{\alpha l - \beta}s + \frac{Mlk_2}{\alpha l - \beta}\text{sgn}(s) \tag{7-86}$$

3. 稳定性分析

为了验证系统的全局稳定性，定义如下李雅普诺夫函数：

$$V(t) = \frac{1}{2}s^2 \tag{7-87}$$

对上式进行求导，得

$$\dot{V}(t) = s\dot{s} = s(\alpha \dot{s}_1 + \beta \dot{s}_2) = s[\alpha c_1 \dot{e}_x + \alpha \ddot{x}_d - \frac{\alpha}{M}(F_x + mgx_2 - f_x x_3) +$$

$$\beta c_2 \dot{e}_\theta + \beta \ddot{\theta}_d + \frac{\beta}{Ml}(M + m)gx_2 - \frac{\beta}{Ml}(f_x x_3 - F_x)] \tag{7-88}$$

将式（7-84）代入式（7-88），得

$$\dot{V}(t) = s\dot{s} = s[-k_1 s - k_2 \text{sgn}(s)]$$
$$= -k_1 s^2 - k_2 |s| \leq 0 \tag{7-89}$$

为了验证上述滑模控制器的性能，同样使用 MATLAB/SIMULINK 仿真平台搭建模型进行仿真，并将仿真得到的无状态反馈控制下的摆角与状态反馈制下的摆角进行比较，对比两种控制方法的效果。滑模控制器参数如下：$c_1 = 2$，$c_2 = 1$，$\alpha = 20$，$\beta = 15$，$k_1 = 5$，$k_2 = 1$，初始摆角 $\theta = 0.5\,\text{rad}$，摩擦系数 $f_x = 0.1$，目标位移 $x_d = 2\,\text{m}$，目标摆角 $\theta_d = 0\,\text{rad}$，仿真时间为 20s，仿真结果见图 7-27～图 7-30。

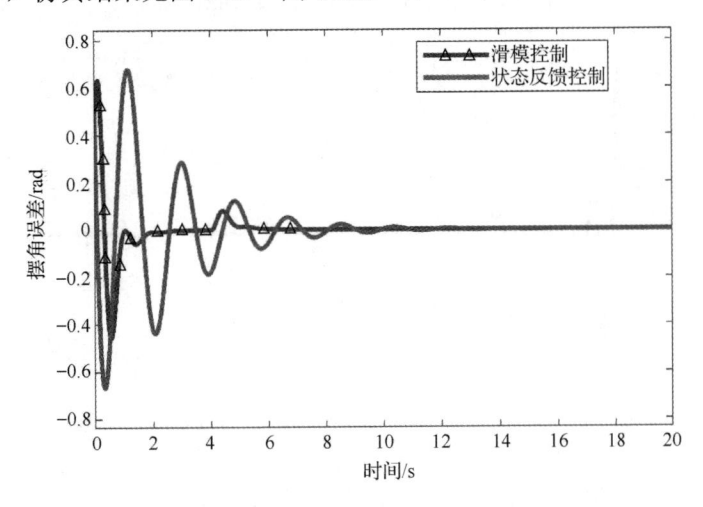

图 7-27 滑模控制与状态反馈控制下的摆角误差

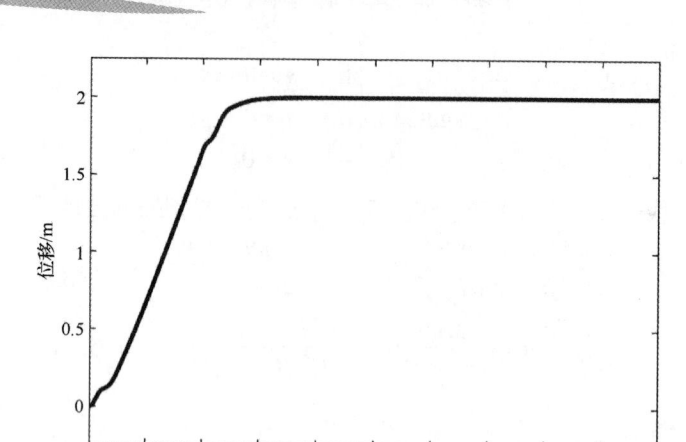

图 7-28 滑模控制下的起重小车的位移

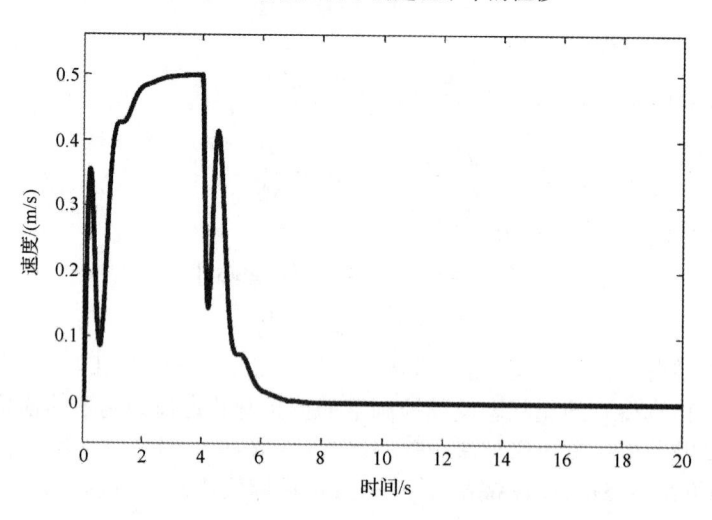

图 7-29 滑模控制下的起重小车的速度

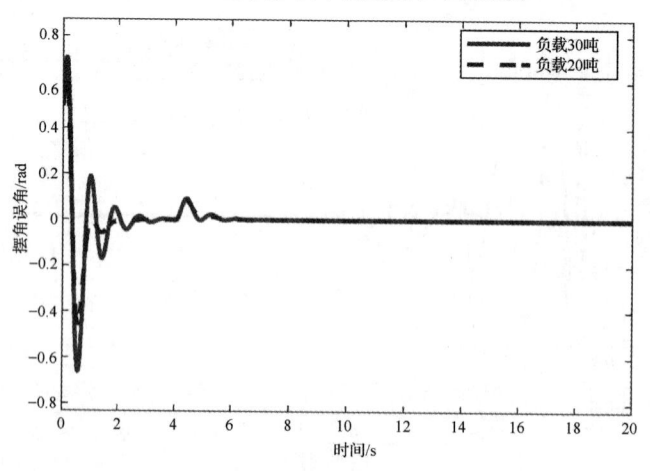

图 7-30 不同负载下的摆角误差

第7章　架桥机起重小车

由图 7-27 可以看出,滑模控制器在消摆控制方面比状态反馈控制器的收敛速度快很多,在 6s 后摆动消除。但是滑模控制器在初始时刻的超调量也很大,这是因滑模控制器快速趋向滑模面而导致的结果。由图 7-28 可以看出目标位置与实际位置误差,起重小车在 6s 左右到达指定位置,此时摆角也正好趋于零,即摆动消除。

由图 7-29 可以看出,起重小车的速度在启动、制动时刻有较大的波动,主要目的就是为了抑制摆角。实际工作中负载(起吊物)不是固定的,而负载的不同必然影响起吊物的摆动。图 7-30 为不同负载下的摆角误差,在其他各项参数不变的情况下,负载越大,摆角越大,但收敛性几乎不受影响。

7.3　架桥机起重小车精确吊装控制系统的硬件设计

本节内容包括控制系统总体硬件设计方案、控制系统主要模块的设计与电路原理、控制系统印制电路板的设计。

7.3.1　控制系统总体硬件设计方案

为了实现架桥机起重小车的精确吊装,需要对其控制系统的硬件进行设计。设计的控制系统硬件结构框图如图 7-31 所示。在设计过程中,需要明确各个部件的功能。为实现控制系统的功能,首先,需要采集前后起重小车和卷扬机的实时位置与速度,因此需要在起升电动机与走行电动机的卷筒上安装绝对式编码器,以便实时获取上述两种电动机的转速。经过起重小车电动机各项传动比的计算得到起重小车和钢丝绳的位移与速度。其次,需要采集钢丝绳的摆角,因此需要在起重小车吊具上安装姿态检测模块(姿态传感器)。所有的数据通过无线信号实时传送到上位机,经过控制系统的计算分析后将参数反馈到电动机变频器,从而控制起重小车的运行。此外,还包括许多必要的开关以及保护模块,每个模块都有其单独的电源模块和存储模块。

采用最小系统模块设计方法,与姿态传感器的设计方法相同,即姿态检测模块与控制系统的硬件设计方法相同,下面简单介绍姿态检测模块的设计方案,后续的其他主要部件采用公用设计原则。

首先,姿态检测模块使用加速度计检测吊具在垂直方向与水平方向的加速度,经过计算得到吊具在各时刻的偏向角。其次,通过陀螺仪测量当前时刻的角速度,通过积分得到姿态角。最后,将姿态角与偏向角相互比较,通过卡尔曼滤波进行数据整合,得到准确的姿态角信息。因此,姿态检测模块主要负责吊具精确对位控制系统中的摆角数据采集、处理与传递,其性能直接决定控制系统的准确性。姿态检测模块结构如图 7-32 所示。

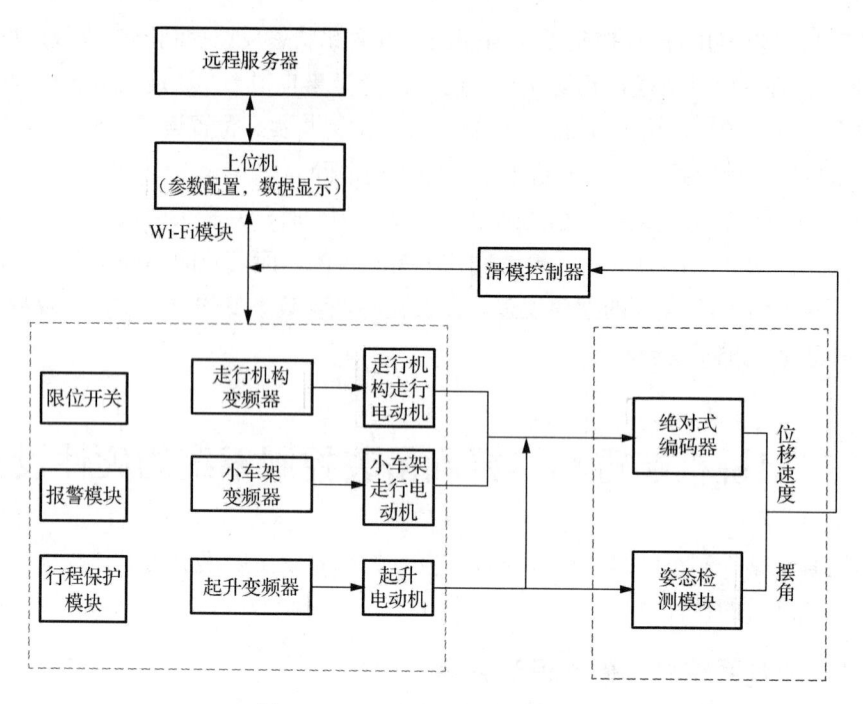

图 7-31　设计的控制系统硬件框图

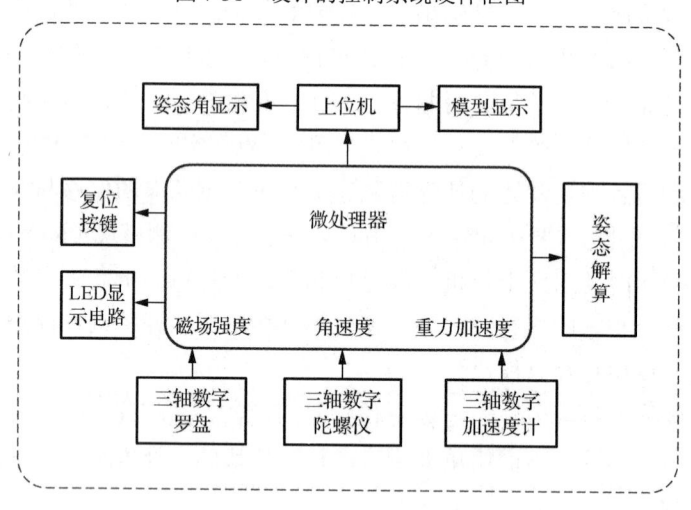

图 7-32　姿态检测模块结构

7.3.2　控制系统主要模块的设计与电路原理

硬件的好坏直接决定控制器的精度，为了使架桥机满足精确吊装的要求，综合实用性、经济性、功耗性、先进性与抗干扰性等方面考虑，选择最合适的硬件组合作为架桥机起重小车吊装的控制系统。下面对最小系统模块、电源模块存储模块、姿态检测模块、测速模块和通信模块等硬件进行分析，描述其各项性能。

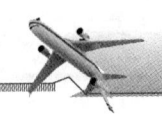

1. 最小系统模块

最小系统模块是微处理器与控制板的总称，是整个控制系统的"大脑"。微处理器将采集的信号与所设计的控制器算法进行融合，对其解算、处理，然后将结果传输到执行机构，其性能直接决定数据执行的速度。而且不同微处理器的接口、时钟频率等也不同，在选用时除了考虑性能，还需考虑其大小、与其他模块的兼容性、功耗等因素。目前市场上的主流处理器见表7-2。其中，意法半导体公司生产的STM32F103C8T6（以下简称STM32）芯片与飞思卡尔公司生产的KINETIS60芯片性能最突出。通过对比发现，STM32芯片的时钟频率较高，可以快速地处理数据。因此，这里选用STM32芯片作为主控芯片。

表 7-2 主流微处理器（CPU）

名　称	CPU/位	工作电压/V	时钟频率/MHz	生产商
PIC32MX	32	0.9～1.1	48	微芯公司
STM32F103C8T6	32	2.0～3.6	72	意法半导体公司
KINETIS60	32	3.3	50	飞思卡尔公司
MSP430	16	1.8～3.6	16	德州仪器
MC9S12XS128	16	3.4～5.6	16	恩智浦公司

STM32 芯片使用 32 位 Cortx-M3 内核，图 7-33 是搭载 STM32 芯片的最小系统原理，

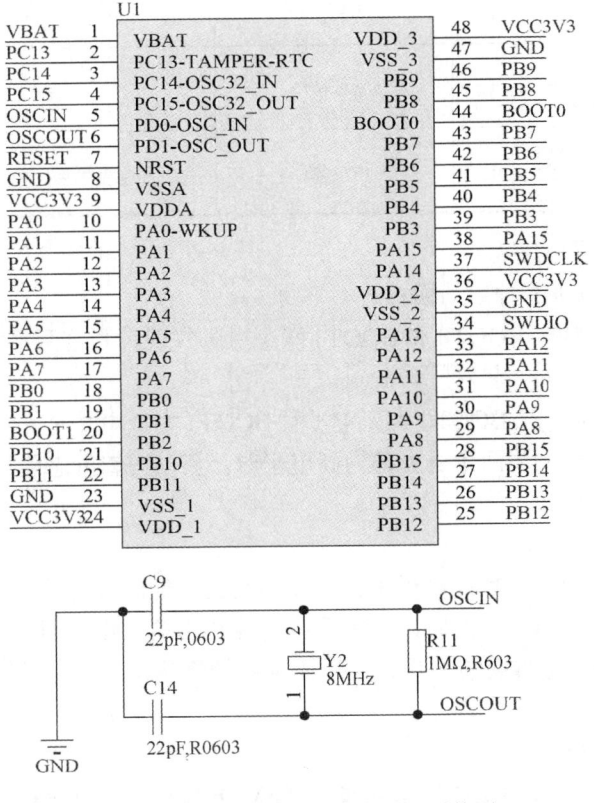

图 7-33 搭载 STM32 芯片的最小系统原理

该系统主要包括 STM32 芯片、64KB 的 Flash、晶振、20KB 的 SRAM、LED 灯、ME6211 稳压芯片、SWD 调试接口、复位与电源按键。STM32 芯片的最大工作电压是 3.6V，正常工作电压为 3.3V。对晶振，采用贴片式设计，为了增强供电可靠性与晶振的起振效果，采用两个 22pF 的旁路电容与两个去耦电容，分别与 VDD 和 VSS 连接，并且所有 VDD 都需要与 3.3V 电源连接，所有 VSS 都需要与 GND 连接。STM32 芯片的工作温度 40~85℃。

STM32 芯片有 48 个引脚，每个引脚可以实现一个功能，这种引脚也称为引脚复用。STM32 芯片需要与外接模块通过引脚连接才能使控制系统顺利运行。与控制系统中的模块连接的 STM32 芯片引脚名称、网络标号及主要功能见表 7-3。

表 7-3　与控制系统中的模块连接的 STM32 芯片引脚名称、网络标号及主要功能

引脚名称	网络标号	主要功能	说　明
VBAT	VBAT	电源电压	当 VDD 掉电时，使用供电源
PA0	LED1	LED 显示	系统调试，数据传输状态显示
PA1	LED2		
PA5	HMC_INT	磁传感器中断控制	判断磁传感器数据是否准备就绪
PA6	BMI_INT1	加速度计中断控制	判断重力加速度数据是否准备就绪
PA7	BMI_INT2	磁力计中断控制	判断角速度数据是否准备就绪
PA9	USART_TX	串行通信接口	进行数据交互
PA10	USART_RX		
PA13	SWD IO	SWD 接口	程序的下载和调试
PA14	SWD CLK		
PB6	IIC_SCL	IIC 引脚	实现传感器与主控芯片的数据传输
PB7	IIC_SDA		

1）启动模式选择电路

STM32 芯片有以下 3 种启动模式：

（1）正常启动。通过 BOOT0 和 BOOT1 两个引脚实现，当这两个引脚都为低电平时，启动主闪存存储器。

（2）在线编程功能。当 BOOT0 为高电平且 BOOT1 为低电平时，启动控制系统存储器。

（3）调试功能。当上述两个引脚都为高电平时，启动内置静态随机存储器。图 7-34 为启动模式选择电路。

2）复位电路

系统工作时，复位电路持续高电平。当使用复位功能时，持续按压复位按钮，使复位电路出现一段时间的低电平。此时，控制系统将停止当前工作，同时控制系统中的电容充电，电压值持续上升，完成复位操作，之后控制系统将从程序原点开始工作。图 7-35 为复位电路。

3）SWD 接口电路

SWD（串行调试）接口是程序写入接口，SWD 接口稳定性更高，占据的输入输出接

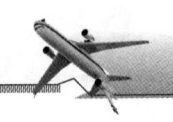

口少，并且自带复位协议，不需要复位电路单独复位。为了节约资源与减小使用面积，采用 SWD 接口对控制系统进行调试。SWD 接口电路如图 7-36 所示，利用 4 脚插针引出 SWD 接口，采用 3.3V 电源供电，控制系统仿真调试时通过 SWD 接口与仿真器进行连接。

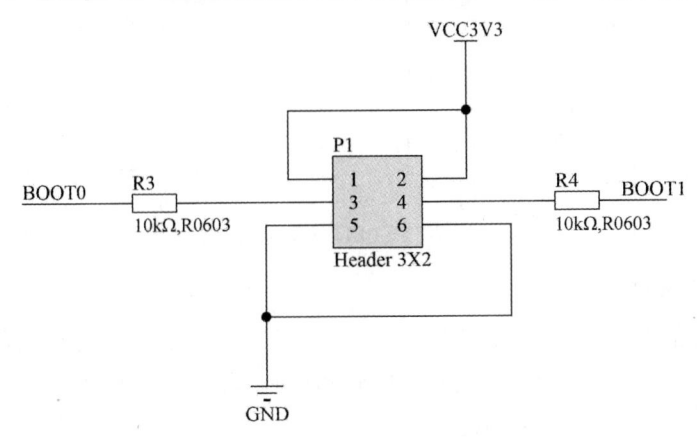

图 7-34　启动模式选择电路

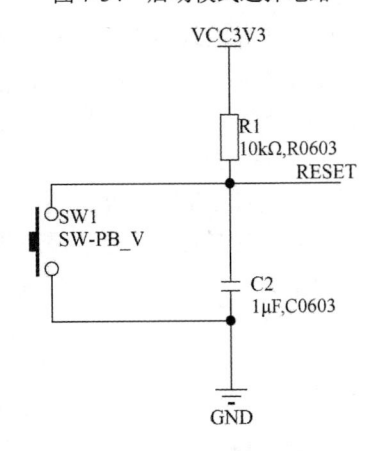

图 7-35　复位电路

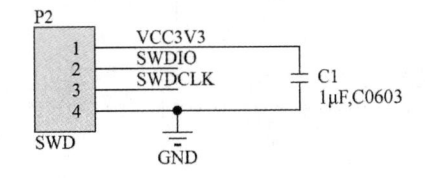

图 7-36　SWD 接口电路

4）LED 显示电路

LED 显示电路用于获取控制系统运行情况，设计了两个 LED 显示电路。在调试控制系统时，可以通过两个 LED 灯的亮暗情况判断系统调试情况；还可以通过观察 LED 灯的闪烁判断数据传输情况，当两个 LED 灯一起闪烁时表示数据正在传输。LED 显示电路如图 7-37 所示，其中的两个 LED 灯采用 3V 电源供电，这两个 LED 通过阻值为 10kΩ 的电阻串联，起到保护作用。

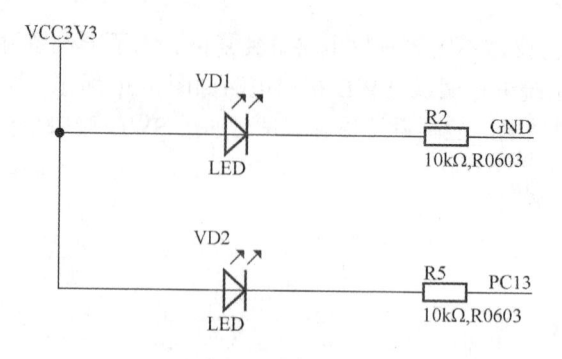

图 7-37　LED 显示电路

2. 电源模块电路

STM32 芯片的工作电压为 2.0~3.6 V，主电源为 VDD，该芯片还有独立的电源备份区域，在主电源断电后，可以通过 VBAT 引脚给时钟和备份寄存器供电。为了降低功耗，STM32 芯片设置以下三种低耗模式：

（1）睡眠模式。Cortex™-M3 内核停止工作。

（2）停止模式。所有时钟停止，这种模式是将 Cortex™-M3 内核的深睡模式与外部时钟控制相结合，将寄存器与静态随机存储器内容保留，其余功能被禁止。

（3）待机模式。电源停止工作，寄存器与静态随机存储器内容丢失，只保留备用电路与备份区的内容。

在整个控制系统中，不仅需要给 STM32 芯片供电，还需要满足其他各个模块的电压要求。只有满足上述要求，控制系统才能稳定工作。为了保证各个模块供电稳定、可靠，需要设计电源模块电路，如图 7-38 所示。

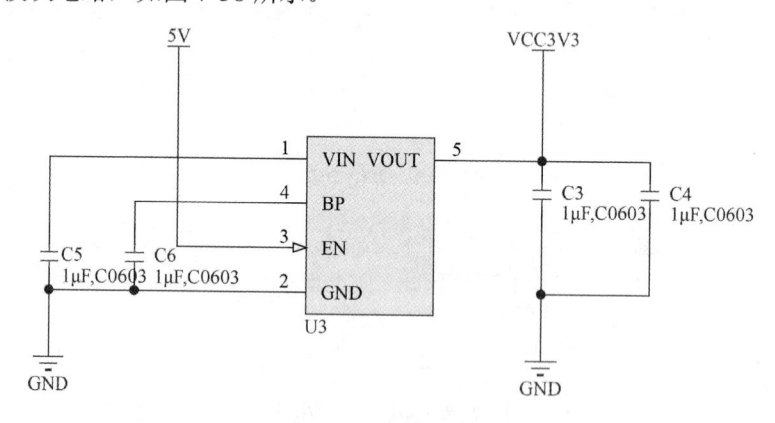

图 7-38　电源模块电路

电源模块电压有 5 V 和 3.3 V 两种，控制系统需要 5 V 电压。为了使所有需要 3.3 V 电压的模块供电稳定，需要设计一个稳定的电压源。选用 RT9193 型线性稳压器，采用 SOT-23-5 封装形式，体积小、噪声小且稳定性高。在图 7-38 中，VIN 端输入 5 V 电压，电容起到稳压作用，VOUT 输出端输出 3.3 V 电压，电容 C_3 和 C_4 并联接地，可以起到稳定电源与去除高频噪声的作用。BP 端连接电容并接地，可以提高控制系统输出稳定性。

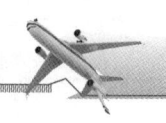

3. 存储模块

存储器的好坏决定数据的写入与读取速度，控制系统的设计包含很多存储器，包括EEOROM存储器、SDRAM存储器及常见的FLASH存储器。其中，SDRAM存储器读取速度快，但数据易丢失，常把它用作系统缓存；FLASH存储器结合了EEOROM存储器和SDRAM存储器的优点，具有断电保护功能，常把它用作程序的存储位。

单片机系统使用AT24C512存储模块，它具有结构紧凑、容量大。功耗低以及价格低等特点，提供5.0V、2.7V、1.8V三种工作电压，内部为64K×8存储单元，使用双向IIC传输协议。

AT24C512存储模块电路如图7-39所示，该模块共8个引脚，其中WP引脚为数据写保护引脚，将其接地；SCL通信时钟引脚和SDA通信数据引脚通过5V上拉电阻后接入STM32芯片的PB6和PB7端，通过这两条引线进行数据通信。AT24C512存储模块的读写速度快且容量大，在单片机系统中只需要一个AT24C512存储模块，因此A0和A1两个地址引脚接地。

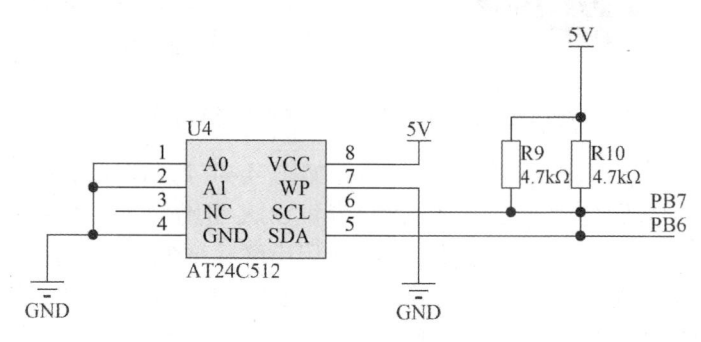

图7-39　AT24C512存储电路

4. 姿态检测模块

姿态传感器的好坏决定摆角测量的精准性，也直接决定了控制器的性能。目前市面上流行的姿态传感器主要为六轴姿态传感器和九轴姿态传感器。九轴姿态传感器包括三轴加速度计、三轴磁力计和三轴陀螺仪，六轴姿态传感器没有磁力计。加速度计主要用于测量吊具摆角，具有较好的静态性能；陀螺仪主要用于测量吊具的加速度，磁力计主要用于测量磁场的强度和方位。这三种传感器各有优缺点，为了避免影响传感器的灵敏度以及能够更准确地测量姿态信息，控制系统采用惯性测量单元与磁场传感器进行摆角信息的采集。通信协议为ICC，供电电压为3.3V，工作温度-40～85℃，输出频率为12.5～800Hz，角速度分辨率为0.0625dps/LSB。

由上述传感器组成的姿态检测模块将以下两种芯片集成到一起：BMI160六轴惯性运动传感器芯片和HMC5883L三轴磁电阻传感器芯片，利用I2C接口与MCU通信，供电电压仍为3.3V。这两种芯片结合了以上三种传感器的优点，如静态与动态测量能力强、测量范围广、测量的摆角准确等。

1）BMI160 六轴惯性运动传感器芯片

BMI160 六轴惯性运动传感器芯片如图 7-40 所示，它具有 16 位的 ADC 分辨率，支持 IIC/SPI 两种分辨率，可以在很低的功率下工作，工作电压为 1.71~3.6 V。其中的陀螺仪灵敏度为 3.81mdps/LSB，加速度计零偏为 ±40mg。该芯片共 14 个采用塑料 LGA（栅格阵列）封装的引脚，全速工作模式下消耗电流为 950μA，若运行的轴超过设定的角速度阈值，则用户可中断其运行。

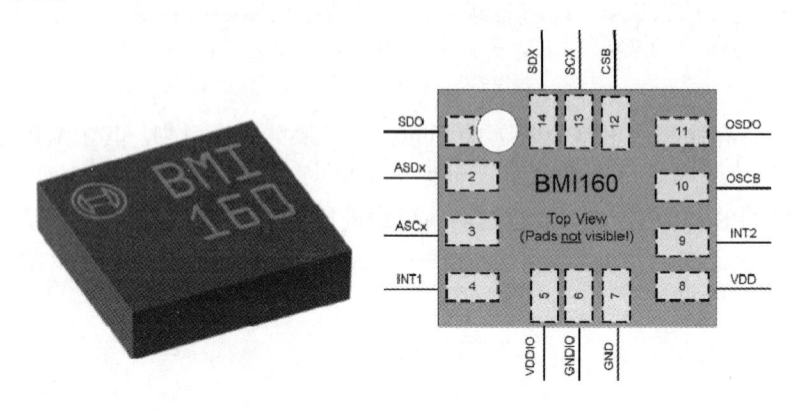

图 7-40 BMI160 六轴惯性运动传感器芯片

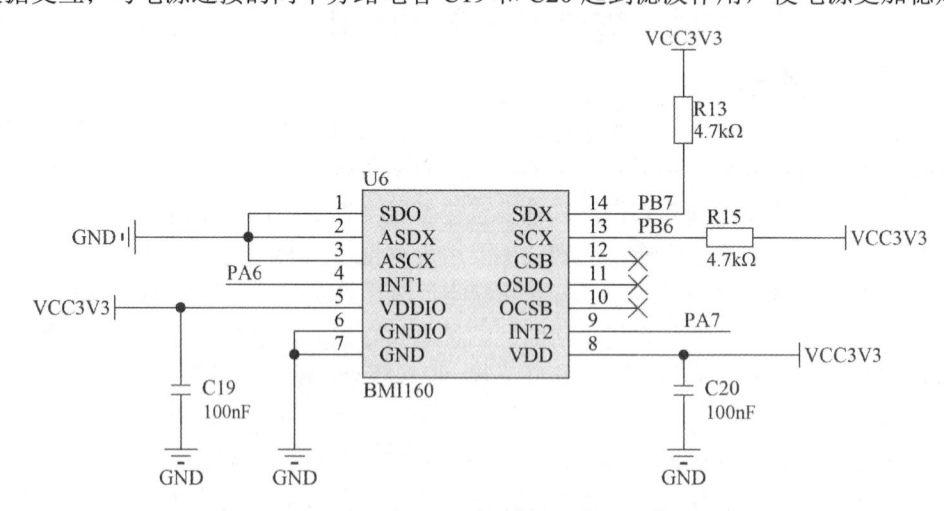

BMI160 六轴惯性运动传感器芯片外围电路如图 4-41 所示，该芯片采用 IIC 接口形式与 STM32 芯片进行数据交互。其中，SDX 引脚和 SCX 引脚分别为 IIC 接口形式下的 SDA 引脚和 SCL 引脚。将这两个引脚分别与 4.7kΩ 电阻串联后与 3.3V 电源连接，增强了该芯片的抗干扰性；INTI 引脚与 INT2 引脚分别与 STM32 芯片的 PA6 引脚和 PA7 引脚连接，实现数据交互；与电源连接的两个旁路电容 C19 和 C20 起到滤波作用，使电源更加稳定。

图 7-41 BMI160 六轴惯性运动传感器芯片外围电路

2）HMC5883L 三轴磁电阻传感器芯片

HMC5883L 三轴磁电阻传感器芯片如图 7-42 所示，该芯片尺寸为 3mm×3mm×1.2mm，

采用QFN封装形式，集成三轴加速度计（±2g/±4g/±8g）和三轴磁力计；具有1.95～3.6V的VDD电源电压和1.62～3.6V的VDDIO电压；三轴磁力计量程为±1200μt。

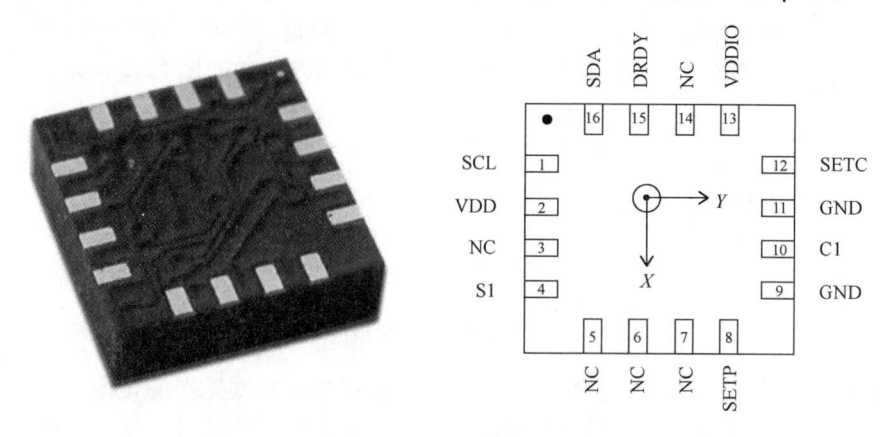

图7-42　HMC5883L三轴磁电阻传感器芯片

HMC5883L三轴磁电阻传感器芯片外围电路如图4-43所示，该芯片与BMI160六轴惯性运动传感器芯片构成九轴姿态传感器。该芯片的IIC接口和BMI160六轴惯性运动传感器芯片的IIC接口互相连通，共同传输数据到主控芯片。VDD接口和VDDIO接口与3V电源连接供电，使用电容C15进行滤波。在数据传输过程中，STM32芯片通过识别上述两个传感器芯片地址分辨数据来源。SETP引脚和SETC引脚与电容C21串联形成回路，避免由于功耗突变而影响HMC5883L三轴磁电阻传感器芯片的稳定性，起到稳压作用。

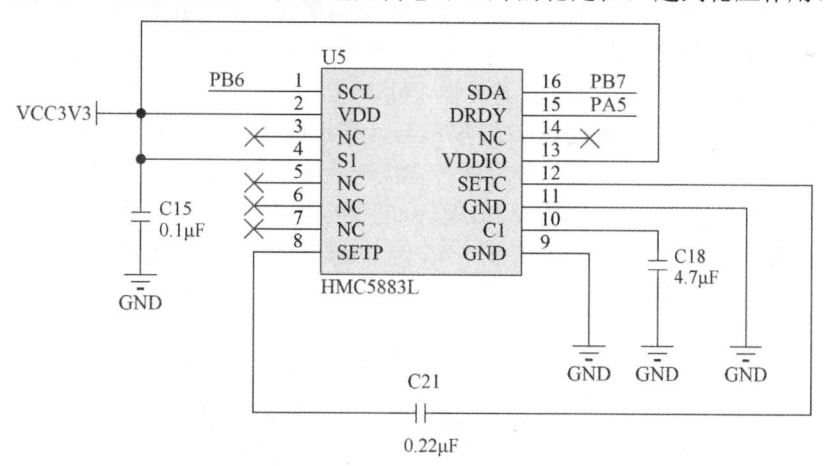

图7-43　HMC5883L三轴磁电阻传感器芯片外围电路

上述两个传感器芯片对架桥机起重小车的吊具摆角等各项信息进行采集，将采集到的数据进行解算及拟合处理，然后输出位精确的实时摆角信息并传送到控制系统，对起重小车走行电动机进行控制，从而实现消摆。

5. 测速模块

在架桥机起重小车同步控制技术中，需要采集起升电动机与走行电动机的位移、速度信息，因此需要将编码器安装到这些电动机轴上，采集转速信息。目前市面上常见的编码器有增量式编码器（SPC）和绝对式编码器（APC）。增量式编码器在工作中存在累计误差，并且每次开机前需要调零，抗干扰能力弱，而这些缺点在绝对式编码器中都已解决。因此，控制系统选用绝对式编码器作为测速模块。编码器组成如图 7-44 所示。

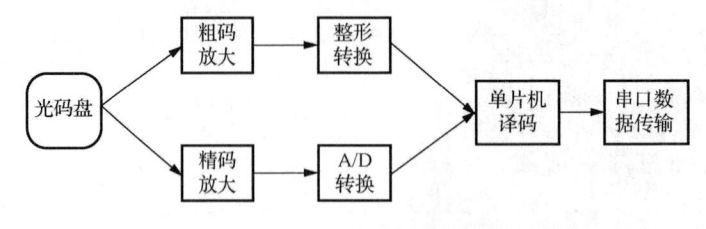

图 7-44 编码器组成

光码盘是绝对式编码器的重要组成部分，它有许多以幂次排布的光栅，在工作时，轴带动光栅转动，光栅通过固定的狭缝盘时光电元件将采集一次信号，光电元件通过读取每条光栅上的通、暗信号，就可以获得 $2^0 \sim 2^{n-1}$ 的二进制码，之后通过精码与粗码放大分别经 A/D 转换与整形转换传输到单片机进行计算，从而得到精确的角位移与角速度。

6. 通信模块

传统的通信模块使用串行通信接口，通过数据线与上位机进行通信。这种通信方式虽然连接稳定，但是不适用于长距离传输。为了解决导线连接不便的问题，无线通信方式应运而生。无线通信包含蓝牙模块、Wi-Fi 模块与 GSM 模块传输方式，蓝牙模块在短距离下连接稳定、功耗低以及安全性高，最大传输距离为 100m，并且蓝牙频率为 2.4GHz，传输速率为 2Mb/s。而 Wi-Fi 模块有 2.4GHz 频段和 5GHz 频段，最大传输距离为几百米，并且 Wi-Fi 模块连接比较便捷，适合一对多传输。GSM 模块最大的优势就是超长的传输距离以及连接稳定性，它不仅可以通过 RS-232 串口与计算机连接，而且可以与移动设备连接，缺点是其通信服务需要付费。分析三种无线传输优缺点之后，选用 Wi-Fi 模块进行信息传输。

选用市面上常见的 ESP8266 型 WIFI 模块，它集成了 TCP/IP 协议栈和 MCU，使用方便、成本低、功耗低，额定电压为 3.3V。图 7-45 为 ESP8266 型 Wi-Fi 模块的电路，表 7-4 列出该模块主要引脚的网络标号及主要功能。

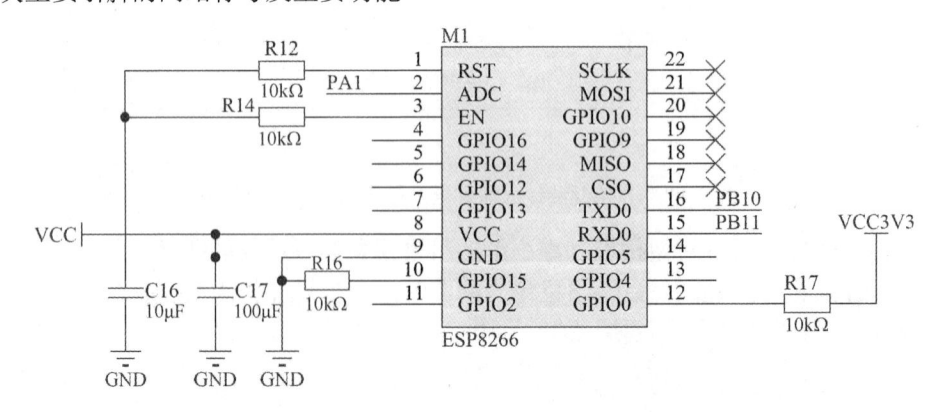

图 7-45 ESP8266 型 Wi-Fi 模块的电路

表 7-4　ESP8266 型 Wi-Fi 模块主要引脚的网络标号及主要功能

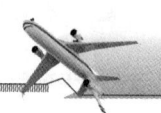

网络标号	主要功能
RXD0	UART_RXD，接收
TXD0	UART_TXD，发送
GPIO 15	低电平复位，高电平工作
GND	接地
VCC	3.3 V，供电模块
GPIO 0	悬空：FlashBoot，工作模式；下拉：UARTDownload，下载模式
EN	高电平工作，低电平关闭供电模块

ESP8266 型 Wi-Fi 模块支持三种工作模式：STA 模式、AP 模式与 STA+AP 模式。STA 模式是指该模块与终端通过路由器连接；AP 模式是指将 ESP8266 Wi-Fi 模块设为热点，省略路由器环节，实现该模块与终端的连接。当终端的操作系统不同时，网络传输协议也不同。为了使该模块与终端之间的数据传输更加便捷，使用 Socket（套接字）可以实现不同操作系统之间的数据互通。Socket 是指将各种复杂的协议整合到一起，面对用户时就是一个简单的接口，通过 Socket 进行数据识别，从而符合指定的协议。Socket 连接包含服务器等待、终端发送连接请求、两端连接。

Socket 连接流程图如图 7-46 所示。首先在服务器端初始化 Socket，之后将它与终端绑定并对其进行监听，此时服务器端等待接收客户端发来的连接请求。在客户端初始化 Socket 后，即在与服务器的连接地址和端口号相对应后，服务器端就会收到连接请求，系统确认后就可以进行数据传输。

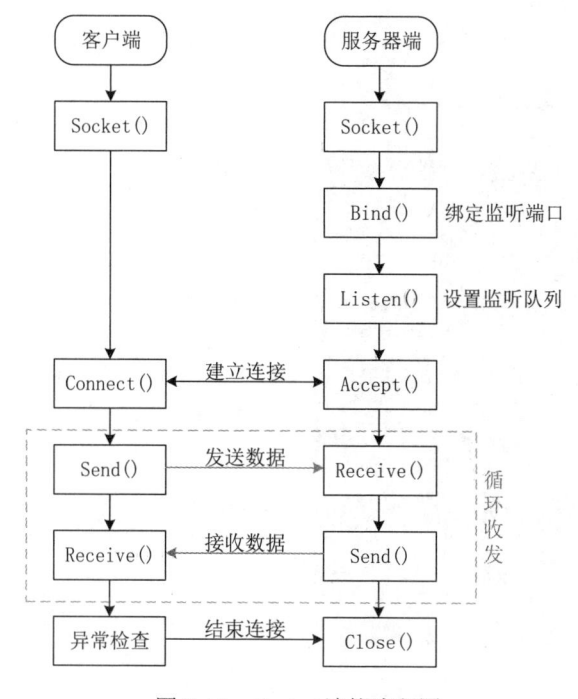

图 7-46　Socket 连接流程图

7.3.3 控制系统印制电路板的设计

下面选用 Altium Designer 设计控制系统的印制电路板（PCB）。该软件将原理图绘制、电路仿真、印制电路板设计、自动布线、铺铜等设计步骤融合，不仅大大减少设计时间，而且节约材料，使设计更加灵活。

控制系统的印制电路板采用双面板，双面板的结构更加紧凑，布线灵活，但结构设计较单面板复杂。

使用 Altium Designer 设计印制电路板的主要步骤如下：

（1）创建 PCB 工程。

（2）建立原理图文件、PCB 工程图文件、原理图库文件、封装库文件并保存。

（3）绘制原理图，将设计的各个模块与电路绘制到一张 PCB 工程图上。对于一些元件，需要到原理图库文件中查找，对于另一些元件，需要实际设计并创建原理图库，然后将相关模块各个引脚与元件端点进行网络标号。

（4）将所有元件添加封装，并对元件标号重新排序。

（5）检查编译的正确性。

（6）编译正确后将原理图更新到 PCB 工程图文件中。

（7）在 PCB 工程图文件中进行元件的布局设计。

（8）对所有元件进行手动布线或自动布线。

（9）将设计好的印制电路板进行覆铜。

（10）对印制电路板进行电气规则检查，无误后投产。

在设计印制电路板时应考虑以下问题：

（1）各个模块的元件应排布到一起，便于布线。例如，电源模块中的芯片与电容应排布在一起。

（2）对有外围接口的模块，应把它设计到印制电路板边缘，接口朝外，便于外部设备的连接。

（3）应加粗 5V 电源线，印制电路板的双面都需覆铜，每根地线都与覆铜连接，提高元件连接的稳定性与抗干扰性。

（4）在布线时应尽量避免连接线呈直角，因为直角处的阻抗不连续，将会导致信号反射，影响信号传输的稳定性。

（5）为方便印制电路板的安装，应设计安装预留孔，便于固定印制电路板。

设计的控制系统印制电路板如图 7-47 所示。

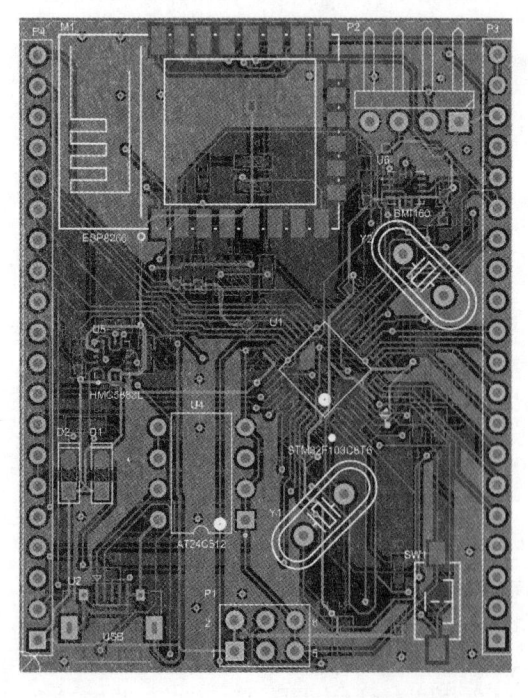

图 7-47 设计的控制系统印制电路板

7.4 架桥机起重小车精确吊装控制系统的软件设计

本节内容主要包括架桥机起重小车精确吊装控制系统的软件设计、控制系统下位机和上位机软件的设计。

7.4.1 架桥机起重小车精确吊装控制系统软件总体设计方案

除了硬件，为了使架桥机起重小车精确吊装控制系统正常运行，还需要分析控制系统的软件架构。控制系统的软件架构为主从式逻辑架构：主层结构包含初始化、管理与维护功能，子层结构包含数据采集、控制系统与数据传输模块。控制系统的软件架构如图 7-48 所示。

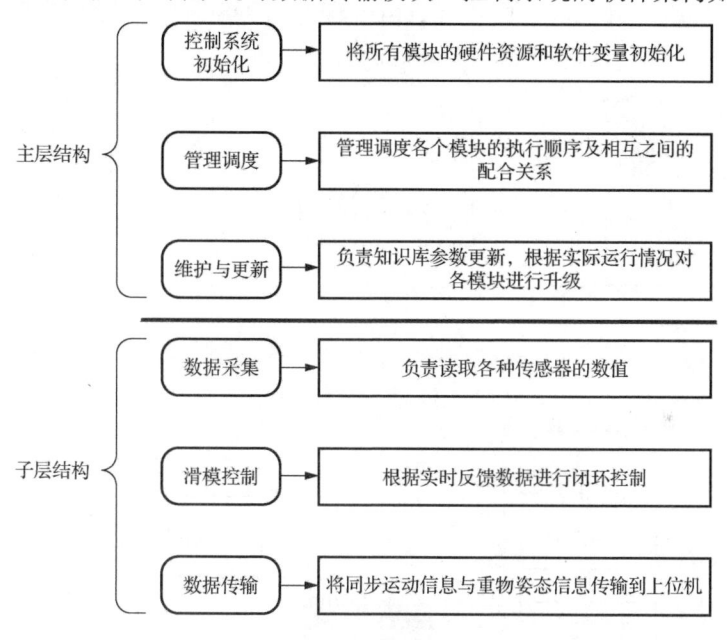

图 7-48 控制系统的软件架构

根据主从式的逻辑架构，控制系统的总体设计流程如下：首先，需要对控制系统的各个模块进行初始化，检查串口通信是否正常，避免由于通信问题影响控制系统的数据传输。其次，输入期望位置/轨迹，上位机发送启动命令，控制系统开始工作，各种传感器开始收集与处理数据，并将处理好的数据实时传输到控制器，从而实时调整目标轨迹，同时将数据传输到上位机进行显示。最后，根据上位机显示的信息检查问题。若同步误差或摆角超过控制器的阈值，即控制器无法有效控制同步性与重物的摆动时，立刻触发声光报警装置，操作员停机进行检查；若控制系统运行过程无异常，起重小车最终将停在期望位置，并等待下一步指令。图 7-49 为控制系统软件设计流程图。

控制系统软件包含上位机软件和下位机软件，下位机软件对重物姿态与起重小车运行数据进行处理、解算、滤波、存储，以及对起重小车进行滑模同步控制与吊具对位控制。控制系统下位机软件控制流程图如图 7-50 所示。

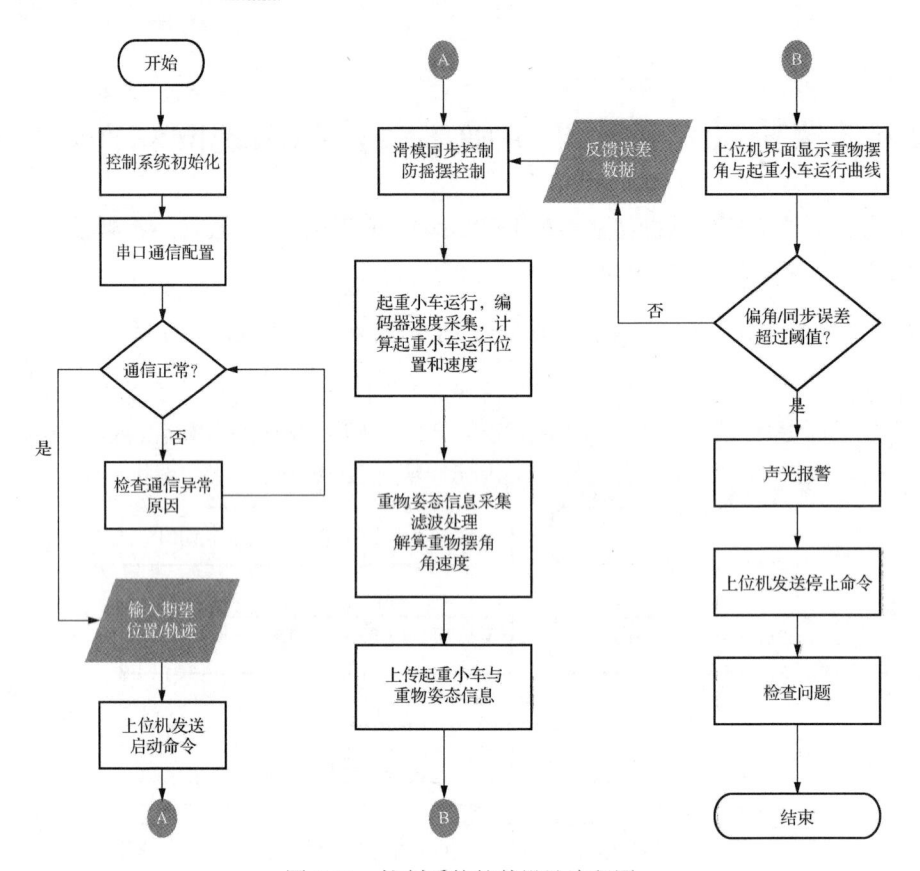

图 7-49　控制系统软件设计流程图

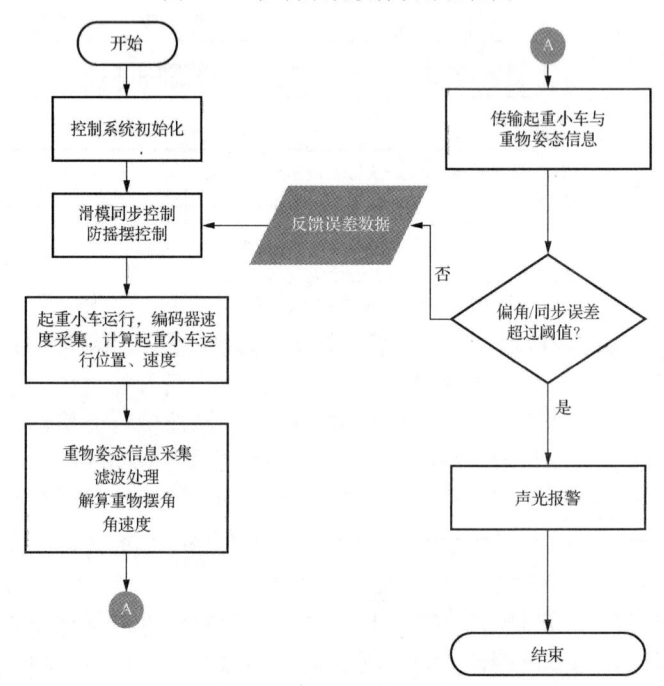

图 7-50　控制系统下位机软件控制流程图

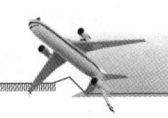

7.4.2 控制系统下位机软件的设计

控制系统下位机软件主层结构分三部分，分别为控制系统初始化、程序管理与调度、维护与更新。控制系统初始化是程序开始执行的首要条件，主要初始化单片机、各种传感器的变量以及各个模块之间的标志位；程序管理与调度主要任务是协调各个模块，将各个模块的功能进行整合，根据需求完成模块之间的管理与调度；维护与更新的任务是保持控制系统的先进性，根据不断增加的需求，不断更新模块的功能。

主层结构分很多子层模块，每个子层模块的功能不同，因此编写程序的流程也不同。为了使控制系统完成精确吊装任务，需要每个模块快速准确地执行相应功能，因此设计以下子层模块：

（1）看门狗模块。该模块主要功能是防止控制系统程序在运行过程中出错而导致很大的损失。当运行中的程序突然受到干扰或进入死循环时，看门狗定时器就会溢出，对控制系统进行强制复位并从程序原点开始运行。

（2）时钟模块。时钟模块相当于控制系统的"脉搏"，为控制系统中各个模块提供"时间"信息，保证每个模块具有统一的时间基准，时钟的准确性直接决定程序运行的准确性。将振荡器提供的高频脉冲进行分频处理，转化为控制系统的时钟源。而控制系统的外部设备很多，不同的外部设备需要的时钟频率不同。

（3）数据存储模块。该模块主要负责控制系统断电后的数据存储。

（4）传感器数据采集模块。通过ICC协议读取寄存器中的角度数据，得到实时传感器测得的值。

（5）滤波处理模块。将各种传感器采集到的数值通过滤波器进行滤波，得到理想的数值。

（6）滑模控制模块。通过前文设计的滑模控制算法，实现起升电动机与走行电动机的同步与吊具精确对位的滑模闭环控制。

各个子层模块的运行无先后顺序，它们是并行的结构，相互作用，共同完成架桥机起重小车的精确架设。主层软件设计流程图如图7-51所示。

下面重点介绍下位机软件过程中的控制系统时钟初始化、I/O接口初始化、定时器初始化、IIC通信、卡尔曼滤波算法。

1. 控制系统时钟初始化

控制系统设置以下5个时钟：

（1）高速内部时钟（HSI）。该时钟频率为8MHz，来自RC振荡器。

（2）高速外部时钟（HSE）。该时钟频率为4~16MHz，来自石英谐振器。

（3）低速内部时钟（LSI）。该时钟频率为40kHz，来自RC振荡器。

（4）低速外部时钟（LSE）。该时钟作为RTC时钟源。

（5）锁相环（PLL）倍频器，倍频系数为2~16，最大输出频率为72MHz。

控制系统的时钟配置如图7-52所示，输入源为8MHz的外部贴片晶振，PLL倍频器有开启和关闭两种模式，该倍频器产生控制系统时钟，然后进行AHB总线预分频，可选1、2、4、8、16、64、128、256、512九种预分频因子。分频后的时钟通过APB总线进行选择，其中APB1连接低速外部设备，包括电源接口、CAN、USB、计算机的设置等；APB2连接高速外部设备，包括SPI、ADC、普通I/O接口和第二功能通I/O接口等。

图 7-51 主层软件设计流程图

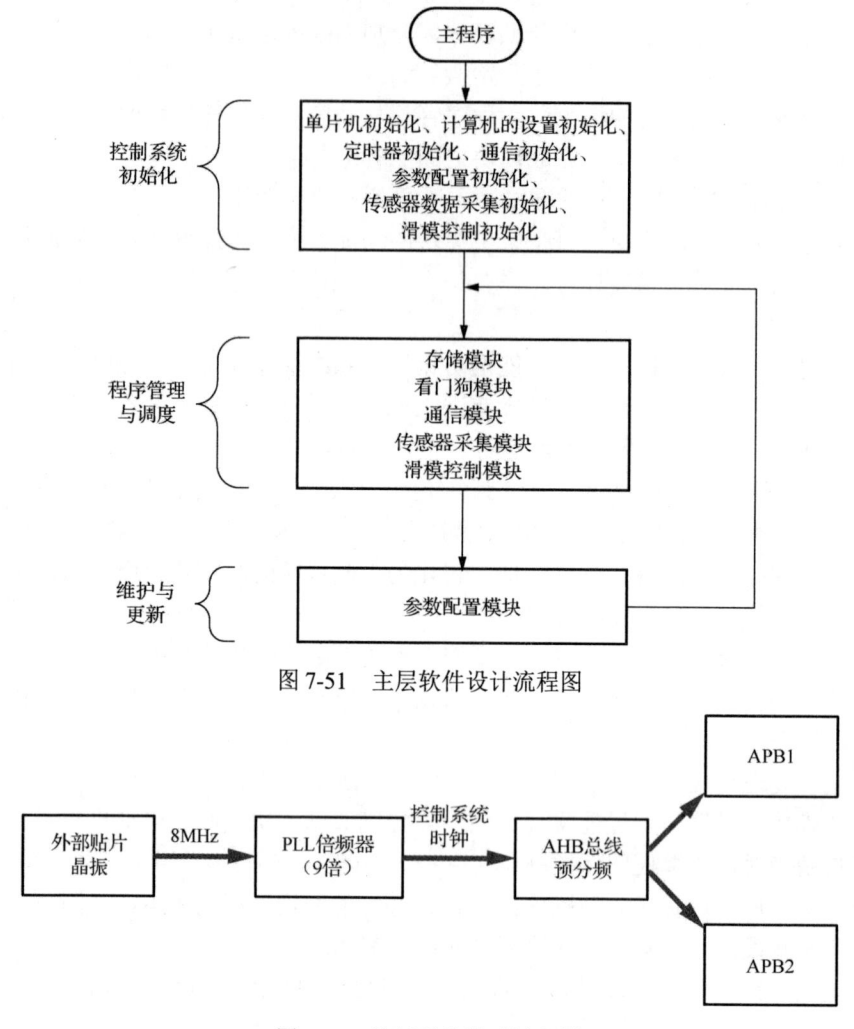

图 7-52 控制系统的时钟配置

控制系统时钟的初始化分为4个步骤：关闭锁相环、配置参数、开启锁相环和等待时钟稳定。

2. I/O 初始化

控制系统的STM32芯片配备的I/O接口共24个，传感器和编码器需要用到6个I/O接口，LED显示需要用到8个I/O接口。在输出模式下，可选用3种频率，分别为2MHz、10MHz和50MHz。在使用前需要将所有I/O接口初始化，之后统一由程序管理与调度模块进行事件管理，由维护与更新模块进行维护与更新。

3. 定时器初始化

为了使控制系统精确采集重物姿态信息，需要将定时器串联，从而达到理想的精度。

控制系统将TIME2和TIME3两个定时器串联,形成主从关系。主定时器计数完毕,触发从定时器开始计数。定时器主从级联关系如图7-53所示。

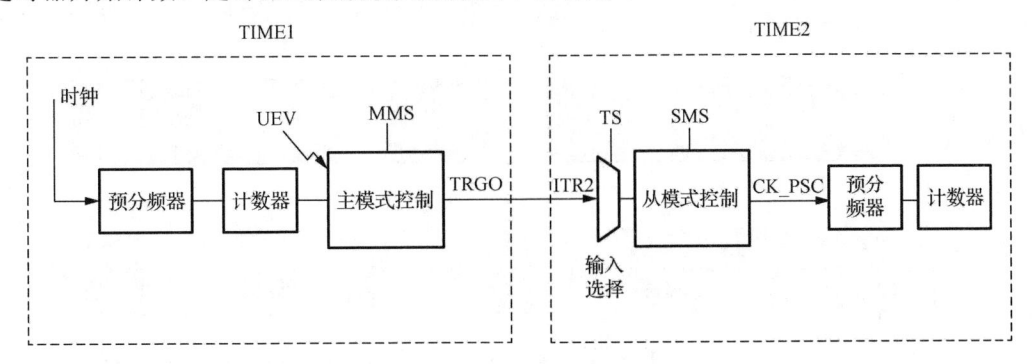

图7-53 定时器主从级联关系

4. IIC通信

图7-54为控制系统IIC通信物理拓扑图,其中的SDA和SCL两条线都连接4.7kΩ的上拉电阻与VCC,当IIC总线不互通数据时,SDA线和SCL线处于高电平;当IIC总线进行数据互通时,SDA线和SCL总线处于低电平。

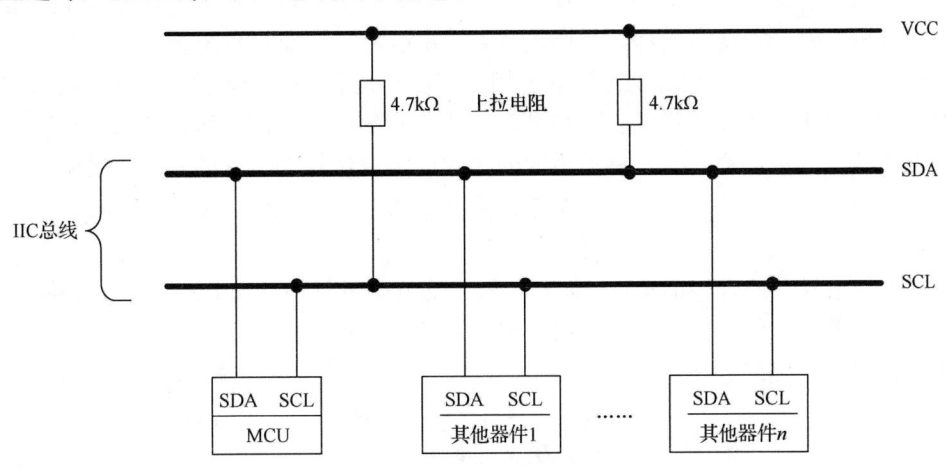

图7-54 控制系统IIC通信物理拓扑图

IIC总线在进行交互时有三种信号,分别为启动信号、停止信号和应答信号。在无数据传输时,该总线始终处于高电平状态。当SDA线开始从高电平跳变到低电平时,表示数据开始传输,也就是启动信号;在数据传输过程中,SCL线始终处于高电平。当SDA线从低电平向高电平跳变时,表示数据传输完毕,也就是停止信号;STM32芯片接收到数据后,向传感器发送低电平脉冲,等待传感器应答。若STM32芯片接收到传感器的应答,则表示传感器工作正常。当SCL线为低电平时,SDA线可以改变数据传输的状态。

控制系统的程序使用STM32芯片的PB6和PB7引脚模拟通信时序,STM32芯片与传感器的数据读写时序如图7-55所示。该图中的S表示单片机的启动信号,然后通过SDA线发送从机地址进行连接,当从机发送应答信号时表示连接成功,并将从主机发送的读写位

（R/W）进行数据传输。所有数据传输完毕，STM32芯片发送停止信号P，终止数据的传输。

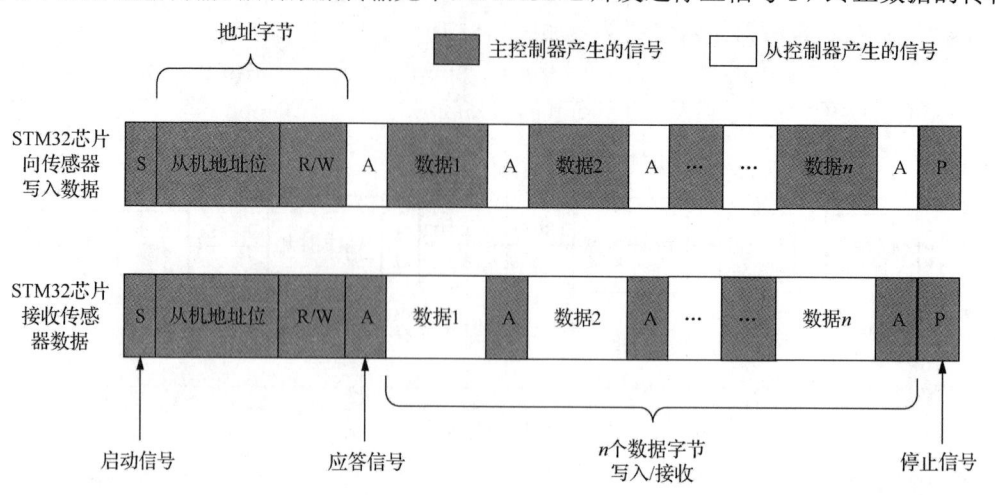

图 7-55 STM32 芯片与传感器的数据读写时序

5. 卡尔曼滤波算法

控制系统的一些不可控扰动量，使得传感器采集到的数据存在误差，如果不对传感器采集的数据进行融合及滤波处理，其误差就会越来越大，使控制系统无法正常工作。

卡尔曼（Kalman）滤波算法是目前应用最广泛和最有效的一种滤波算法，它通过线性方程对传感器采集到的数据进行更新与处理。随着测量值的不同，所对应的下一次的卡尔曼增益也会改变，可以说它是一种自适应的参数整定滤波算法。它的滤波效果明显，可以从众多噪声中分离出最接近真实值的结果，并且算法简单，在计算机上易于实现，因此广泛用于各种领域。

卡尔曼滤波算法原理很简单，只需利用最小均方差进行估计，将采样值进行算术平均，就可以得到当前估计值，而当前估计值只与上次估计值和当前测量值有关。在使用卡尔曼时需要建立以下方程：

$$\begin{cases} \boldsymbol{x}_k = \boldsymbol{A}_k \boldsymbol{x}_{k-1} + \boldsymbol{B}_k \boldsymbol{u}_k + \boldsymbol{w}_k \\ \boldsymbol{z}_k = \boldsymbol{H}_k \boldsymbol{x}_k + \boldsymbol{v}_k \end{cases} \tag{7-90}$$

式中，$\boldsymbol{x}_k$ 为离散系统在 k 时刻的状态向量，其值由 $k-1$ 时刻的状态向量 $\boldsymbol{x}_{k-1}$ 与 k 时刻的输入量 $\boldsymbol{u}_k$ 和干扰量 $\boldsymbol{w}_k$ 共同决定；$\boldsymbol{A}_k$ 为 k 时刻的参数矩阵；$\boldsymbol{B}_k$ 为 k 时刻的输入参数矩阵；$\boldsymbol{z}_k$ 是控制系统在 k 时刻的观测向量，其值由 $\boldsymbol{x}_k$ 和干扰量 $\boldsymbol{v}_k$ 共同决定；$\boldsymbol{H}_k$ 为 $\boldsymbol{x}_k$ 的观测参数矩阵，其中 $\boldsymbol{w}_k$ 和 $\boldsymbol{v}_k$ 两者互不相关，均为白噪声，其相对应的协方差矩阵（Covariance）为 $\boldsymbol{Q}_k$ 与 $\boldsymbol{R}_k$，关系式如下：

$$\begin{cases} \boldsymbol{w}_k \sim N(0, \boldsymbol{Q}_k) \\ \boldsymbol{v}_k \sim N(0, \boldsymbol{R}_k) \end{cases} \tag{7-91}$$

在使用卡尔曼滤波算法时，首先需要根据前一状态预测当前状态，然后将当前时刻测量值与预测值比对并进行调整。这样才可以将测量过程产生的白噪声消除，从而得到当前时刻的最优估计值。系统更新方程为

$$\hat{x}_{k|k-1} = A_k \hat{x}_{k-1|k-1} + B_k u_k \tag{7-92}$$

由式（7-92）可知，控制系统状态估计值由 x_{k-1} 变为 x_k，然后计算 $\hat{x}_k$ 的协方差矩阵，设 $\hat{x}_{k|k-1}$ 的协方差矩阵为 $P_{k|k-1}$，其表达式为

$$P_{k|k-1} = A_k P_{k-1} A_k^T + Q_k \tag{7-93}$$

式（7-92）和（7-93）所示的两个方程为"预测"更新方程，则测量更新方程为

$$K_k = P_{k|k-1} H_k (H_k P_{k|k-1} H_k^T + R_k)^{-1} \tag{7-94}$$

$$\hat{x}_{k|k} = \hat{x}_{k|k-1} + K_k (z_k - H_k \hat{x}_{k|k-1}) \tag{7-95}$$

$$P_{k|k} = (I - K_k H_k) P_{k|k-1} \tag{7-96}$$

式（7-94）中，K_k 为卡尔曼增益矩阵，其值由 $P_{k|k-1}$、H_k 和 R_k 决定；式（7-95）和式（7-96）为更新过程，由当前测量值和上次预测值决定，每次的预测都会更新相应的协方差矩阵，使下次的预测值更加准确。

由于控制系统采用六轴惯性运动传感器和三轴磁电阻传感器采集重物姿态信息，因此需要将这些传感器采集的数据进行卡尔曼滤波，将测得的角度信息建立以下方程：

$$\begin{cases} \theta_k = \theta_{k-1} - \Delta\omega_{k-1} + \omega_k \mathrm{d}t + \lambda_\theta \\ \Delta\omega_k = \Delta\omega_{k-1} + \lambda_\omega \end{cases} \tag{7-97}$$

式中，θ_k 为 k 时刻计算的重物摆角，其值由 $k-1$ 时刻的重物摆角 θ_{k-1}、三轴陀螺仪测量值 ω_k 和系统噪声 λ_θ 共同决定；$\Delta\omega_k$ 为控制系统在 k 时刻的估计值，其值由前一刻的估计值 $\Delta\omega_{k-1}$ 与系统噪声 λ_ω 共同决定。可根据式（7-97）进行测量与更新，随着测量值的增多，姿态信息更加准确。控制系统的卡尔曼滤波算法流程图如图 7-56 所示。

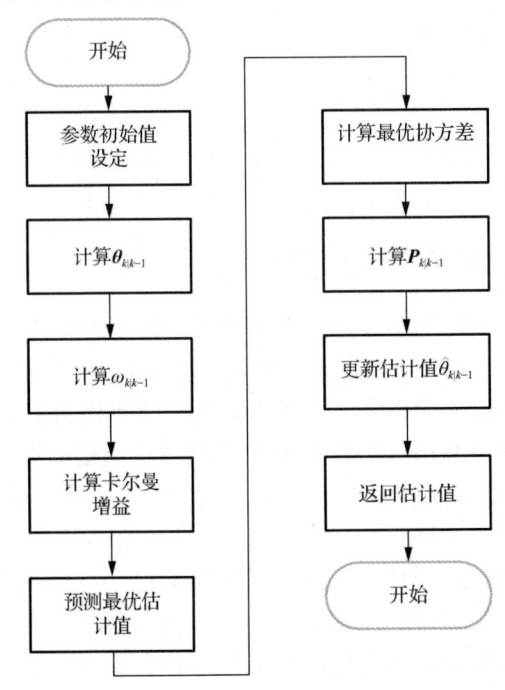

图 7-56 控制系统的卡尔曼滤波算法流程图

控制系统使用绝对式编码器采集起重小车的位移与速度信息，绝对式编码器测速流程图如图 7-57 所示。当控制系统程序开始时，首先需要检查绝对式编码器的各项初始参数，确认无误后开启串口通信，单片机将控制起重小车的电动机驱动装置使之转动，同时绝对式编码器采集起重小车电动机的角位置数据，将数据实时传输到控制器，并判断是否继续检测。完成检测后，将采集到的数据进行滤波处理，以得到精确的位置信息，并将位置信息存储以便日后使用。

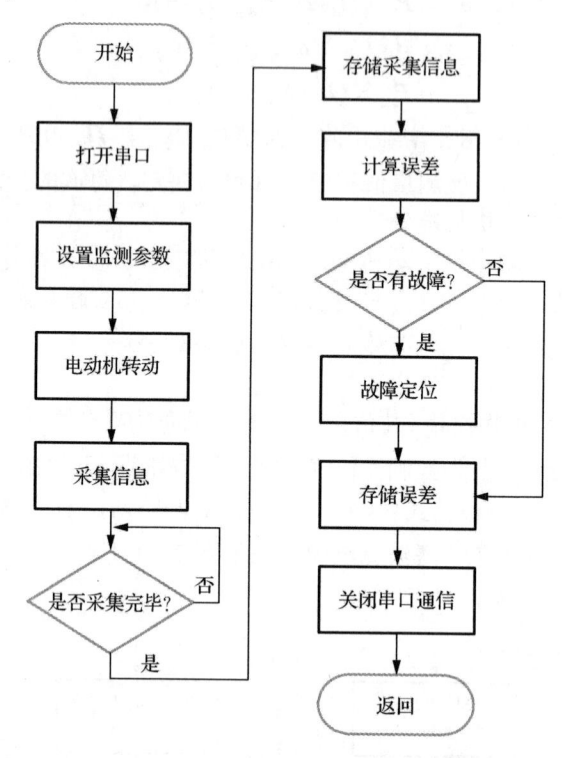

图 7-57 绝对式编码器测速流程图

7.4.3 控制系统上位机软件的设计

架桥机起重小车控制系统的上位机由人机接口、无线通信及中断控制程序组成。上位机软件主要负责观察起重小车及重物的运行姿态、控制电动机的启停、配置电动机的参数、显示起重小车及重物的运行曲线和数据。图 7-58 为主进程逻辑关系。

控制系统的无线通信为 Wi-Fi 模块与 GSM 模块组合通信，这两个模块同时工作会导致功率的增大，以及数据发送的混乱，因此有必要对其组合进行合理的设计，使这两种通信方式协同高效工作。设计的控制系统无线通信流程图如图 7-59 所示。

与其他模块一样，首先进行初始化，然后判断 STM32 芯片是否接收到外部发送的 GSM 信号。若接收到 GSM 信，则数据将通过 GSM 模块发送到外部中端；若没接收到 GSM 信号，则由 Wi-Fi 模块发送数据到上位机，并循环上述过程，以便实时接收到起重小车及重物的姿态信息。

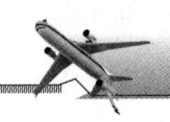

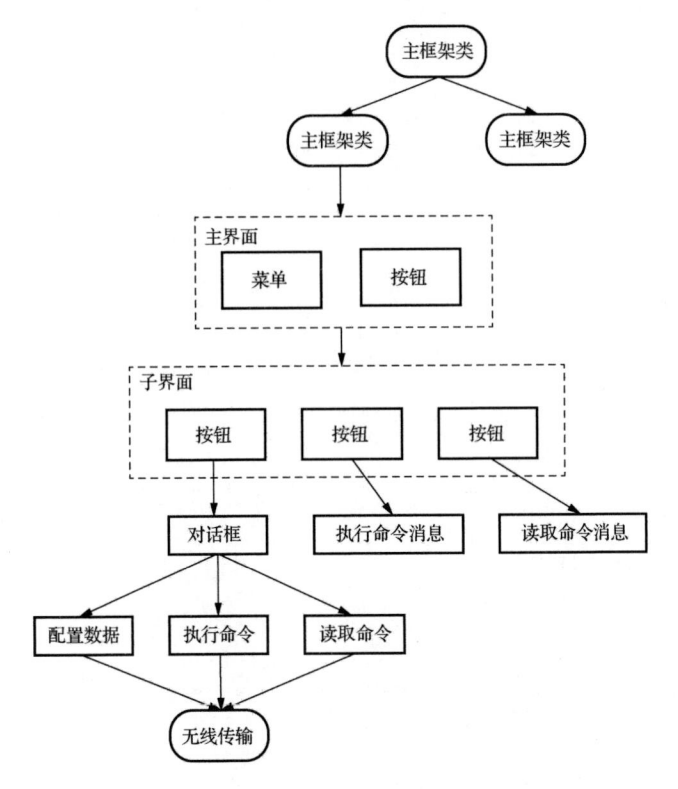

图 7-58 主进程逻辑关系

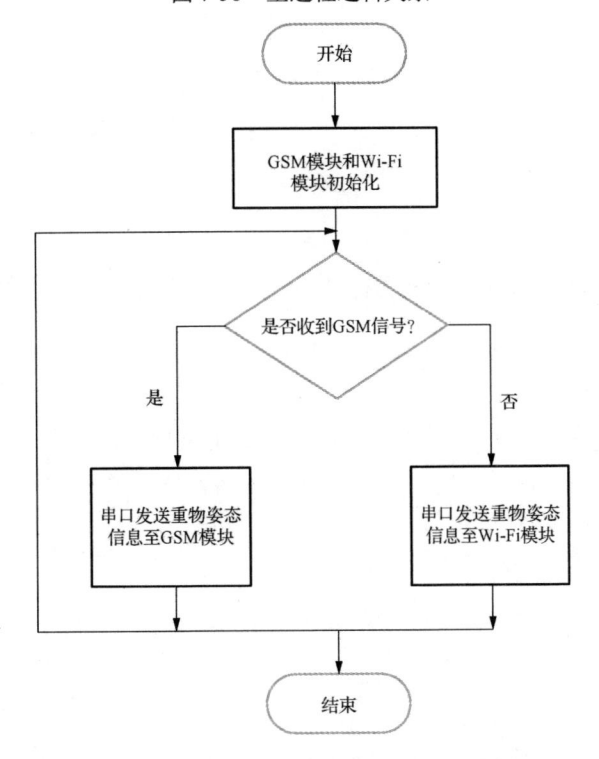

图 7-59 设计的控制系统无线通信流程图

第3篇
超大型水利渡槽施工机械

第8章 1200 t 沙河渡槽提、运、架成套施工装备

8.1 ME650型轮轨式提槽机

图8-1为ME650型轮轨式提槽机（门式起重机），工作时由2个主梁上的4台天车共同抬吊一榀渡槽，完成这榀渡槽在制槽场和工地跨线、跨墩、移线等位置的起吊、转移、前两榀渡槽架设，以及为运槽车装槽。同时，还可以借助其他辅助吊具实现架槽机的拼装和转线，以及运槽车的拼装任务。

图 8-1 ME650型轮轨式提槽机

8.1.1 规格和技术参数

ME650型轮轨式提槽机的规格和技术参数见表8-1。

表 8-1　ME650 型轮轨式提槽机的规格和技术参数

序号	名　　称	参　数　值
1	额定起重质量/t	2×650
2	跨度/m	36
3	起升高度/m	35
4	满载/空载起升速度/（m/min）	0～0.5/0～1.0
5	满载/空载起重小车速度/（m/min）	0～3.0/0～6.0
6	满载/空载大车走行机构运行速度/（m/min）	0～5.0/0～10.0
7	额定全部安装功率/kW	165
8	最大额定同时输出功率/kW	96
9	自身质量/t	900
10	总体尺寸/m	42.96（长）×35.02（宽）×45.53（高）

8.1.2　结构组成、工作原理及各部件的作用

1. 结构组成

ME650 型轮轨式提槽机主要由门架（包括主梁、支腿和连系梁）、爬梯栏杆、起升机构、单吊点吊具、双吊点吊具、回转支撑装置、大车走行机构、电控系统和液压系统等组成。图 8-2 为 ME650 型轮轨式提槽机的三维模型，图 8-3 为 ME650 型轮轨式提槽机的结构简图。

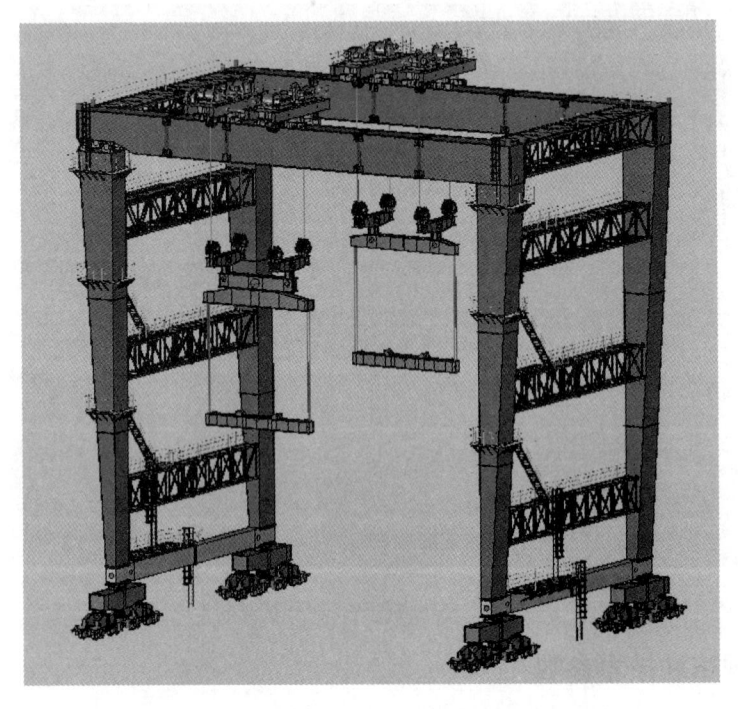

图 8-2　ME650 型轮轨式提槽机的三维模型

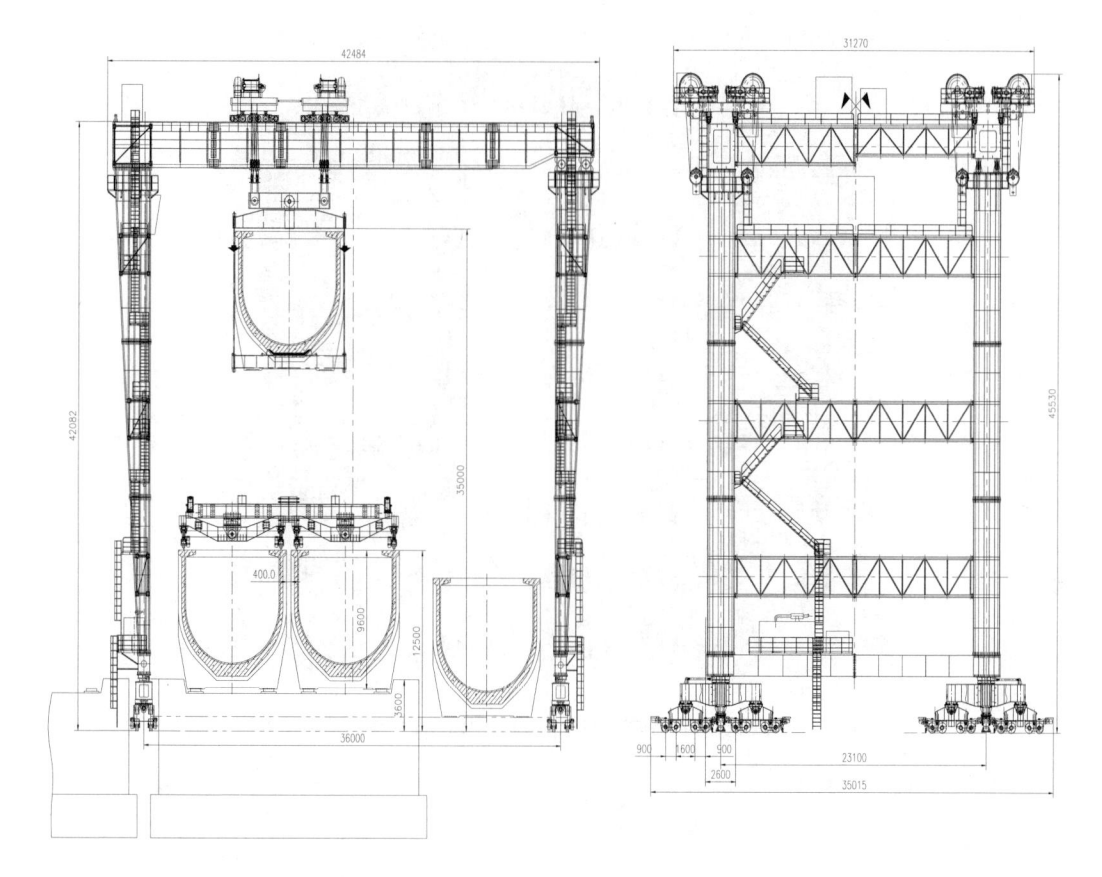

图 8-3 ME650 型轮轨式提槽机的结构简图（单位为 mm）

2. 工作原理

ME650 型轮轨式提槽机的工作原理如下：在制槽场和工地铺设轮轨，该提槽机在预制场或跨越槽墩的固定轨道上运行。该提槽机左侧支腿与主梁固定，右侧支腿双铰接到顶部主梁上，主梁采用钢箱梁结构。大车走行机构提供支撑力和运行驱动力；在支腿的下面，回转支撑装置实现提槽机的 90°转向；起升机构的横向移动由每个主梁顶面的 2 台天车完成，该提槽机的主梁 A 天车下方的吊具为单吊点吊具，提槽机主梁 B 天车下方的吊具为双吊点吊具，以形成整机的四点起升、三点平衡功能，完成渡槽的起吊、转移、前两榀渡槽架设，以及为运槽车装槽。

3. 各部件的作用

1）门架

ME650 型轮轨式提槽机的门架主要由主梁、支腿、主梁连系梁、支腿连系梁和支腿底梁组成。ME650 型轮轨式提槽机门架的三维模型如图 8-4 所示，ME650 型轮轨式提槽机门架的结构简图如图 8-5 所示。

图 8-4　ME650 型轮轨式提槽机门架的三维模型

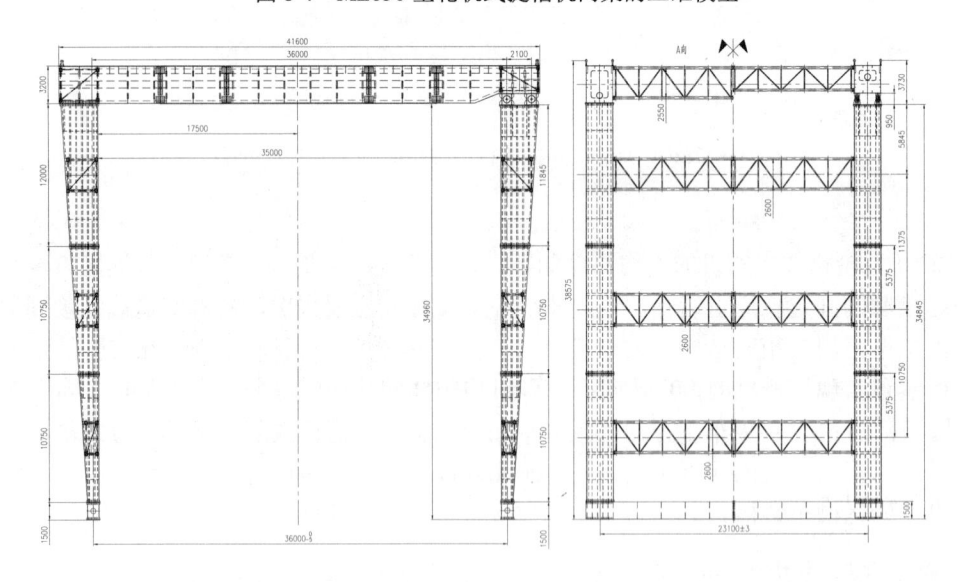

图 8-5　ME650 型轮轨式提槽机门架的结构简图（单位为 mm）

作为 ME650 型轮轨式提槽机的主要承载结构，主梁由两根 41.6 m 长的箱型梁组成，这两根箱型梁中心距为 23.1 m。每根箱型梁分 5 节，高度为 3.2 m，宽度为 2.24 m。箱型梁是采用 Q345C 低合金结构钢焊接而成的，接头采用 10.9 级 M30 高强度螺栓以及内、外节点板拼接。两根连系梁将两根主梁连接在一起。连系梁采用桁架结构，增强了主梁的横向刚度和整体稳定性。

固定支腿安装在该提槽机的左侧，与主梁刚性法兰连接，其底部支撑在回转支撑装置上。柔性支腿安装在该提槽机的右侧，与主梁半刚性铰接（采用双铰轴），其底部支撑在回转支撑装置上。每个支腿组件包括固定支腿、柔性支腿、支腿连系梁和下横梁。固定支腿与柔性支腿为结构完全相同的箱式立柱，两组箱式立柱和下横梁连接，固定支腿与柔性支腿由三条支腿连系梁连接，形成整体受力的框架结构。固定支腿立柱与主梁的连接是法兰螺栓刚性连接，柔性支腿与主梁的连接是双销轴铰接。支腿立柱上部承受一定的弯矩，因此采用上宽下窄的箱式结构。

每侧支腿安装在回转支撑装置上，回转支撑装置的下部与2台大车走行机构连接（见图8-6）。作业行驶时，大车走行机构支撑整个提槽机，回转支撑装置起传递承重的作用。当该提槽机需要大车走行机构横向移动时，该提槽机进入转向区，回转支撑装置的顶升油缸工作，把一条支腿顶起。此时，该提槽机支腿的承重就由顶升油缸承担，顶升油缸升起直到大车走行机构完全脱离轨面为止。支腿连系梁与所连接的大车走行机构一起降落到油缸支撑盘上，在转向油缸的作用下，支腿连系梁与所连接的大车走行机构绕支腿轴线旋转90°，完成大车走行机构的转向。此时，该提槽机可以沿着横向移动轨道移动。

每侧支腿安装两台大车走行机构。大车走行机构由4台主动台车、变频电动机、夹轨器、平衡梁、台车连系梁及缓冲器等部件构成（见图8-7）。主动台车两端设有夹轨器，在ME650型轮轨式提槽机不工作时，可将其与轨道刚性连接并固定，防止该提槽机在轨道上自由移动。经计算，选择的电动机型号为YVPEJ-4-3.7，减速机型号为QSC20-280，重载时的走行速度设为0~6.70m/min，空载时的走行速度设为0~11m/min。

图8-6 连接大车走行机构的回转支撑装置　　　　图8-7 大车走行机构

2. 起升系统

起升系统包括主、副两套起升机构（见图8-8），主起升机构由车架、卷扬机组、定滑轮组、动滑轮组、钢丝绳、载荷限制器、液压泵站及天车走行机构等组成；副起升机构是一套质量为20 t的电动葫芦，用来吊装20 t以内的小构件。

两个车架上的4台卷扬机共同吊运渡槽的一端（含吊具质量，总质量约为650 t），两个小车架由连杆连接，以保证两个小车架的间距及两组动、定滑轮组的间距。每个车架上的两台卷扬机分别位于主梁的左右两侧。钢丝绳的一端固定在卷扬机上，在动、定滑轮组之间缠绕 10 圈，钢丝绳的另一端固定小车架上。载荷限制器安装在钢丝绳的车架固定端的一侧。液压泵站作为卷扬机上钳盘式制动器的动力源，固定在小车架上。天车走行机构作为起升机构横向移动的驱动装置。

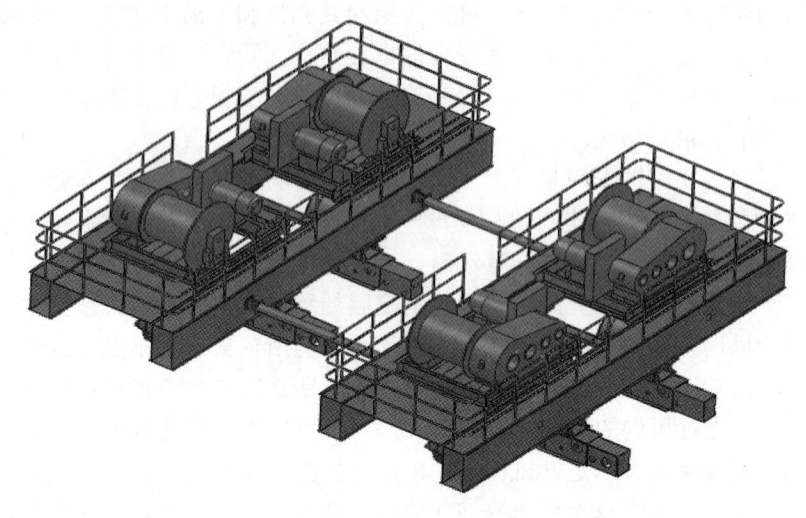

图 8-8 起升系统

主起升机构是由钢板焊接而成的框架结构，在它的上面安装卷扬机组，下面与天车走行机构连接。4 台卷扬机安装在两个小车架上，这些卷扬机对角布置。每台卷扬机由机座、减速器、卷筒、制动器、电动机等组成。电动机通过弹性联轴器经齿轮减速器直接带动卷筒转动。天车走行机构位于天车架与主梁轨道之间，与天车架采用铰接机构连接，其走行轮作用在主梁顶轨道上。天车走行机构由主动台车和从动台车等部件构成。

3. 吊具

ME650 型轮轨式提槽机有两个吊具（见图 8-9），分别位于两根主梁下方，吊具与起升系统的动滑轮组通过铰轴连接。两个吊具在结构形式上不同，一个为单吊点吊具，另一个为双吊点吊具。这样就可以在吊运渡槽时实现 4 个吊点起升，三点平衡，防止渡槽在吊运时发生扭曲。

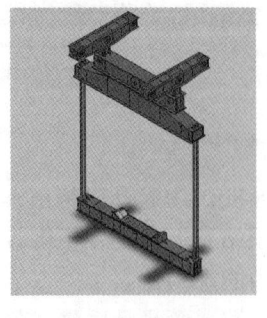

（a）单吊点吊具 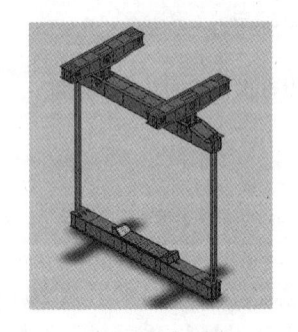　　　　（b）双吊点吊具

图 8-9 吊具

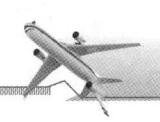

8.1.3 电气控制系统

ME650 型轮轨式提槽机的电气控制系统采用 PLC 控制，实现全部逻辑关系和联锁功能，其输入信号用于检测各机构的状态和外部保护信号，主起升机构、大车走行机构操作手柄的挡位信号对应调速装置的速度给定信号；输出信号是根据输入信号按照一定逻辑关系给出的，用于控制各机构的运行。图 8-10 为 PLC 控制原理框图。

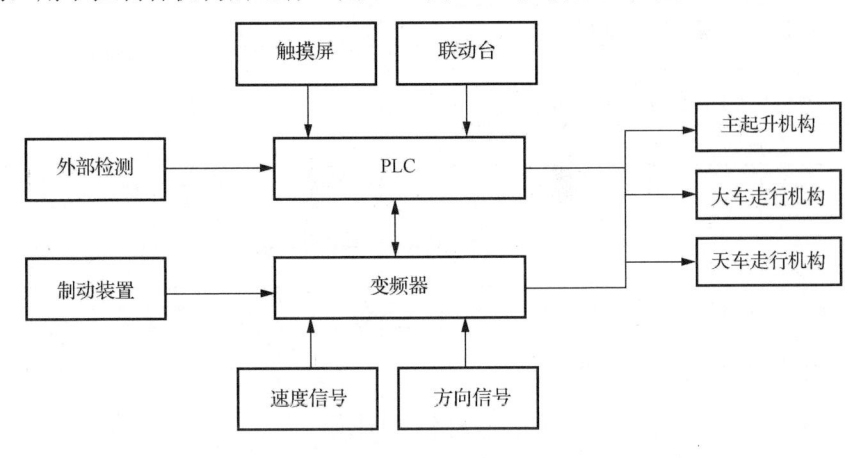

图 8-10　PLC 控制原理框图

8.2　DY1300 型轮轨式运槽车

DY1300 型轮轨式运槽车（见图 8-11）是渡槽搬运和架设全套装备中的关键设备之一，它在已架设好的渡槽（上面已预铺钢轨）固定轨道上运行。该运槽车主要用于渡槽的搬运施工，也可用于驮运架槽机返回制槽场。

图 8-11　DY1300 型轮轨式运槽车

8.2.1 DY1300型轮轨式运槽车的规格和技术参数

DY1300型轮轨式运槽车的规格和技术参数见表8-2。

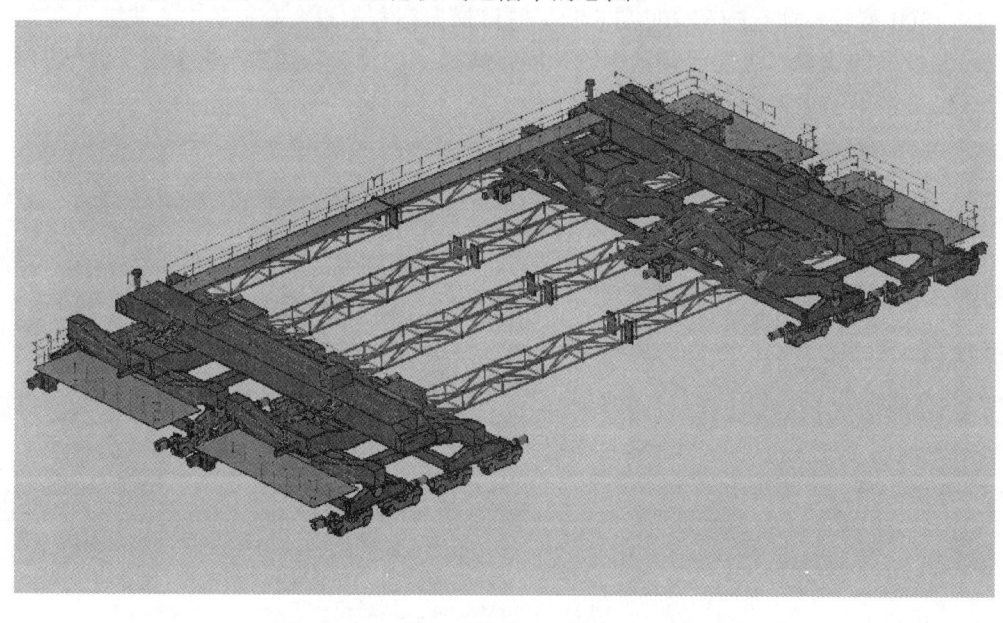

表8-2 DY1300型轮轨式运槽车的规格和技术参数

序号	名称	参数值
1	额定载重/t	2×650
2	满载时的运行速度/(m/min)	0~13.3
3	空载时的运行速度/(m/min)	0~24
4	工作时的最大允许风压/(N/m²)	250
5	非工作时的最大允许风压/(N/m²)	800
6	轮轨间距/m	18.05
7	适应纵坡（%）	±0.5
8	发电机功率/kW	240
9	自身质量/t	240.15
10	总体尺寸/m	33.91（长）×18.825（宽）×3.59（高）

8.2.2 结构组成、工作原理及各部件的作用

1. 结构组成

DY1300型轮轨式运槽车主要由运槽台车A、运槽台车B、连系梁（4组连接杆）、发电机组、驾驶室、电气控制系统和液压控制系统组成。图8-12为DY1300型轮轨式运槽车的三维模型，图8-13为DY1300型轮轨式运槽车的总图。

图8-12 DY1300型轮轨式运槽车的三维模型

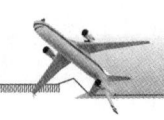

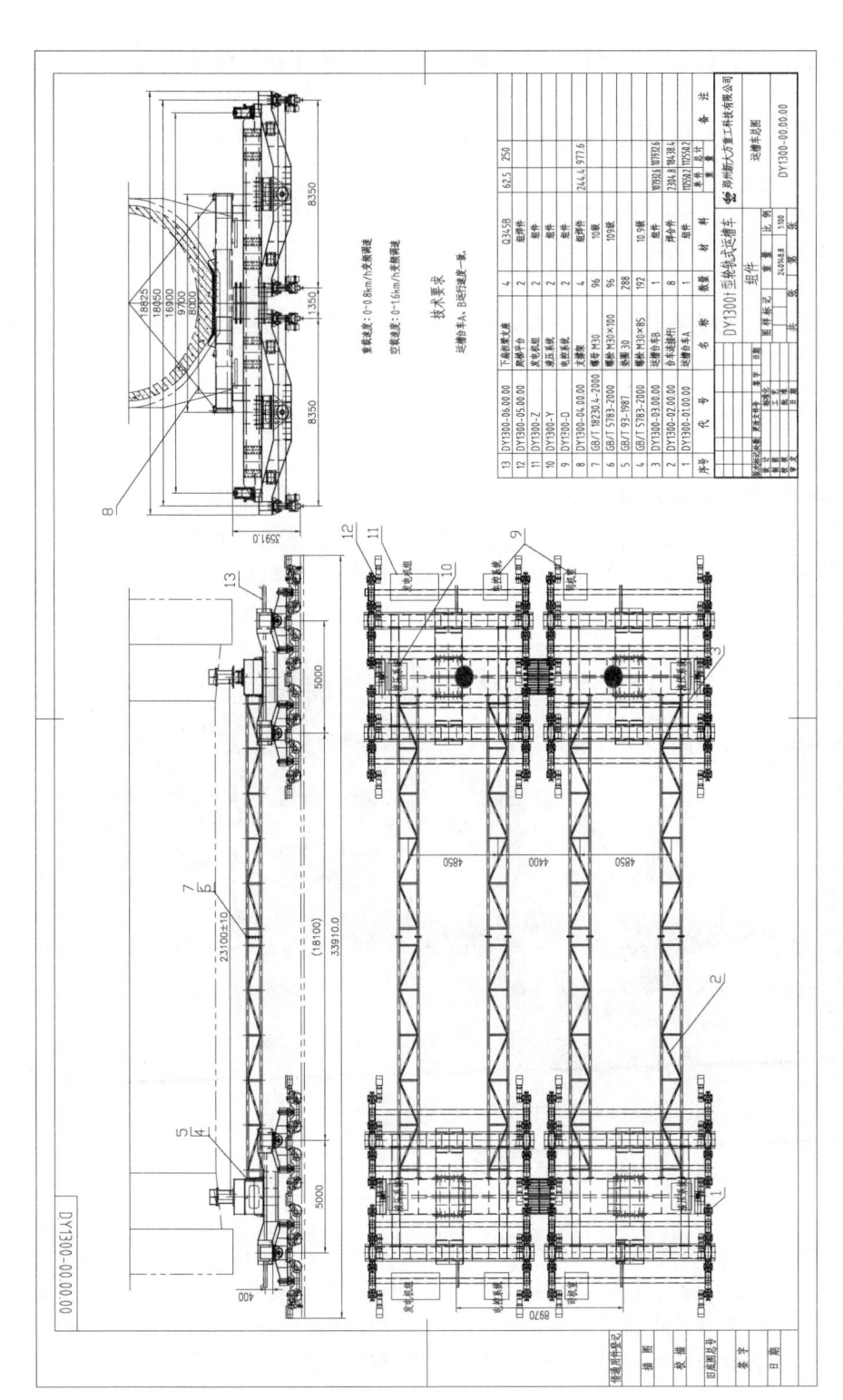

图 8-13 DY1300 型轮轨式运槽车的总图（单位为 mm）

2. 工作原理

在已架设好的渡槽上预铺钢轨，DY1300型轮轨式运槽车在预铺好的固定轨道上运行，由两台运槽台车和4个桁架结构的连系梁组成该运槽车的整体结构，提槽机将预制好的渡槽放在该运槽车上，该运槽车在自带的发电机组的驱动下驮运渡槽到架槽机中，架槽机完成渡槽的起吊后，该运槽车返回并准备运送下一榀渡槽。

两台运槽台车在主结构方面完全一致，主要区别是运槽台车A的支撑梁上有两个固定支撑点，运槽台车B的支撑梁上有一个由两个串联油路组成的平衡油缸，这样可以保证渡槽在运输过程的三点平衡。32台走行车分别安装在上述两台运槽台车上。在运槽时，这两个运槽台车通过台车连系梁固定在一起，以保持两个运槽台车的固定轴距。当需要运槽台车整体驮运架槽机时，可以拆掉两台运槽台车的连系梁。

3. 各部件的作用

1）运槽台车

运槽台车A和运槽台车B主要由（按装配顺序由上往下）支撑梁组件、上连接梁、上连接梁铰座组件、下连接梁、下连接梁铰座组件、下平衡梁、下平衡梁铰座组件、走行台车等部件组成。图8-14为运槽车的三维模型，图8-15为DY1300型轮轨式运槽台车A的总图。

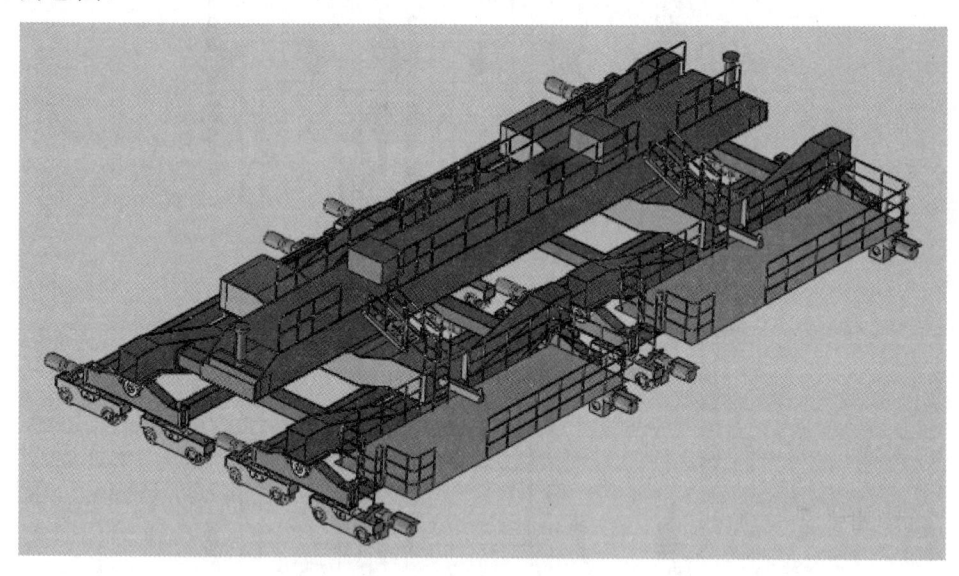

图8-14 运槽台车的三维模型

2）走行台车

DY1300型轮轨式运槽车有32台走行台车，其中8台为双驱动台车，其余为单驱动台车，该运槽车有40个驱动轮，24个从动轮。走行台车通过下平衡梁铰座组件与下平衡梁连接在一起，下平衡梁铰座组件为平面铰结构，能够保证走行台车在运行过程中沿铅垂线自由转动。下平衡梁为箱型梁结构，它与通过下连接梁铰座组件的下连接梁铰接。

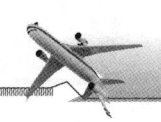

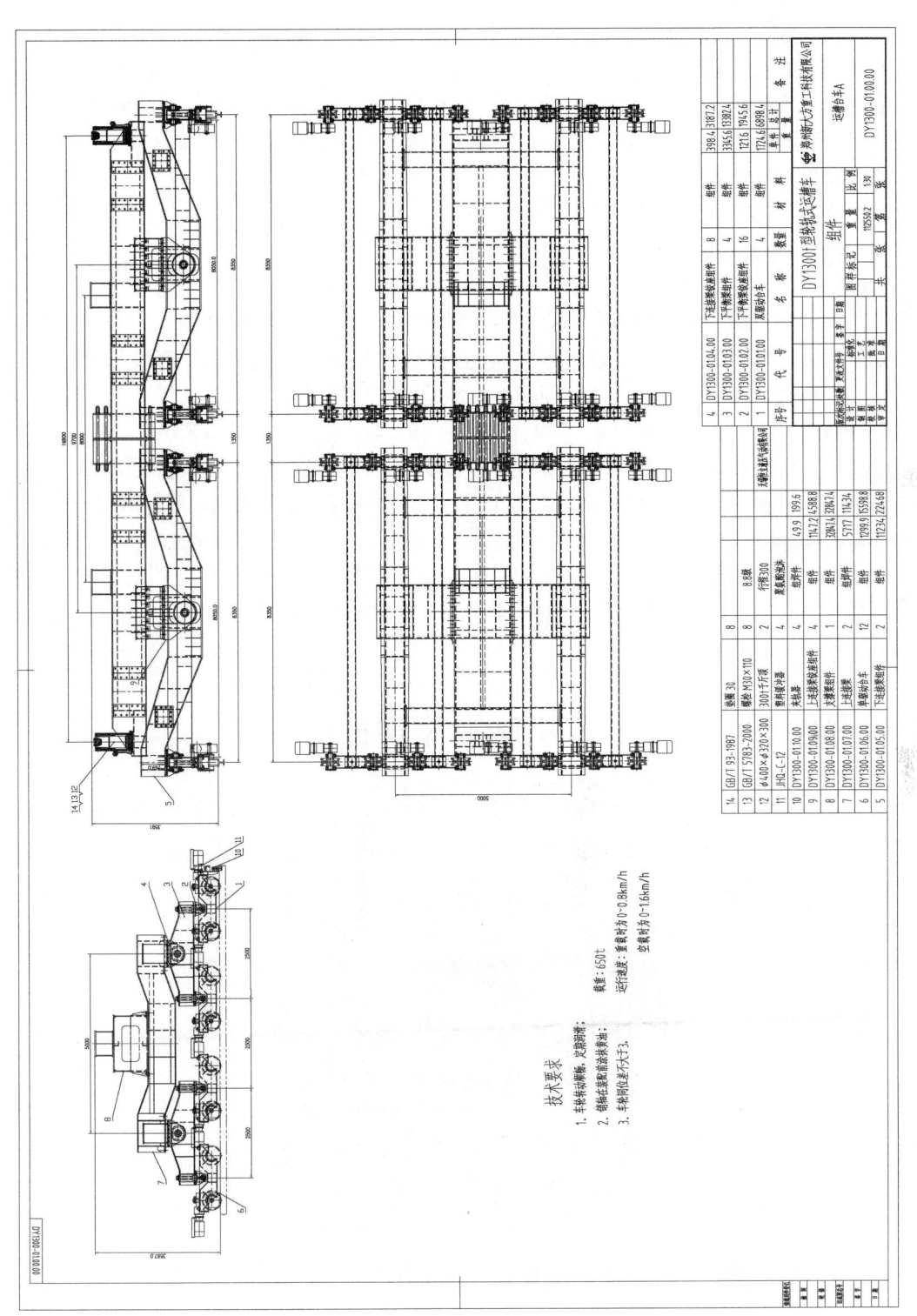

第8章 1200 t沙河渡槽提、运、架成套施工装备

图 8-15 DY1300 型轮轨式运槽台车 A 的总图（单位为 mm）

3）连接梁及铰座组件

DY1300型轮轨式运槽车有8根下连接梁和16个下连接梁铰座组件，有4根上连接梁和8个上连接梁铰座组件。为了降低该运槽车的高度，也为了降低架槽机架槽所用门式起重机的工作高度和整体高度，上、下连接梁采用双鱼腹箱型梁结构形式（俗称螃蟹腿结构形式），中间粗两端细。这样能够在满足结构强度和刚度的前提下，尽可能地降低DY1300型轮轨式运槽车的有效高度。每两个下连接梁通过连接梁连接在一起，组成下连接梁组件，以保证运槽台车的整体稳定性。

4）运槽台车的连系梁

运槽台车的连系梁为桁架结构，共4组。在运槽过程中由连系梁保证两台运槽台车的定距和同步。连系梁与两台运槽台车采用螺栓固接，当需要驮运架槽机时，可拆掉运槽台车的连系梁，由两台运槽台车分别顶升并驮起架槽机的两个前后连系梁。运槽台车的连系梁采用钢管桁架结构，既能保证连接强度，又能减小整体质量。

5）钢轨

DY1300型轮轨式运槽车在固定的轨道上移动，钢轨安装在已架设好的渡槽上，每侧轨道由43#轨和基础组成，要求轨道间距误差小于10 mm，要求两侧轨道高度之差小于20 mm，要求轨道纵坡小于0.5%，要求两侧轨道坡度同向。在钢轨的两端安装了安全限制器。

DY1300型轮轨式运槽车有4个液压泵站，供4个顶升油缸使用，由独立操作台上的按钮控制4个顶升油缸的动作，可以实现4个顶升油缸的独立动作、两个顶升油缸的联动和4个顶升油缸的同时联动。

8.3 DF1300型架槽机

DF1300型架槽机由导梁、两台门式起重机、液压控制系统和电气控制系统组成，其下导梁安放在已预制好槽墩的支撑座上，通过两台门式起重机在下导梁上的纵向移动、天车的横向移动完成预制渡槽的架设。图8-16为DF1300型架槽机实物图片。

图8-16 DF1300型架槽机实物图片

8.3.1 DF1300型架槽机的规格和技术参数

DF1300型架槽机的规格和技术参数见表8-3。

第8章　1200 t 沙河渡槽提、运、架成套施工装备

表 8-3　DF1300 型架槽机的规格和技术参数

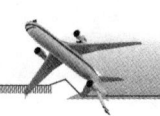

序号	名　称	参　数　值
1	额定起重质量/t	2×650
2	跨度/m	20.8
3	起升高度/m	15
4	满载/空载时的起升速度/（m/min）	0～0.75/0～1.5
5	满载/空载时的起重小车运行速度/（m/min）	0～3.0/0～6.0
6	满载/空载时的大车走行机构的运行速度/（m/min）	0～3.0/0～6.0
7	额定全部安装功率/kW	320 + 320
8	最大额定同时输出功率/kW	148 + 148 = 296
9	自身质量/t	1000
10	总体尺寸/m	91.451（长）×25.9（宽）×34.16（高）

8.3.2　结构组成、工作原理及各部件的作用

1. 结构组成

DF1300 型架槽机的三维模型如图 8-17 所示，主要结构包括导梁、两台门式起重机。

图 8-17　DF1300 型架槽机的三维模型

2. 工作原理

DF1300 型架槽机有上、下两根导梁，两个门型的连系梁把上、下两个导梁连接在一起，形成刚性结构。两台门式起重机的 2 台天车将运槽机运送到的渡槽起吊，依靠大车走行机构在下导梁上纵向移动到下一跨，天车横向移动，带动渡槽的横向移位和安装，在单跨 4 个渡槽全部安装完成后，在顶推油缸的作用下该架槽机移动到下一跨。

3. 各部件的作用

1）导梁结构

图 8-8 为导梁结构简图。导梁主要由后连系门架 1、导梁节 3、导梁前后端梁 4 和 7、支撑座 9、前联系架 17、爬梯 12、牵引机构 8、顶推机构 15 和转换顶组件 10 和 13 等组成。

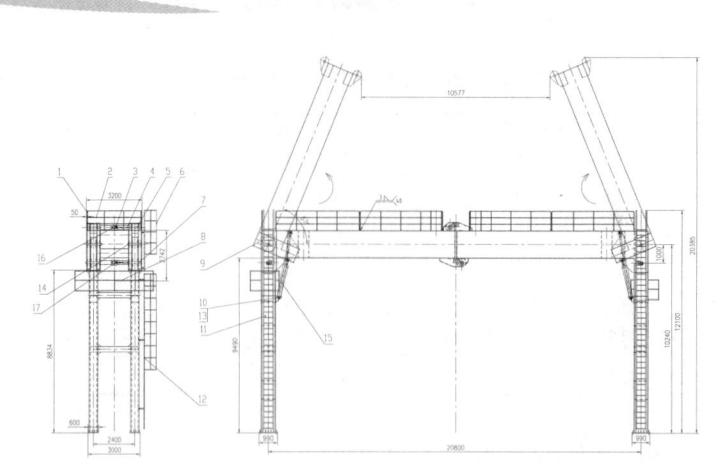

图 8-18 导梁结构简图（单位为 mm）

后连系门架为可开启式连系门架，保证运槽车能够将渡槽顺利运送到喂槽区；关闭后连系门架，保证下导梁在架槽过程中有足够的连接强度。后连系门架主要由立柱、翻转横梁、油缸卡座、顶管、爬梯栏杆、翻转油缸等组成。

导梁节为下导梁的重要组成部分，每侧的下导梁由 5 段导梁节组成，每段导梁节因所处的位置不同而在局部细节上有所不同。例如，有些导梁节有门式起重机锚固安装孔，有些导梁节有吊具的吊点孔，这些导梁节均为箱型梁结构。下导梁的端梁分为后端梁和前端梁，在端梁的上盖板有前后连系梁安装位置及连接螺栓孔。

前连系门架为固定门架，是保证下导梁在架槽过程中有足够的连接强度的重要部件之一。前连系门架主要由前端立柱和前连系横梁组成，前连系门架结构简图如图 8-19 所示。

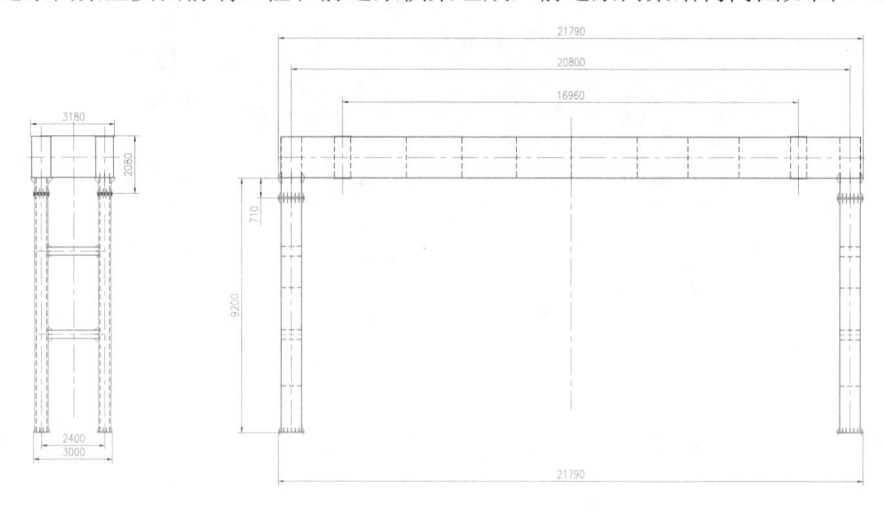

图 8-19 前连系门架结构简图（单位为 mm）

牵引机构的功能就是保证导梁过孔后完成支撑座的倒换，牵引机构主要由铰座、底架、栏杆、卷扬机、导向滑轮等组成。牵引机构装配图如图 8-20 所示。

顶推机构的功能是保证导梁能够完成架槽机过孔。顶推机构主要由顶推油缸、顶推铰座、销轴和顶推靴等组成。顶推机构装配图如图 8-21 所示。

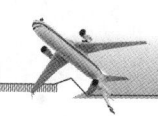

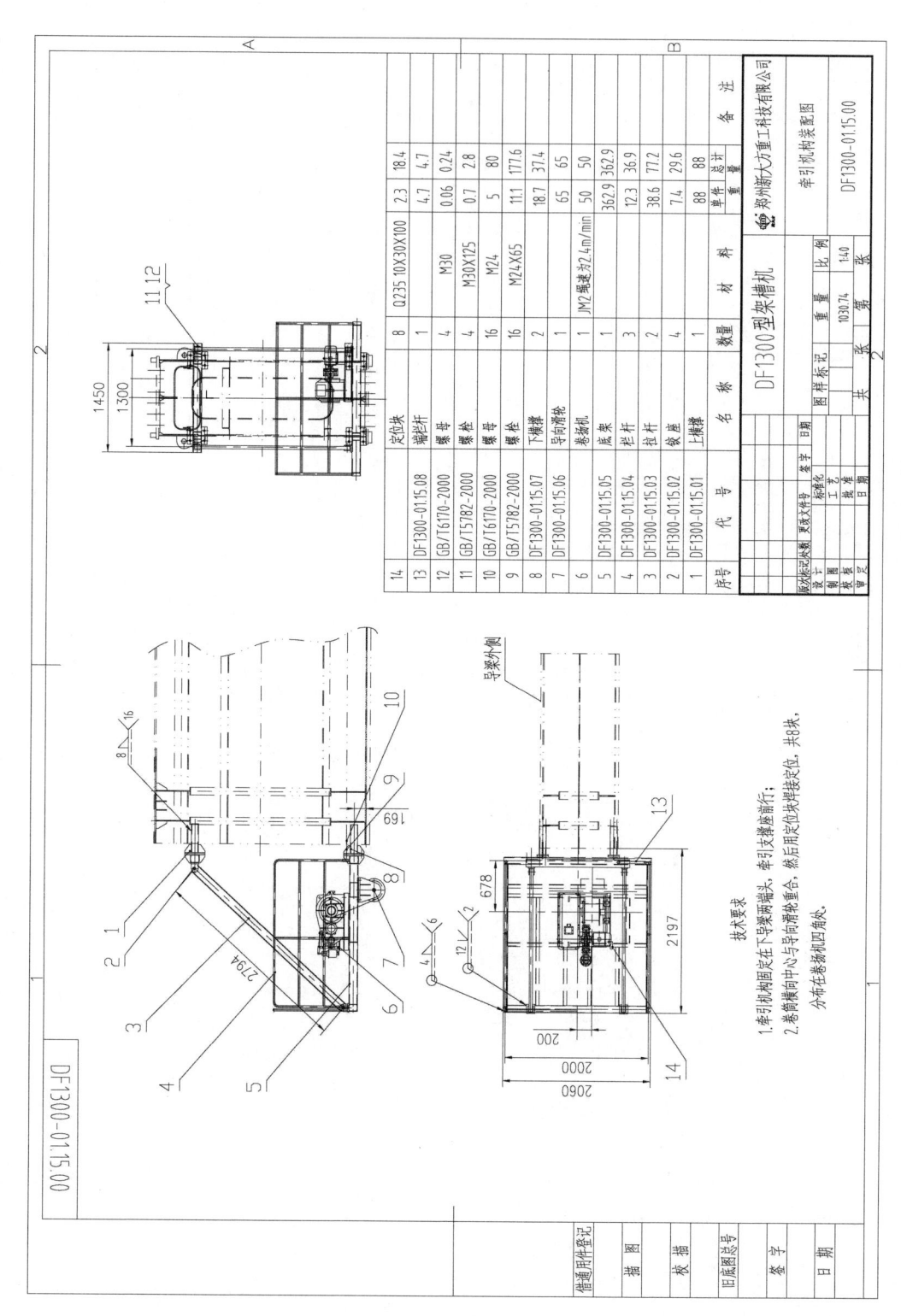

第8章　1200 t沙河渡槽提、运、架成套施工装备

图 8-20　牵引机构装配图（单位为mm）

图 8-21 顶推机构装配图（单位为 mm）

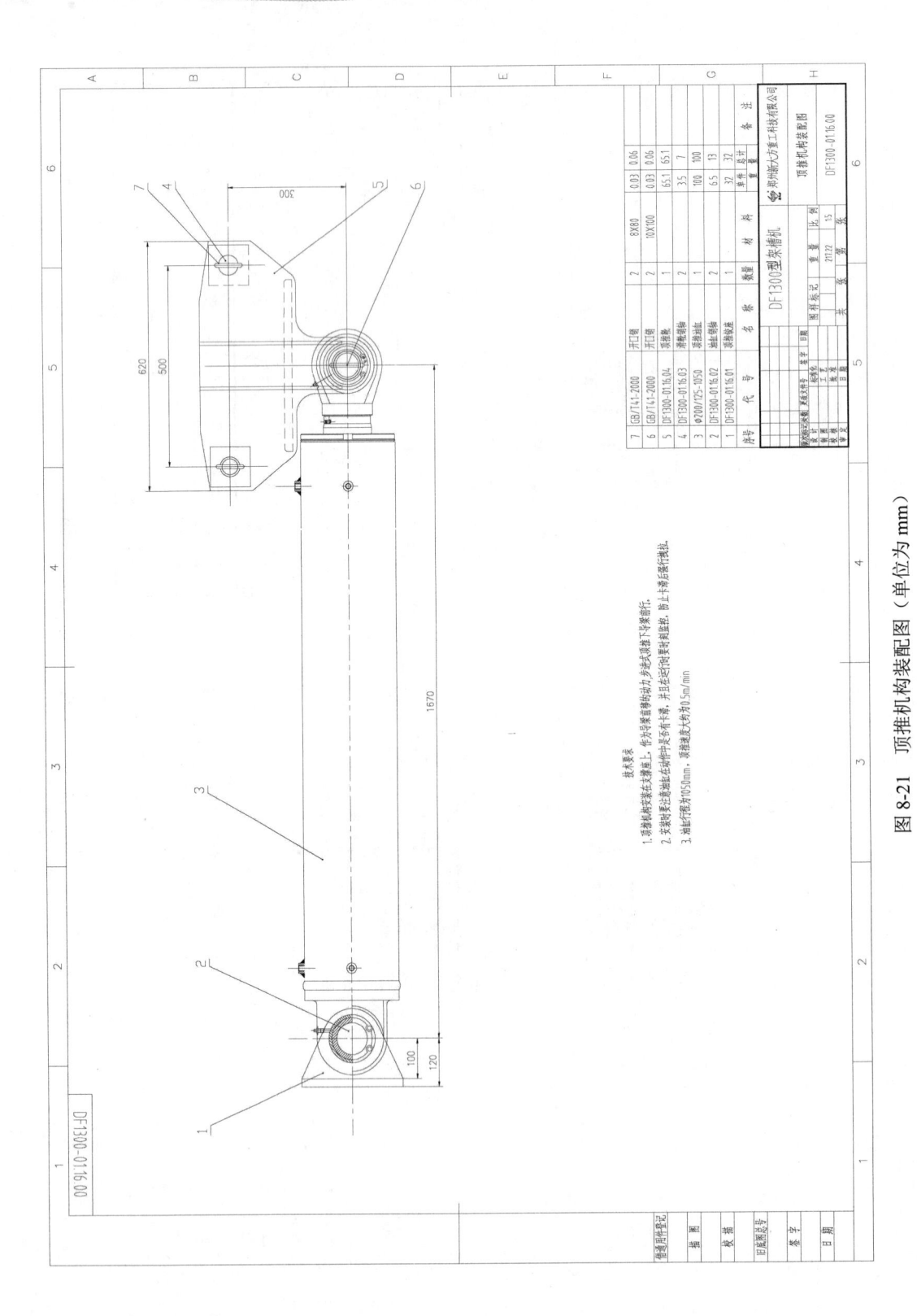

2）门式起重机

DF1300 型架槽机有两台 MDE325 型门式起重机，该门式起重机主要由门架、爬梯栏杆、起升机构、单吊点吊具、双吊点吊具、大车走行机构、电气控制系统和液压系统等组成。

MDE325 型门式起重机（轮轨式）的门架主要由主梁、支腿和下横梁组成。作为该门式起重机的主要承载结构，主梁由 1 根 10 m 长的主梁 2 号节和 2 根 6.7 m 长的主梁 1 号节组成。主梁采用箱型梁结构，箱型梁采用 Q345C 低合金结构钢焊接而成，接头采用 10.9 级 M30 高强度螺栓及内、外节点板拼接。支腿为两组结构相同的固定支腿，为箱式立柱结构，支腿和下横梁连接，安装在 MDE325 型门式起重机主梁的两侧，与主梁刚性法兰连接。其底部的支腿横梁支撑大车走行机构。

起升机构由车架、卷扬机组、定滑轮组、动滑轮组、钢丝绳、载荷限制器、液压泵站及天车走行机构等组成。卷扬机组包含 8 台 18 t 卷扬机，分别安放在 4 个起升车架上。定滑轮组安装在车架上，每根主梁上安装两台起升小车，每台起升小车上安装 2 台卷扬机，每台卷扬机使用一根钢丝绳，每根钢丝绳分别与一组动定滑轮连接，滑轮组的倍率为 10。

两台起升小车上的 4 台卷扬机共同吊运渡槽的一端（重物质量为 650 t，含吊具质量），两台起升小车通过连杆连接，以保证两台起升小车的间距及动、定滑轮组的定距。每个车架上的两台卷扬机分别位于主梁的左右两侧。钢丝绳的一端固定在卷扬机上，另一端固定车架上。载荷限制器安装在钢丝绳的车架固定端的一侧。液压泵站作为卷扬机上钳盘式制动器的动力源，固定在车架上。大车走行机构作为起升台车横向移动的驱动装置。

MDE325 型门式起重机的单吊点总图如图 8-22 所示，双吊点总图如图 8-23 所示，起升机构总图如图 8-24 所示。

MDE325 型门式起重机的每侧有两条支腿，每条支腿的下面安装 1 台大车走行机构。大车走行机构由 3 台驱动台车、3 台被动台车、减速机、变频电动机、门式起重机锁固架、平衡梁、支撑座及缓冲器等部件构成。

在大车走行机构外侧平衡梁下焊接门式起重机锁固架，在该门式起重机不工作、架槽机过孔及架槽机转线的工况下，可将该门式起重机与架槽机的下导梁固连在一起，防止该门式起重机在下导梁的轨道上自由移动。大车走行机构实物图片如图 8-25 所示。

大车走行机构的台车外侧安装两组缓冲器，这些缓冲器与下导梁走行轨道端头的止轮挡块形成安全防撞装置。

DF1300 型架槽机的两台门式起重机各有一套吊具，吊具位于该门式起重机的主梁下方，吊具与起升机构的动滑轮组铰轴连接。两套吊具在结构形式上有所不同，一个门式起重机上的吊具为单吊点吊具，另一个门式起重机上的吊具为双吊点吊具。这样可以在吊运渡槽时有 4 个吊点，三点平衡，防止渡槽在吊运时发生扭曲。

单吊点吊具主要由动滑轮连接梁、吊具连接梁、吊具横梁、吊杆组件、下扁担梁和十字销轴拉板等组成。双吊点吊具主要由动滑轮连接梁、吊具横梁、吊杆组件、下扁担梁和十字销轴拉板等组成。

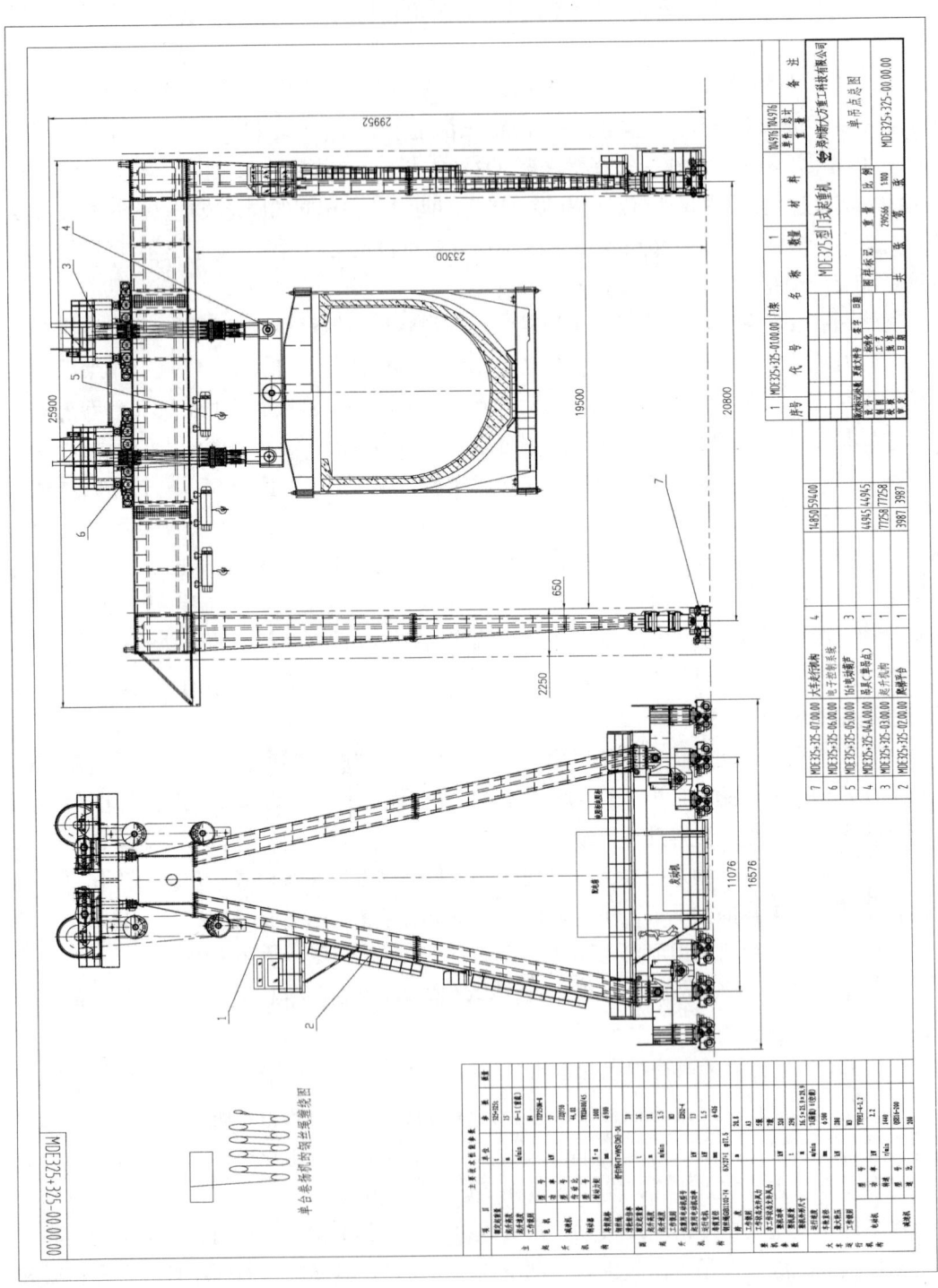

图 8-22 单吊点总图（单位为 mm）

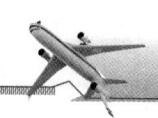

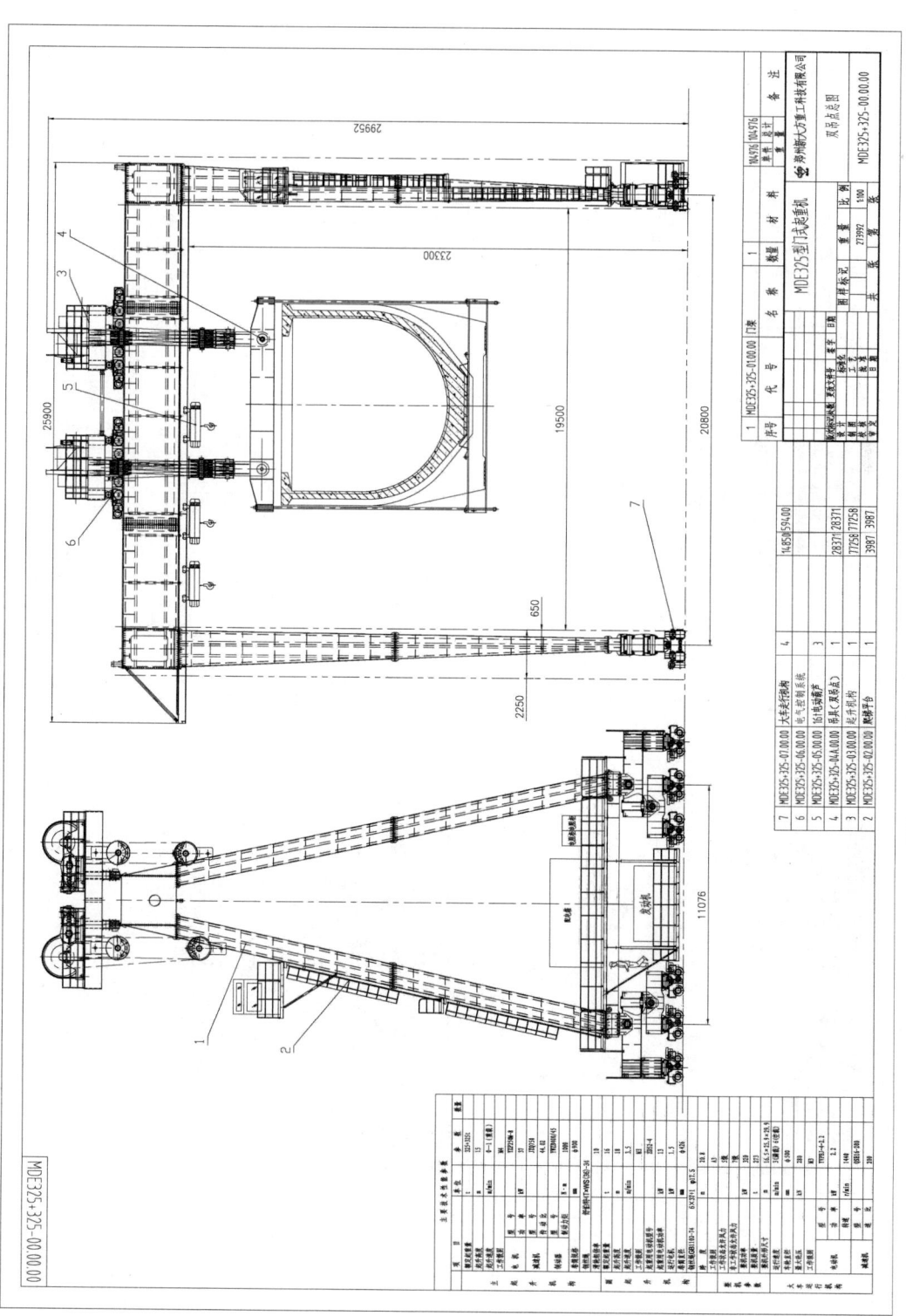

第8章　1200 t沙河渡槽提、运、架成套施工装备

图 8-23　双吊点总图（单位为 mm）

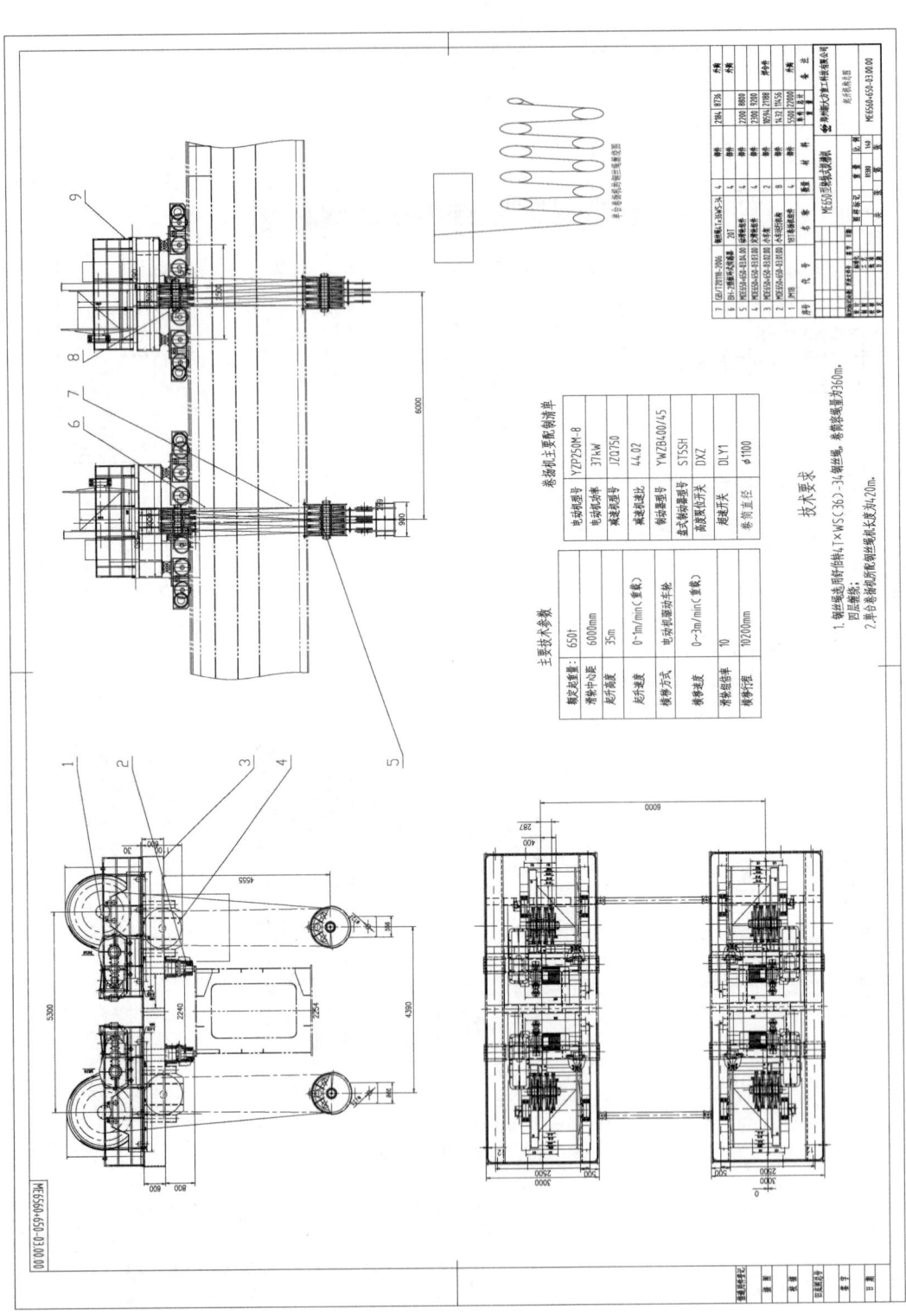

图 8-24 起升机构总图（单位为 mm）

图 8-25　大车走行机构实物图片

8.3.3　电气控制系统

DF1300 型架槽机的起升机构、大车走行机构、天车走行机构和电动葫芦均采用交流变频电动机驱动，PLC 作为该架槽机门式起重机的电气控制系统的核心，实现全部逻辑关系和联锁功能，其输入信号用于检测各机构状态和外部保护信号，起升机构、大车/天车走行机构操作手柄的挡位信号对应调速装置的速度给定信号，输出信号是根据输入信号按照一定逻辑关系给出的，用于控制各机构的运行。PLC 不仅管理架槽机的工作，而且还可以实现两台门式起重机的联动控制。其中一台门式起重机作为主机，另一台则作为从机。当两台门式起重机联机控制时，从机的操作命令被禁止，只接受主机控制，但从机的外部保护信号受主机实时监控，无论主机或从机发生报警或故障，两台门式起重机均作出相应的保护动作。用 PLC 解决两机联动，响应迅速，动作可靠。DF1300 型架槽机的电气控制系统框图如图 8-26 所示。

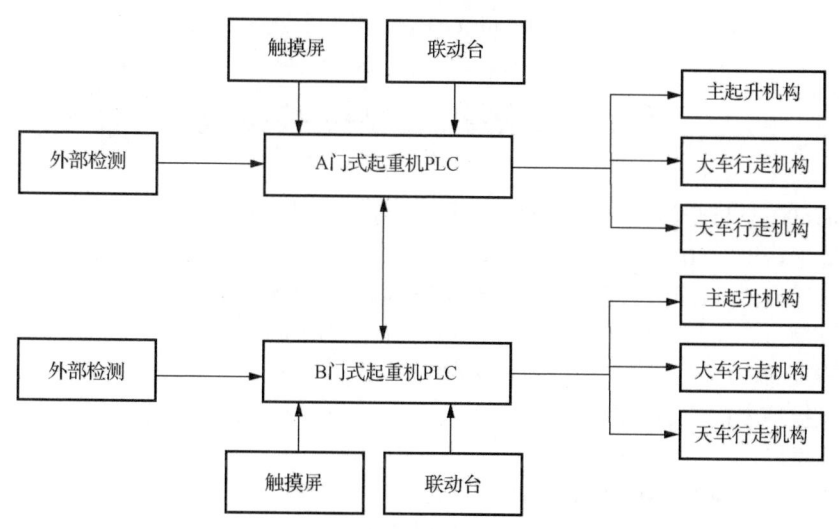

图 8-26　DF1300 型架槽机的电气控制系统框图

第9章　1600 t 湍河渡槽现浇机械化装备

本章以 DZ40/1600 型 U 形渡槽造槽机（见图 9-1）为例，其型号说明如下："DZ"表示"大方"牌造槽机，"40/1600"表示逐跨现浇跨度为 40 m，最大现浇槽体质量为 1600 t。该造槽机专为南水北调中线湍河渡槽工程逐跨现浇施工而设计。

图 9-1　DZ40/1600 型 U 形渡槽造槽机

9.1　规格和主要技术参数

DZ40/1600 型 U 形渡槽造槽机的规格和主要技术参数如下。
(1) 施工跨度：40 m（直线、简支、正交渡槽）。
(2) 渡槽形式：U 形渡槽、多槽并置、槽间距为 3.5 m。
(3) 渡槽自身质量：1600 t（其中，混凝土质量为 1500 t）。
(4) 施工适应纵坡：±5‰（与渡槽主体纵坡一致）。
(5) 海拔高度：小于 2000 m。
(6) 环境温度：−15℃～40℃。
(7) 整机移位速度：0～1 m/min。
(8) 设备自身过孔功效：外梁/3 天、内梁/3 天。
(9) 移位过孔稳定系数：$K > 1.5$。

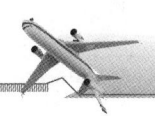

(10) 主梁挠跨比：≤L/1000。
(11) 整机总功率：150 kW（不含焊接设备、混凝土浇筑及振捣设备的功率）。
(12) 整机质量：约 1250 t。
(13) 整机外形尺寸：88 m×13.5 m×16.5 m（长×宽×高）。

9.2　主要机械结构及功能

DZ40/1600 型 U 形渡槽造槽机主要机械结构包括外梁系统、外模/外肋系统、内梁系统、内模系统等，该造槽机总图及三维模型如图 9-2 所示。

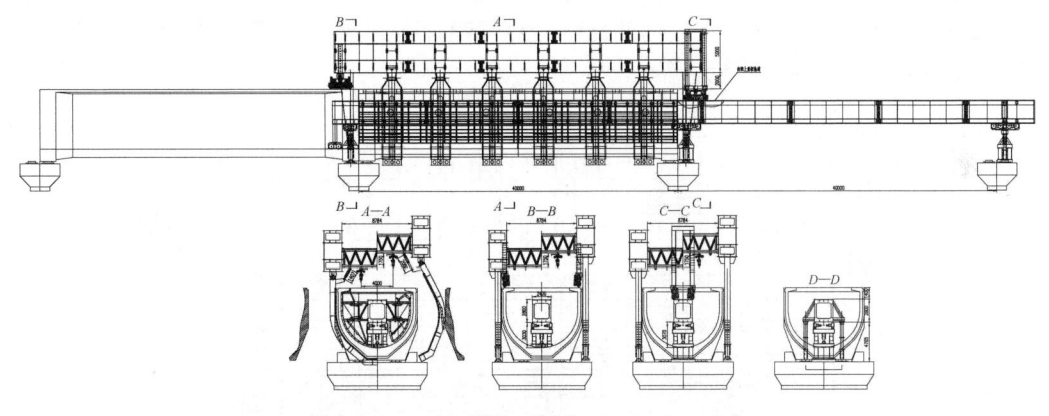

(a) 总图（单位为mm）

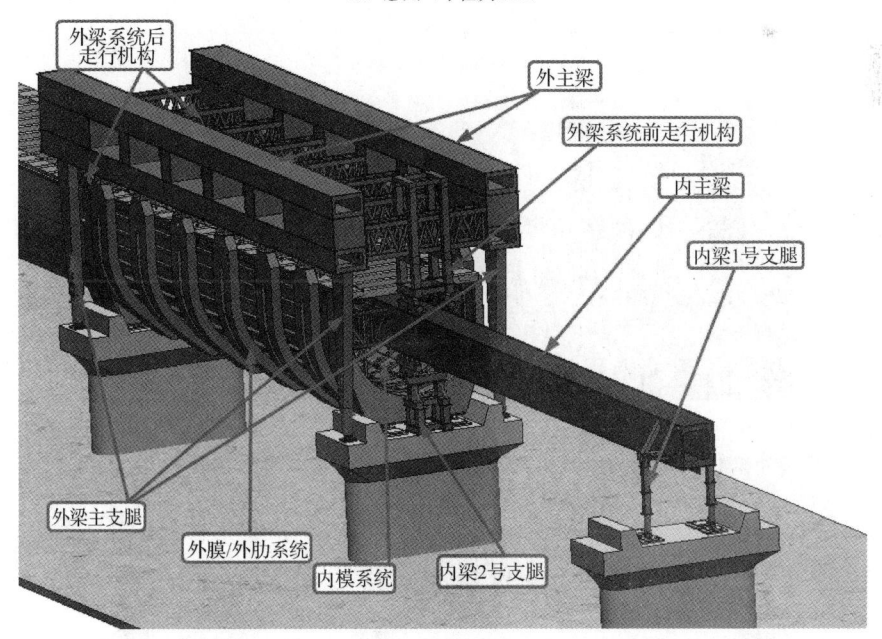

(b) 三维模型

图 9-2　DZ40/1600 型 U 形渡槽造槽机总图及三维模型

该造槽机的工作原理如下：外梁主支腿支撑于墩顶，该主支腿用于支撑外主梁框架；外肋/外模系统安装在外主梁下方，以形成渡槽外轮廓；内主梁支腿分别支撑于前方墩顶及后方渡槽底，内主梁支腿支撑内梁，内梁两跨长，内梁后半段安装内模系统，以形成渡槽内腔轮廓。外梁与外模系统及内梁与内模系统配合形成一个可以纵向移动的 U 形渡槽制造平台，以便进行 U 形渡槽的现浇施工。外模横向旋转开启，外梁携外模升高，使其能够通过桥墩，纵向前移过孔到达下一个施工位；外梁携外模降低、外模合拢，开始下一个孔的施工。如此循环作业，直到完成所有渡槽的槽身浇筑为止。

9.2.1 外梁系统

外梁系统主要包括外主梁、外主梁前后主支腿、外主梁前后走行机构、自走行道等。外梁系统总质量约为 495 t，主要构件材料为 Q345B 钢材。外梁系统结构简图、实物图片、三维模型及截面如图 9-3 所示。

(a) 结构简图（单位为mm）

(b) 实物图片

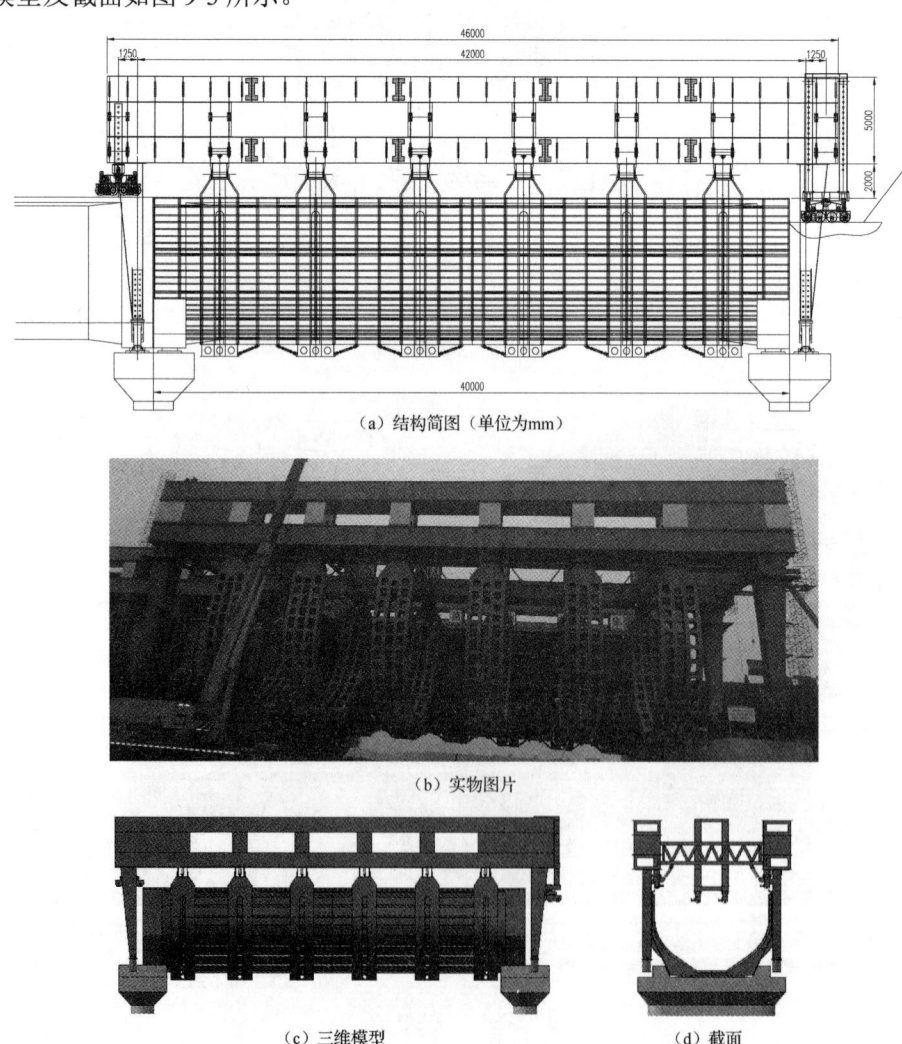

(c) 三维模型　　　　　　(d) 截面

图 9-3　外梁系统结构简图、实物图片、三维模型及截面

第9章　1600 t 湍河渡槽现浇机械化装备

外主梁为双梁形式，双梁通过 8 组连系梁形成整体，8 组连系梁为桁架结构，端部分别和下纵梁和中间垫柱栓接。连系梁下方设置两道工字钢，每道工字钢上配置 1 个质量为 5 t 的电动葫芦，方便施工作业。外主梁为造槽机的主要承重结构，采用箱型组合框架梁结构形式，由上下纵梁及 8 组立柱通过精制高强螺栓拼接而成。它通过前、后支腿将载荷分别传递至墩顶。外模系统悬挂在外主梁下方，受力比单主梁直接，变形可控。图 9-4 为外主梁结构简图、三维模型和实物图片。

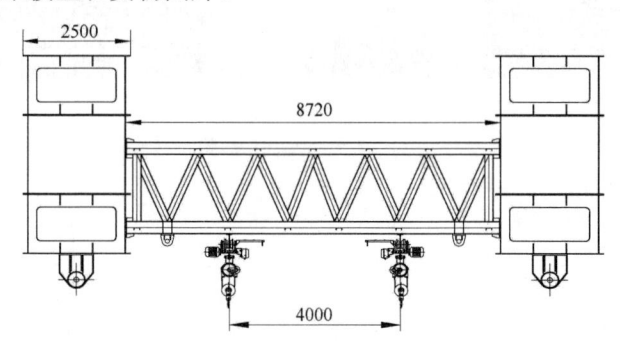

(a) 结构简图（单位为mm）

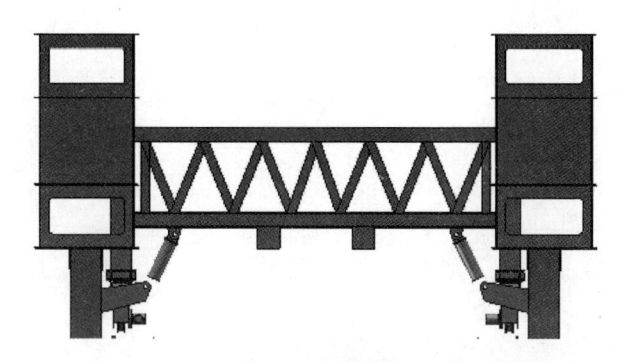

(b) 三维模型

(c) 实物图片

图 9-4　外主梁结构简图、三维模型和实物图片

外梁系统前走行机构（见图 9-5）安装于外主梁前端，外梁系统后走行机构（见图 9-6）安装于外主梁后端。外梁系统携带外模系统过孔走行时，前走行轮箱作用在内梁上弦走道上，后走行轮箱作用在安装于渡槽槽顶的轨道上，外梁系统后走行机构共设 8 个走行轮箱，由电动机驱动。

(a) 三维模型　　　　　　　　(b) 实物图片

图 9-5　外梁系统前走行机构三维模型和实物图片

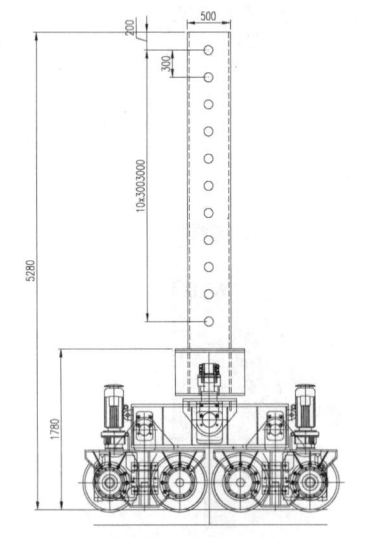

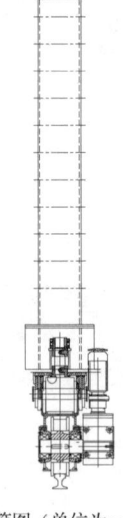

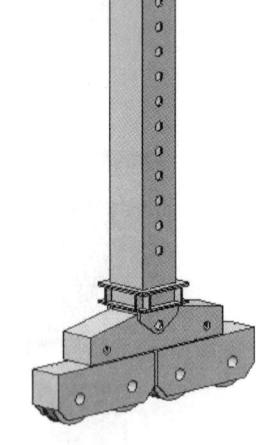

(a) 结构简图（单位为mm）

(b) 三维模型　　　　　　　　(c) 实物图片

图 9-6　外梁系统后走行机构结构简图、三维模型和实物图片

主支腿为箱型立柱结构，其下端装有伸缩套、油缸及机械锁定装置。外梁主支腿三维模型和实物图片如图 9-7 所示。

(a) 三维模型　　　　　　(b) 实物图片

图 9-7　外梁主支腿三维模型和实物图片

9.2.2　外模/外肋系统

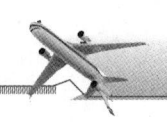

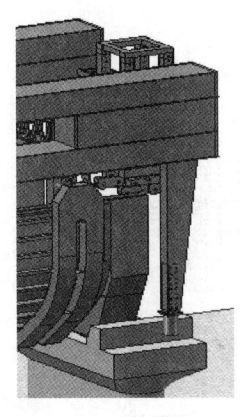

外模/外肋系统主要包括外模板、外肋、撑杆、端模及隔墙模板、顶拉杆、外模启闭油缸等，外模/外肋系统结构简图、三维模型和实物图片如图 9-8 所示。

外模/外肋系统直接承受混凝土自重及混凝土所产生的侧压力。在外肋与连系梁之间安装外模启闭油缸，用于实现外肋带动外模的自动启闭。外模顺槽向分 6 段，其中两段之间的环向法兰设为约 70°斜向法兰，以便在特殊情况下外模分段单独开启。外模环向从中心对称分开，每段每侧由 4 块模板组成，模板的分块满足公路运输界限要求，模板单件最大质量为 4.6 t；6 道外肋从中心剖分成两半，每侧由一个上肋和一个下肋组成，上肋顶部设置一个铰座。此铰座和外主梁下部的铰座通过销轴连接，空载时应保证每侧的 6 个销轴位于同一轴线上。外肋顶部内侧设置油缸耳座，此耳座通过销轴和外模启闭油缸连接；外肋顶部设置对拉拉杆，以减小外肋及外模/外肋系统侧向变形。外模/外肋系统的预拱度按 $L/1000$ 设计，以实现浇筑完毕渡槽底部基本为直线。外肋与外模板安装成整体，外肋和外模的环向主肋之间通过螺栓连接形成组合截面，外肋与外模之间还装有可调撑杆，每道外肋上设置 16 组共 32 根撑杆，以减小外模横肋的跨度，横肋最大跨度为 1.4 m。外模主要包括开启与合拢状态，外模合拢状态示意和实际合拢状态如图 9-9 所示，外模开启状态示意、实际开启状态及主框架升高如图 9-10 所示。

端模是指渡槽的封端模板，分块制作，每块端模质量为 200 kg 左右，便于人工拆除与安装。隔墙模板与外模安装成一体，其中设计可调撑杆，以实现隔墙跨内侧的模板微量旋转开启，为外模的整体脱模创造条件。

(a) 结构简图（单位为mm）

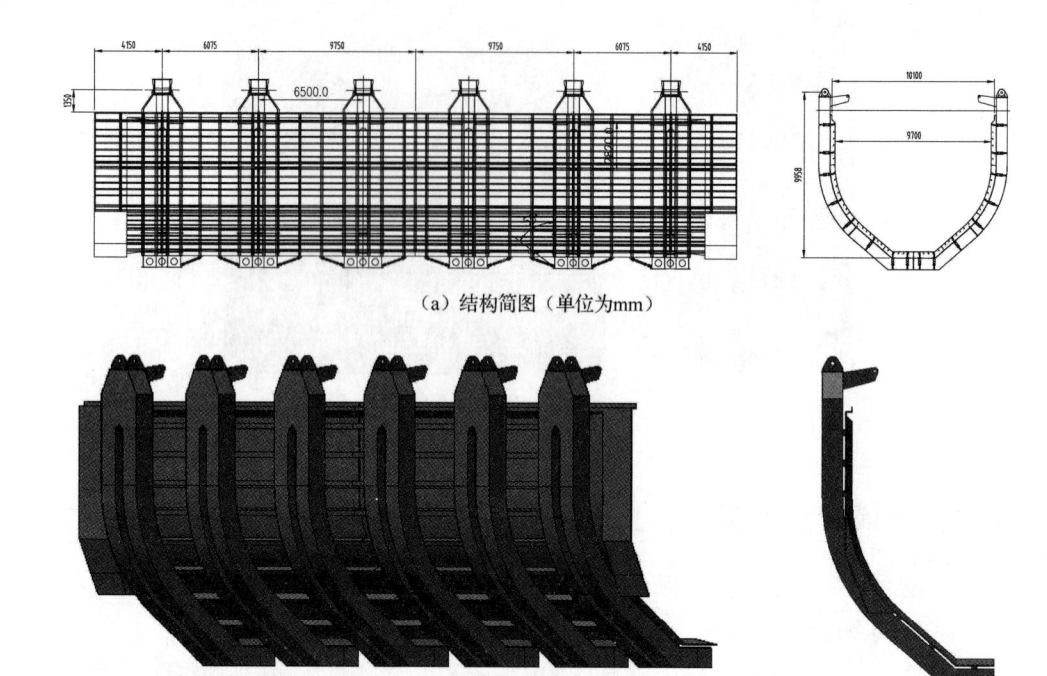

(b) 三维模型

(c) 实物图片

图 9-8　外模/外肋系统结构简图、三维模型和实物图片

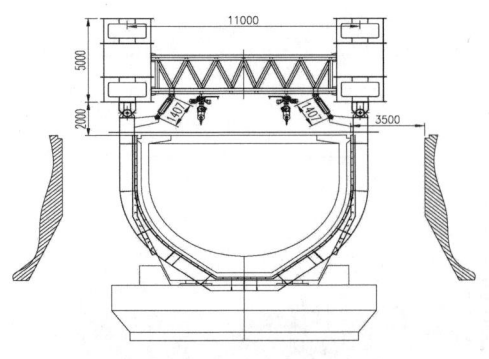

(a) 合拢状态示意（单位为mm）　　　　（b）实际合拢状态

图 9-9　外模合拢状态示意和实际合拢状态

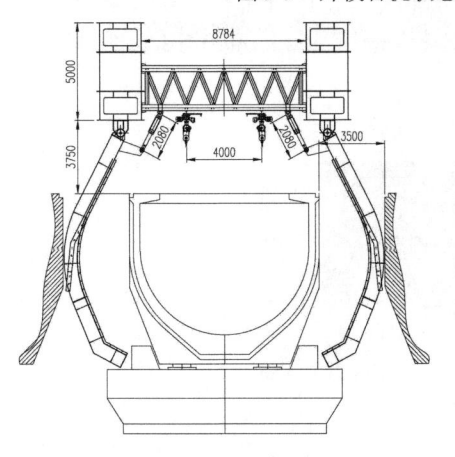

(a) 开启状态示意（单位为mm）　　　　（b）实际开启状态及主框架升高

图 9-10　外模开启状态示意、实际开启状态及主框架升高

9.2.3　内梁系统

内梁系统主要承受内模系统的自重，以及外梁系统走行时作用在内主梁上弦盖板走道上的轮压。内梁系统由内主梁、内梁 1 号支腿、内梁 2 号支腿、内梁 3 号支腿、内梁 4 号支腿、内外梁之间的支架、平台通道等组成，内梁系统结构简图和实物图片如图 9-11 所示。内梁系统总质量约为 223 t。

内主梁为单梁箱型结构，共 8 节，总长度为 88 m。内主梁箱高度为 2.8 m，宽度为 2.4 m，其上下盖板上布置轨道，轨道间距为 2.3 m。内主梁下盖板设吊挂式工字钢（见图 9-12），用于内梁 2 号支腿及内梁 3 号支腿的吊挂过孔。

内梁 1 号支腿固定安装在内梁前端，为双立柱门型结构。内梁 1 号支腿由支架、立柱和油缸等组成，其结构简图、三维模型和实物图片如图 9-13 所示。

内梁 2 号支腿是活动腿，浇筑时其支撑于浇筑跨的前方墩顶。内梁 2 号支腿顶部携带托辊及吊挂移位装置，下部携带油缸。托辊用来完成内梁及内模的过孔移位，吊挂移位装置用来完成内梁 2 号支腿自身的纵向移动，油缸用来调整内梁及内模的高度。内梁 2 号支腿结构简图、三维模型和实物图片如图 9-14 所示。

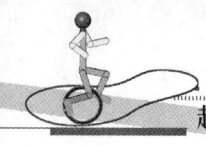

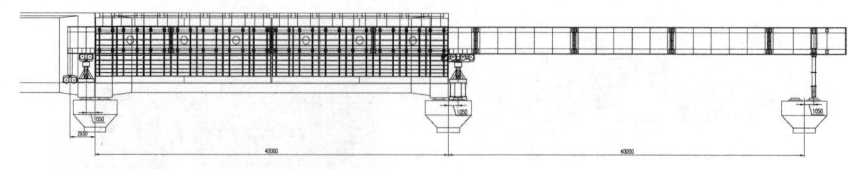

(a）结构简图（单位为mm）

(b）实物图片

图 9-11　内梁系统结构简图和实物图片

图 9-12　内主梁上的吊挂式工字钢

(a）结构简图（单位为mm）

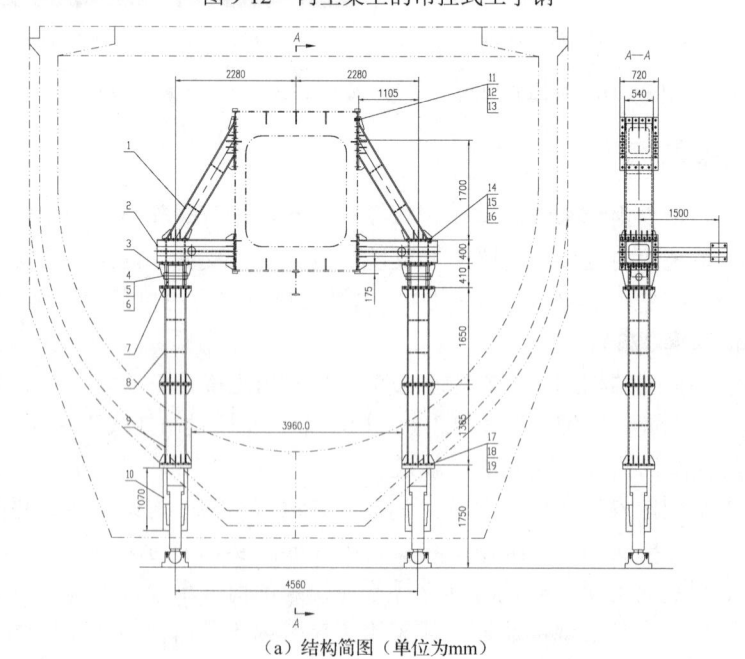

图 9-13　内梁 1 号支腿结构简图、三维模型和实物图片

(b）三维模型　　　　　　　　　　（c）实物图片

图9-13　内梁1号支腿结构简图、三维模型和实物图片（续）

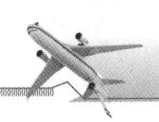

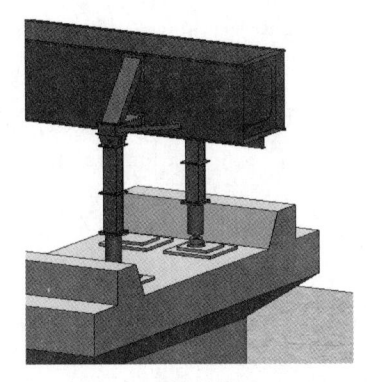

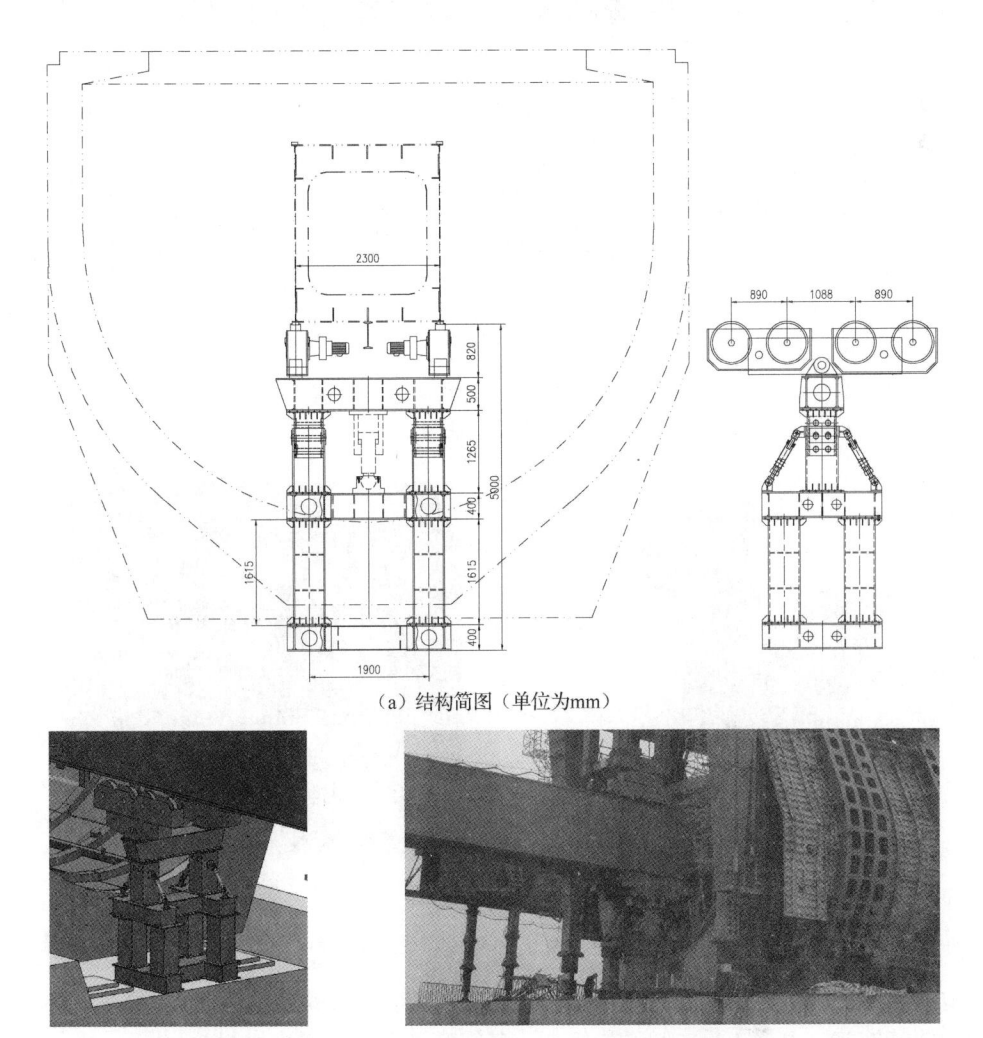

(a）结构简图（单位为mm）

(b）三维模型　　　　　　　　　　（c）实物图片

图9-14　内梁2号支腿结构简图、三维模型和实物图片

263

内梁 3 号支腿也是活动腿，浇筑时其支撑于浇筑跨的后方槽底。内梁 3 号支腿顶部携带托辊及吊挂移位装置，下部携带油缸。托辊用来完成内梁及内模的过孔移位，吊挂移位装置用来完成内梁 3 号支腿自身的纵向移动，油缸用来调整内梁及内模的高度。内梁 3 号支腿结构简图、三维模型和实物图片如图 9-15 所示。

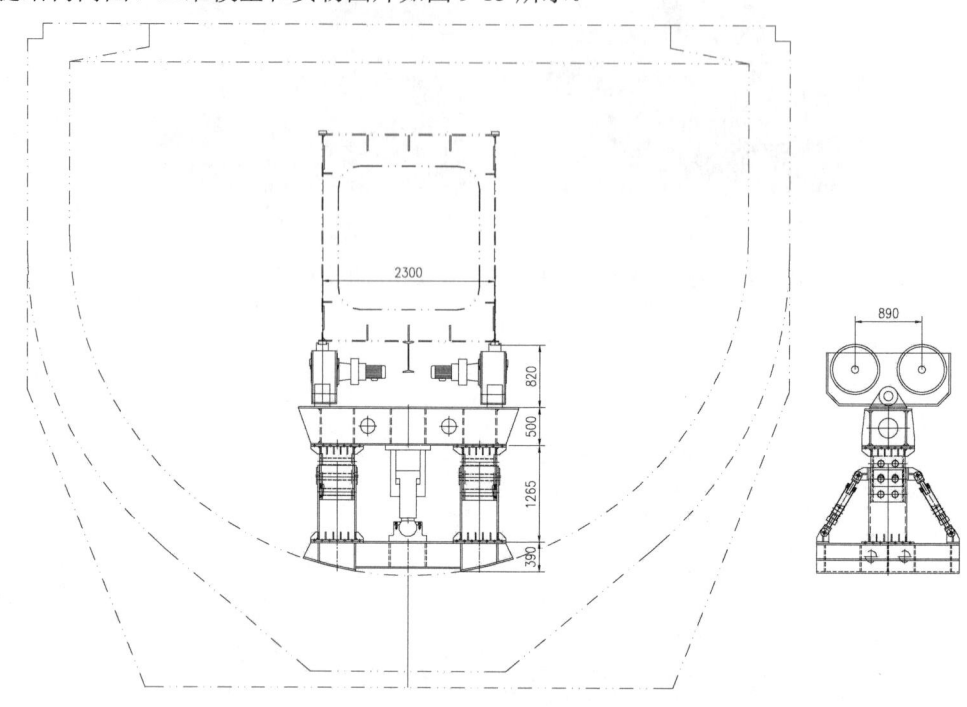

（a）结构简图（单位为mm）

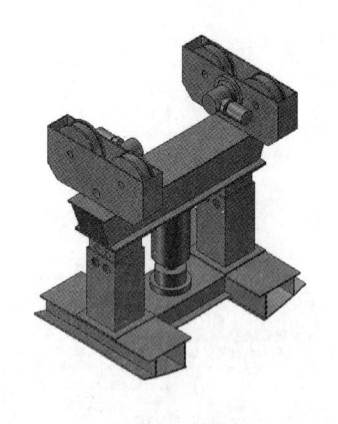

（b）三维模型

（c）实物图片

图 9-15　内梁 3 号支腿结构简图、三维模型和实物图片

内梁 4 号支腿固定安装在内梁后端，其上部和内梁通过螺栓法兰连接，下端通过铰座、销轴和轮箱连接，内梁 4 号支腿结构简图、三维模型和实物图片如图 9-16 所示。内梁 4 号支腿走行在槽内底部铺设的轨道上，其轨道为 P60 钢轨（普通铁路钢轨）。内梁 4 号支腿还

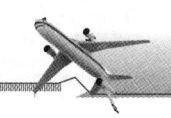

设置 4 个走行轮箱，最大轮箱质量为 30 t（起步工况），内梁走行至跨中时轮箱质量小于 5 t。内梁 4 号支腿和内梁 2 号支腿、内梁 3 号支腿的托辊一起作用，实现内梁系统的走行。

(a) 结构简图（单位为mm）

(b) 三维模型　　(c) 实物图片

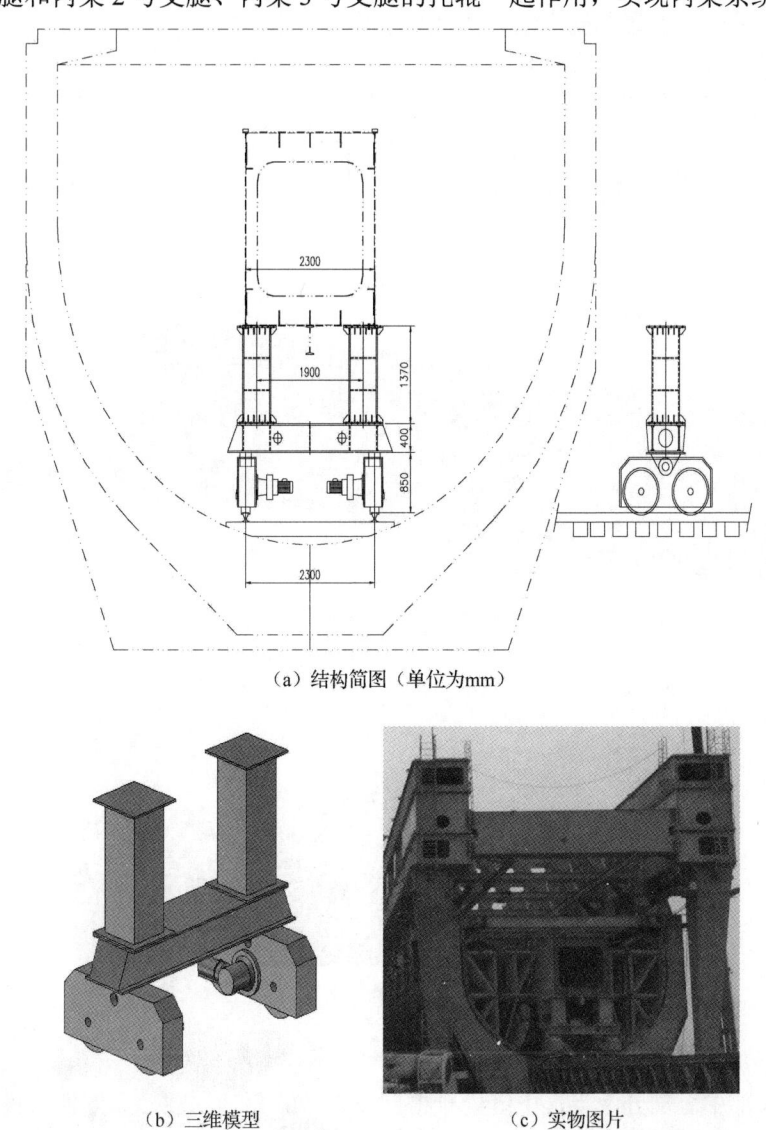

图 9-16　内梁 4 号支腿结构简图、三维模型和实物图片

9.2.4　内模系统

内模系统直接承受浇筑混凝土过程中混凝土产生的侧压力，并保持渡槽内腔的尺寸。内模支撑在内主梁上并通过油缸完成其收放与精确对位。内模系统由内模、撑杆、横担、油缸等组成，内模系统结构简图、三维模型和实物图片如图 9-17 所示。内模系统总质量约为 150 t。

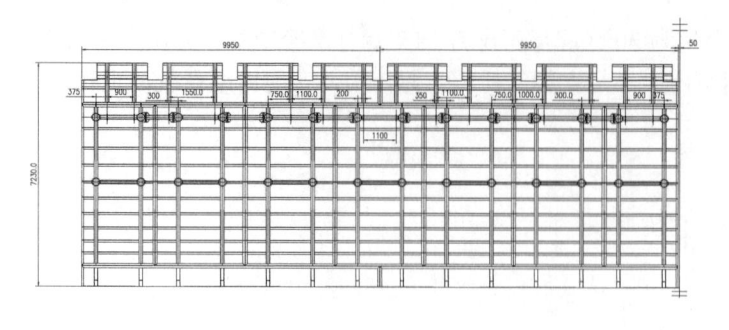

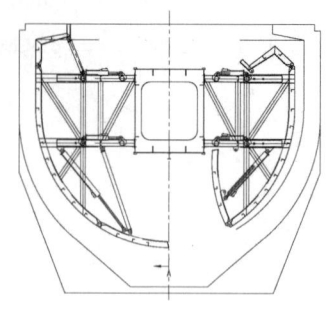

(a) 结构简图（单位为mm）

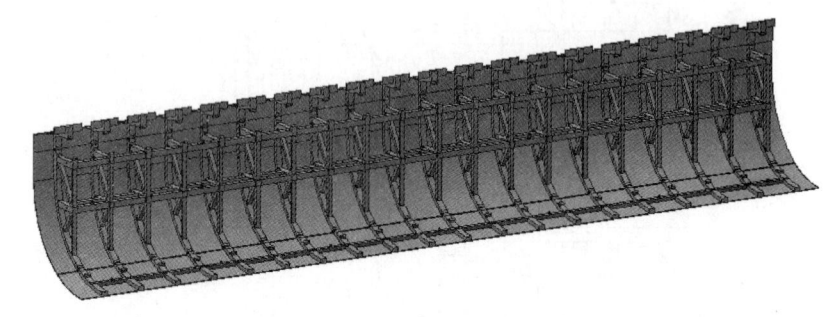

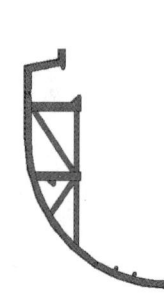

(b) 三维模型

(c) 实物图片

图 9-17　内模系统结构简图、三维模型和实物图片

内模沿底部中缝剖分两半，中缝处顺槽向设置 70°斜向法兰，以方便内模底部模板旋转合拢。内模每侧在环形处分 3 段，上段顺槽向分 4 段，中段顺槽向分 14 段；其中顺槽向中部环向法兰设置 70°斜向法兰，以便在特殊情况下内模分段单独合拢。中段模板设置横担，横担通过内外套结构连接在内梁钢臂上，横担和钢臂之间设置横向移动油缸，上段模板、下段模板和中段模板均设置铰接，以便旋转折叠上下段模板。下段模板通过油缸折叠，上端模板在拆除撑杆后通过设备自身的电动葫芦实现折叠。在内模圆弧段沿线间隔一定的距离均开设下料口及透气口，并配有封堵模板（见图 9-18）。在施工端设置隔墙时，需要先将此隔墙处的小模板拆除，以便浇筑及振捣混凝土；待混凝土浇筑到渡槽底部附近，将小模板安装并连接，然后继续施工。

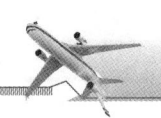

(a) 内模实物图片 　　　　(b) 封堵模板实物图片

图 9-18　内模及封堵模板实物图片

内模主要有合拢和开启两种状态，如图 9-19 所示。内模合拢步骤如下：
（1）拆除固定撑杆。
（2）折叠两侧之下部圆弧段模板。
（3）折叠两侧之上部拐角模板。
（4）两侧模板同时水平合拢。

(a) 合拢 　　　　(b) 开启

图 9-19　内模合拢和开启状态

9.3　液压系统

根据功能需要，DZ40/1600 型 U 形渡槽造槽机的液压系统分外模液压系统、内模液压系统、内梁支腿液压系统三大部分。

9.3.1　外模液压系统

DZ40/1600 型 U 形渡槽造槽机的外模液压系统将整机对称地分为 4 部分，共配 4 套相同的液压系统。每套液压系统由液压泵、650 t 自锁支撑油缸（1 个）、外模开启油缸（3 个）、液压管路和电气控制系统组成。

外模液压系统工作原理如下：电动机启动，液压泵驱动电动机通过联轴器驱动轴向变量柱塞泵。此时，电磁溢流阀处于断电状态，液压泵排出的压力油以较低的压力通过电磁溢流阀直接返回油箱，使电动机空载启动，启动电流小，液压系统无冲击；启动相应的按钮，电磁换向阀和电磁溢流阀同时通电，高压油通过液压泵→电磁换向阀→油缸，克服负荷。外模液压系统原理图如图 9-20 所示。

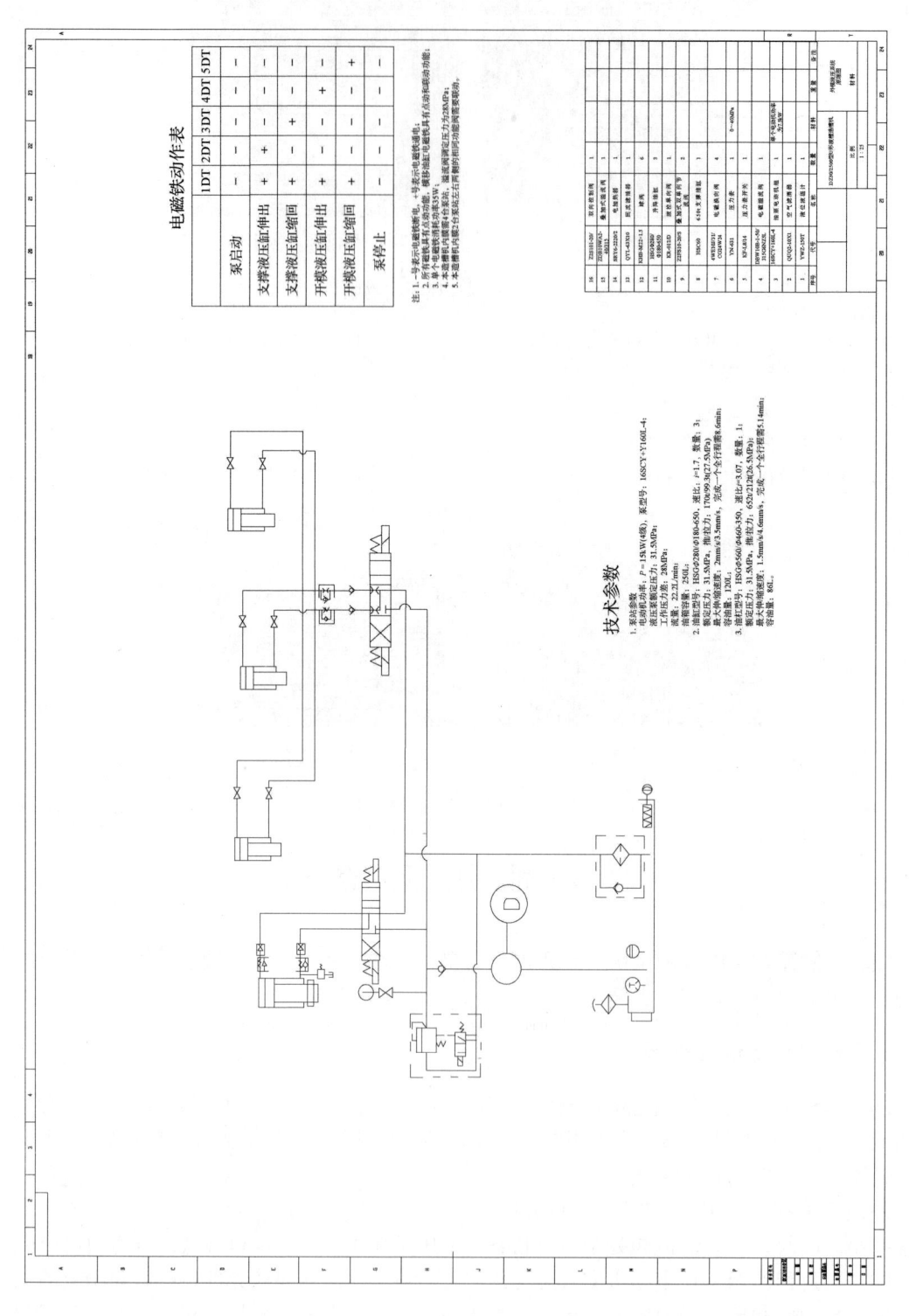

图 9-20 外模液压系统原理图

每套液压系统的 3 个外模开启油缸有同步要求，模板每侧的两套液压系统共 6 个外模开启油缸，这些油缸都有同步要求，在布置液压管路时需要采用对称布置。在电气控制系统中设置主辅两个控制柜，主控制柜可同时控制模板系统同一侧的两台液压泵站及 6 个开启油缸的动作，辅控制柜只控制 3 个外模开启油缸的动作，主辅两个控制柜有互锁功能。当操纵外模板开启及合拢时，需点动主控制柜上的相应按钮，此时处于一侧的两台液压泵同时工作，调整相应油缸上的节流阀，使油缸的运动速度基本相同。若需单独调节某一个油缸，则可点动相应的电磁阀。

9.3.2 内模液压系统

DZ40/1600 型 U 形渡槽造槽机的内模液压系统也分对称的 4 部分，配备 4 套相同液压系统，每套液压系统由液压泵、3 个折叠油缸、内模横向移动开闭一级油缸（3 个）、内模横向移动开闭二级油缸（3 个）、液压管路和电气控制系统组成。

内模液压系统工作原理如下：电动机启动，液压泵驱动电动机通过联轴器驱动轴向变量柱塞泵。此时，电磁溢流阀处于断电状态，液压泵排出的压力油以较低的压力通过电磁溢流阀直接返回油箱，使电动机空载启动，启动电流小，液压系统无冲击；启动相应的按钮，电磁换向阀和电磁溢流阀同时通电，高压油通过液压泵→电磁换向阀→油缸，克服负荷。每套液压系统的 3 个内模折叠油缸、3 个内模横向移动开闭一级油缸、3 个内模横向移动开闭二级油缸有同步要求，模板每侧的两套液压系统相同功能油缸也要求同步，即要求单侧 6 个内模折叠油缸同步、单侧 6 个内模一级横向移动油缸同步、单侧 6 个内模二级横向移动油缸同步。因此，在布置液压管路时采用对称布置，在电气控制系统中设置主辅两个控制柜，主控制柜可同时控制模板系统同一侧的两台液压泵及相同功能油缸的动作，辅控制柜只就近对油缸进行点动控制，主辅两个控制柜有互锁功能。当操纵内模板开模及合模时，需点动主控制柜相应按钮，此时处于一侧的两台液压泵同时工作，调整相应的油缸上的节流阀，使油缸的运动速度基本相同。若需单独调节某 1 个油缸，可将液压系统中其余油缸的球阀全部关闭，点动即可。内模液压系统的工作原理如图 9-21 所示。

9.3.3 内梁支腿液压系统

根据总体设计需要，在内梁支腿上设置液压泵，对内梁进行调整，共需要 3 台液压泵。

内梁 1 号支腿的液压泵控制两个油缸，单个油缸的推力为 200 t（1 kgf = 9.8 N），这个油缸配备机械锁紧螺母，调整结束后将螺母旋紧，依靠螺母承受载荷。液压泵采用电控就近操作。两个油缸既可联动，又可以单动控制。内梁 1 号支腿液压系统原理图如图 9-22 所示。

内梁 2 号和 3 号支腿的液压泵控制 1 个油缸，单个油缸的推力为 200 t，这个油缸配备机械锁紧螺母。调整结束后将螺母旋紧，依靠螺母承受载荷。液压泵采用电控就近操作。内梁 2 号和 3 号支腿液压系统原理图如图 9-23 所示。

技术参数

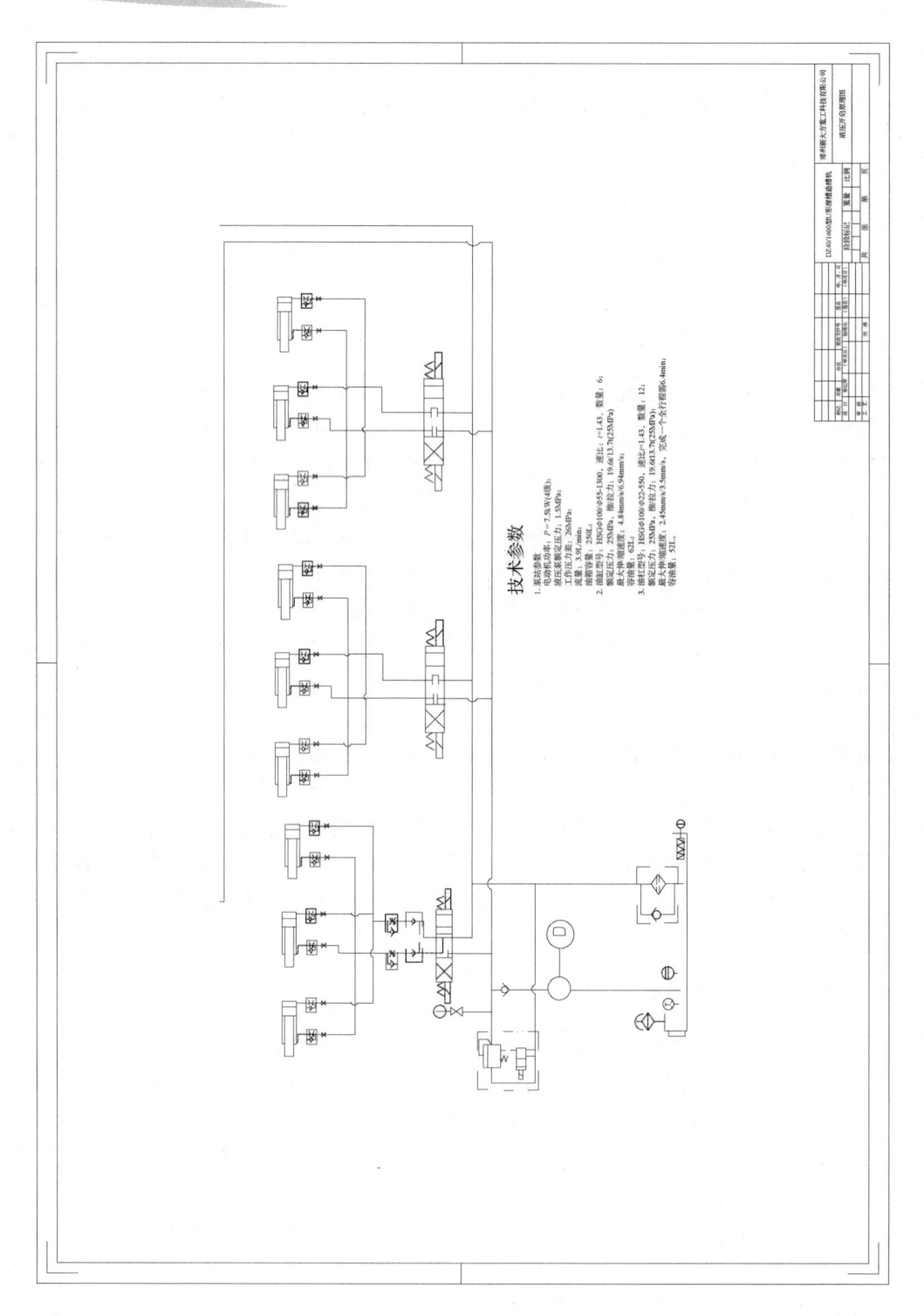

1. 泵站参数：
电动机功率：$P=7.5$ kW(4极)；
液压泵额定压力：1.5MPa；
工作压力差：20MPa；
流量：3.9L/min；
油箱容量：250L。

2. 油缸型号：HSGr-φ100×φ55-1300，速比：i=1.43，数量：6；
额定压力：25MPa，推拉力：19.6t/13.7t(25MPa)；
最大伸缩速度：4.84mm/s/6.94mm/s；
容油量：62L。

3. 油缸型号：HSGr-φ100×φ22-550，速比：i=1.43，数量：12；
额定压力：25MPa，推拉力：19.6t/13.7t(25MPa)；
最大伸缩速度：2.45mm/s/3.5mm/s，完成一个全行程需6.4min；
容油量：52L。

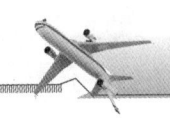

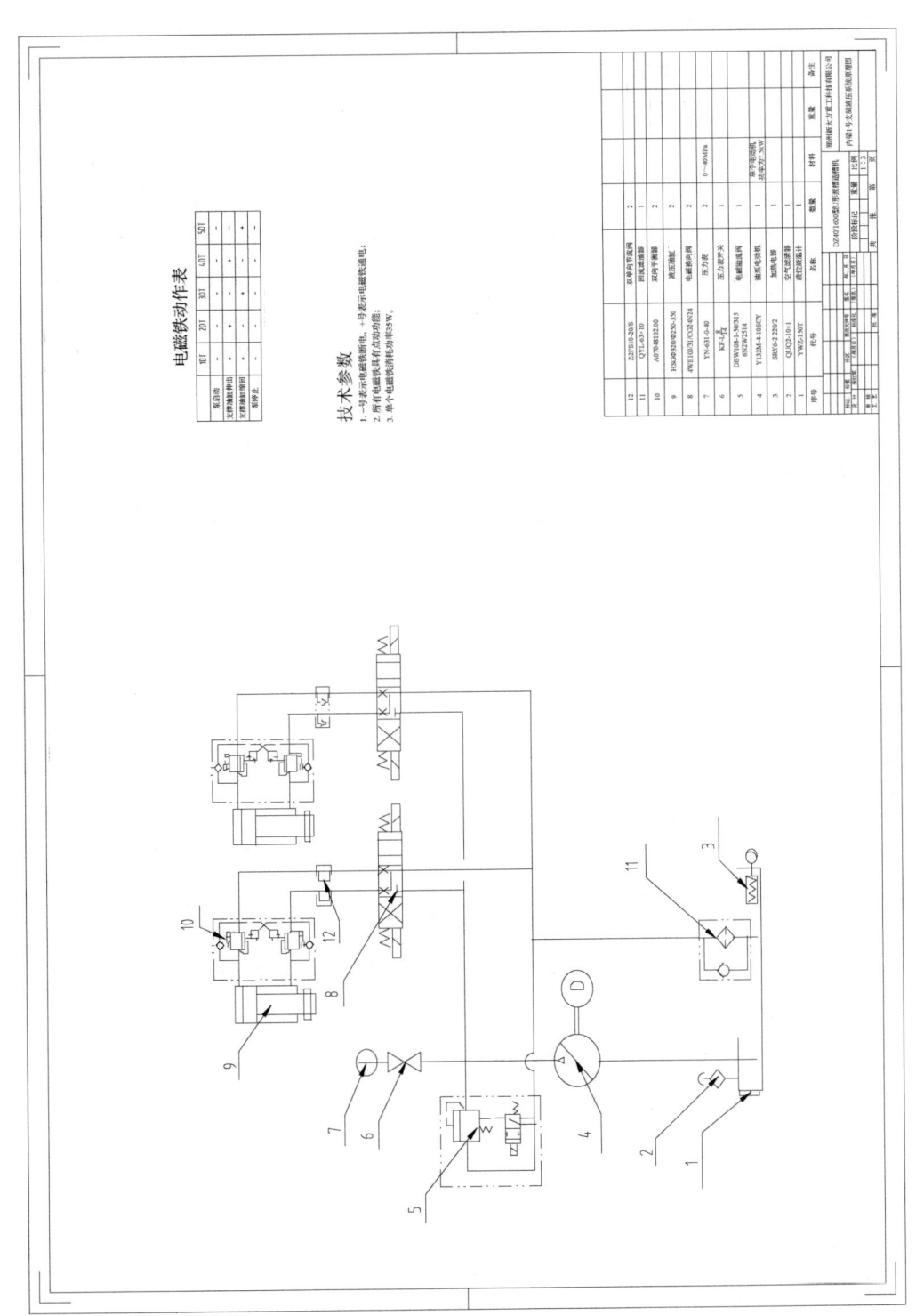

图 9-22 内梁 1 号支腿液压系统原理图

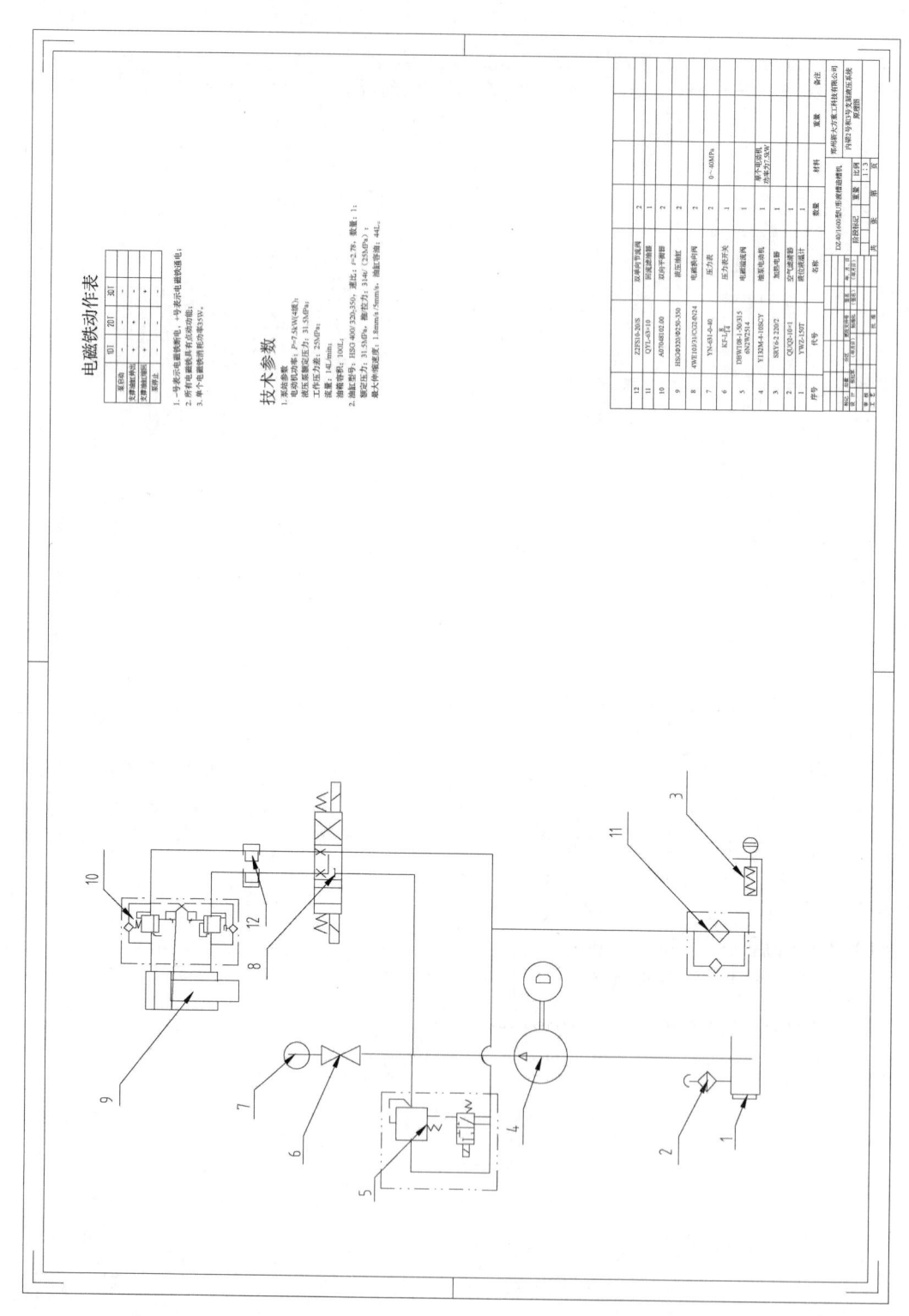

图 9-23 内梁 2 号和 3 号支腿液压系统原理图

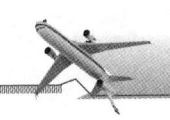

9.3.4 液压系统设计

DZ40/1600 型 U 形渡槽造槽机的长度较大，各支腿位置分散，为使系统简化和模块化，减少沿程损失和功率损耗，方便维修和搬运，对该造槽机的液压系统采用独立单元设计。

该造槽机共 11 台液压泵，全部采用电控操作。根据各负载及工况的不同，选用排量为 10 mL/r 的手动变量柱塞泵，其压力高，额定压力为 31.5 MPa；元件体积小，安装方式简单，质量小。电动机为 4 级异步电动机，功率为 7.5 kW，总功率为 97.5 kW。因为全部液压泵不同时工作，所以电动机最大工作功率为 2×7.5 kW。

由于该造槽机的液压系统间歇工作，并且每次工作时间较短，所以液压油温升不大。为进一步控制液压油的温升，在设计时适当加大液压系统油箱的散热面积，以提高液压系统的散热能力，使该造槽机适应夏天的野外高温作业。夏天，液压系统采用 L-HM46 号抗磨液压油，正常工作温度可达 80℃，冬天采用 L-HM32 号抗磨液压油，液压系统可在-20℃的低温下正常工作。

9.4 电气控制系统

DZ40/1600 型 U 形渡槽造槽机的电气控制系统采用模块化控制模式，主要包括外梁走行控制部分、内梁走行控制部分、内梁 2 号支腿走行控制部分、内梁 3 号支腿走行控制部分、内梁 4 号支腿走行控制部分、液压泵控制部分。根据工艺要求，外梁走行控制部分采用一台三菱 FR-A740-30K 变频器调速，驱动 8 台 3 kW 的电动机。内梁走行控制部分采用一台三菱 FR-A740-30K 变频器调速，驱动 6 台 3 kW 的电动机。以上走行控制部分还包括内梁 2 号支腿吊挂和内梁 3 号支腿吊挂两部分，各由两台 0.75 kW 的电动机驱动。各个走行部分的电动机电磁抱闸完成制动。液压泵控制系统主要由本地操作箱组成，该系统安全可靠，维护方便，最大限度地满足客户使用。

走行机构的控制电路图如图 9-24 所示，主要电控动作如下：

（1）外模开启、闭合及外梁升降（左右侧各有 6 个开模油缸、2 个支撑油缸，共 4 台液压泵 A，每台液压泵 A 控制 3 个开模油缸、1 个支撑油缸）。

（2）外梁走行（共 8 个 3 kW 的电动机，变频控制）。

（3）内模折叠、开启及内模横向移动开启、合拢（左右侧各有 6 个折叠油缸、12 个横向移动油缸，共 4 台液压泵 B，每台液压泵 B 控制 3 个折叠油缸、6 个横向移动油缸）。

（4）内梁走行（共 8 个 2.2 kW 的电动机，变频控制）。

（5）内梁 2 号支腿和内梁 3 号支腿走行（共 4 个 0.75 kW 的电动机）。

（6）内梁 1 号支腿升降（共 2 个油缸，共用 1 台液压泵 C）。

（7）内梁 2 号支腿升降（共 1 个油缸，共用 1 台液压泵 D）。

（8）内梁 3 号支腿升降（共 1 个油缸，共用 1 台液压泵 D）。

（9）2 台质量为 5 t 的电动葫芦的单动及联动。

图 9-24 走行机构的控制电路图

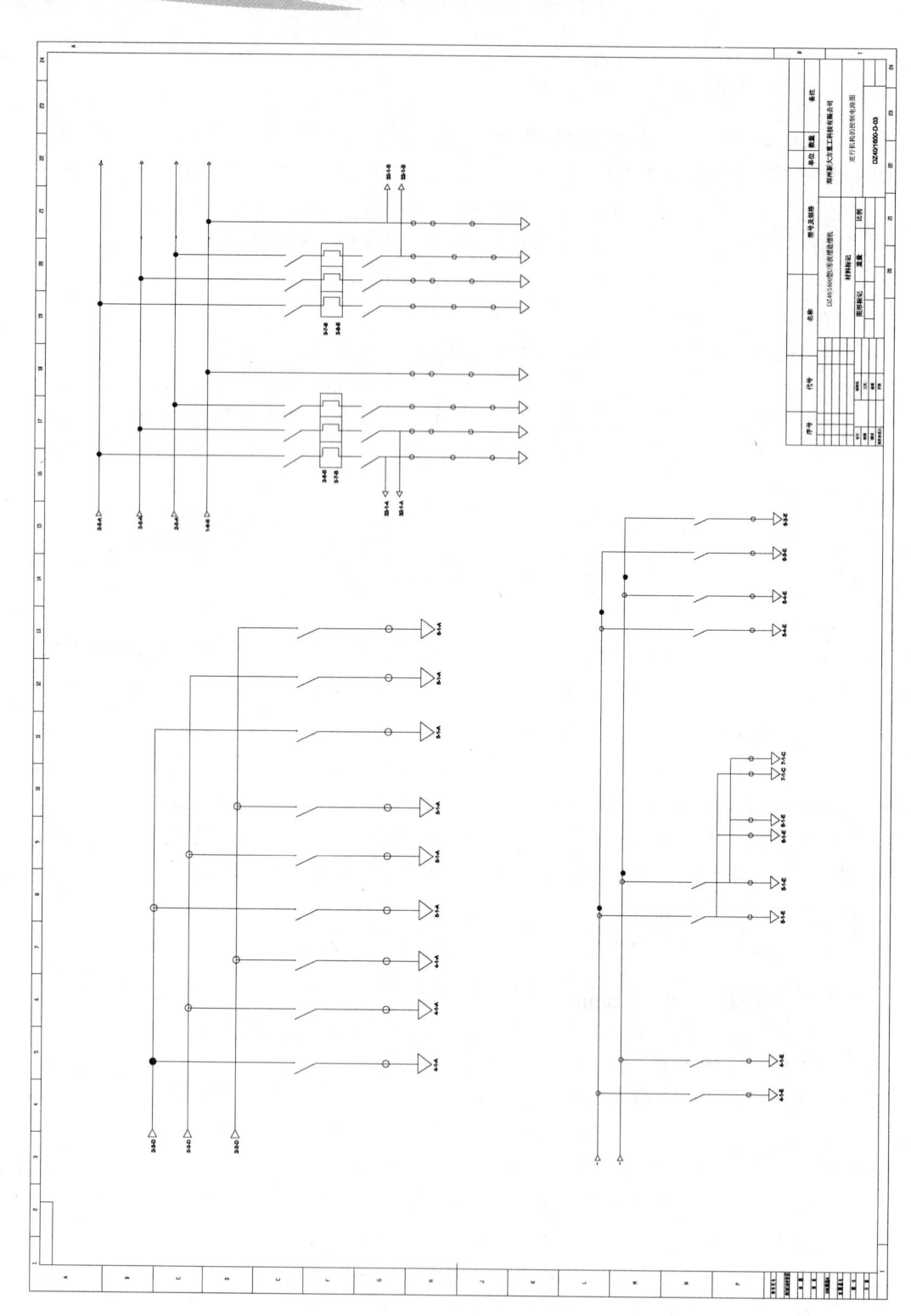

第10章 2500 t 双洎河渡槽现浇机械化装备

本章以 DZ30/2500 型矩形渡槽造槽机（见图 10-1）为例，其型号说明如下："DZ"表示"大方"牌造槽机，"30/2500"表示逐跨现浇跨度为 30 m，最大现浇梁体质量为 2500 t。该制槽机专为南水北调中线控制性工程——双洎河渡槽工程"逐跨现浇施工而设计。

图 10-1 DZ30/2500 型矩形渡槽造槽机

10.1 规格和主要技术参数

DZ30/2500 型矩形渡槽造槽机的规格和主要技术参数如下。
（1）施工跨度：30 m（直线正交渡槽）。
（2）渡槽自身质量：2500 t（其中混凝土质量为 2300 t）。
（3）施工适应纵坡：±5‰（与渡槽主体纵坡一致）。
（4）整机移位速度：0～1 m/min。
（5）整机总功率：166 kW（不含焊接设备、混凝土浇筑及振捣设备）。
（6）整机质量：约 1660 t。
（7）整机外形尺寸：63.21 m×25 m×15.39 m（长×宽×高）。

10.2 主要机械结构及功能

DZ30/2500 型矩形渡槽造槽机主要机械结构包括外梁系统、外模系统、内梁系统、内模系统，图 10-2 为 DZ30/2500 型矩形渡槽造槽机总图和三维模型。为了提高整机金属结构的纵向和横向刚度，保证渡槽的几何尺寸，将该造槽机外梁连系梁与底模横梁采用竖向吊杆连接。

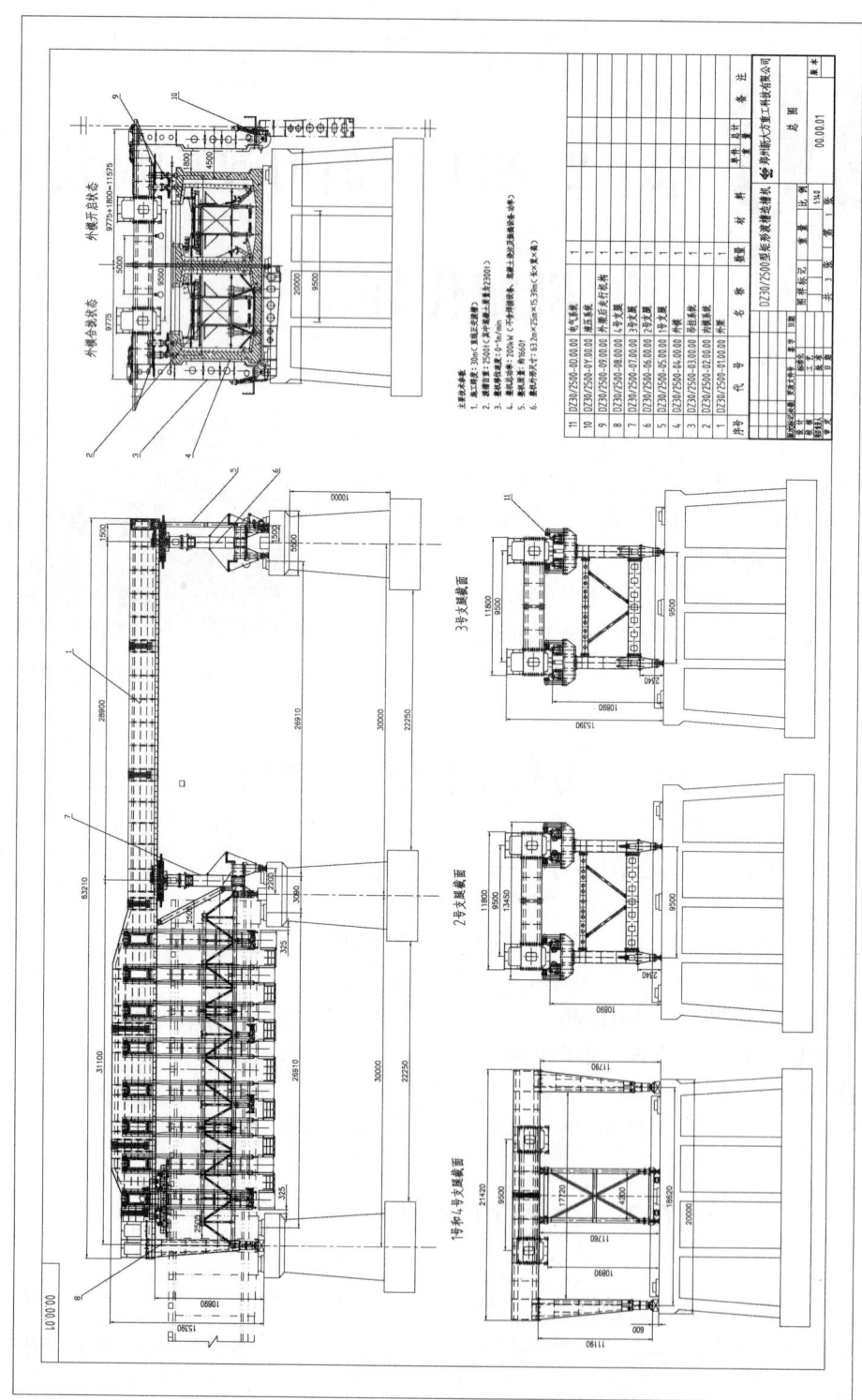

(a) 总图（单位为mm）

图 10-2　DZ30/2500 型矩形渡槽造槽机总图和三维模型

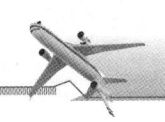

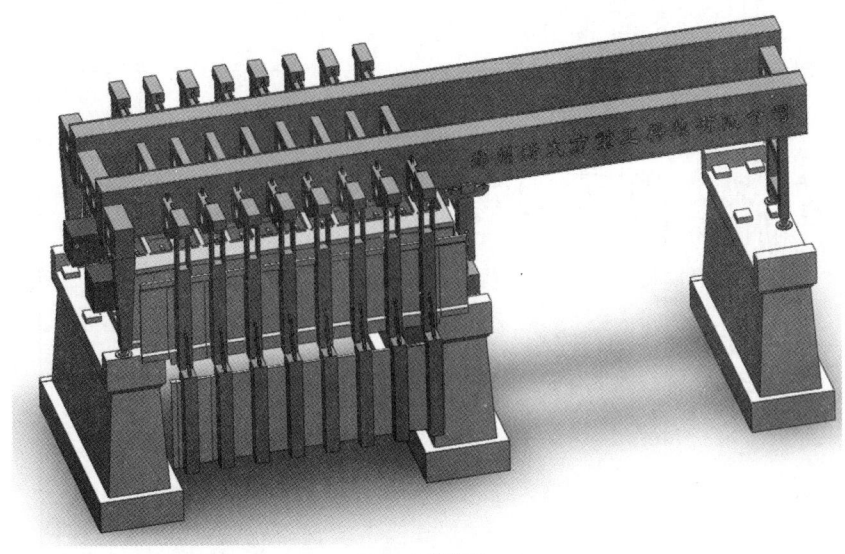

(b）三维模型

图 10-2　DZ30/2500 型矩形渡槽造槽机总图和三维模型（续）

DZ30/2500 型矩形渡槽造槽机的工作原理如下：外梁 1～4 号支腿支撑于墩顶，以支撑外主梁框架。外主梁框架侧面安装挑梁，外肋及外模吊挂在挑梁上，形成渡槽侧面轮廓。底模以铰接方式挂在外肋下方，内梁支腿分别支撑于前方墩顶及后方渡槽底，以支撑内梁。内梁侧面安装内模系统，形成渡槽内腔轮廓。外梁外模系统及内梁内模系统配合形成一个可以纵向移动的渡槽制造平台，完成渡槽的现浇施工。底模旋转开启，外模横向移动开启，使得底模能够通过槽墩。外梁携带外模纵向前移过孔，到达下一个施工位，侧模横向移动合拢，底模旋转合拢，开始下一个孔的施工。如此循环作业，直到完成所有渡槽的槽身浇筑为止。

10.2.1　外梁系统

DZ30/2500 型矩形渡槽造槽机的外梁系统主要包括外主梁、前端连系梁、中间连系梁、挑梁、后端连系梁、1～5 号支腿，该造槽机的外梁系统结构简图如图 10-3 所示，该造槽机的外梁总图如图 10-4 所示。外梁系统总质量约为 712.3 t。

外主梁采用箱型组合梁形式，其三维模型如图 10-5 所示。该梁为双梁结构，双梁中心距为 9.5 m，双梁之间通过两组端连系梁及 8 组中间连系梁、16 组挑梁形成整体。外主梁为该造槽机的主要承重结构，浇筑时通过 3 号和 4 号支腿将载荷分别传递至浇筑跨前后的方墩顶。外模系统悬挂在外主梁外侧。外梁总长度为 63.21 m，两跨布置，前跨箱梁高度为 3.04 m，主要功能是为外梁 2 号支腿提供托辊轮箱走道，协助整机过孔，受力较小；后跨箱梁高度为 4.5 m，主要承载混凝土矩形渡槽载荷。前跨 6 号梁总图如图 10-6 所示，后跨 3 号梁总图如图 10-7 所示。

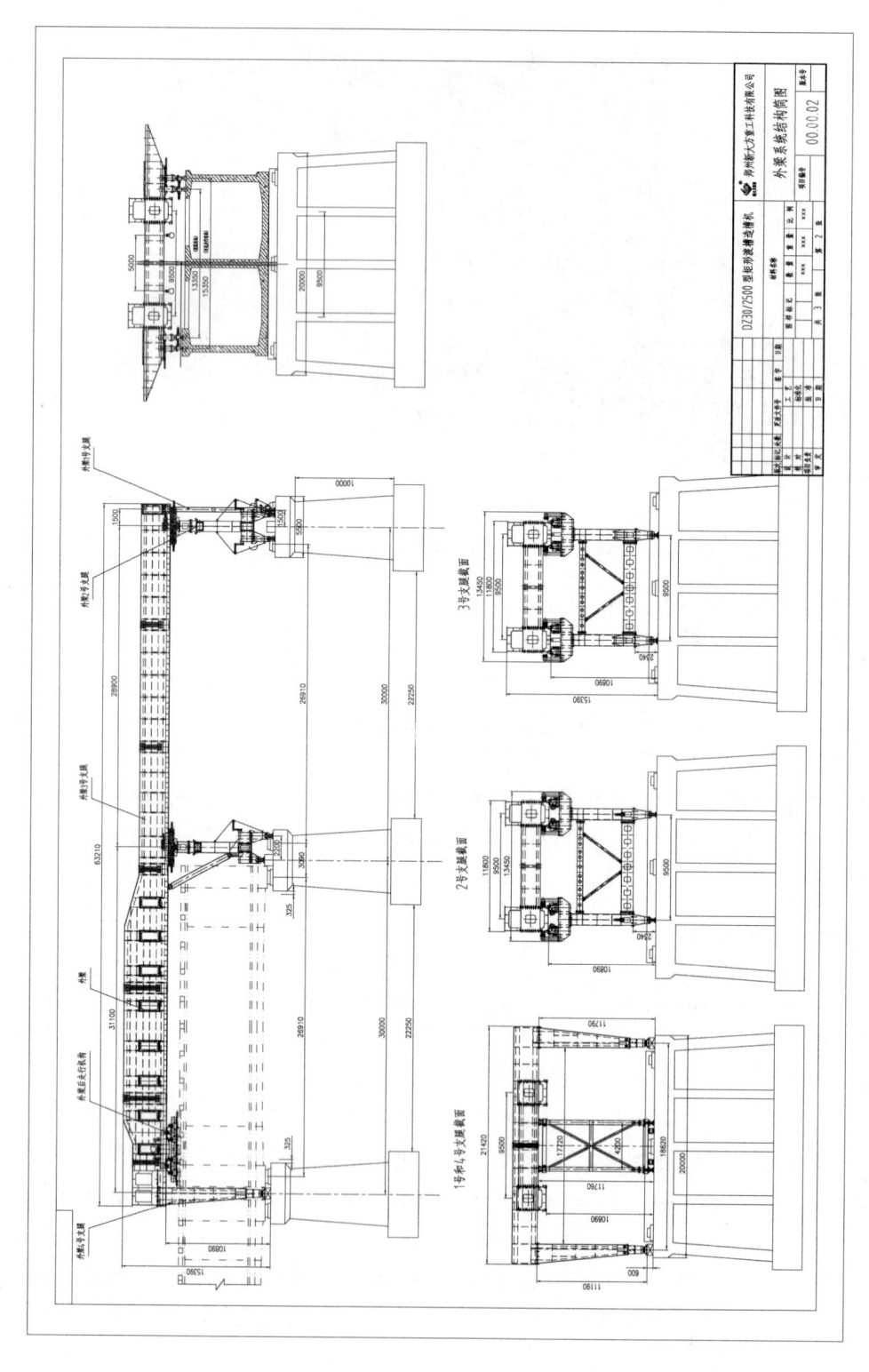

图 10-3　DZ30/2500 型矩形渡槽造槽机的外梁系统结构简图（单位为 mm）

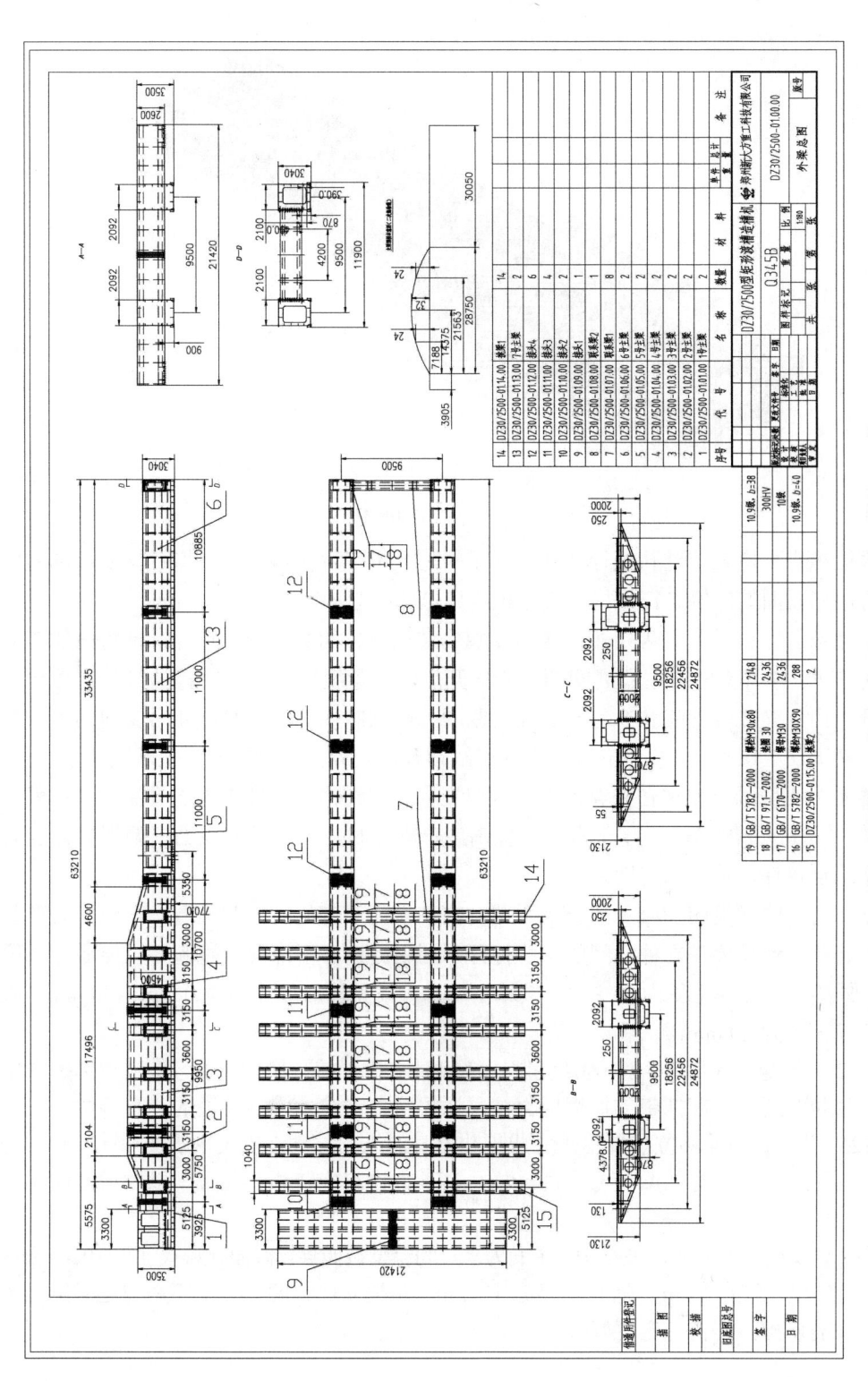

第10章 2500 t双洎河渡槽现浇机械化装备

图 10-4 DZ30/2500 型矩形渡槽造槽机的外梁总图（单位为 mm）

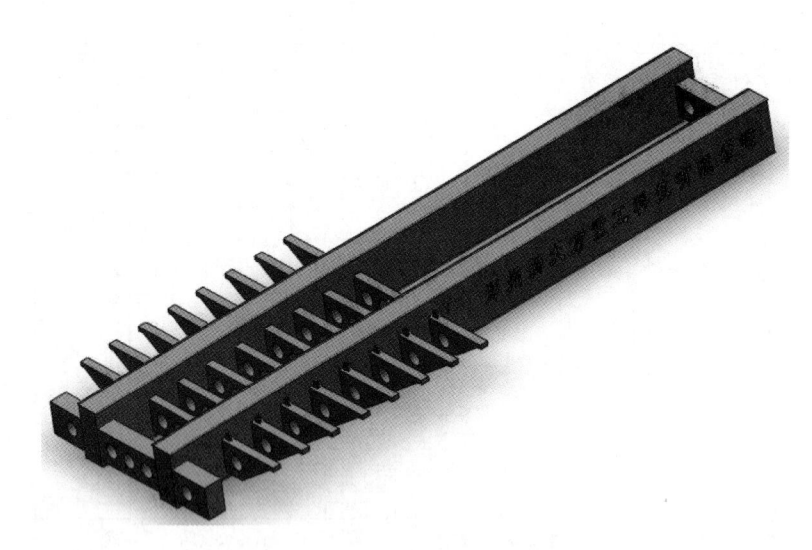

图 10-5　外主梁三维模型

外主梁携带外模系统过孔走行。外梁系统的过孔走行机构包括前方墩顶支腿顶部的托辊及后方渡槽顶面的轮轨走行机构，走行机构由电动机驱动。

外梁尾部的连系梁上有两处外梁 4 号支腿安装位，目的是适应首跨与标准跨间的跨度差。变跨方法：4 号支腿与主梁之间的螺栓松开后，拉紧缆风索，其支撑油缸的收缩与主梁的分开，由外梁 2 号支腿和 3 号支腿托辊驱动外梁纵向移动，变跨至 4 号支腿的另一个安装位，对准法兰螺栓孔，4 号支腿的支撑油缸顶升，安装并拧紧螺栓，实现变跨。

外梁 1 号支腿固定安装在外梁前端，为双立柱门型结构。立柱下端配备油缸（行程为 350 mm，带机械锁定装置），用于调整立柱高度。支撑时，螺纹丝杠受力。两根立柱之间设有米字形连接件，结构稳定性好。

外梁 1 号支腿（见图 10-8）下方连系梁与立柱之间设有旋转翘起装置，在脱空后准备过孔前，将下方连系梁与立柱之间的法兰打开，利用倒链将下部旋转翘起，以便通过墩顶防震块。外梁 1 号支腿主受力立柱为焊接箱型结构，截面外形尺寸为 400 mm×400 mm，盖板和腹板厚度都为 20 mm。

外梁 2 号支腿（见图 10-9）为活动腿，浇筑时支撑于前方墩顶。2 号支腿顶部携带托辊及吊挂移位装置，下部携带支撑螺旋丝杠。托辊用来完成外梁及外模的过孔移位，托辊轮压按 125 t 设计；吊挂移位装置用来完成支腿自身的纵向移动，最大轮压按 30 t 设计；支撑螺旋丝杠用来承载。与外梁 1 号支腿一样，其下方设有旋转翘起装置，以便通过墩顶防震块。

外梁 2 号支腿为双立柱门型结构，主受力立柱为箱型截面梁，截面外形尺寸为 1020 mm×960 mm，盖板厚度为 16 mm，腹板厚度为 12 mm。两根立柱之间设有上下两道连系梁，连系梁之间设有斜撑，结构稳定性好。

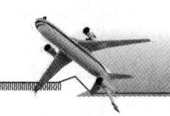

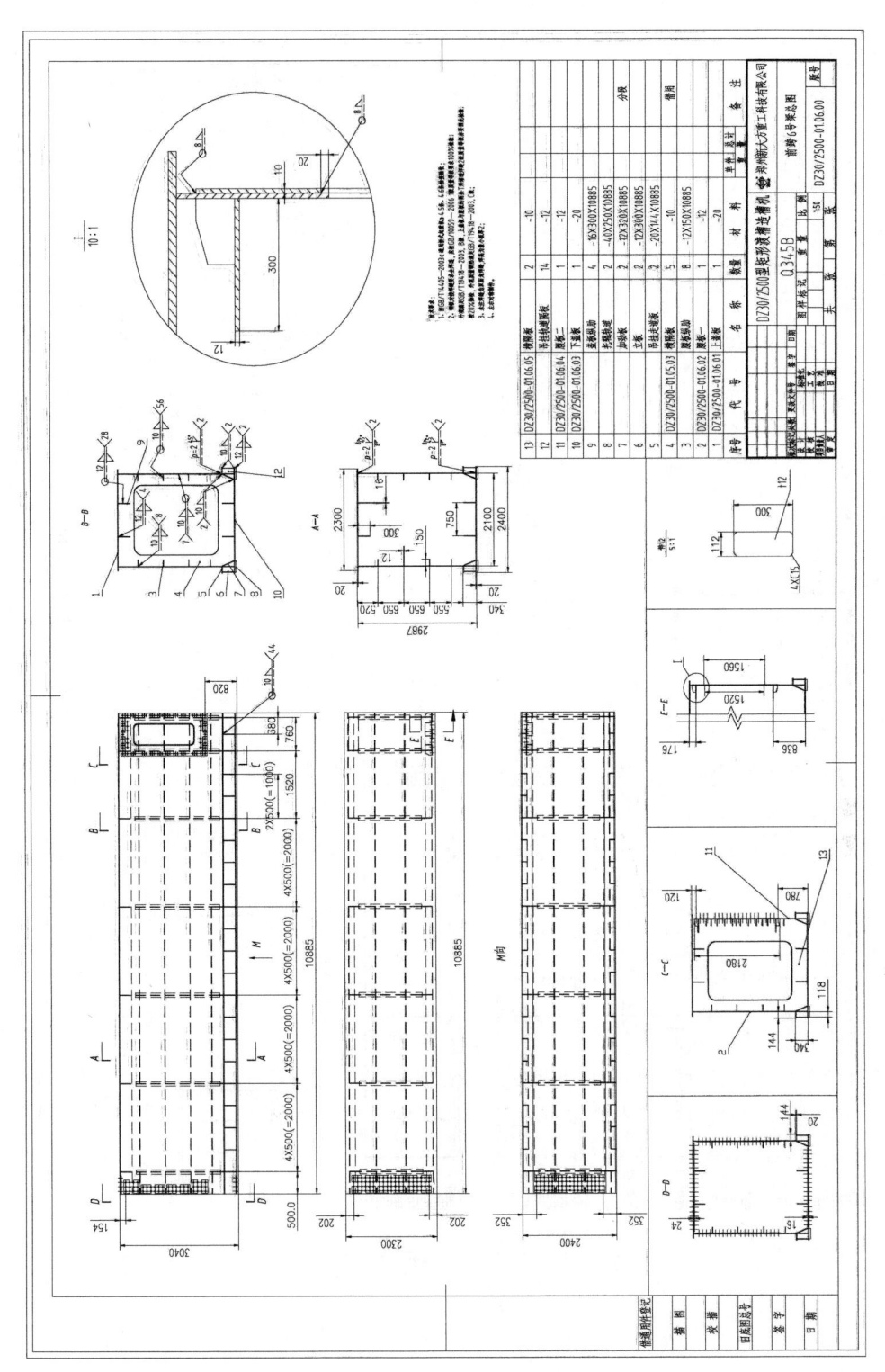

图 10-6 前跨 6 号梁总图（单位为 mm）

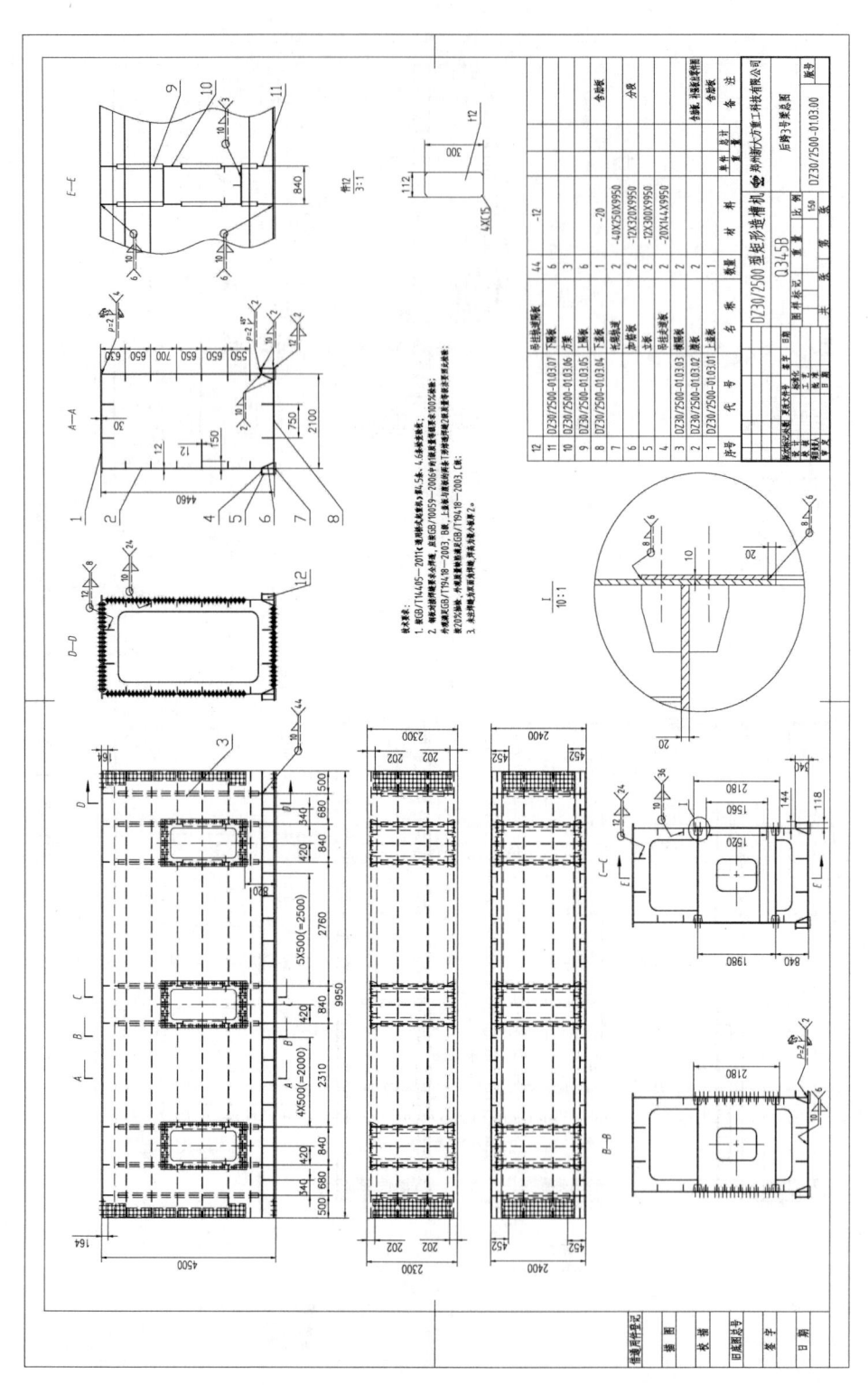

图 10-7 后跨 3 号梁总图（单位为 mm）

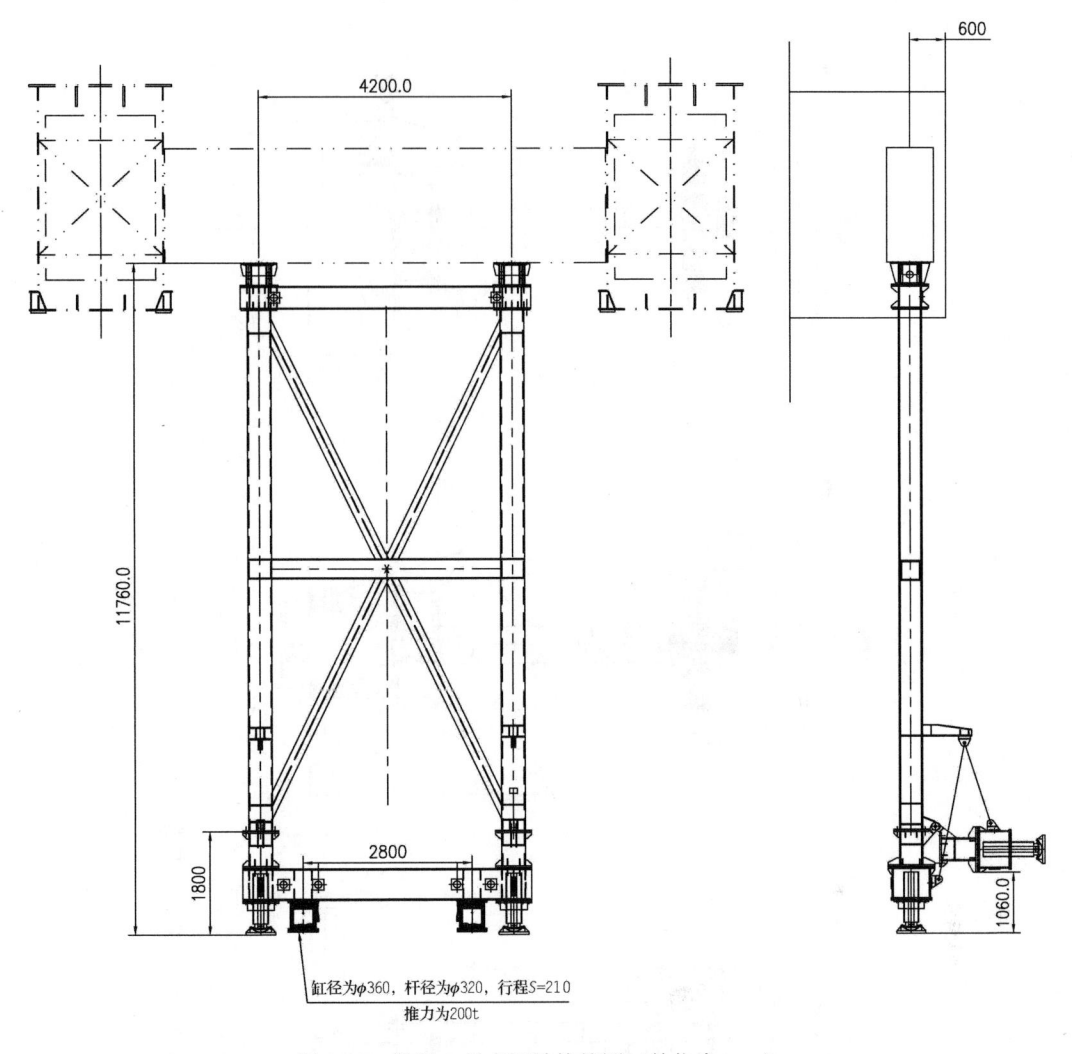

图 10-8　外梁 1 号支腿结构简图（单位为 mm）

外梁 2 号支腿下部设有分配梁，分配梁下方设有 4 根相同的锥形立柱，纵向间距为 2200 mm，跨过墩顶防震块，横向间距为 9500 mm，对正墩内立板。

外梁 3 号支腿（见图 10-10）为活动腿，浇筑时支撑于浇筑跨的前方墩顶。外梁 3 号支腿顶部携带托辊及吊挂移位装置，下部携带支撑螺旋丝杠。托辊用来完成外梁及外模的过孔移位，托辊轮压按 125 t 设计，吊挂移位装置用来完成支腿自身的纵向移动，其轮压按 30 t 设计，支撑螺旋丝杠用来承载。

外梁 3 号支腿为双立柱门型结构，主受力立柱为箱型截面梁，截面外形尺寸为 1020 mm×960 mm，盖板和腹板厚度都为 20 mm。两根立柱之间设有上下两道连系梁，连系梁之间设有斜撑杆，结构稳定性好。

外梁 3 号支腿下方设有分配梁，分配梁下设有高矮两种锥形立柱，高立柱直接支撑于墩顶，它与分配梁之间设有翻转翘起装置。矮立柱支撑在墩顶防震块上。两根立柱的纵向间距为 2200 mm，横向间距为 9500 mm，对正墩内立板。

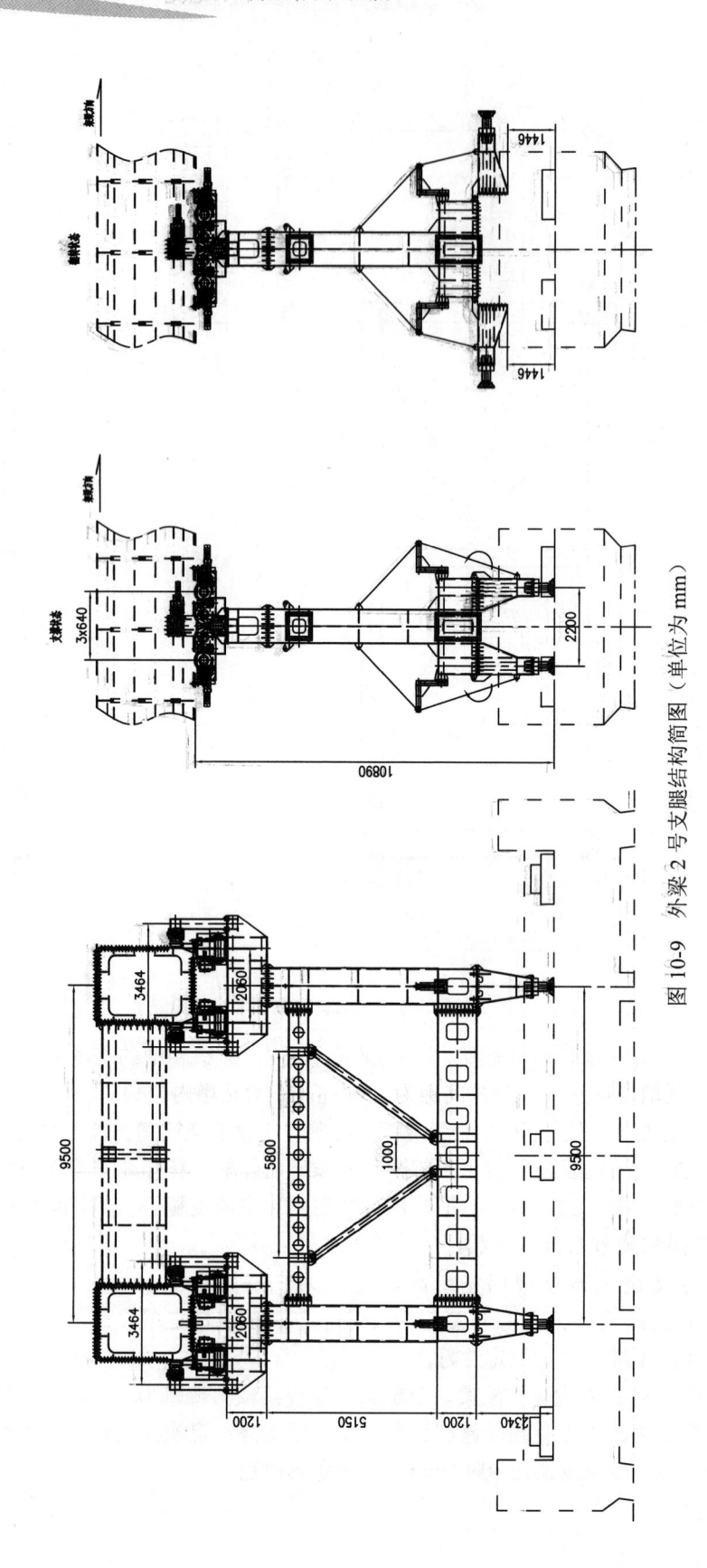

图 10-9 外梁 2 号支腿结构简图（单位为 mm）

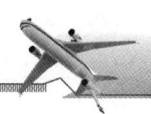

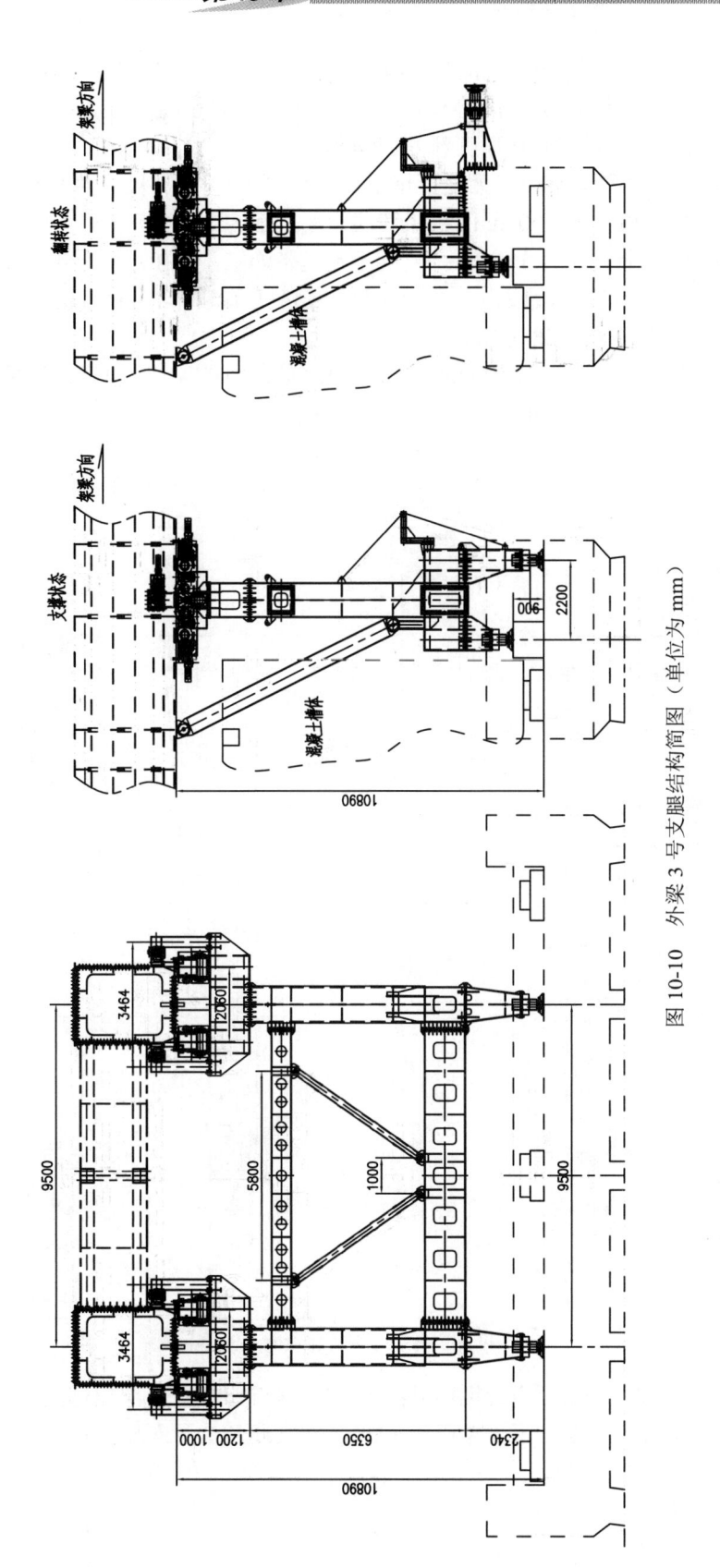

图 10-10 外梁 3 号支腿结构简图（单位为 mm）

外梁 3 号支腿安装斜撑，在浇筑混凝土的过程中，与外梁 4 号支腿，外梁后跨纵向组成双刚腿门式结构，防止整机前移，以免造成所浇筑的槽体前移。斜撑截面尺寸为 400 mm×400 mm，盖板和腹板厚度都为 12 mm。

外梁 4 号支腿（见图 10-11）为渐变箱型立柱结构，上口截面尺寸为 1950 mm×1595 mm，下口截面尺寸为 900 mm×900 mm，盖板和腹板厚度都为 24 mm，上口受压区设有纵向立板以分配集中力。立柱间距为 18.62 m。支腿下端携带油缸，油缸行程为 0.35 m，推力为 650t（只支撑设备外梁系统的自重）。该油缸用于调节整机标高，自身设有机械锁定装置，机械锁定装置承载力为 900t（浇筑工况）。

在油缸下方设有两个高度为 600 mm 的刚性支墩，其高度高出墩顶的预留钢筋。支墩直接支撑在墩顶，与油缸底座法兰通过螺栓连接。

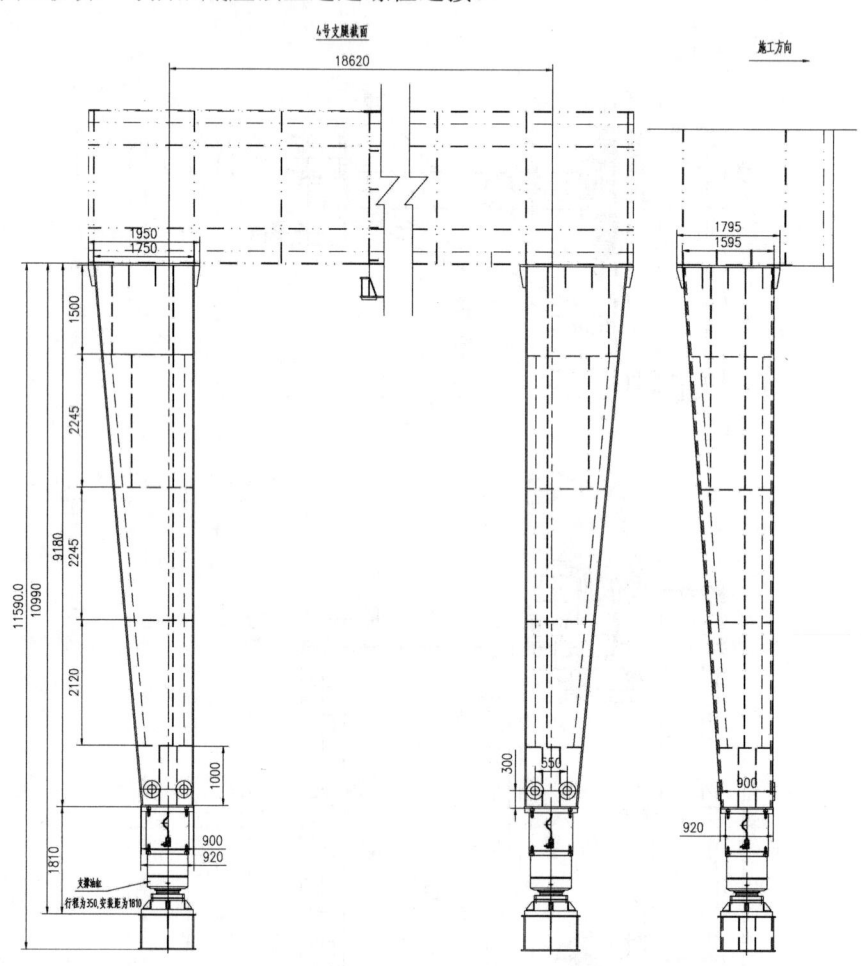

图 10-11　外梁 4 号支腿（单位为 mm）

外梁 5 号支腿（外梁后走行机构见图 10-12）固定安装在外梁尾部的最后一对挑梁上，其底部设有轮轨走行装置（最大轮压为 37 t）。该支腿和 2 号支腿、3 号支腿的托辊一起作

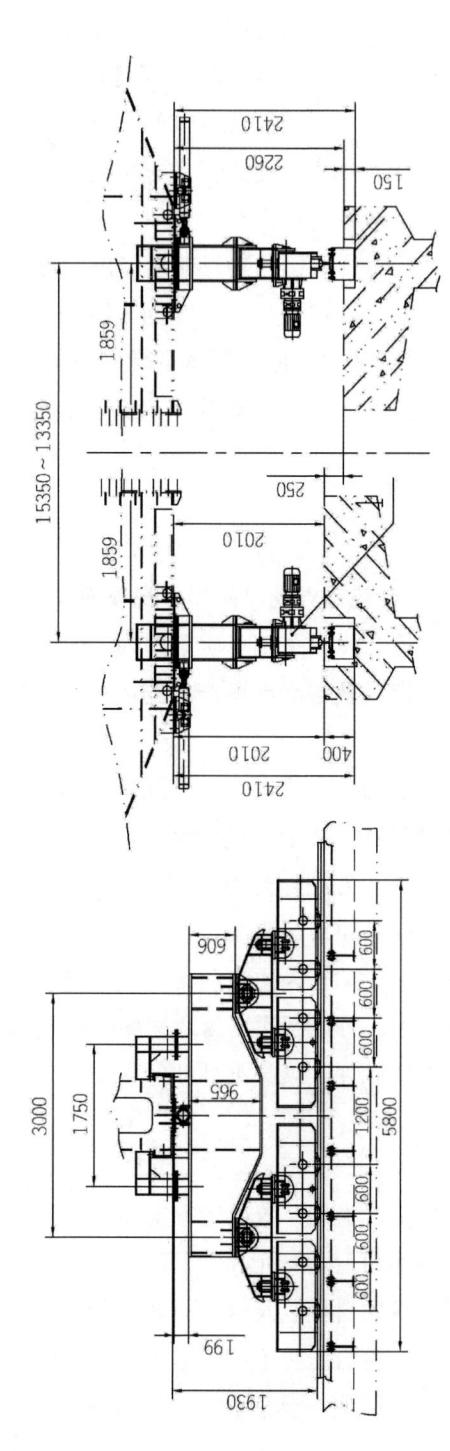

图 10-12 外梁后走行机构简图（单位为 mm）

用，实现外梁系统的走行。在轮箱与挑梁之间设有横向移动油缸，在浇筑过程中两个外梁后走行机构间距为 13350 mm，以避开渡槽竖向预应力筋。浇筑混凝土，完成混凝土养生、张拉竖向预应力筋并切除后，外梁 4 号支腿支撑油缸顶升，横向移动油缸将两个后走行机构分别向外侧推出 1000 mm，走行轮对正已经摆放好的走行轨道，外梁 4 号支腿支撑油缸下落，走行轮落在走行轨道上，准备过孔。

自走行道为外主梁系统的后走行机构的走行轨道（P60 钢轨），设于渡槽两侧槽顶上，每节长度约为 6 m，总长度为 30 m，自走行道间距为 15.35 m。

外梁过孔走行前必须将底模旋转开启，侧模携带底模向外侧横向移动 1.8 m，使得底模能在相邻槽墩之间的间隙内通过。底模的旋转开启或合拢与侧模的横向移动均通过油缸完成。

10.2.2 外模系统

外模系统（见图 10-13）主要包括外肋、侧模、底模横梁、底模、端模、顶拉杆、底模启闭油缸、外模横向移动油缸等，外模系统总质量约为 365 t。

外模系统直接承受混凝土自重及混凝土所产生的侧压力。外模板由面板与型钢组焊制成，面板厚度为 8 mm。

挑梁安装于外梁外侧，外肋吊挂在挑梁上。外肋侧面附着安装侧模，外肋底部设有转铰，用于连接底模横梁。底模附着安装于底模横梁上，底模横梁可绕转铰旋转。在外肋与挑梁之间安装油缸，用于实现外肋带动外模的横向移动启闭。在外肋与底模横梁之间安装油缸，用于实现外肋带动外模的横向移动启闭。

图 10-14 为边吊挂总图，图 10-15 为边底肋梁总图。外肋（共 8 道）与外模板安装组成整体。端模为渡槽的封端模板，分块制作，每块端模的质量为 200 kg 左右，便于人工拆除与安装。外肋在槽顶处设有顶拉杆，以减小外肋的变形量。

10.2.3 内梁系统

内梁系统共两套，每套均由内主梁、内梁走行支腿（4 组）、内梁两端的支架、平台通道等组成。内梁系统结构简图如图 10-16 所示。一套内梁系统总质量约为 70 t。

内梁系统主要承受内模系统的自重以及浇筑过程中混凝土产生的侧压力。内梁为桁架结构，共 3 节，各节之间通过螺栓与法兰连接，总长度为 30 m。内梁高度为 3 m，宽度为 2.4 m，上下弦杆由 36 对扣组焊而成，侧面设有内模安装耳座。内模台车架总成（主梁部分）如图 10-17 所示。

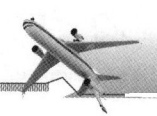

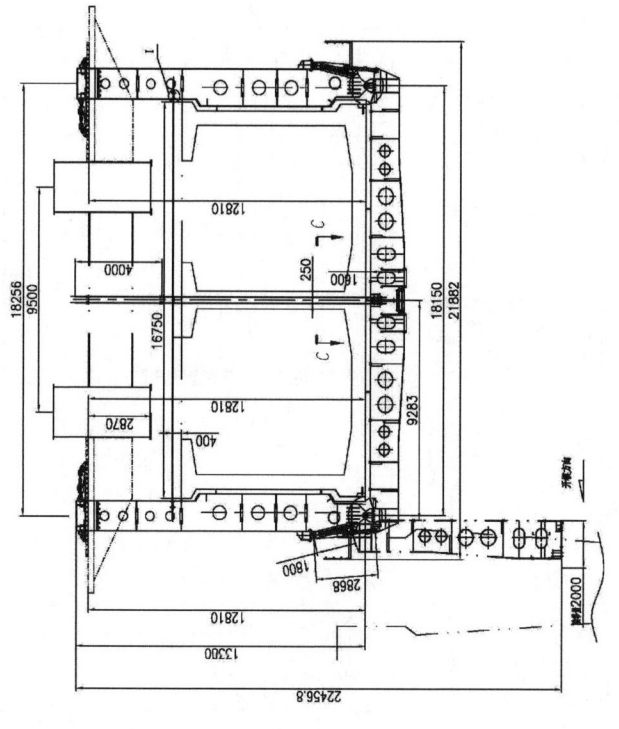

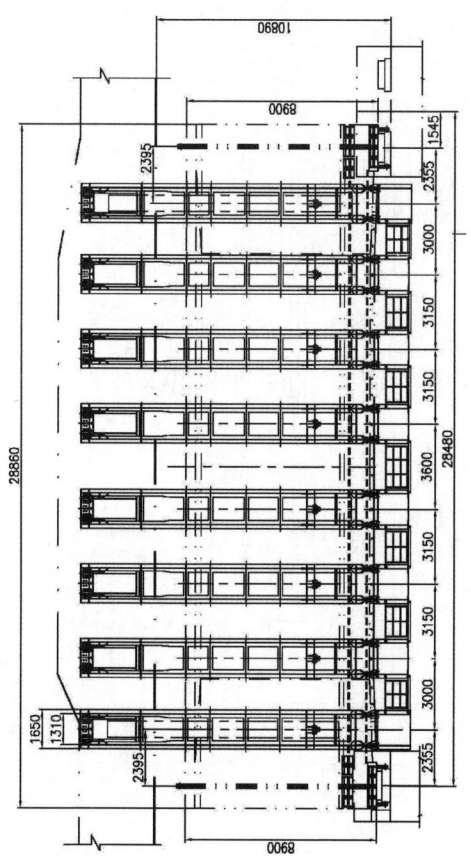

图 10-13 外模系统结构简图（单位为 mm）

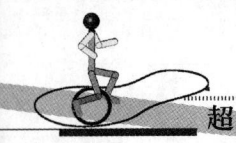

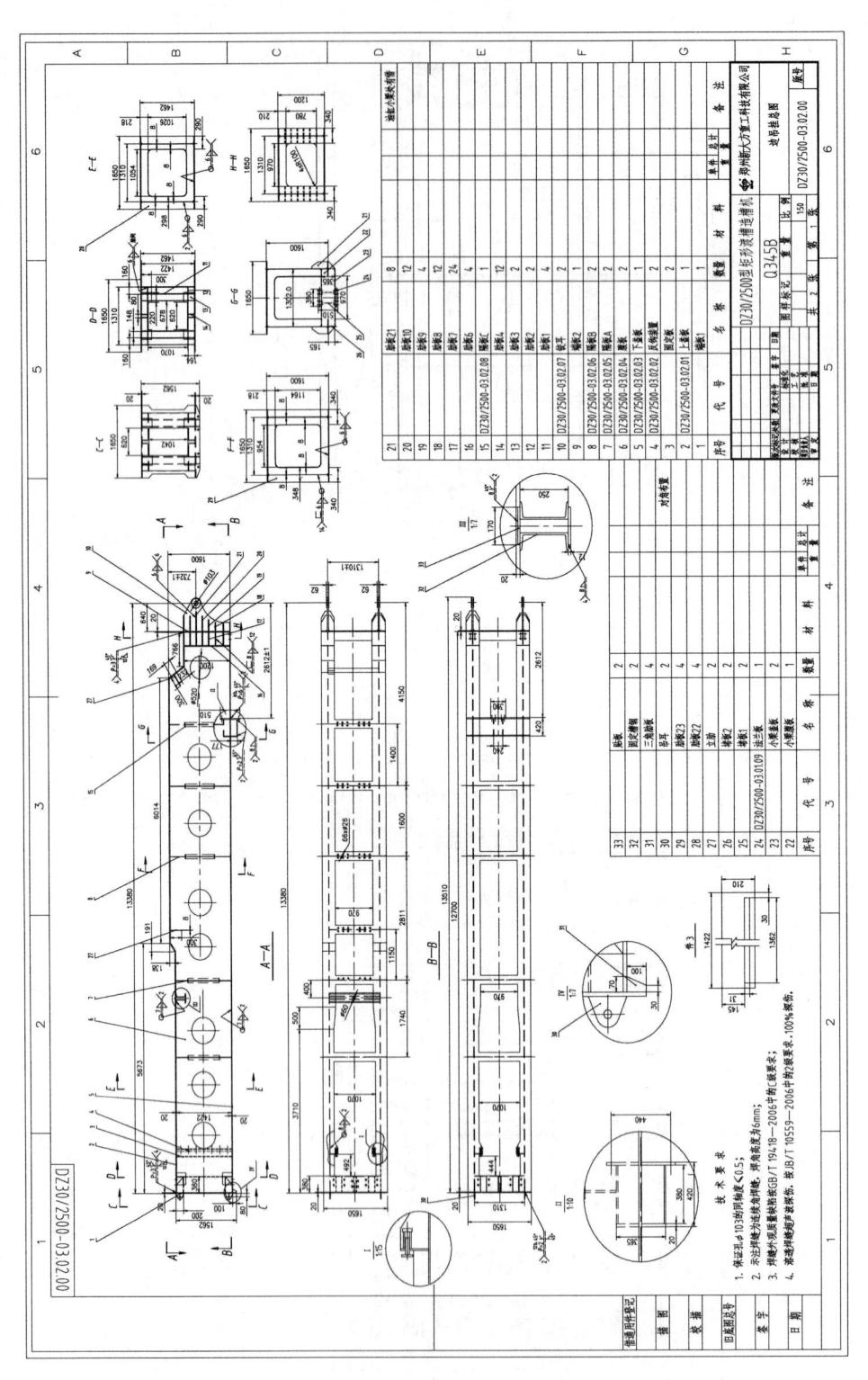

图 10-14 边吊挂总图（单位为 mm）

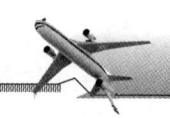

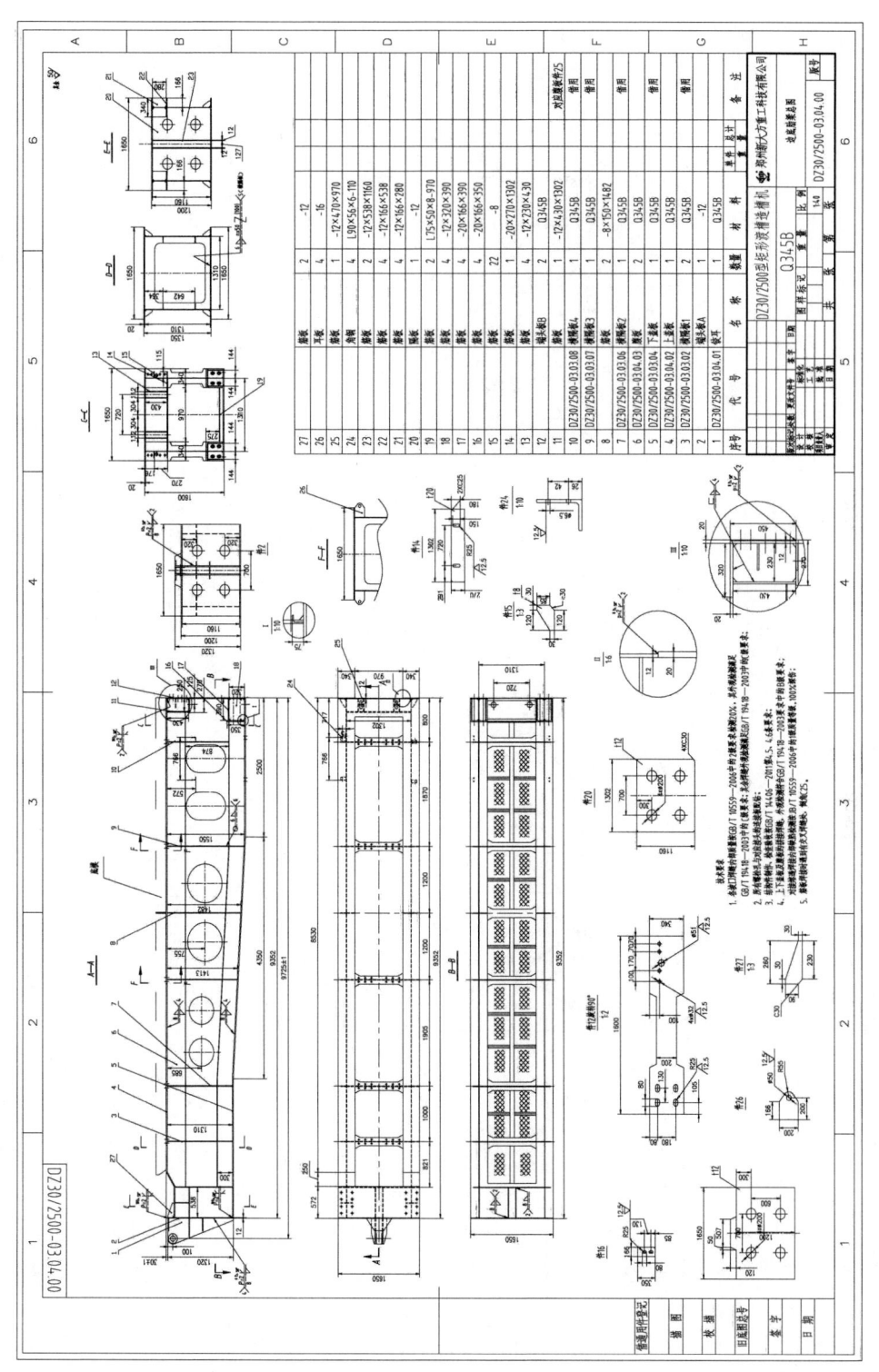

图 10-15 边底肋梁总图（单位为 mm）

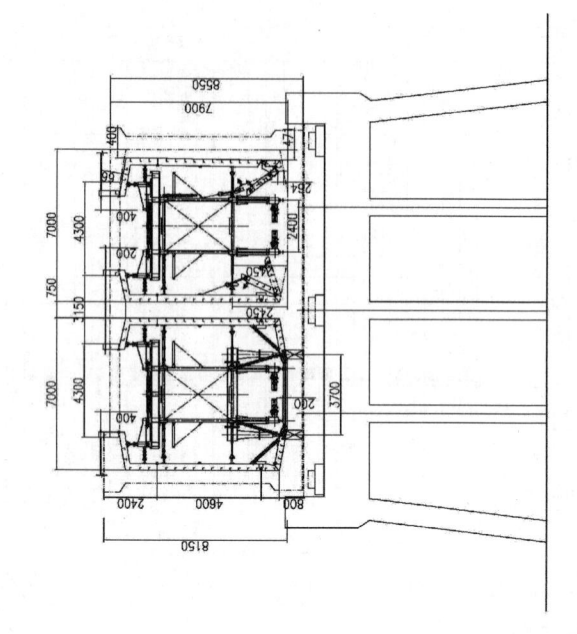

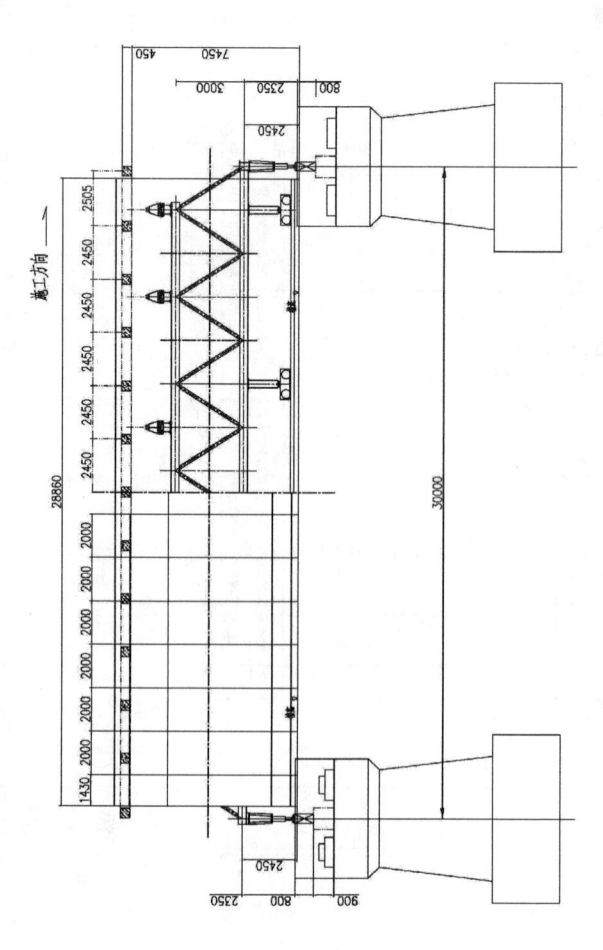

图 10-16 内梁系统结构简图（单位为 mm）

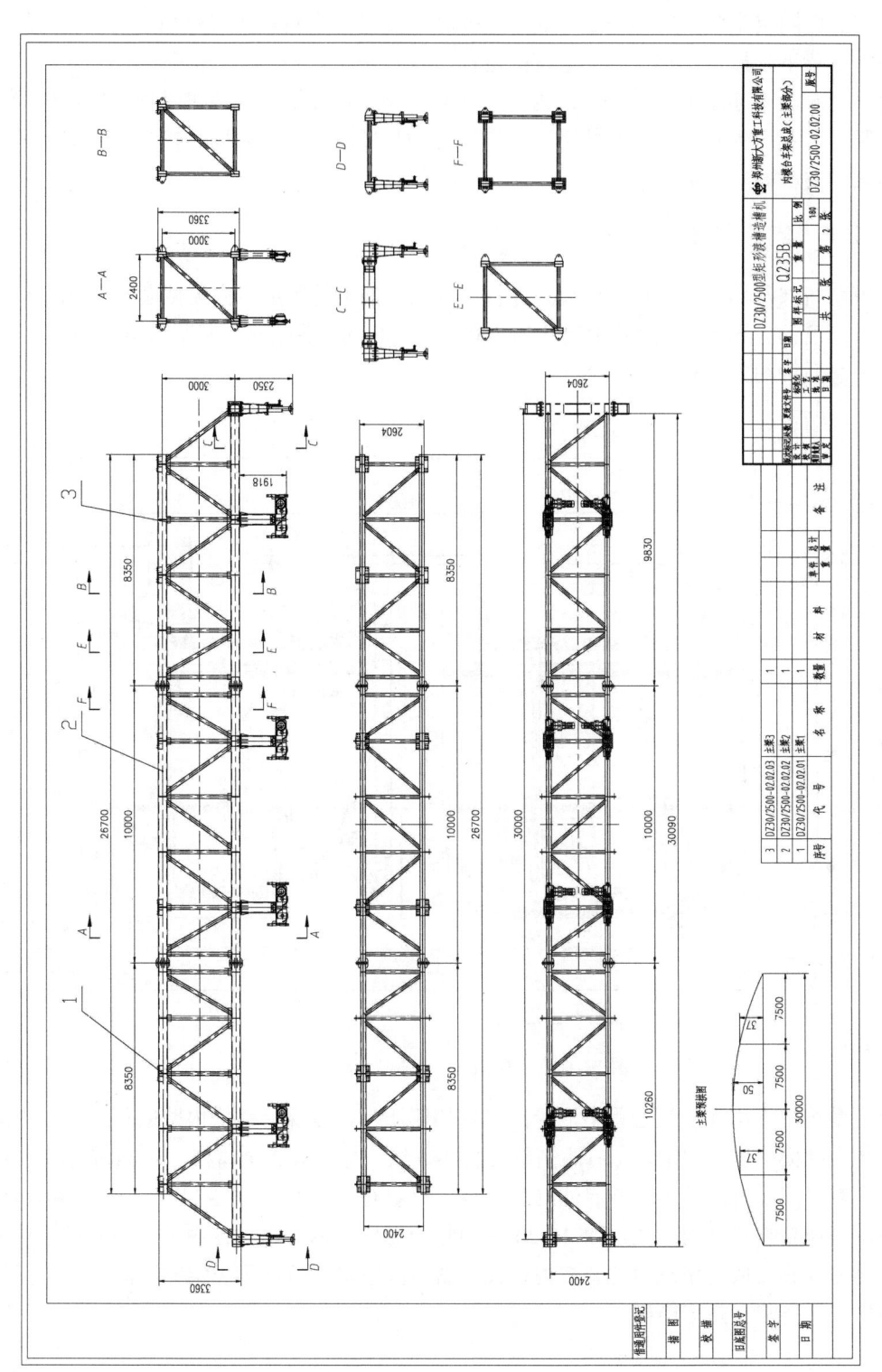

图 10-17 内模台车架总成（主梁部分，单位为 mm）

内梁支腿固定安装在内梁底部，这些支腿底部设有 8 套轮轨走行轮箱，轮箱上方的支撑立柱与主梁下弦栓接，实现内梁系统的走行。

内梁两端的支架用于支撑内梁及内模，并且设有支撑油缸，在浇筑过程中使得内梁走行支腿脱空。利用夹轨器将走行轨道、轨道下方的马凳与走行轮箱同时提起。浇筑完成后内梁两端的支撑油缸下落，准备过孔。

10.2.4 内模系统

内模系统共两套，每套均由内模、撑杆、横担、油缸等组成，内模截面如图 10-18 所示。面板厚度为 8 mm，主肋角钢尺寸为 160 mm×100 mm×10 mm，间距为 400 mm。一套内模系统总质量约为 160 t。

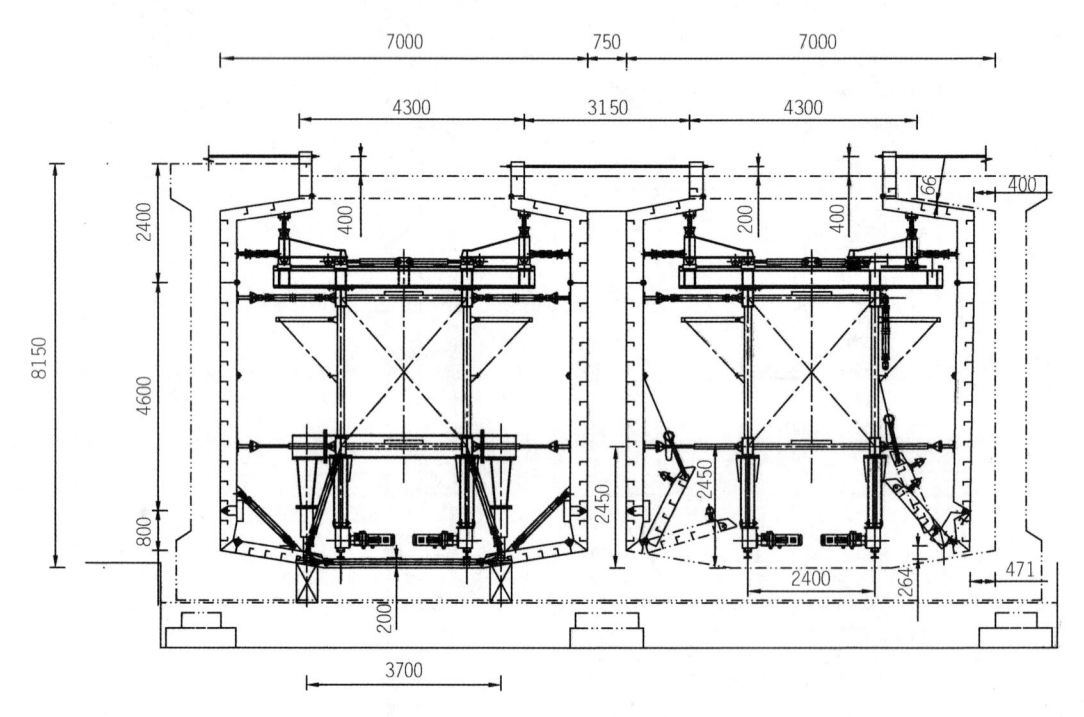

图 10-18 内模截面（单位为 mm）

内模系统用于承受浇筑过程中混凝土产生的侧压力，以保持渡槽内腔的尺寸。在内梁上方安装内模横向调整油缸，左右两侧共安装 2×6 组，每组有 2 个油缸，共 24 个油缸；在内梁和模板之间设有内模旋转开启油缸 2×6 组，每组有 2 个油缸，共 24 个油缸。图 10-19 为内模横向调整装置结构简图，图 10-20 为内模板总图。内模支撑在内梁上并通过千斤顶配合倒链完成其收放与精确对位。在内模底部斜角区段沿线每间隔一定的距离均开有下料口及透气口，并配有封堵模板。

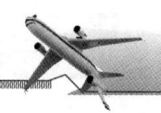

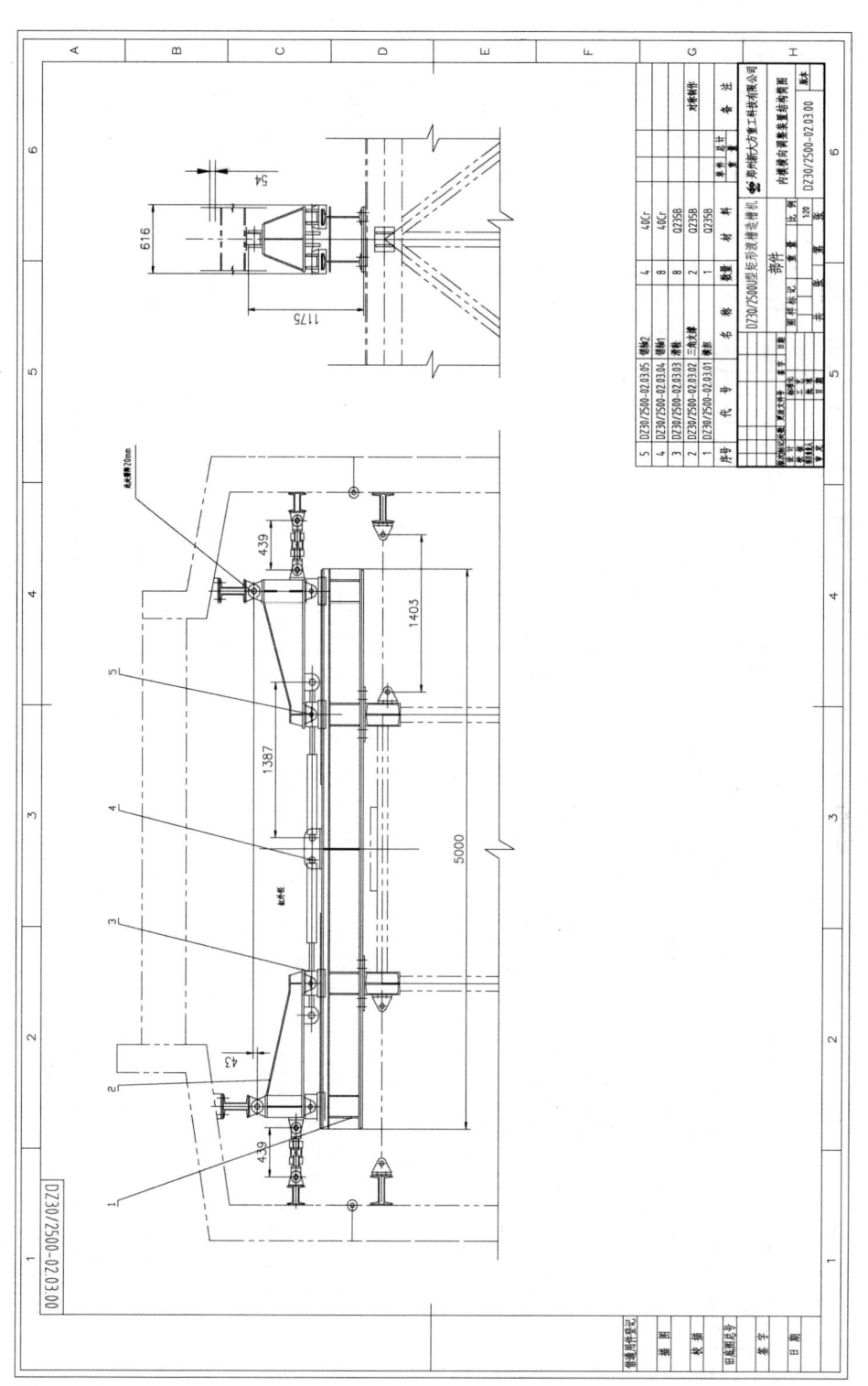

图 10-19　内模横向调整装置结构简图（单位为 mm）

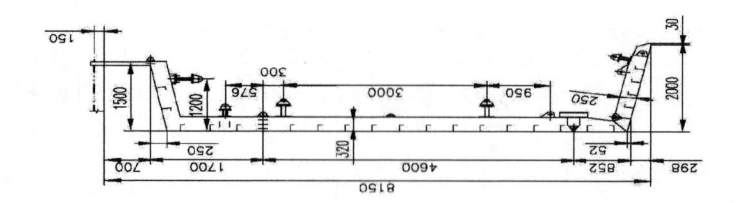

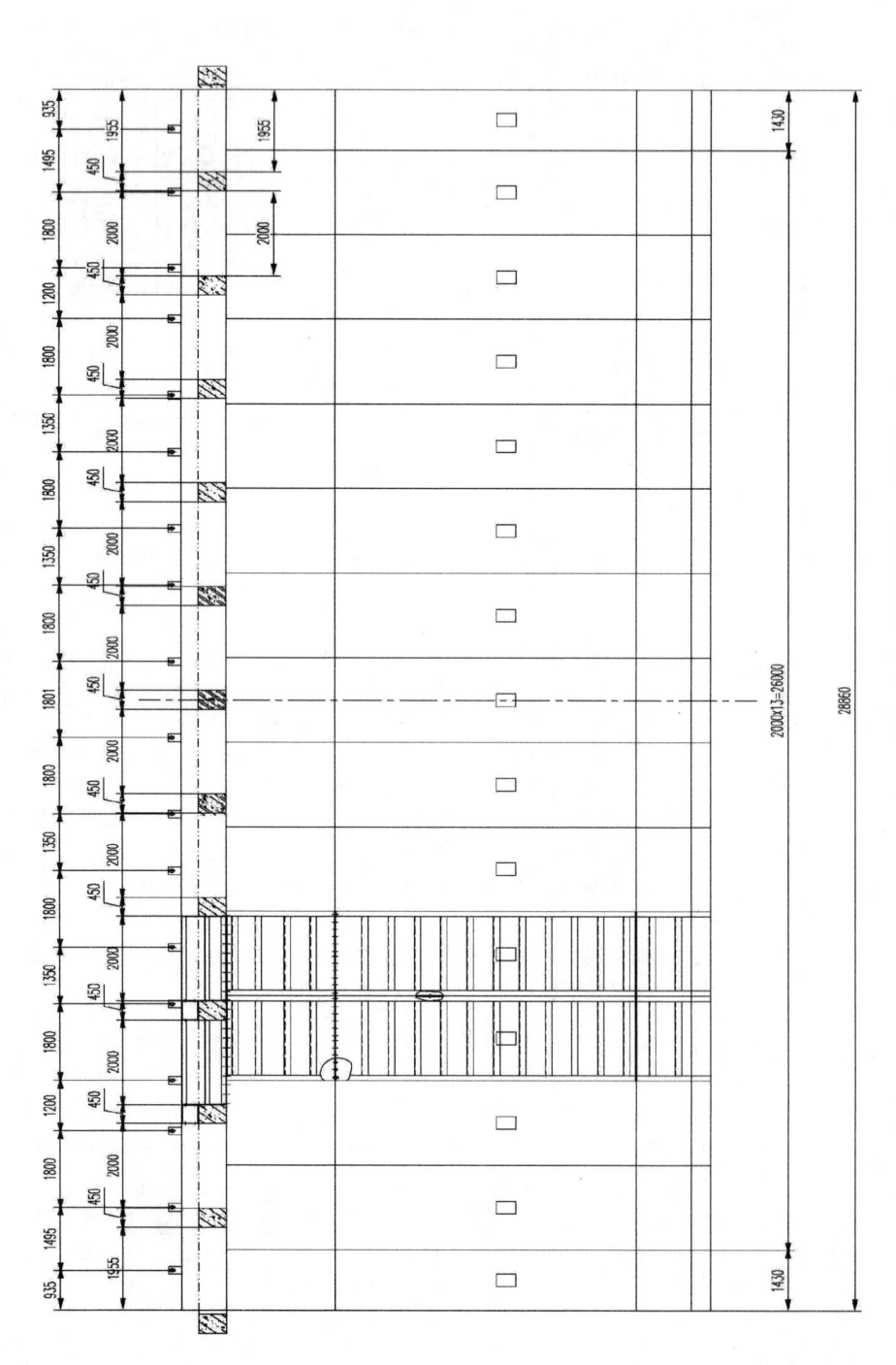

图 10-20 内模板总图（单位为 mm）

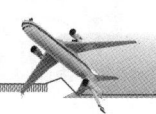

10.3 液压系统

根据整机功能需要，DZ30/2500 型矩形渡槽造槽机的液压系统分外模液压系统、外梁支腿液压系统、内模液压系统三大部分。

该造槽机的液压系统工作原理如下：电动机启动，液压泵驱动电动机通过联轴器驱动轴向变量柱塞泵。此时，电磁溢流阀处于断电状态，液压泵排出的压力油以较低的压力通过电磁溢流阀直接返回油箱，使电动机空载启动，启动电流小，液压系统无冲击；启动相应的按钮，电磁换向阀和电磁溢流阀同时通电，高压油通过液压泵→电磁换向阀→油缸，克服负荷。液压泵采用电控就近操作。每个液压泵所控制的油缸既可以联动，又可以单动控制。

10.3.1 外模液压系统

外模液压系统分对称的 6 部分，共 6 套液压系统。外（侧）模横向移动开启系统配备两套液压系统，每套液压系统由液压泵（1 个）、外模横向移动开启油缸（8 个）及液压管路和电气控制系统组成；外（底）模旋转开启系统配备 4 套液压系统，每套液压系统由泵站（1 个）、油缸（4 个）及液压管路和电气控制系统组成。

每侧底模的两套液压系统共 8 个油缸，底模旋转油缸有同步要求，每侧外模的一套液压系统共 8 个油缸，外（侧）模横向移动油缸也有同步要求。因此，在液压管路采用对称布置。在电气控制系统中设主辅控制柜，主控制柜可同时控制模板系统同一侧的两台液压泵共 8 个旋转油缸或横向移动油缸的动作，辅控制柜只控制 2 个横向移动油缸或 4 个旋转油缸的动作。当操纵外模板开模及合模时，需点动主控制柜的相应按钮，此时处于一侧的两台液压泵同时工作，调整相应油缸上的节流阀，使这些油缸的运动速度基本相同。若需单独调节某一个油缸，可将系统中其余油缸的球阀全部关闭，点动即可。

10.3.2 外梁支腿液压系统

根据总体设计需要，在外梁支腿上设置液压泵，用于调整外梁水平高度，共需要 3 台液压泵。

外梁 1 号支腿上的液压泵控制两个油缸，单个油缸的推力为 200 t。这些油缸只在设备过孔时起到调节整机标高作用，调节完成后由螺旋丝杠支撑。

外梁 4 号支腿连梁的上面左右两侧共两个液压泵，分别控制 4 号支腿上的一个支撑油缸和外梁后走行机构的一个横向移动油缸，要求这两个液压泵联动。4 号支腿上的单个油缸的推力为 650 t，这个油缸配有机械锁紧螺母，调整结束后将螺母旋紧，依靠螺母承受载荷（螺母最大承载力为 900 t）。外梁后走行机构的横向移动油缸的推力为 15 t，拉力为 10 t。

10.3.3 内模液压系统

DZ20/2500 型矩形渡槽造槽机的内模液压系统分对称的 4 部分，共配备 4 套相同的液压系统，每套液压系统由液压泵（1台）、折叠油缸（6个）、内模横向移动开闭油缸（6个）、内梁支撑油缸（2个）、液压管路和电气控制系统组成。

每套液压系统的6个内模折叠油缸、6个内模横向移动油缸有同步要求，模板每侧的两套液压系统具有相同功能的油缸也要求同步；单侧6个内模折叠油缸同步，单侧6个内模横向移动油缸同步。内模液压系统的控制方法与外模液压系统的控制方法相同。

10.3.4 液压系统设计

DZ20/2500型矩形渡槽造槽机的长度较大，各支腿位置分散，为使系统简化和模块化，减少沿程损失和功率损耗，方便维修和搬运，对该造槽机的液压系统采用独立单元设计。

该造槽机共13台液压泵，全部采用电控操作。根据各负载及工况的不同，选用排量为10 mL/r的手动变量柱塞泵，其压力高，额定压力为31.5 MPa；元件体积小，安装方式简单，质量小。选用的电动机为4级异步电动机，功率为7.5 kW，总功率为97.5 kW。因为全部液压泵不同时工作，所以电动机最大工作功率为2×7.5 kW。

由于该造槽机的液压系统间歇工作，并且每次工作时间较短，所以液压油的温升不大，完全可以在间隔时间降温。为进一步控制液压油的温升，在设计过程中适当增加液压系统油箱的散热面积，提高液压系统的散热能力，满足该造槽机在夏天的野外进行高温作业。液压系统采用L-HM46号抗磨液压油，正常工作温度可达80℃，冬天采用L-HM32号抗磨液压油，液压系统可在-20℃的低温下正常工作。

DZ20/2500型矩形渡槽造槽机的主要液压系统原理图如图10-21~图10-24所示。

10.4 电气控制系统

DZ30/2500型矩形渡槽造槽机的电气控制原理图如图10-25所示。该造槽机的电气控制系统采用模块化控制模式，主要包括外梁走行控制部分、内梁走行控制部分、2号支腿走行控制部分、3号支腿走行控制部分、5号支腿走行控制部分、液压泵控制部分等。对外梁走行控制部分，根据工艺要求，采用一台三菱FR-A740-30K变频器调速驱动。对外梁2号和3号支腿走行部分，采用4台电动机4（型号为YVPEJ90L-4P-1.5 kW）。对外梁2号和3号支腿的托辊轮箱，采用8台电动机（型号为YVPEJ100L2-4P-3 kW）。对外梁后走行部分，采用8台电动机（型号为YVPEJ100L1-4P-2.2 kW）。对内梁走行控制部分，采用一台三菱FR-A740-30K变频器调速驱动16台电动机（型号为YVPEJ90L-4P-1.5 kW）。外梁走行控制部分包括2号支腿、3号支腿、5号支腿走行控制三部分；内梁走行包括前后两个状态；2号支腿吊挂和3号支腿吊挂包含正反运行两种状态；各个走行控制部分的电动机由电磁抱闸完成制动。整机设有13套自制液压泵，每个液压泵配有一个独立的操作箱。所有动作为点动操作，在内模同侧的折叠油缸可以联动操作，同侧的横向移动油缸也可以实现联动操作。在外模同侧的横向移动油缸可以实现联动操作，同侧的旋转油缸也可以实现联动操作。1号支腿、4号支腿液压泵无联动操作。在进行液压泵的操作时，禁止其他动作的执行。液压泵电气控制系统主要由本地操作箱组成，该系统安全可靠，维护方便。

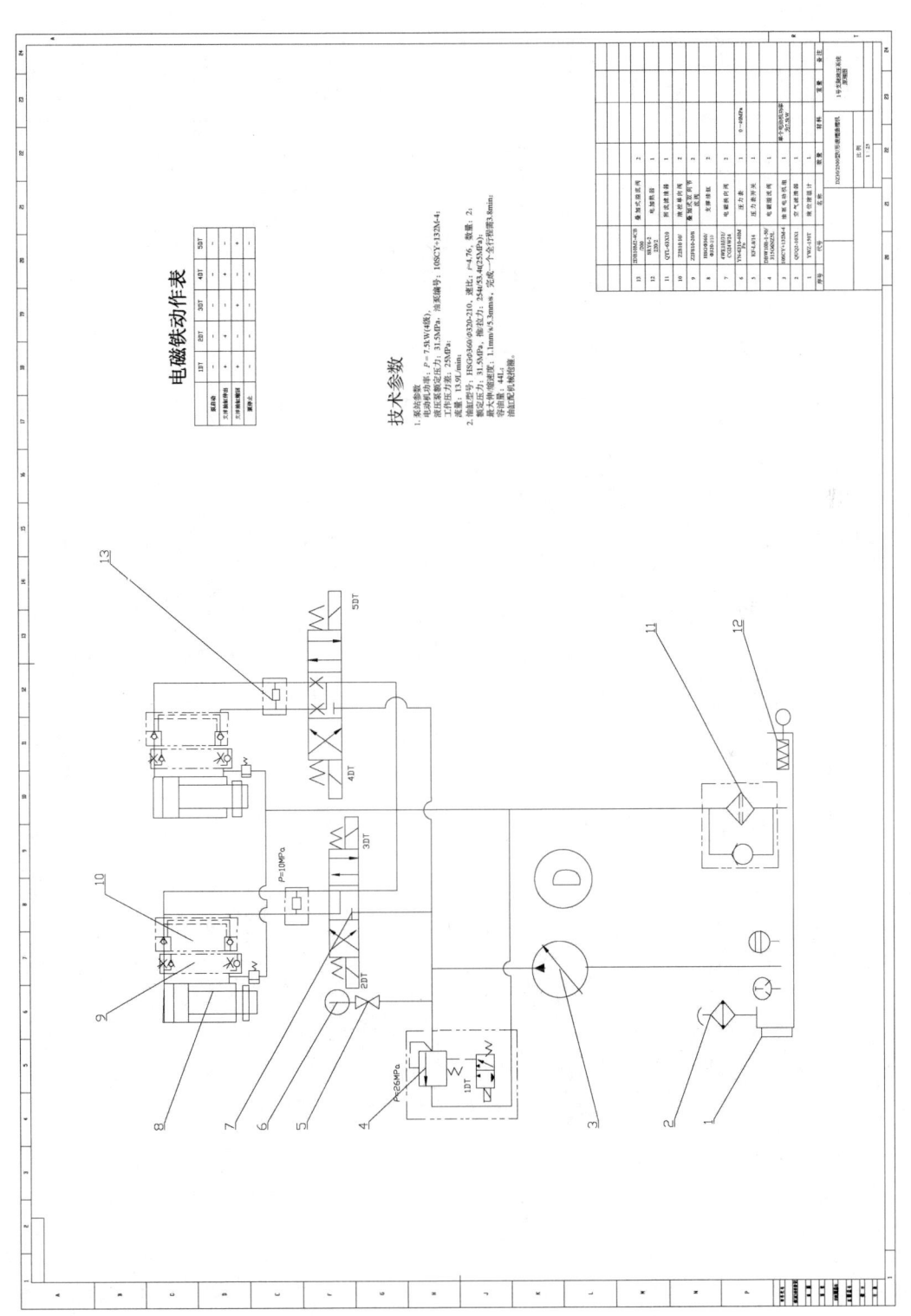

第10章 2500 t 双洎河渡槽现浇机械化装备

图 10-21 1号支腿液压系统原理图

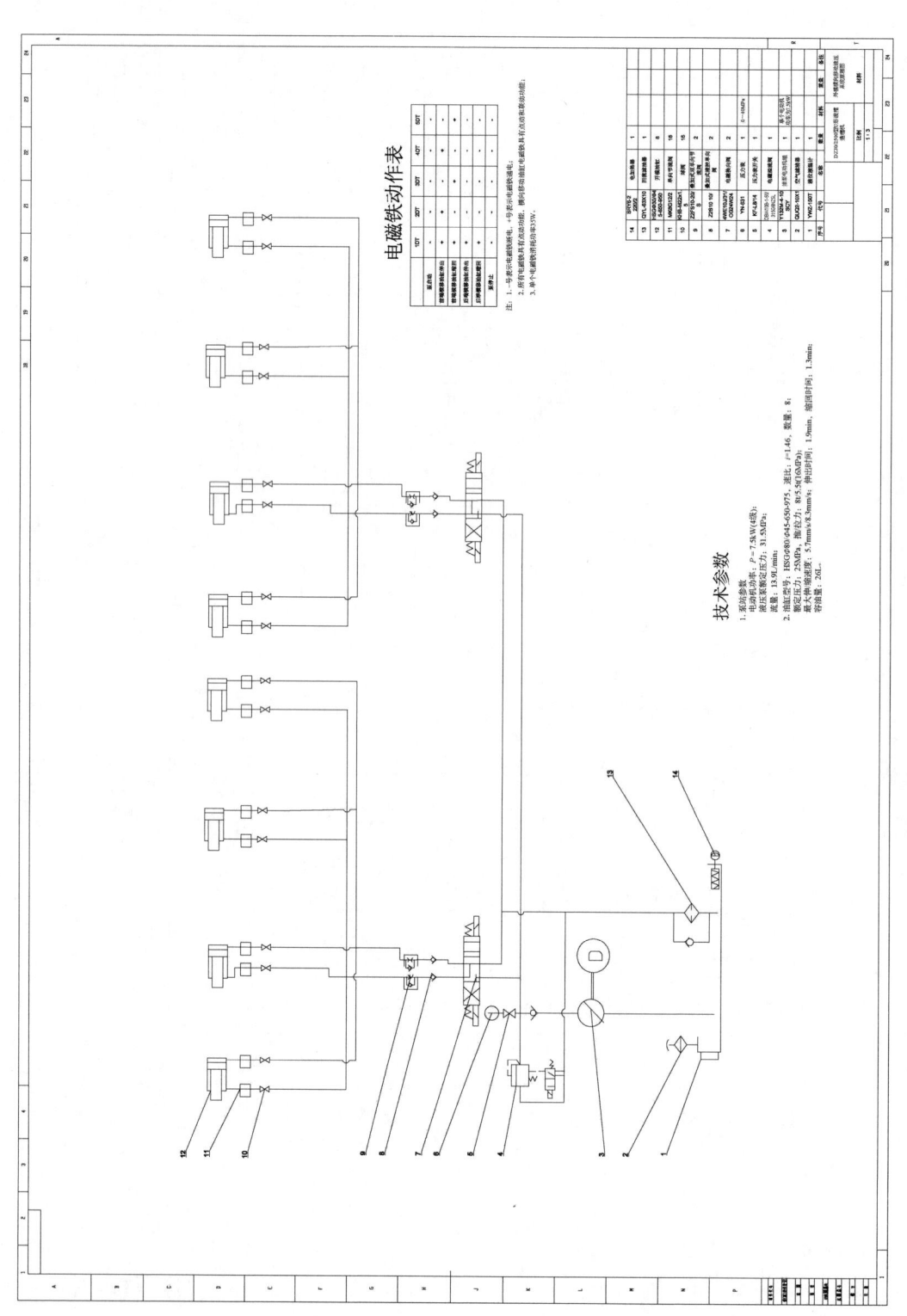

图 10-22 外模横向移动液压系统原理图

第10章 2500 t双洎河渡槽现浇机械化装备

电磁铁动作表

	1DT	2DT	3DT
泵启动	-	-	-
折叠液压缸伸出	+	+	-
折叠液压缸缩回	+	-	+
泵停止	-	-	-

注：
1. "—"表示电磁铁失电，"+"表示电磁铁通电；
2. 所有磁铁具有互动功能；
3. 单个电磁铁消耗功率为35W；
4. 本移动模架驱动系统配此泵站4台，溢流阀设定压力为26MPa；
5. 本移动模架驱动系统配2台泵站左右布置同时驱动的蝶阀需要联动。

技术参数

1. 泵站参数
   - 电动机功率：P＝7.5kW(4极)，泵型号：10SCY-Y132L-4；
   - 液压泵额定压力：31.5MPa
   - 工作压力：≤26MPa
   - 流量：13.5L/min
2. 油缸型号：HSGφ220/φ125-1150，速比：i=1.48，数量：4；
   - 额定压力：31.5MPa，推动力：998.8t/46.7t(26MPa)；
   - 最大伸缩速度：1.5mm/s/2.2mm/s，完成一个全行程需20.5min；
   - 容油量：175L。

序号	代号	名称	数量	材料	备注
13	SRY6-2 220/2	电加热器	1		
12	QYL-63X10	回流滤油器	1		
11	HSGφ30/φ45-650-950	开模油缸	4		
10	KHB-M22x1.5	球阀	8		
9	Z2FS10-20/S	叠加式双单向节流阀	1		
8	Z2S10 10/	叠加式液控单向阀	1		
7	4WE10/J31/CG24W24	电磁换向阀	1		
6	YN-631	压力表	1	0～40MPa	
5	KF-L8/14	压力表开关	1		
4	DBW10B-1-50/315G6N25L	电磁溢流阀	1		
3	Y132M-4-10 SCY	油泵电动机组	1	单个电动机功率为7.5kW	
2	QUQ2-10X1	空气滤清器	1		
1	YWZ-150T	液位液温计	1		

DZ30/250(D)型异形浇槽连槽机　　郑州新大方重工科技有限公司

底模横向移动液压系统原理图　18.04

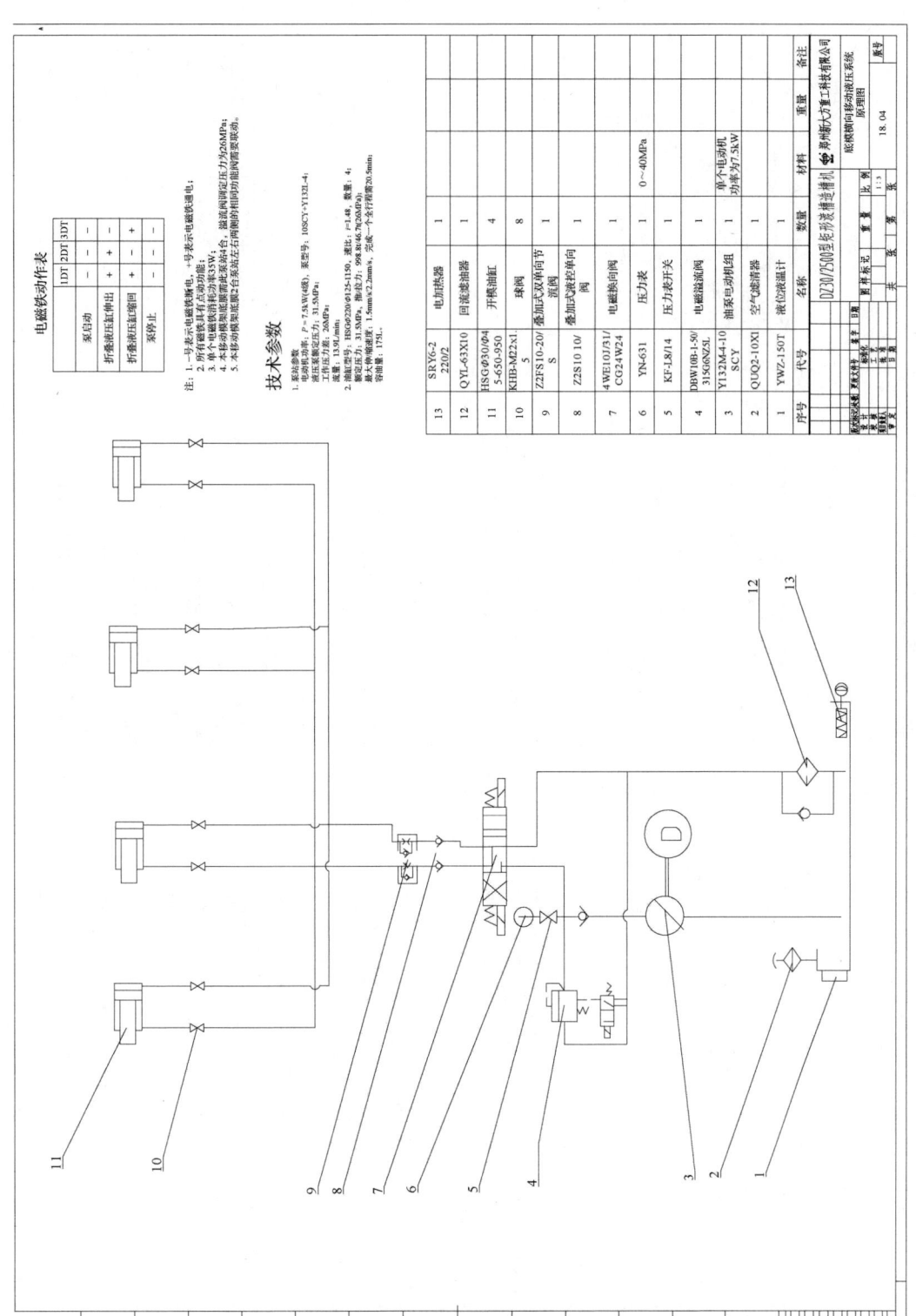

图 10-23　底模横向移动液压系统原理图

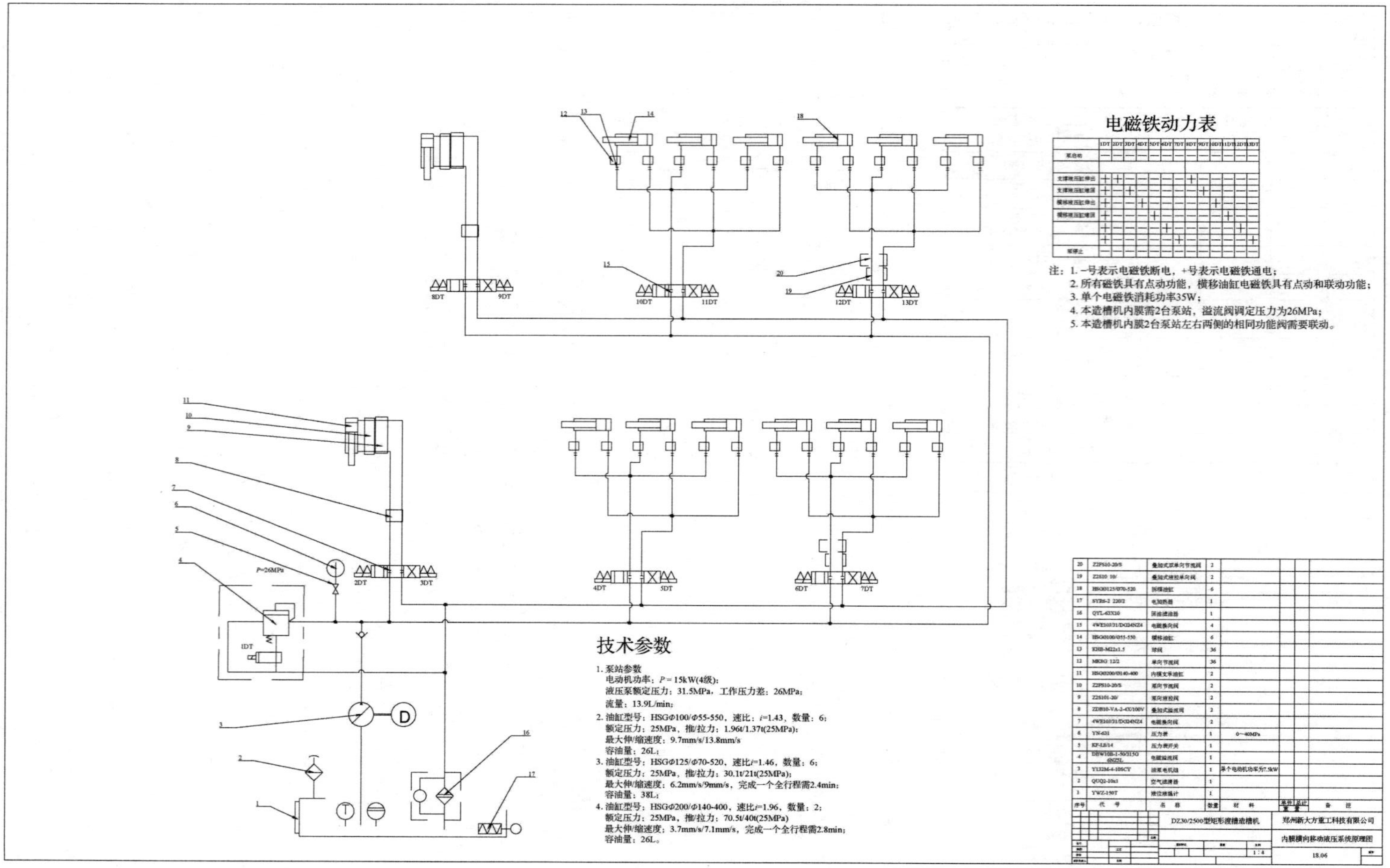

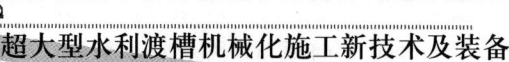

图 10-24 内模横向移动液压系统原理图

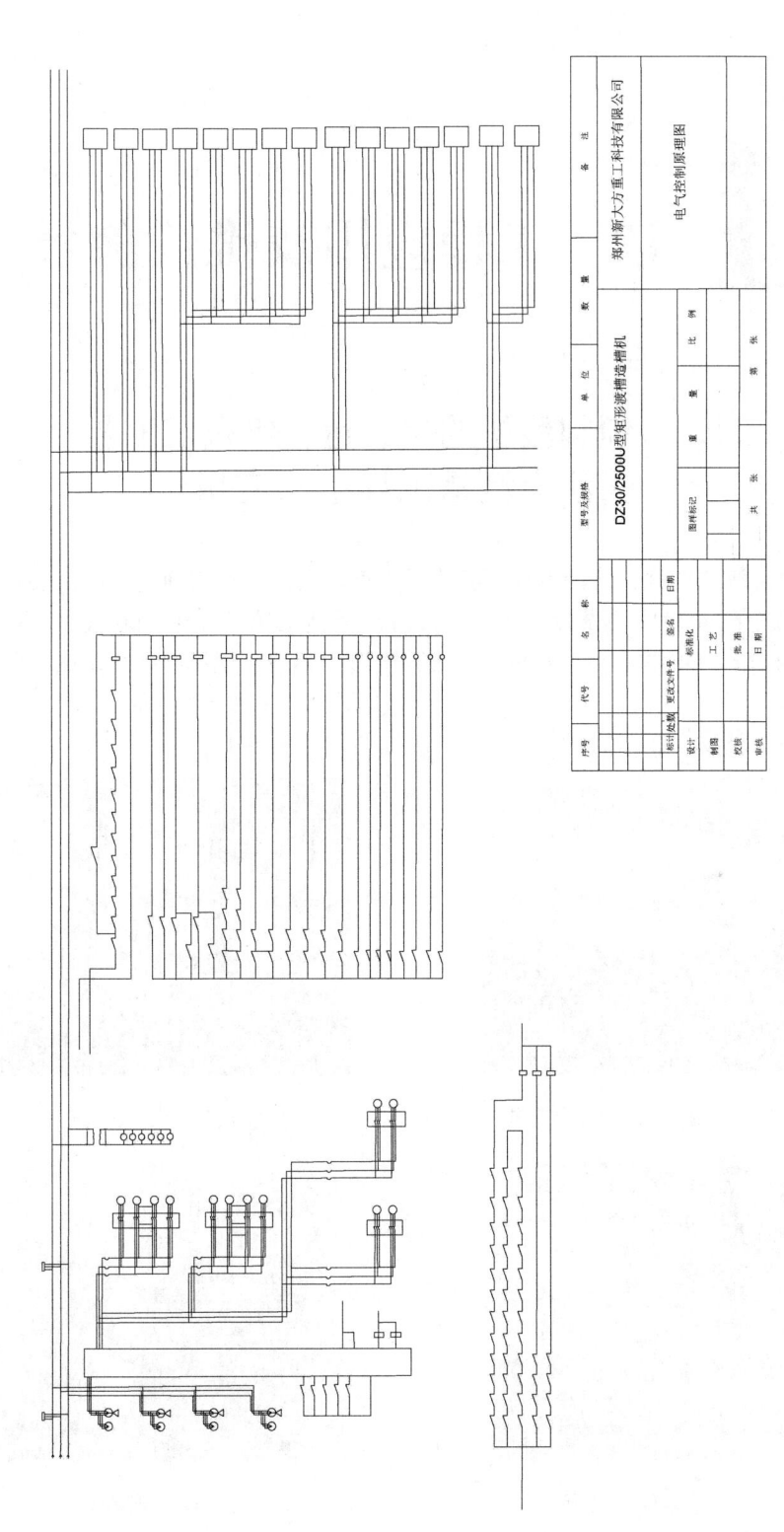

图 10-25　DZ30/2500 型矩形渡槽造槽机的电气控制原理图

第 11 章 工程应用及推广前景

11.1 预制渡槽的提、运、架施工工艺在沙河渡槽工程中的应用

在确定沙河渡槽的提、运、架施工工艺、攻克超大型水利渡槽提、运、架装备的关键技术、完成各个配套设备的设计工作之后,对渡槽施工装备 ME1300-36A3 型提槽机、DY1300 型运槽车、DF1300 型架槽机进行设计审查、制造、现场安装、调试、型号试验、运行等。

成套装备的现场安装、调试及运行等情况见图 11-1～图 11-26。

图 11-1 铺设轨道,准备安装提槽机

图 11-2 安装提槽机

图 11-3 安装好的提槽机

图 11-4 现场跟踪

图 11-5　渡槽的内模板

图 11-6　渡槽的外模板

图 11-7　绑扎钢筋

图 11-8　浇筑好的渡槽

图 11-9　安装架槽机的导梁

图 11-10　安装架槽机的连接梁

图 11-11　安装架槽机的走行机构

图 11-12　安装架槽机的门式起重机

图 11-13　安装好的架槽机

图 11-14　运槽车的台车

图 11-15　安装好的运槽车

（a）施工现场一

（b）施工现场二

（c）施工现场三

图 11-16　沙河渡槽施工现场

第11章 工程应用及推广前景

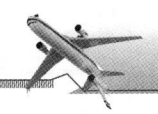

(a) 提槽机提槽状态一

(b) 提槽机提槽状态二

(c) 提槽机提槽状态三

(d) 提槽机提槽状态四

图 11-17 提槽机提槽状态

图 11-18 提槽机给运槽车装槽

图 11-19 运槽车运槽

图 11-20 运槽车给架槽机喂槽

图 11-21 架槽机架槽

图 11-22 架槽机过孔

图 11-23 支撑座的倒换

图 11-24 提槽机整体吊运架槽机

图 11-25 第三跨渡槽施工现场

(a) 架设现场一

(b) 架设现场二

图 11-26 渡槽架设现场

11.2 1200 t 渡槽架设成套装备——ME1300 型提槽机、DY1300 型运槽车及 DF1300 型架槽机的效益

1200 t 渡槽架设成套装备在南水北调中线沙河渡槽工程中的实际应用,开辟了我国输水工程中的超大型渡槽机械化施工新途径,促进了超大型渡槽提、运、架成套装备的自主研发,对其他输水工程中的超大型渡槽建设具有很好的推广和示范作用,社会效益显著。

沙河梁式渡槽和大郎河梁式渡槽都采用预制架设施工法所需的设备费用近 5700 万元,

槽场建设费及设备拆装、转场费用约为 2100 万元，需施工人员约为 260 名，人工费用约为 2200 万元，预制架设总费用接近 1 亿元。若采用满堂支架施工法，对于同样的工期，则模板、支架及其辅助设备的费用约为 2 亿元，需要施工人员约 1020 名，人工费用约为 1.46 亿元，满堂支架施工法总费用约为 3.46 亿元。相比之下，预制架设施工法可节省资金 2.46 亿元，经济效益显著。

渡槽在槽场进行预制、保存，然通过提槽机、运槽车、架槽机进行架设，并且可以利用已有的槽墩及已架好的几榀渡槽完成整个渡槽的架设任务，整个施工过程不受河滩弱软地基、河水的影响，可以保护河床生态环境，具有很好的环境效益。

11.3 DZ30/3300 型造槽机、DZ1600 型造槽机、ME650 型轮轨式提槽机的应用前景

在沙河渡槽、大郎河渡槽建设中采用的预制架设施工工艺新技术及其配套施工装备，将对南水北调工程中的超大型渡槽建设具有现实意义，对其他输水工程中的超大型渡槽施工具有推广和示范作用。预制架设施工法的主要优点如下：

（1）渡槽架设利用已有的槽墩进行作业，不与地面接触，大幅度减少了地基处理工程量，避免了由于地基处理不当而出现的渡槽质量事故的可能性。同时，也节约了大量的辅助工程及其完成这些工程所必需的人力、机械设备及管理费用。

（2）对于沙河渡槽和大郎河渡槽，仅需投入 1 套提、运、架装备，即可满足工程进度要求，渡槽施工具有机械化程度高、作业效率高、施工周期短、安全可靠等特点。

（3）预制渡槽采用工厂标准化作业，渡槽的质量容易保证，也有利于控制工程进度，便于工程管理。

（4）渡槽建设中所用到的提、运、架成套装备均采用拆装式结构，在渡槽工程施工完毕，可以重新组合或稍微改动，就可把这些拆装式结构应用在其他输水工程的渡槽施工中，重复利用率高，节省施工成本。

该施工法在南水北调中线湍河渡槽工程中的实际应用结果表明，无论从节约投资、缩短工期，还是从施工质量和施工安全来说，都比满堂支架施工法有明显的优越性。与满堂支架施工法相比，可节省各项资金费用约 7258 万元；机械化程度高，既能减少所需的施工人员数量，同时提高了安全性，进一步保障了施工人员的生命安全；整个施工过程不受河滩弱软地基、河水的影响，保护了河床生态环境；促进了 U 形渡槽现浇施工装备的自主研发，将我国的大型渡槽现浇施工技术及装备水平提到新的高度，对其他输水工程的大型渡槽建设具有很好的推广和示范作用。

实践证明，超大型渡槽机械化施工新技术在水利渡槽建设工程中具有很好的经济效益、社会效益和环境效益，同时又符合国家水利工程建设的实际需求。因此，该技术和施工装备具有广阔的应用前景。

参 考 文 献

[1] ZHIJING OU, MINGQIN XIE, SHANGSHUN LIN, et al. The Practice and Development of Prefabricated Bridges[J]. IOP Conference Series: Materials Science and Engineering, 2018, 392(6).

[2] 何永平, 陈清华. 郑州四环节段预制主体桥梁架设工艺及架设装备选择[J]. 四川水泥, 2019(06): 29+31.

[3] 徐国学. MDEL200 型轮胎式提梁机[J]. 工程机械, 2013, 44(04): 6-10+104.

[4] 刘培勇, 谭天宇, 王守友. 小吨位轮胎式提梁机研究[J]. 山东工业技术, 2017(05): 195.

[5] 郭剑. 城市轨道交通 U 形梁综合施工技术应用研究[D]. 济南: 山东大学, 2015.

[6] 谭如嫣. 利勃海尔在中国成立新公司 将研发生产轨道交通产品[J]. 今日工程机械, 2019(01): 68.

[7] SHI CHENG HU, BIN LIU, XIANG JUN WANG, et al. Research on Mechanical Mechanics with the Finite Element Analysis and Structure Optimization of Large Span Gantry Crane Box Beam[J]. Advanced Materials Research, 2014, 3111(910-910).

[8] HUSSEIN LUMA FADHIL, KHATTAB MOHAMMED M., FARMAN MUSTAFA SHAKIR. Experimental and finite element studies on the behavior of hybrid reinforced concrete beams[J]. Case Studies in Construction Materials, 2021, 15.

[9] 李健. ANSYS 软件在工程中的应用[J]. 现代商贸工业, 2021, 42(07): 163-164.

[10] YIFAN GAO, FANGFANG LAI. Finite Element Analysis of Gantry Crane under Moving Load Based on ANSYS[J]. International Core Journal of Engineering, 2019, 5(10).

[11] WU GONGXING, ZHAO XIAOLONG, SHI DANDA, et al. Analysis of Fluid-Structure Coupling Vibration Mechanism for Subsea Tree Pipeline Combined with Fluent and ANSYS Workbench[J]. Water, 2021, 13(7).

[12] 赵艳梅. 基于 ANSYS Workbench 的某车架有限元分析及轻量化研究[D]. 郑州: 郑州大学, 2018.

[13] LIU QIHONG, LI ZHENHUA, LI CAIXIA. Design of Roller Seeder Based on Solidworks[J]. Journal of Physics: Conference Series, 2021, 1952(3).

[14] 宋晋. SolidWorks 软件在机械设计中的应用探析[J]. 科技经济导刊, 2019, 27(24): 35.

[15] 康凯. SolidWorks 软件在工程设计项目三维建模中的应用[J]. 工程技术研究, 2021, 6(06): 6-8.

[16] 王志丹, 马思群, 孙彦彬, 等. 不同有限元建模方法对工程机械举升系统强度分析影响研究[J]. 起重运输机械, 2021(07): 33-37.

[17] 中华人民共和国住房和城乡建设部, 中华人民共和国国家质量监督检验检疫总局. 钢结构设计标准[S]: GB 50017—2017. 北京: 中国建筑工业出版社, 2017.

[18] 中华人民共和国国家质量监督检验检疫总局, 中国国家标准化管理委员会. 起重机设计规范[S]: GB/T 3811—2008. 北京: 中国标准出版社, 2008.

[19] 李太阁, 杨婕. CAE 高质量网格划分方法与效率的探讨[J]. 机械工程与自动化, 2021(02): 37-39.

[20] WANG Y G S. Structure-aware geometric optimization of hexahedral mesh[J]. Computer-Aided Design, 2021, 138(1).

[21] 刘志远, 王秀勇, 杜永峰, 等. 网格划分对多级离心泵水力性能计算精度的影响[J]. 西华大学学报(自然科学版), 2021, 40(03): 83-89.

[22] 吴海燕. 基于扫掠体分解的高质量六面体网格生成研究[D]. 杭州: 浙江大学, 2018.

[23] 修子峰. 某平头式塔式起重机结构分析及截面优化[D]. 长春: 吉林大学, 2020.

[24] USLU SECKIN, BAYRAKTAR MERAL, DEMIR CIHAN, et al. Innovative computational modal analysis of a marine propeller[J]. Applied Ocean Research, 2021, 113.

[25] 郭旭. 汽车起重机伸缩臂结构有限元分析及软件开发[D]. 秦皇岛: 燕山大学, 2020.

[26] ANTON J. BURMAN, ANDERS G, et al. Case Study of Transient Dynamics in a Bypass Reach[J]. Water, 2020, 12(6).

[27] 孟德章, 王砚军, 高鹏远, 等. 薄壁球轴承瞬态动力学特性分析及变形研究[J]. 工程机械, 2021, 52(06): 36-42+9.

[28] 郑淇水. 预制梁辅助施工设施静动态特性分析[D]. 哈尔滨: 哈尔滨理工大学, 2020.

[29] 朱秋妍. 缆索吊机结构件有限元分析与瞬态动力学仿真[D]. 西安: 长安大学, 2020.

[30] 刘斌. 门式起重机主梁力学分析及新型结构研究[D]. 长沙: 中南大学, 2014.

[31] 范利格. 门式起重机金属结构分析及优化设计[D]. 郑州: 郑州大学, 2013.

[32] 陈建. 基于 ANSYS 的门式起重机结构瞬态动力学分析及优化[D]. 太原: 太原科技大学, 2019.

[33] 杨万福. 汽车理论[M]. 广州: 华南理工大学出版社, 2010.

[34] XU WEIPENG. Structure optimization design of transmission system of shearer cutter based on genetic algorithm[J]. Journal of Physics: Conference Series, 2021, 1952(4):.

[35] 周绪波. 基于相似理论的龙门起重机主梁架有限元分析及优化设计[D]. 长沙: 中南林业科技大学, 2016.

[36] 谭欣欣. 电动摩托车车架设计与优化[D]. 广州: 华南理工大学, 2020.

[37] 谢飞. 基于竹子截面微观结构的铁路起重机伸缩臂仿生设计[D]. 成都: 西南交通大学, 2015.

[38] YA HUI WANG, CAI ZHANG, YONG QIANG et al. Structure optimization of the frame based on response surface method[J]. International Journal of Structural Integrity, 2019, 11(3).

[39] 彭聪聪. 响应面法在结构优化应用上的研究[D]. 上海: 上海海洋大学, 2017.

[40] 李威. 响应面分析法在结构优化中的应用[J]. 舰船科学技术, 2020, 42(16): 13-15.

[41] 王立原. 响应面法在结构优化应用上的研究[D]. 上海: 上海海洋大学, 2018.

[42] 刘玮辰. 基于非参数回归的基坑支护动态优化设计[D]. 昆明: 昆明理工大学, 2017.

[43] 肖粤翔. 非参数响应曲面方法研究及应用[D]. 天津: 天津大学, 2003.

[44] 张伟锋. 斯皮尔曼简捷相关系数与基尼伽玛相关系数的统计特性分析[D]. 广州: 广东工业大学, 2020.

[45] WANG HAITAO, XIA LIAN. Optimization of pressure drop model for shale gas wells in area X based on correlation coefficient method[J]. IOP Conference Series: Earth and Environmental Science, 2021, 770(1):.

[46] 肖湘. 多种属性敏感性方法的对比研究[D]. 成都: 西南石油大学, 2014.

[47] HUANG YANG, YI ZHIRAN, HU GUOSHENG, et al. Data-Driven Optimization of Piezoelectric Energy Harvesters via Pattern Search Algorithm[J]. Micromachines, 2021, 12(5).

[48] 许志. 汽车转向节可靠性及灵敏度分析[D]. 杭州: 浙江工业大学, 2012.

[49] 戴晶晶. 不确定性稳健优化方法研究及在船型优化中的应用[D]. 镇江: 江苏科技大学, 2018.

[50] 郝佳瑞. 基于代理模型的小型无人机旋翼快速优化设计[D]. 大连: 大连理工大学, 2019.

[51] 邹林君. 基于 Kriging 模型的全局优化方法研究[D]. 长沙: 华中科技大学, 2011.

[52] 侯杰. 面向多工况的双梁架桥机设计与优化[D]. 邯郸: 河北工程大学, 2021.

[53] ZHAO XINHAO, LIU YANXIONG, HUA LIN, et al. Structural Analysis and Size Optimization of a Fine-Blanking Press Frame Based on Sensitivity Analysis[J]. STROJNISKI VESTNIK-JOURNAL OF MECHANICAL ENGINEERING, 2020, 66(6).

[54] Trentin Pedro Francisco Silva, Martinez Pedro Henrique Barsanaor de Barros, dos Santos Gabriel Bertacco, et al. Screening analysis and unconstrained optimization of a small-scale vertical axis wind turbine[J]. Energy, 2022, 240.

[55] 贾力锋. 一种架设全预制桥梁架桥机的设计及应用研究[J]. 铁道建筑技术, 2020(05): 70-73.

[56] 毛乾亚, 于文涛. 国内外架桥机的现状与展望[J]. 科技信息(科学教研), 2008(07): 87-88.

[57] 王军, 张建超, 赵利颇. 我国造桥机的发展类型与典型结构[J]. 建筑机械, 2010, 03: 77-79+82.

[58] 王星, 李伟奇. 高铁 900t 级隧道口近距离箱梁架桥机[J]. 起重运输机械, 2013(06): 77-80.

[59] 李楼玉. 客运专线型架桥机及 12m 宽预制箱梁过隧道施工技术. 中铁十八局集团有限公司, 2009-02-19.

[60] 逯久喜, 张平, 陈士通. DJ-180 型公铁两用架桥机及其应用[J]. 工程机械, 2011, 42(12): 8-11+6.

[61] 贾二虎. 满堂支架现浇连续梁桥施工技术分析[J]. 山西建筑, 2018, 44(20): 167-168.

[62] 李兴亮. 移动模架现浇梁施工技术在桥梁工程中的应用[J]. 交通世界, 2018(08): 113-114.

[63] 翟大卫. 预制节段拼装桥梁施工关键技术分析[J]. 黑龙江交通科技, 2020, 43(07): 147-148.

[64] KOREN Y. Cross-coupled biaxial computer control for manufacturing system[J]. ASME Journal of Dynamic Systems,

Measurement and Control, 1980, 102(12); 256-272.

[65] LI CONG, YAO BIN, WANG QINGFENG. Modeling and Synchronization Control of a Dual Drive Industrial Gantry Stage[J]. IEEE/ASME Transactions on Mechatronics, 2018, 23(6).

[66] BIN DENG, HAN ZHAO, KE SHAO, et al. Hierarchical Synchronization Control Strategy of Active Rear Axle Independent Steering System[J]. Applied Sciences, 2020, 10(10).

[67] SHIH-MING WANG, REN-JENG WANG, SHAMBALJAMTS TSOOJ. A New Synchronous Error Control Method for CNC Machine Tools with Dual-Driving Systems[J]. International Journal of Precision Engineering and Manufacturing, 2013, 14(8).

[68] ZHANG CHANGFAN, NIU MANGANG, HE JING, et al. Robust Synchronous Control of Multi-Motor Integrated with Artificial Potential Field and Sliding Mode Variable Structure[J]. IEEE Access, 2017, 5.

[69] 赖锡坤, 朱大奇, 顾伟. 基于滑模控制的双起升场桥双吊具同步控制[J]. 控制工程, 2007(S3): 145-147.

[70] 徐攀, 徐为民, 谭莹莹, 等. 双起升桥吊双吊具互锁的自适应滑模同步控制[J]. 上海交通大学学报, 2013, 47(12): 1940-1947+1956.

[71] 赵微微, 徐为民, 袁贺松, 等. 非匹配扰动下双吊具起升系统的同步控制[J]. 控制工程, 2022, 29(7): 8.

[72] LEE HH. Modeling and Control of a Three-Dimensional Overhead Crane[J]. Transactions of the ASME, 1998, 120(12): 471-475.

[73] LEE HH. Motion planning for three-dimensional overhead cranes with high-speed load hoisting. International Journal of Control[J]. ISIS, 2005, 16(5): 875–886.

[74] LEE HH. A Robust Anti-swing Trajectory Control of Overhead Cranes with High-Speed Load Hoisting: Experimental Study[J]. IEEE, Proceedings of Control Theory and Application, 2002, 82(2): 176-181.

[75] LEE HH. A new approach for the anti-swing control of overhead cranes with high-speed load hoisting[J]. International Journal of Control, 2003, 76(15): 1493-1499.

[76] A PISANO, S SCODINA, E USAI. Load swing suppression in the 3-dimensional overhead crane via second-order sliding-modes[C]. Variable Structure Systems (VSS), 2010 11th International Workshop on. IEEE, 2010: 452-457.

[77] SOLIHIN M I, WAH, LEGOWO A. Robust PID anti-swing control of automatic gantry crane based on Kharitonov's stability[C]. IEEE Conference on Industrial Electronics & Applications. IEEE, 2009: 275-280.

[78] LIU C, ZHAO H, CUI Y. Research on Application of Fuzzy Adaptive PID Controller in Bridge Crane Control System[C]. IEEE International Conference on Software Engineering & Service Science. IEEE, 2014: 971-974.

[79] Q. H. NGO. Sliding-Mode Anti-sway Control of an Offshore Container Crane. [J]. IEEE/ ASME Transactions on Mechatronics, 2012, 17: 201-209.

[80] S. U. CHOI, J. H. KIM, J. W. LEE. A Study on Gantry Crane Control using Neural Network Two Degree of PID Controller [J]. IEEE, 2009(1): 156-159.

[81] SMOCZEK J, SZPYTKO J, HYLA P. The Anti-Sway Crane Control System with Using Dynamic Vision System[J]. Solid State Phenomena, 2013, 198: 589-593.

[82] 钟斌, 程文明, 吴晓, 等. 桥门式起重机吊重防摇状态反馈控制系统设计[J]. 电机与控制学报, 2007, 1(5): 492-496.

[83] 丁瑞华, 李娜, 李伟. 基于神经网络算法的桥式起重机防摇摆控制[J]. 机电工程, 2009, 26(10): 27-30.

[84] 赖啸, 刘勇, 代艳霞, 等. 桥式吊车系统的自适应神经网络控制与学习[J]. 机械设计与制造, 2018(6): 114-117.

[85] 余震, 余进, 王海兰, 等. 基于拉格朗日算法的起重机摇摆模型构建及其防摇摆模糊控制系统仿真分析[J]. 武汉科技大学学报, 2022, 45(03): 197-203.

[86] 李帆, 曹旭阳. 桥式起重机模糊 PID 防摇控制方法研究[J]. 起重运输机械, 2021(18): 29-35, 52.

[87] 王华荣, 谢海智. 基于 IPSO 的桥式起重机吊重防摆系统模糊 PID 控制研究[J]. 机电工程, 2021, 38(5): 623-627.

[88] 施亮亮. 基于神经网络-混合进化算法的桥式起重机的防摇摆控制[J]. 数学的实践与认识, 2015, 45(22): 159-167.

[89] 唐伟强, 黄小丽, 龙文堃, 等. 基于模型预测控制的桥式起重机防摇设计[J]. 兰州理工大学学报, 2020, 46(2): 92-96.

[90] 范志龙. 基于永磁同步电机的多电机同步控制系统的研究[D]. 长沙: 湖南大学, 2012.

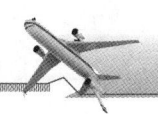

[91] VALENZUELA A, LORENZ R. Electronic Line-Shafting Control for Thesis Machine Drives[J]. IEEE Transaction on Industry Applications, 2001, 137(1): 15-19.

[92] 唐光谱, 郭庆鼎. 自适应双电机同步传动控制技术的研究[J]. 沈阳工业大学学报, 2002, 24(6): 470-472.

[93] 蔺威威. 三轴运动平台精密轮廓控制方法研究[D]. 沈阳: 沈阳工业大学, 2016.

[94] PEREZ-PINAL F. J, CALADERON G, ARAUJO I. Relative Coupling Strategy[C]. Madison IEEE International Electric Machines and Drives Conference, 2003: 1162-1166.

[95] 赵宏英, 曾彦, 廖丽. 基于改进交叉耦合的多永磁同步电机速度同步控制[J]. 机床与液压, 2021, 49(22): 44-51.

[96] 田昊, 唐道锋, 宋玉宝, 等. 双轴同步运动系统滑模PID交叉耦合控制[J]. 机械设计与制造, 2022(004): 374.

[97] 王珏, 金涛涛, 张军. 纯电动公铁两用车多电机智能控制器设计[J]. 机械设计与制造, 2021(12): 244-247+252.

[98] 周广飞, 侯博川, 杨建华, 等. 基于动态补偿的多电机控制算法[J]. 航空学报, 2020, 41(S1): 157-162.

[99] XIAO Y, ZHU K Y. Optimal synchronization control of high-precision motion system[J]. IEEE Trans on Industrial Electronics, 2006, 53(4): 1160-1169.

[100] 李田桃. 永磁同步电机滑模变结构控制系统研究[D]. 西安: 西安科技大学, 2018.

[101] 吴家齐. 基于神经网络滑模变结构的永磁同步电机控制器研究[D]. 大连: 大连交通大学, 2018.

[102] 王丰尧. 滑模变结构控制[M]. 北京: 机械工业出版社, 1995.

[103] YOUNG K D, UTKIN V I, et al. A control engineer's guide to sliding mode control[J]. IEEE Transactions on Control Systems Technology, 1999, 7(3): 328-342.

[104] 张昌凡. 滑模变结构控制研究综述[J]. 株洲工学院学报, 2004, 18(2): 1-5.

[105] KEMALETTIN E, ATSUO K. Chattering elimination via fuzzy boundary layer tuning. Proceedings of the 28th Annual Conf of the Industrial Electronics Society, Sevilla, Spain: IEEE Press, 2002(11): 2131-2136.

[106] 王君凤. 起重机吊摆系统的动力学分析与防摆控制研究[D]. 南京: 南京航空航天大学, 2011.

[107] 荆海霞. STM32系列微控制器的时钟系统分析[J]. 科技信息, 2008(33): 511-512.

[108] 胡先意. 基于多传感器的组合姿态检测系统研究[D]. 杭州: 杭州电子科技大学, 2020.

[109] 郑传尧. 浅析IIC及其在电子罗盘上的应用[J]. 电脑知识与技术, 2019, 15(03): 218-220.

[110] 冯盼州. 基于MEMS惯性传感器的钢包吊装监控系统研究[D]. 大连: 大连理工大学, 2020.

[111] 巫江祥, 陆后军. 基于干扰观测器的桥式起重机终端滑模控制[J]. 控制工程, 2021, 28(09): 1867-1872.

[112] 庞振华, 刘放, 吴涛, 等. 起重机模糊PID防摇控制器设计与仿真[J]. 起重运输机械, 2021(11): 46-51.

[113] 陈佩, 鲁锦锋, 高文. 基于STM32的无线姿态检测仪设计[J]. 西安航空学院学报, 2020, 38(05): 48-52.

[114] 韩林山, 刘耀, 迟明, 等. 预制装配式架桥机的起重小车复合滑模同步控制[J]. 科学技术与工程, 2021, 21(32): 13781-13786.

[115] KUN LI, SHUAI JI, GUOJUN NIU, et al. Master-slave control and evaluation of force sensing for robot-assisted minimally invasive surgery[J]. The Industrial Robot, 2020, 47(6).

[116] DEEPIKA, DEEPIKA, KAUR, et al. Integral terminal sliding mode control unified with UDE for output constrained tracking of mismatched uncertain non-linear systems[J]. ISA Transactions, 2020, 1011-9.

[117] 杜芃, 牛王强, 陈超. 脉冲输入下基于输入整形法的起重机防摇摆方法[J]. 计算机测量与控制, 2018, 26(10): 235-239.

[118] 韩永华. 1050t造桥机金属结构有限元计算技术研究[D]. 郑州: 华北水利水电大学, 2017.

[119] 丰慧莹, 张阳. 装配式梁桥架设与安装工艺研究[J]. 绿色科技, 2020(16): 205-207+209.

[120] 王陈. 大吨位钢箱梁履带吊吊装施工[J]. 城市道桥与防洪, 2016(3): 89-92.

[121] 袁乃侯. 城市高架桥钢箱梁制作安装施工技术探讨[J]. 建筑工程技术与设计, 2018(27): 1400.

[122] D. R. JELLIE, 冼少文. 南墨尔本西门高速公路工程高架桥的施工[J]. 世界桥梁, 1990(1): 2-16.

[123] 王炳荣. 公路架桥机结构分析及优化[D]. 西安: 长安大学, 2018.

[124] 邵倚旻. 复杂环境下的城市高架钢箱梁上桥吊装技术[J]. 建筑施工, 2020(6): 1031-1033.

[125] 任华焘, 郭系春. 城市高架路跨线钢结构桥梁架设[J]. 城市建设, 2010(12): 129-130.

[126] 王晓敏, 李江. 复杂城市环境下大型塔式起重机基础设计与施工[J]. 施工技术, 2021(17): 28-33.

[127] 朱沿龙. 塔式起重机在山区高架桥建设中的应用[J]. 城市建设, 2010(17): 299-300.

[128] 中建七局安装工程有限公司, 西安交通大学. 城市高架桥预制节段梁门式起重机悬臂拼装方法: CN202010363184.3[P].

[129] 陆元春, 李坚, 黄锦源, 等. 预制节段混凝土桥梁设计与施工应用研究[J]. 上海公路, 2001(S1): 70-76.

[130] 聂智勇. 浅谈双导梁式架桥机安装、作业[J]. 城市建设与商业网点, 2009(14): 213-214.

[131] 刘继生. 青岛新机场南快速高架涉铁架梁施工技术[J]. 房地产导刊, 2019(12): 94-95.

[132] 代振龙. 城市高架路钢箱梁施工工艺研究与应用[D]. 哈尔滨: 哈尔滨工业大学, 2020.

[133] 曾宪云. 城市高架路施工安全风险评价研究[D]. 成都: 西南交通大学, 2016.

[134] JESPER L. ASFERG, TORBEN SCHOLDAN HANSEN, et al. Constantine viaduct: a new landmark for the city of bridges[J]. Proceedings of the institution of civil engineers. Bridge engineering, 2015, 168(BE2): 139-149.

[135] 焦国敏. 新型架桥机金属结构减量优化设计与仿真研究[D]. 太原: 太原科技大学, 2018.

[136] LI XIANGYANG, ZHAN JING, JIANG FULIANG, et al. Cause analysis of bridge erecting machine tipping accident based on fault tree and the corresponding countermeasures[C]. 2012.

[137] BO ZHOU, ZETIAN KANG, ZHIYONG WANG, et al. Finite Element Method on Shape Memory Alloy Structure and Its Applications[J]. 中国机械工程学报, 2019, 32(5): 125-135.

[138] 王欣. 混凝土泵车转台有限元分析及优化[D]. 长春: 吉林大学, 2018.

[139] GUANGHUI QING, MAO JUNHUI, LIU Y. H. Generalized mixed finite element method for 3D elasticity problems[J]. Journal of Mechanics of Materials & Structures, 2018, 34(2): 371-380.

[140] 王胤彪, 卢玉荣, 陈鸣. 70m 平面曲线半径连续梁节段拼装架桥机优化设计及施工关键技术[J]. 施工技术, 2018, 47(19): 116-120.

[141] 黄跃. 小半径大横坡宽幅箱梁节段预制拼装施工关键技术[J]. 中外公路, 2021, 41(02): 225-228.

[142] 陈小军. TJ165 架桥机在 250m 小半径跨海桥的应用[J]. 工程技术研究, 2021, 6(08): 132-133.

[143] 李放, 刘林果, 马怀祥. 大坡度小半径曲线梁架设方法研究[J]. 石家庄铁道学院学报, 1997(S1): 39-42.

[144] 黄梓恒. 小半径新型桥梁的设计及受力行为分析[D]. 重庆: 重庆交通大学, 2019.

[145] 范冬萍. JQ170 架桥机总体稳定性分析[J]. 山西建筑, 2008(32): 340-342.

[146] 兰瑞鹏. 高速铁路架桥机结构稳定性分析[D]. 武汉: 武汉理工大学, 2010.

[147] 徐兴伟, 胡晓兵, 武韶敏, 等. 45t 轻量化门式起重机的优化及局部屈曲研究[J]. 起重运输机械, 2016(06): 67-71.

[148] 汪锋. 900t 架桥机导梁支腿的结构分析与优化设计[D]. 西安: 长安大学, 2011.

[149] 黄耀怡. TPZ80m/2700t 型节段拼装式架桥机三弦杆桁架主梁总稳定性设计[J]. 工程机械, 2018, 49(10): 28-39+7.

[150] 于航. 1100t 铁路架桥机主要组成结构的设计与改进[D]. 秦皇岛: 燕山大学, 2019.

[151] 靳龙, 李玉奇. 基于 ANSYS Workbench 的塔机吊臂有限元分析[J]. 桂林理工大学学报, 2015, 35(02): 408-412.

[152] 穆广金, 夏林斌. 装船机内臂架屈曲分析[J]. 起重运输机械, 2020(23): 52-56.

[153] KILARDJ, MADINA, IKHENAZEN, et al. Linear and nonlinear buckling analysis of a locally stretched plate[J]. Journal of Mechanical Science and Technology, 2016(8).

[154] 张学胜, 马静娴, 刘志军, 等. 基于 ANSYS Workbench 的悬臂梁结构非线性屈曲分析[C]//北京力学会第 21 届学术年会暨北京振动工程学会第 22 届学术年会论文集. 2015: 950-954.

[155] CHENGYI C, GENSHU T, LEI Z. In-plane nonlinear buckling analysis of circular arches considering shear deformation[J]. Journal of Constructional Steel Research, 2020, 164: 105762.

[156] ZHU Y Y, HU Y J, CHENG C J. Analysis of nonlinear stability and post-buckling for Euler-type beam-column structure[J]. 2011, 32(6): 10.

[157] 李坤. TTSJ900 隧道内外通用架桥机的设计分析及研制[D]. 秦皇岛: 燕山大学, 2014.

[158] 王心利. 双梁式架桥机横向稳定性分析及防止倾覆的措施[J]. 铁道工程学报, 1999(02): 104-107+103.

[159] 赵纪军, 赵超男, 李山. 双主梁龙门起重机抗倾覆稳定性分析[J]. 新乡学院学报, 2017, 34(09): 43-47.

[160] MOGHIMI, M. A. , CRAIG, K. J. , MEYER, J. P. Optimization of a trapezoidal cavity absorber for the Linear Fresnel Reflector[J]. Solar Energy, 2015, 119(09): 343-361.

[161] 王文竹, 李杰, 刘刚, 等. 基于Kriging代理模型鼓式制动器稳定性的优化设计[J]. 振动与冲击, 2021, 40(11): 134-138+162.

[162] 喻高远, 肖文生, 孙瑞, 等. 基于响应面法的盘鼓式制动器优化设计[J]. 机械设计, 2017, 34(01): 42-46.

[163] 杨肖龙. 基于ANSYS Workbench的海洋模块钻机基座多目标优化设计[J]. 中国海上油气, 2020, 32(01): 165-170.

[164] 魏娟, 窦登科, 侯效东, 等. 基于ANSYS-Workbench的谐波减速器柔轮结构优化分析[J]. 机床与液压, 2021, 49(04): 133-139.

[165] PEIQI LIU, MINGYU FENG, XINYU LIU, et al. Performance Analysis of Wave Rotor Based on Response Surface Optimization Method[J]. Energy Resources Technology, 2021, 144(06): 061302.

[166] 王欣欣, 李中凯, 刘等卓. 基于响应面法的玻璃钻孔支撑结构优化设计[J]. 组合机床与自动化加工技术, 2021(02): 131-135.

[167] 谢军, 廖映华, 谭州, 等. 基于响应面模型与遗传算法的工具磨床立柱多目标优化设计[J]. 制造技术与机床, 2021(04): 48-54.

[168] ZHANG YU, CHEN GUODING, WANG LIN. A Calculation Method for the Journal Bearing with a Determined Load Based on Response Surface Optimization[J]. Tribology Transactions, 2020, 63(4): 647-657.

[169] LOSTADO, RUBEN, GARCIA, et al. Optimization of operating conditions for a double-row tapered roller bearing[J]. International journal of mechanics and materials in design, 2016, 12(3): 353-373.

[170] GUOWAN SHAO, NONG SANG. Max-min distance analysis by making a uniform distribution of class centers for dimensionality reduction[J]. Neurocomputing, 2014, 143(Nov. 2): 208-221.

[171] SU ZHEREN, WANG YAPING, ZHOU YINGCHUN. On maximin distance and nearly orthogonal Latin hypercube designs[J]. Statistics & Probability Letters, 2020, 166.

[172] WU ZEPING, WANG DONGHUI, WANG WENJIE, et al. Space-filling experimental designs for constrained design spaces[J]. Engineering Optimization, 2019, 51(7/9): 1495-1508.

[173] 赵天天. 改进的K-means算法在校车站点布局中的应用[J]. 地理空间信息, 2021, 19(01): 116-118+121+6.

[174] CHUN NA L, PAN Q. Adaptive optimization methodology based on Kriging modeling and a trust region method[J]. Chinese Journal of Aeronautics, 2019.

[175] 韩忠华. Kriging模型及代理优化算法研究进展[J]. 航空学报, 2016, 37(11): 3197-3225.

[176] GASPAR, B. , TEIXEIRA, A. P. , GUEDES SOARES, C. . Adaptive surrogate model with active refinement combining Kriging and a trust region method[J]. Reliability engineering & system safety, 2017, 165(Sep.): 277-291.

[177] 袁修开, 孔冲冲, 顾健. Kriging与改进一次二阶矩融合的可靠性分析方法[J]. 国防科技大学学报, 2020, 42(6): 150-156.

[178] 李健, 孙柳, 焦凯, 等. 基于ANSYS MW级风电机组门洞焊缝的尺寸优化[J]. 机械设计与制造, 2020(12): 194-197.

[179] 吴胜军, 叶欣钰. 基于响应面法的薄壁梁耐撞性多目标优化[J]. 机械设计与制造, 2020(12): 240-243.

[180] 冯超, 蒋凯鑫, 王亚辉, 等. 基于ANSYS分析的减速器高速轴多目标优化[J]. 机床与液压, 2020, 48(20): 139-143.

[181] 张吉, 陆远春, 吴定俊. 槽形梁结构在轨道交通中的应用与发展[J]. 铁道标准设计, 2013: 78-82.

[182] 卢岩. 预应力混凝土槽形梁力学性能研究[D]. 北京: 北京交通大学, 2008.

[183] 胡匡璋, 江新元, 陆光闾. 槽型梁[M]. 北京: 中国铁道出版社, 1987.

[184] 田杨, 邓运清, 黄胜前. 双线铁路曲线简支槽形梁的空间分析[J]. 铁道工程学报, 2012, (7): 24-28.

[185] 李丽, 王振领, 张宇宁. 地铁高架槽形梁足尺模型破坏试验与空间分析研究[J]. 中国铁道科学, 2005, 26(5): 33-37.

[186] 张明俭. 轨道交通槽型梁平面与空间受力分析比较[J]. 路基工程, 2011, (3): 140-143.

[187] 王彬力. 城市轨道交通U型梁系统结构受力行为研究[D]. 成都: 西南交通大学, 2012.

[188] Xia H, Roeck G D, Zhang N, et al. Experimental analysis of a high-speed railway bridge under Thalys trains[J]. Journal of Sound

& Vibration, 2003, 268(1): 103-113.

[189] 胥为捷, 薛伟辰. 预应力混凝土槽形梁的研究与应用[C]. 建筑结构, 2006: 594-595.

[190] PJS CRUZ, DF WISNIEWSKI. Ave River Bridge: A Major Precast Prestressed Concrete U-Girder Bridge in Portugal[J]. Pci Journal, 2004, 49(4): 72-86.

[191] MARTI, JOSE V, GARCIA-SEGURA, et al, Victor. Structural design of precast-prestressed concrete U-beam road bridges based on embodied energy[J]. Journal of Cleaner Production, 2016, 120: 231-240.

[192] Highway Innovative Technology Evaluation Center Phase I Evaluation Findings: The segmental concrete Channel Bridge System[J]. CERF Report, 2001, 2.

[193] Highway Innovative Technology Evaluation Center Phase II Evaluation Findings: The segmental concrete Channel Bridge System[J]. CERF Report, 2001, 2.

[194] 张永刚. 有限元法发展及其应用[J]. 科技情报开发与经济, 2007(11): 178-179.

[195] 曾攀, 石伟, 雷丽萍. 工程有限元方法[M]. 北京: 科学出版社, 2010.

[196] 凌复华, 殷学纲. 常微分方程数值解法及其在力学中的应用[M]. 重庆: 重庆大学出版社, 1996.

[197] 廖振鹏. 工程波动理论导引[M]. 北京: 科学出版社, 1996.

[198] 顾元宪. 计算力学及其软件的应用和发展——走向21世纪的中国力学[M]. 北京: 清华大学出版社, 1996.

[199] 王勖成. 有限元法[M]. 北京: 清华大学出版社, 2003.

[200] 孙刚. 基于ANSYS平台的改进遗传算法在结构优化中的研究和探讨[D]. 南宁: 广西大学, 2005.

[201] 王佳怡. 基于ANSYS Workbench简式汽车起重机优化设计[D]. 延吉: 延边大学, 2013.

[202] 曾锐, 平丽浩. 基于Workbench的多学科仿真分析平台开发. 2007年机械电子学术会议论文集[C]. 2008.

[203] XIAO MA, XUE LI CHENG. Model Building of Finite Element Analysis Based on ANSYS of Column Jib Crane[J]. Advanced Materials Research, 2012, 1655(462).

[204] 朱伯芳. 有限元原理与应用[M]. 北京: 中国水利水电出版社, 1998.

[205] 李兵, 何正嘉, 陈雪峰. ANSYS Workbench设计、仿真与优化[M]. 北京: 清华学出版社, 2008.

[206] 凌桂龙, 丁金滨, 温正. ANSYS Workbench13.0从入门到精通[M]. 北京: 清华学出版社, 2012.

[207] 刘文剑. 基于ANSYS Workbench的扫描仪结构分析[D]. 西安: 西安科技大学, 2009.

[208] 常春影. 门式起重机结构动态特性分析[D]. 大连: 大连理工大学, 2005.

[209] 郭一, 顾卿. SH6606车架有限元模态分析[J]. 上海汽车, 1997, (03): 7-9.

[210] 钟焕祥, 唐胜男, 姚玉丽. 基于有限元法的副车架模态分析[J]. 汽车零部件, 2014(06): 49-51.

[211] 陈德玲, 陈效华, 张建武. 三段式大型客车车架模态分析[J]. 南京理工大学学报. 2004, 28(4): 400-403.

[212] 王勇. 基于ANSYS Workbench的卸船机钢结构分析[D]. 长春: 吉林大学, 2012.

[213] 王随心. 基于ANSYS的门式起重机结构动态特性分析[D]. 西安: 长安大学, 2012.

[214] 杨继敏. 核电站鼓型滤网设备动静态特性分析[D]. 沈阳: 东北大学, 2007.

[215] 石广丰, 倪坤, 史国权, 等. 基于ANSYS Workbench的激光打孔机模态分析[J]. 长春理工大学学报(自然科学版). 2010(04).

[216] 许冠能. 某微型车车架的模态分析[J]. 装备制造技术, 2013(7): 32-33.

[217] 庞延波. 双梁桁架式龙门起重机主梁优化设计及模态分析[D]. 成都: 西南交通大学, 2007.

[218] 刘德作. 单臂架起重机臂架结构动力学研究[D]. 武汉: 武汉理工大学, 2007.

[219] 胡俊. 闽江桥道碴桥面槽形梁结构受力分析[D]. 长沙: 中南大学, 2007.

[220] 焦兆平. 力法计算的简化及其在连续梁计算中的应用[J]. 华东公路. 1997(01): 7-13.

[221] 冯光伟, 左丽, 王彩玲, 等. 南水北调中线沙河梁式渡槽结构造型与跨度分析研究[J]. 南水北调与水利科技, 2010(04): 27-30.

[222] 中华人民共和国水利部. 水工混凝土结构设计规范[S]: SL 191—2008.